物联网工程实战丛书

物联网之魂

物联网协议与物联网操作系统

孙昊　王洋　赵帅　杜秀芳　曾凡太

编著

U0310688

机械工业出版社
China Machine Press

图书在版编目（CIP）数据

物联网之魂：物联网协议与物联网操作系统 / 孙昊等编著. —北京：机械工业出版社，2019.7

（物联网工程实战丛书）

ISBN 978-7-111-62931-3

Ⅰ. 物… Ⅱ. 孙… Ⅲ. ①互联网络 – 应用 ②智能技术 – 应用 Ⅳ. ①TP393.4 ②TP18

中国版本图书馆CIP数据核字（2019）第108981号

物联网之魂：物联网协议与物联网操作系统

出版发行：机械工业出版社（北京市西城区百万庄大街 22 号　邮政编码：100037）

责任编辑：欧振旭　李华君　　　　　　　　　　责任校对：姚志娟

印　　刷：中国电影出版社印刷厂　　　　　　　版　　次：2019 年 7 月第 1 版第 1 次印刷

开　　本：186mm×240mm　1/16　　　　　　印　　张：28.75

书　　号：ISBN 978-7-111-62931-3　　　　　　定　　价：119.00 元

信息物理学是物联网工程的理论基础

物联网是近年发展起来的一种网络通信方式。它来源于互联网，但又不同于互联网。它不仅和软件相关，还涉及硬件。互联网在网络上创造一个全新世界时所遇到的"摩擦系数"很小，因为互联网主要和软件打交道。而物联网却涉及很多硬件，硬件研发又有其物理客体所必须要遵循的自然规律。

物联网和互联网是能够连接的。它能将物品的信息通过各种传感器采集过来，并汇集到网络上。因此，物联网本质上是物和物之间或物和人之间的一种交互。如何揭示物联网的信息获取、信息传输和信息处理的特殊规律，如何深入探讨信息物理学的前沿课题，以及如何系统、完整地建立物联网学科的知识体系和学科结构，这些问题无论是对高校物联网相关专业的开设，还是对物联网在实际工程领域中的应用，都是亟待解决的。

物联网领域千帆竞渡，百舸争流

物联网工程在专家、学者和政府官员提出的"感知地球，万物互联"口号的推动下，呈现出空前繁荣的景象。物联网企业的新产品和新技术层出不穷。大大小小的物联网公司纷纷推出了众多连接物联网的设备，包括智能门锁、牙刷、腕表、健身记录仪、烟雾探测器、监控摄像头、炉具、玩具和机器人等。

1. 行业巨头跑马圈地，产业资本强势加入

物联网时代，大型公共科技和电信公司已遍布物联网，它们无处不在，几乎已经活跃于物联网的每个细分类别中。这意味着一个物联网生态系统正在形成。

芯片制造商（英特尔、高通和 ARM 等）都在竞相争夺物联网的芯片市场；思科也直言不讳地宣扬自己的"万物互联"概念，并在不久前以 14 亿美元的价格收购了 Jasper；IBM 则宣布在物联网业务中投资 30 亿美元；AT&T 在汽车互联领域非常激进，已经与美国 10 大汽车制造商中的 8 家展开合作；苹果、三星和微软也非常活跃，分别推出了苹果 Homekit、

三星 SmartThings 和新操作系统；微软还推出了 Azure 物联网；谷歌公司从智能家庭、智慧城市、无人驾驶汽车到谷歌云，其业务已经涵盖了物联网生态系统中的绝大部分，并在这个领域投资了数十亿美元；亚马逊的 AWS 云服务则不断发展和创新，并推出了新产品……

在物联网领域中，企业投资机构携带大量资金强势进入，大批初创企业成功地从风险投资机构筹集到了可观的资金。其中最有名的就是 Nest Labs Inc，该公司主要生产配备 Wi-Fi 的恒温器和烟雾探测器；而生产智能门锁的 August 公司，也筹资到了 1000 万美元……

2. 物联网创业公司已呈星火燎原之势

物联网创业公司的生态系统正在逐步形成。它们特别专注于"消费级"这一领域的物联网应用，很多创业孵化器都在扶植这个领域的创业军团。众筹提供了早期资金，中国的一些大型制造商也乐意与它们合作，甚至直接投资。一些咨询公司和服务提供商，也做了很多手把手的指导。物联网创业已经红红火火地启动，成为一个全球性现象。

3. 高等院校开设物联网专业的热潮方兴未艾

近年来，我国理工类高等院校普遍开设了物联网专业。数百所高等院校物联网专业的学生也已经毕业。可以预见，高等院校开设物联网专业的热潮还将持续下去。但是在这个过程中普遍存在一些问题：有的物联网专业更像电子技术专业；有的则把物联网专业办成了网络专业，普遍缺乏物联网专业应有的特色。之所以如此，是因为物联网专业的理论基础还没有建立起来，物联网工程的学术体系也不完善。

物联网工程引领潮流，改变世界

1. 智慧生活，更加舒适

科学家们已经为我们勾勒出了奇妙的物联网时代的智慧生活场景。

当你早上起床，吃完早餐，汽车已经在门口停好了，它能自动了解道路的拥堵情况，为你设定合理的出行路线。

当你到了办公室后，计算机、空调和台灯都会自动为你打开。

当你快要下班的时候，敲击几下键盘就能让家里的电饭锅提前煮饭；还可以打开环境自动调节系统，调节室内温度和湿度，净化空气。

当你在超市推着一车购物品走向收款台时，不用把它们逐个拿出来刷条形码，收款台边上的解读器会瞬间识别所有物品的电子标签，账单会马上清楚地显示在屏幕上。

……

2. 智慧城市，更加安全

物联网可以通过视频监控和传感器技术，对城市的水、电、气等重点设施和地下管网进行监控，从而提高城市生命线的管理水平，加强对事故的预防能力。物联网也可以通过通信系统和 GPS 定位导航系统，掌握各类作业车辆和人员的状况，对日常环卫作业和垃圾处理等工作进行有效地监管。物联网还可以通过射频识别技术，建立户外广告牌、城市公园和城市地井的数据库系统，进行城市规划管理、信息查询和行政监管。

3. 工业物联网让生产更加高效

物联网技术可以完成生产线的设备检测、生产过程监控、实时数据采集和材料消耗监测，从而不断提高生产过程的智能化水平。人们通过各种传感器和通信网络，实时监控生产过程中加工产品的各种参数，从而优化生产流程，提高产品质量。企业原材料采购、库存和销售等领域，则可以通过物联网完善和优化供应链管理体系，提高供应链的效率，从而降低成本。物联网技术不断地融入到工业生产的各个环节，可以大幅度提高生产效率，改善产品质量，降低生产成本和资源消耗。

4. 农业物联网改善农作物的品质，提升产量

农业物联网通过建立无线网络监测平台，可以实时检测农作物生长环境中的温度、湿度、PH 值、光照强度、土壤养分和 CO_2 浓度等参数，自动开启或关闭指定设备来调节各种物理参数值，从而保证农作物有一个良好和适宜的生长环境。构建智能农业大棚物联网信息系统，可以全程监控农产品的生长过程，为温室精准调控提供科学依据，从而改善农作物的生长条件，最终达到增加产量、改善品质、调节生长周期、提高经济效益的目的。

5. 智能交通调节拥堵，减少事故的发生

物联网在智能交通领域可以辅助或者代替驾驶员驾驶汽车。物联网车辆控制系统通过雷达或红外探测仪，判断车与障碍物之间的距离，遇到紧急情况时，发出警报或自动刹车避让。物联网在道路、车辆和驾驶员之间建立起快速通信联系，给驾驶员提供路面交通运行情况，让驾驶员可以根据交通情况选择行驶路线，调节车速，从而避免拥堵。运营车辆管理系统通过车载电脑和管理中心计算机与全球定位系统卫星联网，可以实现驾驶员与调度管理中心之间的双向通信，从而提高商业运营车辆、公共汽车和出租车的运营效率。

6. 智能电网让信息和电能双向流动

智能电力传输网络（智能电网）能够监视和控制每个用户及电网节点，从而保证从电厂到终端用户的整个输配电过程中，所有节点之间的信息和电能可以双向流动。智能电网由多个部分组成：智能变电站、智能配电网、智能电能表、智能交互终端、智能调度、智

能家电、智能用电楼宇、智能城市用电网、智能发电系统和新型储能系统。

智能电网是以物理电网为基础，采用现代先进的传感测量技术、通信技术、信息技术、计算机技术和控制技术，把物理电网高度集成而形成的新型电网。它的目的是满足用户对电力的需求，优化资源配置，确保电力供应的安全性、可靠性和经济性，满足环保约束，保证电能质量，适应电力市场化发展，从而实现为用户提供可靠、经济、清洁和互动的电力供应与增值服务。智能电网允许不同发电形式的接入，从而启动电力市场及资产的优化高效运行，使电网的资源配置能力、经济运行效率和安全水平得到全面提升。

7. 智慧医疗改善医疗条件

智慧医疗由智慧医院系统、区域卫生系统和家庭健康系统组成。物联网技术在医疗领域的应用潜力巨大，能够帮助医院实现对人的智能化医疗和对物的智能化管理工作；支持医院内部医疗信息、设备信息、药品信息、人员信息、管理信息的数字化采集、处理、存储、传输和共享；实现物资管理可视化、医疗信息数字化、医疗过程数字化、医疗流程科学化和服务沟通人性化；满足医疗健康信息、医疗设备与用品、公共卫生安全的智能化管理与监控，从而解决医疗平台支撑薄弱、医疗服务水平整体较低、医疗安全生产隐患较大等问题。

8. 环境智能检测提高生存质量

家居环境监测系统包括室内温、湿度及空气质量的检测，以及室外气温和噪声的检测等。完整的家庭环境监测系统由环境信息采集、环境信息分析和环境调节控制三部分组成。

本丛书创作团队研发了一款环境参数检测仪，用于检测室内空气质量。产品内置温度、湿度、噪声、光敏、气敏、甲醛和PM2.5等多个工业级传感器，当室内空气被污染时，会及时预警。该设备通过Wi-Fi与手机的App进行连接，能与空调、加湿器和门窗等设备形成智能联动，改善家中的空气质量。

信息物理学是物联网工程的理论基础

把物理学研究的力、热、光、电、声和运动等内容，用信息学的感知方法、处理方法及传输方法，映射、转换在电子信息领域进行处理，从而形成了一门交叉学科——信息物理学。

从物理世界感知的信息，通过网络传输到电子计算机中进行信息处理和数据计算，所产生的控制指令又反作用于物理世界。国外学者把这种系统称为信息物理系统（Cyber-Physical Systems，CPS）。

物理学是一门自然科学，其研究对象是物质、能量、空间和时间，揭示它们各自的性质与彼此之间的相互关系，是关于大自然规律的一门学科。

由物理学衍生出的电子科学与技术学科，其研究对象是电子、光子与量子的运动规律和属性，研究各种电子材料、元器件、集成电路，以及集成电子系统和光电子系统的设计与制造。

由物理学衍生出的计算机、通信工程和网络工程等学科，除了专业基础课外，其物理学中的电磁场理论、半导体物理、量子力学和量子光学，仍然是核心课程。

物联网工程学科的设立，要从物理学中发掘其理论基础和技术源泉。构建物联网工程学科的知识体系，是高等教育工作者和物联网工程学科建设工作者的重要使命。

物联网的重要组成部分是信息感知。丰富的半导体物理效应是研制信息感知元件和传感芯片的重要载体。物联网工程中信息感知的理论基础之一是半导体物理学。

物理学的运动学和力学是运动物体（车辆、飞行器和工程机械等）控制技术的基础，而自动控制理论是该技术的核心。

物理学是科学发展的基础、技术进步的源泉、人类智慧的结晶、社会文明的瑰宝。物理学思想与方法对整个自然科学的发展都有着重要的贡献。而信息物理学对于物联网工程的指导意义也是清晰、明确的。

对于构建物联网知识体系和理论架构，我们要思考学科内涵、核心概念、科学符号和描述模型，以及物联网的数学基础。我们把半导体物理和微电子学的相关理论作为物联网感知层的理论基础；把信息论和网络通信理论作为物联网传输层的参考坐标；把数理统计和数学归纳法作为物联网大数据处理的数学依据；把现代控制理论作为智能硬件研发的理论指导。只有归纳和提炼出物联网学科的学科内涵、数理结构和知识体系，才能达到"厚基础，重实践，求创新"的人才培养目标。

丛书介绍

国务院关于印发《新一代人工智能发展规划》（以下简称《规划》）国发〔2017〕35号文件指出，新一代人工智能相关学科发展、理论建模、技术创新、软硬件升级等整体推进，正在引发链式突破，推动经济社会各领域从数字化、网络化向智能化加速跃升。《规划》中提到，要构建安全高效的智能化基础设施体系，大力推动智能化信息基础设施建设，提升传统基础设施的智能化水平，形成适应智能经济、智能社会和国防建设需要的基础设施体系。加快推动以信息传输为核心的数字化、网络化信息基础设施，向集感知、传输、存储、计算、处理于一体的智能化信息基础设施转变。优化升级网络基础设施，研发布局第五代移动通信（5G）系统，完善物联网基础设施，加快天地一体化信息网络建设，提高低时延、高通量的传输能力……由此可见，物联网的发展与建设将是未来几年乃至十几年的一个重点方向，需要我们高度重视。

在理工类高校普遍开设物联网专业的情况下，国内教育界的学者和出版界的专家，以及社会上的有识之士呼吁开展下列工作：

梳理物联网工程的体系结构；归纳物联网工程的一般规律；构建物联网工程的数理基

础；总结物联网信息感知和信息传输的特有规律；研究物联网电路低功耗和高可靠性的需求；制定具有信源多、信息量小、持续重复而不间断特点的区别于互联网的物联网协议；研发针对万物互联的物联网操作系统；搭建小型分布式私有云服务平台。这些都是物联网工程的奠基性工作。

基于此，我们组织了一批工作于科研前沿的物联网产品研发工程师和高校教师作为创作团队，编写了这套"物联网工程实战丛书"。丛书先推出以下 6 卷：

《物联网之源：信息物理与信息感知基础》

《物联网之芯：传感器件与通信芯片设计》

《物联网之魂：物联网协议与物联网操作系统》

《物联网之云：云平台搭建与大数据处理》

《物联网之雾：基于雾计算的智能硬件快速反应与安全控制》

《物联网之智：智能硬件开发与智慧城市建设》

丛书创作团队精心地梳理出了他们对物联网的理解，归纳出了物联网的特有规律，总结出了智能硬件研发的流程，贡献出了云服务平台构建的成果。工作在研发一线的资深工程师和物联网研究领域的青年才俊们贡献了他们丰富的**项目研发经验、工程实践心得和项目管理流程**，为"百花齐放，百家争鸣"的物联网世界增加了一抹靓丽景色。

丛书全面、系统地阐述了物联网理论基础、电路设计、专用芯片设计、物联网协议、物联网操作系统、云服务平台构建、大数据处理、智能硬件快速反应与安全控制、智能硬件设计、物联网工程实践和智慧城市建设等内容，勾勒出了物联网工程的学科结构及其专业必修课的范畴，并为物联网在工程领域中的应用指明了方向。

丛书从硬件电路、芯片设计、软件开发、协议转换，到智能硬件研发（小项目）和智慧城市建设（大工程），都用了很多篇幅进行阐述；系统地介绍了各种开发工具、设计语言、研发平台和工程案例等内容；充分体现了工程专业"理论扎实，操作见长"的学科特色。

丛书理论体系完整、结构严谨，可以提高读者的学术素养和创新精神。通过系统的理论学习和技术实践，让读者在信息感知研究方向具备了丰富的敏感元件理论基础，所以会不断发现新的敏感效应和敏感材料；在信息传输研究方向，因为具备通信理论的涵养，所以他们会不断地制定出新的传输协议和编码方法；在信息处理研究领域，因为具有数理统计方法学的指导，所以他们会从特殊事件中发现事物的必然规律，从而从大量无序的事件中归纳出一般规律。

本丛书可以为政府相关部门的管理者在决策物联网的相关项目时提供参考和依据，也可以作为物联网企业中相关工程技术人员的培训教材，还可以作为相关物联网项目的参考资料和研发指南。另外，对于高等院校的物联网工程、电子工程、电气工程、通信工程和自动化等专业的高年级本科和研究生教学，本丛书更是一套不可多得的教学参考用书。

相信这套丛书的"基础理论部分"对物联网专业的建设和物联网学科理论的构建能起

到奠基作用，对相关领域和高校的物联网教学提供帮助；其"工程实践部分"对物联网工程的建设和智能硬件等产品的设计与开发起到引领作用。

丛书创作团队

本丛书创作团队的所有成员都来自于一线的研发工程师和高校教学与研发人员。他们都曾经在各自的工作岗位上做出了出色的业绩。下面对丛书的主要创作成员做一个简单介绍。

曾凡太，山东大学信息科学与工程学院高级工程师。已经出版"EDA 工程丛书"（共 5卷，清华大学出版社出版）、《现代电子设计教程》（高等教育出版社出版）、《PCI 总线与多媒体计算机》（电子工业出版社出版）等书，发表论文数十篇，申请发明专利 4 项。

边栋，毕业于大连理工大学，获硕士学位。曾经执教于山东大学微电子学院，指导过本科生参加全国电子设计大赛，屡创佳绩。在物联网设计、FPGA 设计和 IC 设计实验教学方面颇有建树。目前在山东大学微电子学院攻读博士学位，研究方向为电路与系统。

曾鸣，毕业于山东大学信息学院，获硕士学位。资深网络软件开发工程师，精通多种网络编程语言。曾就职于山东大学微电子学院，从事教学科研管理工作。目前在山东大学微电子学院攻读博士学位，研究方向为电路与系统。

孙昊，毕业于山东大学控制工程学院，获工学硕士学位。网络设备资深研发工程师。曾就职于华为技术公司，负责操作系统软件的架构设计，并担任 C 语言和 Lua 语言讲师。申请多项 ISSU 技术专利。现就职于浪潮电子信息产业股份有限公司，负责软件架构设计工作。

王见，毕业于山东大学。物联网项目经理、资深研发工程师。曾就职于华为技术公司，有 9 年的底层软件开发经验和系统架构经验，并在项目经理岗位上积累了丰富的团队建设经验。现就职于浪潮电子信息产业股份有限公司。

张士辉，毕业于青岛科技大学。资深 App 软件研发工程师，在项目开发方面成绩斐然。曾经负责过复杂的音视频解码项目，并在互联网万兆交换机开发项目中负责过核心模块的开发。

赵帅，毕业于沈阳航空航天大学。资深网络设备研发工程师，从事 Android 平板电脑系统嵌入式驱动层和应用层的开发工作。曾经在语音网关研发中改进了 DSP 中的语音编解码及回声抵消算法。现就职于浪潮电子信息产业股份有限公司。

李同滨，毕业于电子科技大学自动化工程学院，获工学硕士学位。嵌入式研发工程师，主要从事嵌入式硬件电路的研发，主导并完成了多个嵌入式控制项目。

徐胜朋，毕业于山东工业大学电力系统及其自动化专业。电力通信资深专家、高级工程师。现就职于国网山东省电力公司淄博供电公司，从事信息通信管理工作。曾经在中文核心期刊发表了多篇论文。荣获国家优秀质量管理成果奖和技术创新奖。申请发明专利和实用新型专利授权多项。

刘美丽，毕业于中国石油大学（北京），获工学硕士学位，现为山东农业工程学院副教授、高级技师，从事自动控制和农业物联网领域的研究。已出版《MATLAB 语言与应用》（国防工业出版社）和《单片机原理及应用》（西北工业大学出版社）两部著作。发表国家级科技核心论文 4 篇，并主持山东省高校科研计划项目 1 项。

杜秀芳，毕业于山东大学控制科学与工程学院，获工学硕士学位。曾就职于群硕软件开发（北京）有限公司，任高级软件工程师，从事资源配置、软件测试和 QA 等工作。现为山东劳动职业技术学院机械工程系教师。

王洋，毕业于辽宁工程技术大学，获硕士学位。现就职于浪潮集团，任软件工程师。曾经发表多篇智能控制和设备驱动方面的论文。

本丛书涉及面广，内容繁杂，既要兼顾理论基础，还要突出工程实践，这对于整个创作团队来说是一个严峻的挑战。令人欣慰的是，创作团队的所有成员都在做好本职工作的条件下依然坚持写作，付出了辛勤的劳动，最终天道酬勤，成就了这套丛书的出版。在此，对所有参与写作的成员表示衷心的感谢，并祝福他们事业有成！

丛书服务与支持

本丛书开通了读者服务网站 www.iotengineer.cn，还申请了读者服务的微信公众号。读者可以通过访问读者服务网站，或者扫描下面的二维码，与作者共同交流书中的相关问题，探讨物联网工程的有关话题。另外，读者还可以发送电子邮件到 hzbook2017@163.com，以获得帮助。

曾凡太

于山东大学

沉舟侧畔千帆过，病树前头万木春

继计算机操作系统、嵌入式操作系统、手机操作系统之后，物联网操作系统进入了起步发展阶段。就目前的现状，物联网操作可以描述为：厂商山头林立、市场虚假繁荣、技术概念老旧、产品良莠不齐。

物联网操作系统产生的背景

应用需求催生了物联网操作系统的诞生。边缘计算的兴起，不仅解决了海量数据上云引起的网络阻塞、存储冗余、响应迟缓等问题，也为物联网操作系统的发展提供了机遇。边缘计算（将在丛书的第 6 卷中展开讲解）是物联网操作系统的重要应用领域之一。

高档微处理器奠定了物联网操作系统的硬件搭载基础。微处理器技术发展快速，32 位 MCU 技术已经成熟，既可以在嵌入式设备终端和网关设备上使用，又可以在传感单元和执行单元上普遍使用。32 位微处理器的硬件资源丰富，为物联网操作系统载体奠定了良好的硬件基础。例如，在 MCU 市场里，ARM 完善的生态环境大大推动了物联网操作系统在内的嵌入式软件的发展。其他内嵌网络接口、A/D 转换、通信模块的微处理器芯片也不断出现，物联网操作系统的搭载基础越来越好。

此外，设备端的小型化、低功耗、安全性的趋势，以及通信协议之间的灵活转换、应用层对边缘计算能力的要求、复杂的设备测控软件，这些市场需求成了物联网操作系统产生的必要条件。

物联网操作系统的组成框架

物联网操作系统沿用了嵌入式操作系统中的技术，可以将该技术分为两种，一种是实时的，另一种是通用型的。物联网操作系统由内核、通信支持（Wi-Fi/蓝牙、2G、3G、4G、5G、NFC、RS232、PLC 等）、外围组件（文件系统、GUI、Java 虚拟机、XML 文件解析器等），以及集成开发环境等组成。

物联网操作系统的必备能力

设备管理能力：内核应该有一个基于总线或树结构的设备管理机制，可以动态加载存储在外部介质上的设备驱动程序或其他核心模块。只需要开发新的应用程序，就可以满足设备管理需求。

可扩展、可裁剪、可伸缩的架构：因为物联网应用环境具备广谱特性，要求操作系统必须能够扩展，以适应新的应用环境。将物联网操作系统的内核设计成框架结构，定义接口和规范就可以在操作系统内核上增加新的功能和硬件支持。对于资源（内存和 CPU）受限的设备，内核软件的大小必须维持在 10KB 以内，具备基本的任务调度和通信功能即可。高配置的设备（具有边缘计算能力的服务器、具有路由功能的网关），其内核必须具备完善的线程调度、内存管理、本地存储、复杂的网络协议、图形用户界面等功能。这时内核软件的大小可以达到几百 KB，甚至 MB。内核软件大小的伸缩性通过两个措施来实现，即重新编译和二进制模块选择加载。重新编译需要根据不同的应用目标，选择所需要的功能模块，然后对内核进行重新编译；二进制模块选择加载，需要操作系统配置文件，在内核初始化完成后，会根据配置文件，选择加载所需要的二进制模块。

文件系统、外部存储能力：支持常用的文件系统和外部存储，支持 FAT32、NTFS、DCFS 等文件系统，支持硬盘、USB Stick、Flash 和 ROM 等常用存储设备。

应用程序动态加载能力：物联网操作系统应提供一组 API，供不同应用程序调用，而且这一组 API 应该根据操作系统所加载的外围模块实时变化。操作系统能够动态地从外部存储介质上按需加载应用程序，其内核和外围模块（GUI、网络等）提供基础支持，而各种各样的行业应用则通过应用程序来实现。

兼容的通信接入能力：支持物联网常用的无线和有线通信功能。比如，支持 GPRS、3G、HSPA、4G 等公共网络的无线通信功能，同时要支持 ZigBee、NFC、RFID、Wi-Fi、Bluetooth 等近场通信功能，还要支持 Ethernet、CAN、USB 有线网络功能，以及窄带通信技术 NB-IoT 和 LoRa。

完善的网络协议兼容和转换能力：物联网操作系统必须支持完善的 TCP/IP 协议栈，包括对 IPv4 和 IPv6 的同时支持。同时也支持丰富的 IP 协议族，比如 Telnet、FTP、IPSec、SCTP 等协议，以适用智能终端和高安全、高可靠的应用场合；不同的物理和链路层接口之上的协议之间要能够相互转换，把从一种协议获取到的数据报文转换成另一种协议报文发送出去。

设备的安全保护能力：支持内存保护（VMM 等机制）和异常管理等机制，在必要时隔离错误代码。另外一个安全策略就是不开放源代码，或者不开放关键部分的内核源代码。物联网设备中很大一部分小型设备使用 MCU 和资源有限的微处理器，不开放它们的源代码能保护这些小型设备使其不受网络攻击和非法控制，以确保设备安全。

边缘计算能力：物联网设备连续不断地产生海量数据，如何管理和处理这些数据是摆在物联网企业面前的一个难题。边缘计算无疑是解决这个难题的有效技术手段之一。边缘计算是提高响应速度，改善网络阻塞的关键技术。

物联网操作系统的实时性：物联网设备的测量控制，很多关键性动作必须在有限的时间内完成，否则将失去意义。首先是中断响应的实时性，一旦外部中断发生，操作系统必须在足够短的时间内响应中断并做出处理；其次是线程或任务调度的实时性，一旦任务或线程所需的资源或进一步运行的条件准备就绪，必须马上得到调度执行。

物联网操作系统的可靠性：物联网应用环境具备自动化程度高、人为干预少的特点，这要求物联网操作系统必须足够可靠，以支撑长时间地独立运行和无故障运行。

功耗控制能力：操作系统内核应该在 CPU 空闲的时候降低 CPU 的运行频率，或干脆关闭 CPU。对于周边设备，也应该实时判断其运行状态，一旦进入空闲状态，则切换到省电模式。例如，网络上发送和接收信息的一个个嵌入式计算小型设备（比如智能传感器），它们的测控方法和管理模式是快速执行、立即睡眠模式。

远程诊断、维护、升级能力：可大大降低运营成本。远程升级完成后，原有的设备配置和数据能够得以继续使用。在升级失败的情况下，操作系统也应该能够恢复原有的运行状态。远程升级和维护是物联网操作系统大规模部署、低成本运营的主要措施之一。

远程配置、管理能力：常见的远程操作项目有远程修改设备参数、远程查看运行信息、远程查看操作系统内核状态、远程调试线程或任务、远程转储（dump）内核状态等功能。

XML 文件解析能力：物联网时代，不同行业之间存在严重的信息共享壁垒。XML 格式的数据共享可以打破这个壁垒。物联网操作系统内置了对 XML 解析的支持，操作系统的配置数据统一用 XML 格式进行存储，从而对行业自行定义的 XML 格式进行解析，以完成行业间的信息交互功能。

完善的 GUI 能力：图形用户界面一般应用于物联网的智能终端中，完成用户和设备的交互。应该定义一个完整的 GUI 框架，以方便图形功能的扩展。同时应该实现常用的用户界面元素，比如文本框、按钮和列表等。GUI 模块的效率要足够高，从用户输入确认，到具体的动作开始执行之间的时间（可以叫做 click-launch 时间）要足够短，响应要足够快。

物联网应用软件的开发环境

集成开发环境是构筑行业应用的关键工具。物联网操作系统必须提供方便、灵活的开发工具，以开发出适合不同行业的应用程序。开发环境必须足够成熟并得到广泛适用，以降低应用程序的上市时间（TTM）。集成开发环境必须具备如下特点：

- 物联网操作系统要提供丰富灵活的 API，供程序员调用，这组 API 应该能够支持多种语言，比如既支持 C/C++，也支持 Java 等程序设计语言。
- 充分利用已有的集成开发环境，比如可以利用 Eclipse、Visual Studio 等集成开发环境，它们有广泛的应用基础，可以在 Internet 上直接获得良好的技术支持。
- 要提供一组工具，方便应用程序的开发和调试，比如提供应用程序下载工具和远程调试工具等，以支撑整个开发过程。

物联网操作系统内核、外围模块、应用开发环境是支撑平台，而行业应用才是最终产生生产力的软件。物联网操作系统是行业应用软件得以茁壮成长和长期有效生存的基础。

物联网工程裸机环境编程

所谓的裸机编程指的是无 OS（Operatings System，操作系统）支持的硬件系统编程。实际的编程工作肯定需要一个环境，用于编程和编译的环境叫做"宿主机"，最终的程序在"目标机"上运行（交叉编译）。单片机没有操作系统，在 Keil 中编写的代码都是裸机代码。

裸机编程主要是针对低端的嵌入式系统，如 SCM（Single Chip Machine）、各式 MCU、DSP 等。当然，编写 PC 的 boot loader 肯定也属于裸机编程。

裸机编程的最原始办法是用汇编语言。现今，裸机编程普遍使用了更高级的语言。从 C 语言转换到汇编语言的过程叫做编译。

在裸机上执行程序时，仅仅需要机器能直接识别的二进制机器码 bin 文件，这是一种纯净的二进制机器码文件。裸机运行的程序代码一般由一个 main 函数中的 while 死循环和各种中断服务程序组成，平时 CPU 执行 while 循环中的代码，在出现其他事件时，跳转到中断服务程序进行处理，没有多任务和线程的概念。

物联网工程操作系统环境编程

首先 OS 管理并扩展了整个机器资源，提供 API 系统调用接口，程序员通过这个接口与硬件资源打交道，因此在 OS 上编程不需要考虑硬件特性，换句话说就是移植性最佳。

其次，编译器与 OS 之间的关系非常紧密，OS 环境编程很少有人用汇编代码，而是使用各种层次和类型的高级语言。OS 环境编程使用的编译器，其功能要比裸机编程的编译器广泛得多。举例而言，GCC 编译器能够为多种软硬件平台编译 C/C++程序。可以用 GCC 编译裸机程序，也可以编译 OS 环境下的程序。GCC 编译出来的 OS 环境可执行文件是裸机环境可执行文件的超集。

引入操作系统后，程序执行时可以把一个应用程序分割为多个任务，每个任务完成一部分工作，并且每个任务都可以写成死循环。操作系统根据任务的优先级，通过调度器使 CPU 分时执行各个任务，以保证每个任务都能够得到运行。若调度方法优良，则各任务看起来是并行执行的，从而减少了 CPU 的空闲时间，提高了 CPU 的利用率。

物联网操作系统的开源策略

开源操作系统是指源代码公开的操作系统软件，遵循开源协议进行使用、编译和再发布。在遵守相关开源协议的前提下，任何人都可以免费使用，随意控制软件的运行方式。各种物联网操作系统支持不同的硬件、通信标准和应用场景。开源有利于打破技术障碍和壁垒，提高互操作性和可移植性，减小开发成本，适合开源社区的开发人员参与。物联网操作系统开源的一个范例是英特尔 Zephyr 物联网操作系统。该操作系统项目的开源策略是与合作伙伴共同打造一个完善的生态系统，从而更好地帮助开发者利用 Zephyr 操作系统开发物联网设备。

Zephyr 项目以其开源性、灵活性和安全性，将会吸引越来越多的社区用户加入生态系统，产业链上下游的厂商会通过自己的特长对 Zephyr 项目作出贡献，让其代码和应用越来越完善，进而更好地服务于用户。例如，Linaro 可以为 Zephyr 项目提供优质的 ARM 架构支持，Runtime.io 为资源受限设备运行时提供设备管理和监控。

英特尔物联网战略非常清晰，发挥从设备到数据中心的技术专长，致力于通过可扩展的软硬件产品路线图，开发智能设备和网关，促进传统系统与云的连接，实现端到端的解决方案，并从大数据中挖掘商业价值。

物联网操作系统的产业生态竞争

对于物联网发展而言，"碎片化"是主要问题。其中，芯片、传感器、通信协议、应用场景千差万别，山头林立。比如无线通信标准，就有蓝牙、Wi-Fi、ZigBee、PLC、Z-Wave、RF、Thread、Z-Wave、NFC、UWB、LiFi、NB-IoT 和 LoRa 等。它们技术方案不统一，体系结构不一致，阻碍了物联网的发展，也限制了互联互通的范围。碎片化特点必将使得物联网应用对软件的需求多样化。因此，一种操作系统和开发工具很难支持物联网系统中的所有设备。

当前物联网操作系统的发展状况犹如智能手机操作系统发展的早期阶段。短时间内物联网操作系统很难形成像智能手机中 Android 和 iOS 两家瓜分市场的局面。现在物联网操作系统处于初期的探索和打磨阶段，产品尚不成熟，功能尚不完善，协议尚不兼容，标准尚不统一。物联网操作系统的市场竞争将是产业生态的竞争，借助不断完善的生态系统，各个物联网操作系统经过市场的不断验证，优胜劣汰。沉舟侧畔千帆过，病树前头万木春。相信几年后，有一些企业研发的物联网操作系统技术形态和商业模式将会受到产业界的认可，从中脱颖而出。

关于本书

本书是"物联网工程实战丛书"的第 3 卷——《物联网之魂：物联网协议与物联网操作系统》。本书第 1~2 章由孙昊编写；第 3 章由杜秀芳编写，第 4~7 章由曾凡太编写；第 8~9 章由赵帅编写；第 10 章由王洋编写。曾凡太统筹全稿。本书的出版首先感谢各位青年作者按时完成了写作计划！感谢欧振旭编辑的鼎力支持和出版社其他编辑的辛苦工作！本书编写过程中参考了海量的技术文献，限于篇幅不能一一列出，深表歉意，在此对参考文献的原作者表示衷心的感谢！

曾凡太

于山东大学

目录

第1章 网络通信技术

1.1 数字通信概述

数字通信是指用数字信号作为载体来传输信息，或者用数字信号对载波进行数字调制后再传输的通信方式。它的主要技术设备包括发射器、接收器及传输介质。数字通信系统的通信模式主要包括数字频带传输通信系统、数字基带传输通信系统及模拟信号数字化传输通信系统3种。

数字信号与传统的模拟信号不同。它是一种无论在时间上还是幅度上都属于离散的负载数据信息的信号。与传统的模拟通信相比其具有以下优势：首先是数字信号有极强的抗干扰能力，由于在信号传输的过程中不可避免地会受到系统外部及系统内部的噪声干扰，而且噪声会跟随信号的传输而放大，这无疑会干扰到通信质量。但是数字通信系统传输的是离散性的数字信号，虽然在整个过程中也会受到噪声干扰，但只要噪声绝对值在一定的范围内就可以消除噪声干扰。其次是在进行远距离的信号传输时，通信质量依然能够得到有效保证。因为在数字通信系统当中利用再生中继方式，能够消除长距离传输噪音对数字信号的影响，而且再生的数字信号和原来的数字信号一样，可以继续进行传输，这样数字通信的质量就不会因为距离的增加而产生影响，所以它也比传统的模拟信号更适合进行高质量的远距离通信。此外，数字信号要比模拟信号具有更强的保密性，而且与现代技术相结合的形式非常简便，目前的终端接口都采用数字信号。同时数字通信系统还能够适应各种类型的业务要求，例如电话、电报、图像及数据传输等，它的普及应用也方便实现统一的综合业务数字网，便于采用大规模集成电路，便于实现信息传输的保密处理，便于实现计算机通信网的管理等。

要进行数字通信，就必须进行模数变换。也就是把信号发射器发出的模拟信号转换为数字信号。基本的方法包括：首先把连续性的模拟信号用相等的时间间隔抽取出模拟信号的样值，然后将这些抽取出来的模拟信号样值转变成最接近的数字值。因为这些抽取出的样值虽然在时域进行了离散化处理，但是在幅度上仍然保持着连续性。而量化过程就是将这些样值在幅度上也进行离散化处理，最后把量化过后的模拟信号样值转化为一组二进制数字代码，然后将数字信号送入通信网进行传输。在接收端则是一个还原过程，也就是把收到的数字信号变为模拟信号，通过数模变换重现声音及图像。如果信号发射器发出的信号本来就是数字信号，则不用再进行数模变换的过程，可以直接进入数字网进行传输。

1.2 数字通信关键技术

数字通信的关键性技术包括编码、调制、解调、解码及过滤等，其中，数字信号的调制及解调是整个系统的核心也是最基本、最重要的技术。现代通信的数字化技术主要表现在以下几个方面。

1. 信源的编码技术

常用的编码方法有：

- 脉冲编码调制（PCM）：在光纤通信系统中，光纤中传输的是二进制光脉冲"0"码和"1"码，它由二进制数字信号对光源进行调制而产生。数字信号是对连续变化的模拟信号进行抽样、量化和编码产生的，称为 PCM（Pulse Code Modulation），即脉冲编码调制。
- 增量调制（ΔM）：或称增量脉码调制方式（DM），是继 PCM 后出现的又一种模拟信号数字化的方法，1946 年由法国工程师 De Loraine 提出，目的在于简化模拟信号的数字化方法。增量调制主要在军事通信和卫星通信中广泛使用，有时也作为高速大规模集成电路中的 A/D 转换器使用。

增量调制是一种把信号上一采样的样值作为预测值的单纯预测编码方式。增量调制是预测编码中最简单的一种。它将信号瞬时值与前一个抽样时刻的量化值之差进行量化，而且只对这个差值的符号进行编码，而不对差值的大小编码。因此量化只限于正和负两个电平，只用一比特传输一个样值。如果差值是正的，就发"1"码，若差值为负就发"0"码。因此数码"1"和"0"只是表示信号相对于前一时刻的增减，不代表信号的绝对值。同样，在接收端，每收到一个"1"码，译码器的输出相对于前一个时刻的值上升一个量阶。每收到一个"0"码就下降一个量阶。当收到连"1"码时，表示信号连续增长，当收到连"0"码时，表示信号连续下降。译码器的输出再经过低通滤波器滤去高频量化噪声，从而恢复原信号，只要抽样频率足够高，量化阶距大小适当，收端恢复的信号与原信号非常接近，量化噪声可以很小。

2. 信道编码技术

从信道传输质量来看，希望在噪声干扰的情况下，编码的信息在传输过程中差错愈小愈好。为此，就要求传输码有检错和纠错的能力，欲使检错（纠错）能力愈强，就要求信道的冗余度愈大，从而使信道的利用率降低。同时，信道传输的速率与信息码速率一般是不等的，有时相差很大，这是在设计通信系统时必须注意的问题。

3．现代调制解调技术

有效利用频谱是无线通信发展到一定阶段时所必须解决的问题，况且随着大容量和远距离数字通信的发展，尤其是卫星通信和数字微波中继通信，其信道是带宽有限的和非线性的，这使传统的数字调制解调技术面临着新的挑战，这就需要进一步研究一种或多种新的调制解调方式，充分节省频谱并高效率地利用有限的频带，如现代的恒包络数字调制解调技术、扩展频谱调制解调技术。

4．信道复用技术

欲在同一信道内传输千百条话路，就需要利用信道复用技术。所谓信道复用，就是将输入的众多不同信息来源的信号，在发信端进行合并后在信道上传输，当到达收信端后又将它们分开，恢复为原多路信号的过程，也称为复接和分接，简称复用。理论上只要使多路信号分量之间相互正交，就能实现信道复用。常用的复用方式主要有频分复用（FDM）、时分复用（TDM）、码分复用（CDM）和空分复用（SDM）4 种。数字通信中实现复用的关键是需要解决多种多样的同步问题。

5．多址技术

目前，现代通信是多点间的通信，即多用户之间的相互通信方式除了传统的交换方式外，人们需要在任何地点、任何时间，能够与任意对象交换信息，往往采用多址方式来予以实现。例如，卫星通信就是通过通信卫星与地球上任一个或多个地球站进行通信，而不需要专门的交换机的多址方式。多址方式有：频分多址（FDMA）、时分多址（TDMA）、码分多址（CDMA）空分多址（SDMA）等。

6．通信协议

在当今的信息社会里，现代通信不仅仅是国内范围内的通信，而且是超越国界的。因此，在国内通信中需要规定统一的多种标准，以避免在通信过程中造成相互间的干扰或因通信线路（系统）的接口不同，而无法进行通信。在国际上成立了一个专门的机构——国际电报电话咨询委员会（CCITT），现为国际电信联盟（ITU）和国际无线电咨询委员会（CCIR），这两个机构在开展工作的几十年来，分别制定了一系列各国必须遵守的国际通信标准，并制定了为世界各国通信工作者所公认的众多协议和建议。随着通信体制日新月异的发展，仍然还有许多新开发的领域需要制定新的标准，例如 ISDN 和多种网路的协议等。在设计各种通信系统时，这是必须注意的关键问题。

1.3　数字通信 OSI 模型

国际标准化组织（ISO）发布了开放系统互联（OSI）参考模型，OSI 参考模型是一个

7 层结构，如图 1.1 所示。

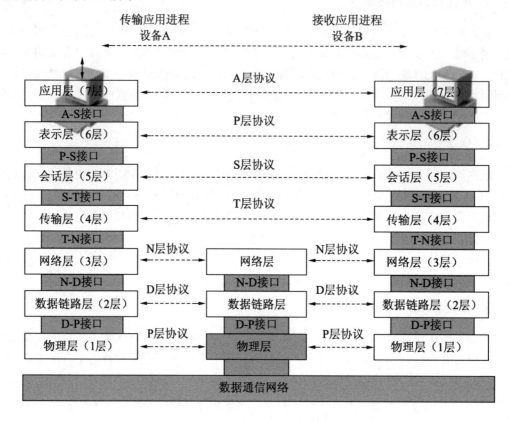

图 1.1　开放系统互联（OSI）参考模型

1．物理层

物理层负责实现相邻计算机节点之间比特流的透明传输，尽可能屏蔽掉具体传输介质与物理设备间的差异，使上层的数据链路层不必考虑网络的具体传输介质是什么。

2．数据链路层

数据链路层负责建立和管理节点间的链路。接受来自物理层的位流形式的数据，并封装成帧传送到上一层；同样，也将来自上一层的数据帧，拆装为位流形式的数据转发到物理层；并且还负责处理接收端发回的确认帧的信息，以便提供可靠的数据传输。

3．网络层

网络层负责通过路由算法，为报文或分组通过通信子网选择最适当的路径。该层控制数据链路层与物理层之间的信息转发，建立、维持与终止网络的连接。具体说就是，数据链路层的数据在这一层被转换为数据包，然后通过路径选择、分段组合、顺序、进/出路由等控制，将信息从一个网络设备上传送到另一个网络设备上。

4．传输层

传输层负责提供会话层和网络层之间的传输服务，这种服务从会话层获得数据，并在必要时对数据进行分割，然后，传输层将数据传送到网络层，并确保数据能准确无误地传送到网络层。因此，传输层负责提供两节点之间数据的可靠传送，当两节点的联系确定之后，传输层负责监督工作。

5．会话层

会话层负责向两个实体的表示层提供建立和使用连接的方法，将不同实体之间的表示层的连接称为会话。因此会话层的任务就是组织和协调两个会话进程之间的通信，并对数据交换进行管理。

6．表示层

表示层负责对来自应用层的命令和数据进行解释，对各种语法赋予相应的含义，并按照一定的格式传送给会话层。

7．应用层

应用层负责直接向用户提供服务，完成用户希望在网络上完成的各种工作。它在其他6层工作的基础上，负责完成网络中应用程序与网络操作系统之间的联系，建立与结束使用者之间的联系，并完成网络用户提出的各种网络服务及应用所需的监督、管理和服务等各种协议。此外，该层还负责协调各个应用程序间的工作。

由于 OSI 是一个理想的模型，因此一般网络系统只涉及其中的几层，很少有系统能够具有完整的 7 层，并完全遵循它的规定。在 7 层模型中，每一层都提供一个特殊的网络功能。从网络功能的角度观察：下面 4 层（物理层、数据链路层、网络层和传输层）主要提供数据传输和交换功能，即以节点到节点之间的通信为主；第 4 层作为上下两部分的桥梁，是整个网络体系结构中最关键的部分；而上 3 层（会话层、表示层和应用层）则以提供用户与应用程序之间的信息和数据处理功能为主。简言之，下 4 层主要完成通信子网的功能，上 3 层主要完成资源子网的功能。

有一个很容易理解 OSI 七层模型的例子，最初推出这个模型，是为了满足美国科学家需要在两台计算机之间进行通信的需求。

（1）需求 1

科学家们要解决的第一个问题是两台计算机之间怎么通信。具体体现就是一台计算机发出比特流，另一台计算机能收到。

于是，科学家们提出了物理层的概念：主要定义物理设备标准，如网线的接口类型、光纤的接口类型，以及各种传输介质的传输速率等。它的主要作用是传输比特流（就是由

1、0 转化为电流强弱来进行传输，到达目的地后再转化为 1、0，也就是我们常说的数模转换与模数转换）。这一层的数据叫做比特。

（2）需求 2

现在能通过电线发数据流了，但是还希望通过无线电波或其他介质来传输，而且还要保证传输过去的比特流是正确的，要有纠错功能。

于是，科学家们又提出了数据链路层的概念：通过各种控制协议，将有差错的物理信道变为无差错的、能可靠传输数据帧的数据链路。

（3）需求 3

现在可以在两台计算机之间发送数据了，那么如果要在多台计算机之间发送数据呢？怎么找到原始发出（源）的那台？或者，A 要给 F 发信息，中间要经过 B、C、D、E，但是中间还有好多节点如 K、J、Z、Y。怎么选择最佳路径？这就是路由要做的事。

于是，科学家们又提出了网络层的概念：通过路由算法，为报文或分组通过通信子网选择最适当的路径。该层控制数据链路层与物理层之间的信息转发，建立、维持与终止网络的连接。具体地说，数据链路层的数据在这一层被转换为数据包，然后通过路径选择、分段组合、顺序、进/出路由等控制，将信息从一个网络设备传送到另一个网络设备上。一般，数据链路层是解决同一网络内节点之间的通信，而网络层主要解决不同子网之间的通信，例如路由选择问题。

（4）需求 4

现在能正确地发送比特流数据到另一台计算机上了，但是当发送大量数据时候，可能需要很长时间，例如一个视频格式的文件，网络会中断很多次（事实上，即使有了物理层和数据链路层，网络还是会经常中断，只是中断的时间是毫秒级别），因此还需要保证传输大量文件时的准确性。因此，要对发出去的数据进行封装，就像发快递一样，一个一个地发。

于是，科学家们又提出了传输层的概念：向用户提供可靠的、端到端的差错和流量控制，保证报文的正确传输。提供建立、连接和拆除传输连接的功能。传输层在网络层基础上提供"面向连接"和"面向无连接"两种服务。例如 TCP，是用于发送大量数据的，我发了 1 万个包出去，另一台计算机就要告诉我是否接收到了 1 万个包，如果缺了 3 个包，就告诉我第 1001 个包、第 234 个包和第 8888 个包丢了，那么我会再发一次，这样就能保证对方把这个视频完整接收了。

例如 UDP，是用于发送少量数据的。我发 20 个包出去，一般不会丢包，所以，我不管你收到多少个。在多人互动游戏中也经常用 UDP 协议，因为一般都是简单的信息，而且有广播的需求。如果用 TCP，效率就会降低，因为它会不停地告诉主机：我收到了 20 个包，或者我收到了 18 个包，再发我两个！如果同时有 1 万台计算机都这样做，那么用 TCP 反而会降低效率，不如用 UDP，主机发出去就算了，如果你丢了几个包至多就卡一下，下次再发包时你再更新即可。

（5）需求 5

现在我们已经保证给正确的计算机发送正确的封装过后的信息了。但是用户级别的体验好不好？难道我每次都要调用 TCP 去打包，然后调用 IP 协议去找路由，自己去发？当然不行，所以我们要建立一个自动收发包、自动寻址的功能。

于是，科学家们又提出了会话层的概念：建立和管理应用程序之间的通信。允许用户在两个实体设备之间建立、维持和终止会话，并支持它们之间的数据交换。例如提供单方向会话或双向同时会话，并管理会话中的发送顺序，以及会话所占用的时间长短。

（6）需求 6

现在我能保证应用程序自动收发包和寻址了。但是要用 Linux 给 Windows 发包，两个系统的语法不一致，就像安装包一样，exe 是不能在 Linux 系统上用的，shell 在 Windows 系统上也是不能直接运行的。于是需要表示层，帮助解决不同系统之间通信的语法问题。

（7）需求 7

现在所有必要条件都准备好了，我们可以写个 Android 程序，web 程序去实现需求。

因为 OSI 模型的层数太多，顺序也不好记忆，于是有人就用 All People Seem To Need Data Processing 来帮助记忆，因为这 7 个单词的首字母和 OSI 模型每一层的首字母是一样的。

1.4　TCP/IP 网络通信协议

通信协议对物联网来说十分常用且关键，无论是近距离无线传输技术还是移动通信技术，都影响着物联网的发展。通信协议是指双方实体完成通信或服务所必须遵循的规则和约定。

我们将**物联网协议分为两大类，一类是传输协议，一类是通信协议**。传输协议一般负责子网内设备间的组网及通信。通信协议则主要是运行在传统互联网 TCP/IP 协议之上的设备通信协议，负责设备通过互联网进行数据交换及通信。

物联网的通信环境有 Ethernet、Wi-Fi、RFID、NFC（近距离无线通信）、ZigBee、6LoWPAN（IPv6 低速无线版本）、Bluetooth、GSM、GPRS、GPS、3G 和 4G 等网络，而每一种通信应用协议都有一定的适用范围。AMQP、JMS 和 HTTP 都是工作在以太网的协议，CoAP 协议是专门为资源受限设备开发的协议，MQTT 的兼容性则强很多。

1.4.1　TCP/IP 协议

互联网的发展很大程度上要归功于 Vinton Cerf 和 Robert Kahn 这对老搭档。他们在 20

世纪 70 年代设计的 TCP/IP 协议奠定了现代网络的基石，也因此获得了计算机界的最高荣誉——图灵奖。

TCP/IP 的设计非常成功。几十年来，底层的带宽、延时，还有介质都发生了翻天覆地的变化，顶层也多了不少应用，但 TCP/IP 却安如泰山。它不但战胜了国际标准化组织的 OSI 七层模型，而且目前还看不到被其他方案取代的可能。第一代从事 TCP/IP 工作的工程师，到了退休年龄也在做着朝阳产业。OSI 七层模型过于笨重，在实际应用中，市场明显更青睐 TCP/IP 四层模型。

TCP/IP 是一个四层协议系统，如图 1.2 所示。

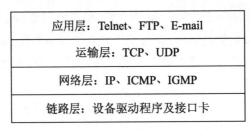

图 1.2　TCP/IP 四层协议系统

每一层负责不同的功能。

- 链路层：也称数据链路层或网络接口层。包括操作系统中的设备驱动程序和计算机中对应的网络接口卡。它们一起处理与电缆（或其他任何传输媒介）的物理接口细节。
- 网络层：也称互联网层。处理分组在网络中的活动，例如分组的选路。
- 运输层：也称传输层。主要为两台主机上的应用程序提供端到端的通信。
- 应用层：负责处理特定的应用程序细节。

TCP/IP 协议族具体包含多个协议，如图 1.3 所示。

IP 协议负责数据传输到哪里，而 TCP 协议负责数据的可靠传输。它们在数据传输过程中主要完成以下功能：

（1）由 TCP 协议把数据分成若干数据包，给每个数据包写上序号，以便接收端把数据还原成原来的格式。

（2）IP 协议给每个数据包写上发送主机和接收主机的地址，一旦写上源地址和目的地址，数据包就可以在互联网上传送数据了。IP 协议还具有利用路由算法进行路由选择的功能。

（3）这些数据包可以通过不同的传输途径（路由）进行传输，由于路径不同，加上其他的原因，可能出现顺序颠倒、数据丢失、数据失真甚至重复的现象。这些问题都由 TCP 协议来处理，它具有检查和处理错误的功能，必要时还可以请求发送端重发。

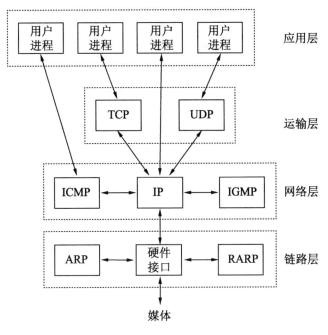

图 1.3　TCP/IP 协议族

TCP/IP 协议族跟 OSI 模型的对比，如图 1.4 所示。

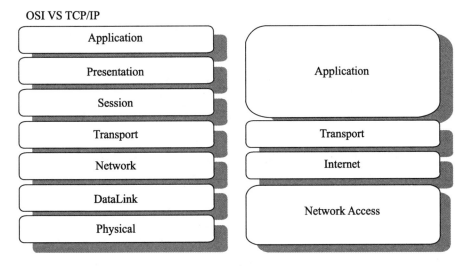

图 1.4　OSI TCP/IP 比较

互联网时代，TCP/IP 协议已经一统江湖，现在的物联网的通信架构也是构建在传统互联网基础架构之上。在当前的互联网通信协议中，HTTP 协议由于开发成本低，开放程度高的优势，几乎占据了大半江山，所以很多厂商在构建物联网系统时也基于 HTTP 协议进行开发。包括 Google 主导的 physic web 项目，都是期望在传统 Web 技术基础上构建物联网协议标准。

HTTP 协议是典型的 CS 通信模式，由客户端主动发起连接，向服务器请求 XML 或 JSON 数据。该协议最早是为了适用 Web 浏览器的上网浏览场景而设计的，目前在 PC、手机、Pad 等终端上都应用广泛，但并不适用于物联网场景。HTTP 协议在物联网场景中应用有以下三大弊端：

- 必须由设备主动向服务器发送数据，难以主动向设备推送数据。这对于数据采集等场景还可以勉强适用，但是对于频繁的操控场景，只能通过设备定期主动拉取的方式，实现成本和实时性都大打折扣。
- 安全性不高。由于 Web 的不安全性，HTTP 是明文协议，在很多要求高安全性的物联网场景，如果不做很多安全准备工作（如采用 https 等），后果将不堪设想。
- 不同于用户交互终端如 PC、手机，物联网场景中的设备多样化，对于运算和存储资源都十分受限的设备，HTTP 协议实现、XML/JSON 数据格式的解析，都是不可能的任务。

1.4.2　CoAP 协议

CoAP（Constrained Application Protocol，受限应用协议），应用于无线传感网中的协议，是 6LowPAN 协议栈中的应用层协议，适用于资源受限的通信网络。

CoAP 协议的特点如下：

- 报头压缩：CoAP 包含一个紧凑的二进制报头和扩展报头。它只有短短的 4B 的基本报头，基本报头后面跟扩展选项。一个典型的请求报头为 10～20B。
- 方法和 URIs：为了实现客户端访问服务器上的资源，CoAP 支持 GET、PUT、POST 和 DELETE 等方法。CoAP 还支持 URIs，这是 Web 架构的主要特点。
- 传输层使用 UDP 协议：CoAP 协议是建立在 UDP 协议之上，以减少开销和支持组播功能。它也支持一个简单的停止和等待的可靠性传输机制。
- 支持异步通信：HTTP 对 M2M（Machine-to-Machine）通信不适用，这是由于事务总是由客户端发起。而 CoAP 协议支持异步通信，这对 M2M 通信应用来说是常见的休眠/唤醒机制。
- 支持资源发现：为了自主地发现和使用资源，它支持内置的资源发现格式，用于发现设备上的资源列表，或者用于设备向服务目录公告自己的资源。它支持 RFC5785 中的格式，在 CoAP 中用/.well—known/core 路径表示资源描述。
- 支持缓存：CoAP 协议支持资源描述的缓存，可以优化其性能。

CoAP 协议主要实现：

- libcoap（C 语言实现）；
- Californium（Java 语言实现）。

CoAP 和 6LowPan，分别是应用层协议和网络适配层协议，其目标是解决设备直接连接到 IP 网络，也就是 IP 技术应用到设备之间、互联网与设备之间的通信需求。因为 IPV6 技术带来了巨大的寻址空间，不光解决了未来巨量设备和资源的标识问题，也使互联网上的应用可以直接访问支持 IPv6 的设备，而不需要额外的网关。

1.4.3 MQTT 协议（低带宽）

MQTT（Message Queuing Telemetry Transport，消息队列遥测传输），是由 IBM 开发的即时通信协议，相比来说是比较适合物联网场景的通信协议。MQTT 协议采用发布/订阅模式，所有的物联网终端都通过 TCP 连接到云端，云端通过主题的方式管理各个设备关注的通信内容，负责设备与设备之间的消息转发。

MQTT 在协议设计时就考虑到不同设备的计算性能的差异，因此所有的协议都是采用二进制格式编/解码，并且编/解码格式非常易于开发和实现。其最小的数据包只有 2 个字节，对于低功耗、低速网络也有很好的适应性。MQTT 有非常完善的 QoS（Quality of Service）机制，根据业务场景可以选择最多一次、至少一次、刚好一次的 3 种消息送达模式。其运行在 TCP 协议之上，同时支持 TLS（TCP+SSL）协议，并且由于所有数据通信都经过云端，安全性得到了较好的保障。

MQTT 协议的适用范围：在低带宽、不可靠的网络下，提供基于云平台的远程设备的数据传输和监控。

MQTT 协议的特点：

- 使用基于代理的发布/订阅消息模式，提供一对多的消息发布模式。
- 使用 TCP/IP 提供网络连接。
- 小型传输，开销很小（固定长度的头部是 2 字节），协议交换最小化，以降低网络流量。
- 支持 QoS，有 3 种消息发布服务质量：即至多一次、至少一次、只有一次。

MQTT 协议主要实现和应用：

- 已经有 PHP、Java、Python、C 和 C#等多个语言版本的协议框架。
- IBM Bluemix 的一个重要部分是其 IoT Foundation 服务，这是一项基于云的 MQTT 实例。
- 移动应用程序也早就开始使用 MQTT，如 Facebook Messenger 和 com 等。

MQTT 协议一般适用于设备数据采集到端（Device→Server，Device→Gateway），属于集中星型网络架构（hub-and-spoke），不适用设备与设备之间通信，设备控制能力弱。另外，其实时性较差，一般都在秒级。

1.4.4 AMQP 协议（互操作性）

AMQP（Advanced Message Queuing Protocol，先进消息队列协议），是 OASIS 组织提出的，该组织曾提出 OSLC（Open Source Lifecyle）标准，用于业务系统，例如 PLM、

ERP、MES 等进行数据交换。

AMQP 协议适用范围：最早应用于金融系统之间的交易消息传递，在物联网应用中，主要适用于移动手持设备与后台数据中心的通信和分析。

AMQP 协议特点：

- Wire 级的协议，它描述了在网络上传输数据的格式，以字节为流。（注：字节流是由字节组成的,字符流是由字符组成的）
- 面向消息、队列、路由（包括点对点和发布/订阅），可靠、安全。

AMQP 协议有广泛的用途，一些厂商使用了不同的语言编写 AMQP 协议实现软件，以达到消息传递的目的。不同的 AMQP 实现软件，可运行在不同的软件环境下。下面列出了 4 种 AMQP 协议软件实现的编程语言和运行环境。

- OpenAMQ：AMQP 的开源实现，用 C 语言编写，运行于 Linux、AIX、Solaris、Windows、和 OpenVMS 系统。
- Apache Qpid：Apache 的开源项目，支持 C++、Ruby、Java、JMS、Python 和.NET。
- Redhat Enterprise MRG：实现了 AMQP 的最新版本 0～10，提供了丰富的特征集，比如完全管理、联合、Active-Active 集群，有 Web 控制台，还有许多企业级特征，客户端支持 C++、Ruby、Java、JMS、Python 和.NET。
- RabbitMQ：一个独立的开源实现，服务器端用 Erlang 语言编写，支持多种客户端，如 Python、Ruby、.NET、Java、JMS、C、PHP、ActionScript、XMPP 和 STOMP 等，支持 AJAX。RabbitMQ 发布在 Ubuntu 和 FreeBSD 平台。

AMQP 工作流程：发布者（Publisher）发布消息（Message），经由交换机（Exchange）。交换机根据路由规则将收到的消息分发给与该交换机绑定的队列（Queue）。最后 AMQP 代理会将消息投递给订阅了此队列的消费者，或者消费者按照需求自行获取。具体工作流程如图 1.5 所示。

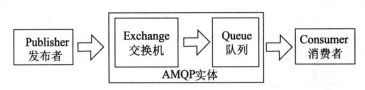

图 1.5　AMQP 工作流程

1.4.5　XMPP 协议（即时通信）

XMPP（Extensible Messaging and Presence Protocol，可扩展通信和表示协议），其前身是 Jabber，是一个开源组织产生的网络即时通信协议，后被 IETF 国际标准组织完成了标准化工作。

XMPP 协议的适用范围：用于即时通信的应用程序中，还能用在网络管理、内容供稿、协同工具、档案共享、游戏和远端系统监控中等。

XMPP 协议的特点：

- 属于客户机/服务器通信模式。
- 用于分布式网络。
- 简单的客户端，将大多数工作放在服务器端进行。
- 标准通用标记语言的子集 XML 的数据格式。

XMPP 是基于 XML 的协议，由于其开放性和易用性，在互联网及时通信应用中运用广泛。相对 HTTP，XMPP 在通信的业务流程上是更适合物联网系统的，开发者不用花太多心思去解决设备通信时的业务通信流程，相对开发成本会更低。但是 HTTP 协议中的安全性及计算资源消耗的硬伤并没有得到本质的解决。

1.4.6　JMS 协议

JMS（Java Message Service，Java 消息服务），是 Java 平台中著名的消息队列协议。

Java 消息服务（Java Message Service）应用程序接口，是一个 Java 平台中关于面向消息中间件（MOM）的 API，用于在两个应用程序之间或分布式系统中发送消息，进行异步通信。Java 消息服务是一个与具体平台无关的 API，绝大多数 MOM 提供商都对 JMS 提供支持。

JMS 是一种与厂商无关的 API，用来收发系统消息，它类似于 JDBC（Java Data Base Connectivity）。这里，JDBC 是可以用来访问许多不同关系数据库的 API，而 JMS 则提供同样与厂商无关的访问方法，以访问消息收发服务。JMS 能够通过消息收发服务（有时称为消息中介程序或路由器）从一个 JMS 客户机向另一个 JMS 客户机发送消息。消息是 JMS 中的一种类型对象，由两部分组成：即报头和消息主体。报头由路由信息及有关该消息的元数据组成。消息主体则携带着应用程序的数据或有效负载。根据有效负载的类型来划分，可以将消息分为几种类型，分别是：文本消息（TextMessage）、目标消息（ObjectMessage）、消息映射（MapMessage）、消息字节（BytesMessage）、消息流（StreamMessage）和无有效负载的消息（Message）。

MQTT、AMQP、XMPP、JMS 和 CoAP 这几种协议都已被广泛应用，并且每种协议至少有 10 种以上的代码实现，都宣称支持实时的发布/订阅的物联网协议，但是在具体物联网系统架构设计时，需考虑实际场景的通信需求，选择合适的协议。MQTT、XMPP 和和 CoAP 的比较如表 1.1 所示。

表 1.1　物联网协议对比

协议	CoAP	XMPP	MQTT
传输	UDP	TCP	TCP
消息传送	请求/响应	出版/订阅 请求/响应	出版/订阅 请求/响应
3G\4G适应性	优秀	优秀	优秀
LLN适应性	优秀	一般	一般
计算资源	10KB RAM/Flash	10KB RAM/Flash	10KB RAM/Flash
成功案例	公用事业领域网络	白色家电远程管理	将企业消息传递扩展到物联网应用程序

1.5　UDP 协议

　　UDP 为应用程序发送和接收数据报，但是与 TCP 不同，UDP 是不可靠的，它只是把数据报发送出去，但并不能保证该数据报能安全无误地到达最终目的地。

　　说到 UDP，经常拿它与 TCP 来对比。UDP 是无须连接的，所以非常适合 DNS 查询。如图 1.5 和图 1.6 是分别在基于 UDP 和 TCP 时执行 DNS 查询的两个包，前者明显更加直截了当，两个包就完成了。

　　基于 UDP 的查询如表 1.2 所示。

表 1.2　UDP查询包

No	源地址	目标地址	时间	协议	info
1	10.32.106.159	10.32.106.103	2013-08-13 16:57:53.8..	DNS	Standard query A paddy_cifs
2	10.32.106.103	10.32.106.159	2013-08-13 16:57:53.9..	DNS	Standard query response A ...

　　基于 TCP 的查询如表 1.3 所示。

表 1.3　TCP查询包

No	源地址	目标地址	时间	协议	info
1	10.32.106.159	10.32.106.103	16:39:08.396	TCP	38541>domain[syn]seq=0 win=5840 len..
2	10.32.106.103	10.32.106.159	16:39:08.396	TCP	domain >38541 [syn,ACK] seq=0 ACK=1..
3	10.32.106.159	10.32.106.103	16:39:08.396	TCP	38541>domain[ACK]seq=0 win=5840 len..
4	10.32.106.159	10.32.106.103	16:39:08.396	DNS	Standard query A paddy_cifs ,nas.com
5	10.32.106.103	10.32.106.159	16:39:08.397	DNS	Standard query response A 10.32.106.77
6	10.32.106.159	10.32.106.103	16:39:08.397	TCP	38541>domain[ACK]seq=39 ack=55win=5856.
7	10.32.106.159	10.32.106.103	16:39:08.397	TCP	38541>domain[FIN,ACK]seq=39 ack=55win=..

（续）

No	源地址	目标地址	时间	协议	info
8	10.32.106.103	10.32.106.159	16:39:08.398	TCP	domain >38541 [syn,ACK] seq=55 ACK =40..
9	10.32.106.103	10.32.106.159	16:39:08.398	TCP	domain >38541 [FIN,ACK] seq=55 ACK =40.
10	10.32.106.159	10.32.106.103	16:39:08.398	TCP	38541>domain[ACK]seq=40 ack=56win=5856.

UDP 为什么能如此直接呢？其实是因为它设计简单，在 UDP 协议头中，只有端口号、包长度和校验码等少量信息，总共就 8 个字节，其小巧的头部给它带来了一些优点。

- 由于 UDP 协议头长度还不到 TCP 头的一半，所以在同样大小的包里，UDP 包携带的净数据比 TCP 包多一些。
- 由于 UDP 没有序列号（seq）和应答（ack）等概念，无法维持一个连接，所以省去了建立连接的负担。这个优势在 DNS 查询中体现得淋漓尽致。

UDP 数据报封装成一份 IP 数据报的格式，如图 1.6 所示。

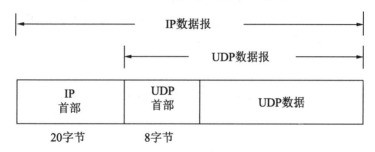

图 1.6　IP 数据报与 UDP 数据报格式比较

UDP 首部的各字段如图 1.7 所示。

图 1.7　UDP 首部结构

端口号表示发送进程和接收进程。

UDP 长度字段指的是 UDP 首部和 UDP 数据的字节长度。该字段的最小值为 8 字节（发送一份 0 字节的 UDP 数据报是 OK）。这个 UDP 长度是有冗余的。IP 数据报长度指的是数据报全长，因此 UDP 数据报长度是全长减去 IP 首部的长度。

当然简单的设计不一定是好事，更多的时候会带来问题。

UDP 不像 TCP 一样在乎双方 MTU（Maximum Transmission Unit，最大传输单元）的大小。它拿到应用层的数据之后，直接打上 UDP 头就交给下一层了。那么超过 MTU 的时候怎么办？

在这种情况下，发送方的网络层负责分片，接收方收到分片后再组装起来，这个过程会消耗资源，降低性能。

UDP 没有重传机制，所以丢包由应用层来处理。例如，某个写操作需要 6 个包完成。当基于 UDP 的写操作中有一个包丢失时，客户端不得不重传整个写操作（6 个包）。相比之下，基于 TCP 的写操作就好很多，只要重传丢失的那一个包即可。试想一下，在高性能环境中，一个写操作需要数十个包来完成，UDP 的劣势就体现出来了。

分片机制存在弱点，会成为黑客的攻击目标。接收方之所以知道什么时候该把分片组装起来，是因为每个包里都有 More fragments 的 flag。1 表示后续还有分片，0 则表示这是最后一个分片，可以组装了。如果黑客持续快速地发送 flag 为 1 的 UDP 包，接收方一直无法把这些包组装起来，就有可能耗尽内存。

1.6　HTTP 协议

HTTP 协议（Hyper Text Transfer Protocol，超文本传输协议），是用于从万维网（World Wide Web，WWW）服务器传输超文本到本地浏览器的传送协议。

HTTP 是基于 TCP/IP 通信协议来传递数据的（如 HTML 文件、图片文件和查询结果等）。

1.6.1　工作原理

HTTP 协议工作于客户端-服务端架构上。浏览器作为 HTTP 客户端通过 URL 向 HTTP 服务端即 Web 服务器发送所有请求。

Web 服务器有：Apache 服务器和 IIS 服务器（Internet Information Services）等。Web 服务器根据接收到的请求后，向客户端发送响应信息。HTTP 默认端口号为 80，但是也可以改为 8080 或者其他端口。

HTTP 协议的三点注意事项：

- HTTP 是无连接的：无连接的含义是限制每次连接只处理一个请求。服务器处理完客户的请求，并收到客户的应答后即断开连接。采用这种方式可以节省传输时间。
- HTTP 是媒体独立的：这意味着，只要客户端和服务器知道如何处理的数据内容，任何类型的数据都可以通过 HTTP 发送。客户端及服务器指定使用适合的 MIME-type（文件后缀名）内容类型。

● HTTP 是无状态的：HTTP 协议是无状态协议。无状态是指协议对于事务处理没有记忆能力。缺少状态意味着如果后续处理需要前面的信息，则它必须重传，这样可能导致每次连接传送的数据量增大。另一方面，在服务器不需要前面的信息时它的应答就较快。

如图 1.8 所示为 HTTP 协议通信流程。

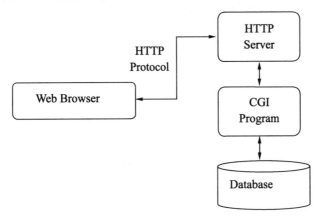

图 1.8　HTTP 协议通信流程

1.6.2　消息结构

HTTP 是基于客户端/服务端（C/S）的架构模型，通过一个可靠的链接来交换信息，是一个无状态的请求/响应协议。

一个 HTTP "客户端"是一个应用程序（Web 浏览器或其他任何客户端），通过连接到服务器达到向服务器发送一个或多个 HTTP 请求的目的。

一个 HTTP "服务器"同样也是一个应用程序（通常是一个 Web 服务，如 Apache Web 服务器或 IIS 服务器等），通过接收客户端的请求并向客户端发送 HTTP 响应数据。

HTTP 使用统一资源标识符（Uniform Resource Identifiers，URI）来传输数据和建立连接。

一旦建立连接后，数据消息就通过类似 Internet 邮件所使用的格式[RFC5322]和多用途 Internet 邮件扩展（MIME）[RFC2045]来传送。

客户端请求消息：客户端发送一个 HTTP 请求到服务器的请求消息包括请求行（request line）、请求头部（header）、空行和请求数据 4 个部分组成，如图 1.9 给出了请求报文的一般格式。

服务器响应消息：HTTP 响应也由 4 部分组成，分别是状态行、消息报头、空行和响应正文，如图 1.10 所示。

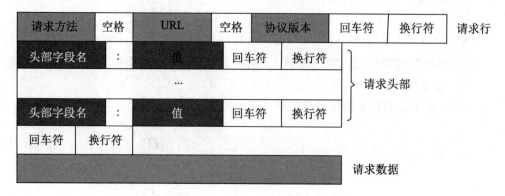

图 1.9　HTTP 请求报文格式

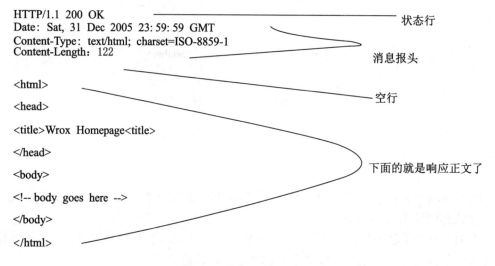

图 1.10　HTTP 响应消息

1.6.3　请求方法

根据 HTTP 标准，HTTP 请求可以使用多种请求方法，如表 1.4 所示。

HTTP 1.0 协议中定义了 3 种请求方法，分别是 GET、POST 和 HEAD 方法。

HTTP 1.1 协议中新增了 5 种请求方法，分别是 OPTIONS、PUT、DELETE、TRACE 和 CONNECT 方法。

表 1.4　HTTP请求方法

序号	方法	描述
1	GET	请求指定的页面信息，并返回实体主体
2	HEAD	类似于get请求，只不过返回响应中没有具体的内容，用于获取报头
3	POST	向指定资源提交数据进行处理请求（例如提交表单或者上传文件）。数据被包含在请求体中。POST请求可能会导致新资源的建立和/或已有资源的修改
4	PUT	从客户端向服务器传送的数据，取代指定文档中的内容
5	DELETE	请求服务器删除指定的页面
6	CONNECT	HTTP/1.1协议中预留给能够将连接改为管道方式的代理服务器
7	OPTIONS	允许客户端查看服务器的性能
8	TRACE	回显服务器收到的请求，主要用于测试或诊断

1.6.4　响应头信息

HTTP 请求头提供了关于请求、响应或者其他发送实体的信息。在本节中将具体介绍 HTTP 响应头信息，如表 1.5 所示。

表 1.5　HTTP响应头信息

应　答　头	说　　明
Allow	服务器支持哪些请求方法（如GET、POST等）
Content-Encoding	文档的编码（Encode）方法。只有在解码之后才可以得到Content-Type头指定的内容类型。利用gzip压缩文档能够显著地减少HTML文档的下载时间。Java的GZIPOutputStream可以很方便地进行gzip压缩，但只有UNIX上的Netscape和Windows上的IE 4、IE 5才支持它。因此，Servlet应该通过查看Accept-Encoding头（即request.getHeader("Accept-Encoding")）检查浏览器是否支持gzip，为支持gzip的浏览器返回经gzip压缩的HTML页面，为其他浏览器返回普通页面
Content-Length	表示内容长度。只有当浏览器使用持久HTTP连接时才需要这个数据。如果你想要利用持久连接的优势，可以把输出文档写入ByteArrayOutputStream，完成后查看其大小，然后把这个值放入Content-Length头，最后通过byteArrayStream.writeTo(response.getOutputStream函数发送内容
Content-Type	表示后面的文档属于什么MIME类型。Servlet默认为text/plain，但通常需要显式地指定为text/html。由于经常要设置Content-Type，因此HttpServletResponse提供了一个专用的方法setContentType
Date	当前的GMT时间。可以用setDateHeader来设置这个头，以避免转换时间格式的麻烦
Expires	应该在什么时候认为文档已经过期，从而不再缓存它
Last-Modified	文档的最后改动时间。客户可以通过If-Modified-Since请求头提供一个日期，该请求将被视为一个条件GET，只有改动时间迟于指定时间的文档才会返回，否则返回一个304（Not Modified）状态。Last-Modified也可用setDateHeader方法来设置

（续）

应 答 头	说 明
Location	表示客户应当到哪里去提取文档。Location通常不是直接设置的，而是通过HttpServletResponse的sendRedirect方法，该方法同时设置状态代码为302
Refresh	表示浏览器应该在多少时间之后刷新文档，以秒计算。除了刷新当前文档之外，还可以通过setHeader("Refresh", "5; URL=http://host/path")让浏览器读取指定的页面。 注意这种功能通常是通过设置HTML页面HEAD区的＜META HTTP-EQUIV="Refresh" CONTENT="5;URL=http://host/path"＞实现，这是因为，自动刷新或重定向对于那些不能使用CGI或Servlet的HTML编写者十分重要。但是，对于Servlet来说，直接设置Refresh头更加方便。 注意Refresh的意义是"N秒之后刷新本页面或访问指定页面"，而不是"每隔N秒刷新本页面或访问指定页面"。因此，连续刷新要求每次都发送一个Refresh头，而发送204状态代码则可以阻止浏览器继续刷新，不管是使用Refresh头还是＜META HTTP-EQUIV="Refresh" ...＞。 注意Refresh头不属于HTTP 1.1正式规范的一部分，而是一个扩展，但Netscape和IE都支持它
Server	服务器名字。Servlet一般不设置这个值，而是由Web服务器自己设置
Set-Cookie	设置和页面关联的Cookie。Servlet不应使用response.setHeader("Set-Cookie", ...)，而是应使用HttpServletResponse提供的专用方法addCookie。参见下面有关Cookie设置的内容
WWW-Authenticate	客户应该在Authorization头中提供什么类型的授权信息？在包含401（Unauthorized）状态行的应答中这个头是必需的。例如，response.setHeader("WWW-Authenticate", "BASIC realm= \ "executives \ "")。 注意Servlet一般不进行这方面的处理，而是让Web服务器的专门机制来控制受密码保护页面的访问（例如.htaccess）

1.6.5　状态码

当浏览者访问一个网页时，其浏览器会向网页所在服务器发出请求。当浏览器接收并显示网页前，此网页所在的服务器会返回一个包含 HTTP 状态码的信息头（server header）用以响应浏览器的请求。

HTTP 状态码的英文为 HTTP Status Code。下面是常见的 HTTP 状态码：

- 200：请求成功；
- 301：资源（网页等）被永久转移到其他 URL；
- 404：请求的资源（网页等）不存在；
- 500：内部服务器错误。

1.6.6　内容类型

Content-Type（内容类型），一般是指网页中存在的 Content-Type，用于定义网络文件的类型和网页的编码，决定浏览器将以什么形式、什么编码读取这个文件，这就是为什么一些 ASP 网页点击下载的结果却是一个文件或一张图片的原因。

1.7　FTP 协议

　　FTP 与我们已描述的另一种应用不同，它采用两个 TCP 连接来传输一个文件。

　　控制连接以通常的客户服务器方式建立。服务器以被动方式打开用于 FTP 的端口（21），等待客户的连接。客户则以主动方式打开 TCP 端口 21，来建立连接。控制连接始终等待客户与服务器之间的通信。该连接将命令从客户传给服务器，并传回服务器的应答。

　　由于命令通常是由用户输入的，所以 IP 对控制连接的服务类型就是"最大限度地减小迟延"。

　　每当一个文件在客户与服务器之间传输时，就创建一个数据连接。由于该连接用于传输目的，所以 IP 对数据连接的服务特点就是"最大限度提高吞吐量"。如图 1.11 所示为客户与服务器之间的连接情况。

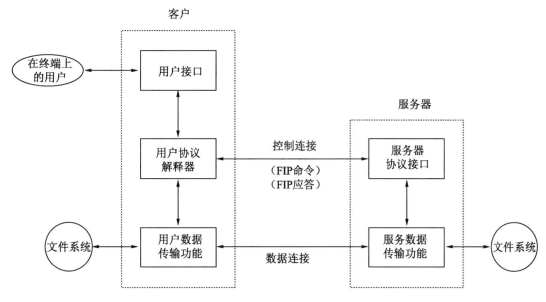

图 1.11　文件传输中的处理过程

　　从图 1.11 中可以看出，交互式用户通常不处理在控制连接中转换的命令和应答。这些细节均由两个协议解释器来完成。标有"用户接口"的方框功能是按用户所需提供各种交互界面（全屏幕菜单选择，逐行输入命令等），并把它们转换成在控制连接上发送的 FTP 命令。

　　类似地，从控制连接上传回的服务器应答也被转换成用户所需的交互格式。

从图 1.11 中还可以看出，正是这两个协议解释器根据需要激活文件传送功能。

FTP 协议规范提供了控制文件传送与存储的多种选择。在以下 4 个部分的选择项中，每一部分都必须选择一项。

1. 文件类型

- ASCII 码文件类型（默认选择）：文本文件以 NVT ASCII 码形式在数据连接中传输。这要求发送方将本地文本文件转换成 NVT ASCII 码形式，而接收方则将 NVT ASCII 码再还原成本地文本文件。其中，用 NVT ASCII 码传输的每行都带有一个回车，之后是一个换行。这意味着接收方必须扫描每个字节，查找 CR、LF 对。
- EBCDIC 文件类型：该文本文件传输方式要求两端都是 EBCDIC 系统。
- 图像文件类型（也称为二进制文件类型）：数据发送呈现为一个连续的比特流。通常用于传输二进制文件。
- 本地文件类型：该方式在具有不同字节大小的主机间传输二进制文件。每一字节的比特数由发送方规定。对使用 8bit 字节的系统来说，本地文件以 8bit 字节传输就等同于图像文件传输。

2. 格式控制

格式控制选项只对 ASCII 和 EBCDIC 文件类型有效。

- 非打印（默认选择）：文件中不含有垂直格式信息。
- 远程登录格式控制：文件含有向打印机解释的远程登录垂直格式控制。
- Fortran 回车控制：每行首字符是 Fortran 格式控制符。

3. 结构

- 文件结构（默认选择）：文件被认为是一个连续的字节流。不存在内部的文件结构。
- 记录结构：该结构只用于文本文件（ASCII 或 EBCDIC）。
- 页结构：每页都带有页号发送，以便接收方能随机地存储各页。该结构由 TOPS - 20 操作系统提供（主机需求 RFC 不提倡采用该结构）。

4. 传输方式

它规定文件在数据连接中如何传输。

- 流方式（默认选择）：文件以字节流的形式传输。对于文件结构，发送方在文件尾提示关闭数据连接。对于记录结构，有专用的两字节序列码标志记录结束和文件结束。
- 块方式：文件以一系列块来传输，每块前面都带有一个或多个首部字节。
- 压缩方式：一个简单的全长编码压缩方法，压缩连续出现的相同字节。在文本文件中常用来压缩空白串，在二进制文件中常用来压缩 0 字节（这种方式很少使用，也不受支持。现在有一些更好的文件压缩方式支持 FTP）。

如果算一下以上所有选择的排列组合数，那么对传输和存储一个文件来说就有 72 种不同的方式。幸运的是，其中很多选择或是废弃了，或是不为多数实现环境所支持，所以可以忽略掉。

通常由 UNIX 实现的 FTP 客户和服务器限制了我们的选择：

- 类型：ASCII 或图像；
- 格式控制：只允许非打印；
- 结构：只允许文件结构；
- 传输方式：只允许流方式。

这就限制我们只能取一或两种方式：ASCII 或图像（二进制）。

该实现满足主机需求 RFC 的最小需求（该 RFC 也要求能支持记录结构，但只有操作系统支持它才可以，而 UNIX 则不支持）。

很多非 UNIX 的实现提供了处理它们自己的文件格式的 FTP 功能。主机需求 RFC 指出"FTP 协议有很多特征，虽然其中一些通常不实现，但对 FTP 中的每一个特征来说，都存在着至少一种实现"

1.8　Bluetooth 协议

蓝牙技术是一种尖端的开放式无线通信标准，能够在短距离范围内无线连接桌上型电脑与笔记本电脑、便携设备、PDA、移动电话、拍照手机、打印机、数码相机、耳麦、键盘甚至鼠标。

利用"蓝牙"技术，能够有效地简化移动通信终端设备之间的通信，也能够简化设备与互联网之间的通信，从而数据传输变得更加迅速高效。

蓝牙采用分散式网络结构以及快跳频和短包技术，支持点对点及点对多点通信，工作在全球通用的 2.4GHz ISM（即工业、科学、医学）频段。其数据速率为 1Mbps。采用时分双工传输方案实现全双工传输。

简而言之，蓝牙技术让各种数码设备之间能够无线沟通。有了蓝牙无线技术，可以轻松连接计算机和便携设备、移动电话及其他外围设备——在 9 米（30 英尺）距离之内以无线方式彼此连接。

相比于其他无线技术：红外、无线 2.4G、Wi-Fi 来说，蓝牙具有加密措施完善、传输过程稳定及兼容设备丰富等诸多优点。尤其是在授权门槛逐渐降低的今天，蓝牙技术开始真正普及到所有的数码设备中。

1.8.1　Bluetooth 发展史及优势

目前蓝牙技术最新的协议是蓝牙技术联盟（Bluetooth Special Interest Group），是 2016

年 6 月 16 日发布的新一代蓝牙标准——蓝牙 5。蓝牙 5 比原来拥有更快的传输速度，更远的传输距离。

蓝牙名字源于一个小故事。公元 940—985 年，哈洛德·布美塔特（Harald Blatand，后人称 Harald Bluetooth）统一了整个丹麦。他的名字 Blatand 可能取自两个古老的丹麦词语，bla 意思是黑皮肤的，而 tan 是伟人的含义。和许多君王一样，哈洛德四处扩张领土，为政治、经济和荣誉而征战。公元 960 年哈洛德到达了他权力的最高点，征服了整个丹麦和挪威。而蓝牙是这个丹麦国王 Viking 的"绰号"，因为他爱吃蓝梅，牙齿被染蓝，因此而得这一"绰号"。

在行业协会筹备阶段，需要一个极具有表现力的名字来命名这项高新技术。行业组织人员，在经过一夜关于欧洲历史和未来无线技术发展的讨论后，有些人认为用 Blatand 国王的名字命名再合适不过了。Blatand 国王将挪威、瑞典和丹麦统一起来；他的口齿伶俐，善于交际，就如同这项即将面世的技术。该项技术将被定义为允许不同工业领域之间的协调工作，保持着各个系统领域之间的良好交流，例如计算机、手机和汽车行业之间的工作。

为什么要推出蓝牙？

蓝牙技术最初由爱立信创制。该技术始于爱立信公司的 1994 方案，它是研究在移动电话和其他配件间进行低功耗、低成本无线通信连接的方法。发明者希望为设备间的通信创造一组统一规则（标准化协议），以解决用户间互不兼容的移动电子设备。

研究的目的是要找到一种方法，能够除掉连接移动电话和 PC 卡、耳机、台式计算机及其他设备之间的电缆。此项研究是一个大项目中的一部分，该项目主要研究如何将各种不同的通信设备通过移动电话接入蜂窝网上。经项目人员研究得出结论，这种连接的最后一段应该是短距离的无线连接。随着项目的进展，日益明朗化的是短距离无线通信的应用范围几乎无限广阔。

1997 年，爱立信公司借此概念接触了移动设备制造商，讨论其项目合作发展，结果获得支持。1998 年 5 月，爱立信、诺基亚、东芝、IBM 和英特尔 5 家公司，在联合开展短距离无线通信技术的标准化活动时提出了蓝牙技术。

1999 年 5 月 20 日，这 5 家公司成立了蓝牙"特别兴趣组"（Special Interest Group，SIG），即蓝牙技术联盟的前身，以使蓝牙技术能够成为未来的无线通信标准。芯片"霸主"英特尔公司负责半导体芯片和传输软件的开发，爱立信公司负责无线射频和移动电话软件的开发，IBM 和东芝公司负责笔记本电脑接口规格的开发。

1999 年下半年，著名的业界"巨头"微软、摩托罗拉、三星、朗讯与蓝牙特别小组的 5 家公司共同发起成立了蓝牙技术推广组织，从而在全球范围内掀起了一股"蓝牙"热潮。全球业界开发出了一大批蓝牙技术的应用产品，使蓝牙技术呈现出极其广阔的市场前景，迎来了波澜壮阔的全球无线通信浪潮。

到 2000 年 4 月，SIG 的成员数已超过 1500 家，其成长速度超过了其他的无线联盟组织。这些公司联合开发了蓝牙 1.0 标准，并于 1999 年 7 月公布。蓝牙的详细发展史如表 1.6 所示。

表 1.6　蓝牙技术发展史

版　本	规范发布日期	增　强　功　能
0.7	1998.10.19	Baseband LMP
0.8	1999.1.21	HCI、L2CAP、RFCOMM
0.9	1999.4.30	OBEX 与 IrDA 的互通性
1.0草稿	1999.7.5	SDP、TCS
1.0A	1999.7.26	第一个正式版本
1.0B	2000.10.1	安全性，厂商设备之间连接兼容性
1.1	2001.2.22	IEEE 802.15.1
1.2	2003.11.5	快速连接、自适应调频、错误检测和流程控制、同步能力
2.0+EDR	2004.11.9	EDR 传输率提升至 2～3Mbps
2.1+EDR	2007.7.26	扩展查询响应、简单安全配对、暂停与继续加密、snift 省电
3.0+HS	2009.4.21	交替射频技术、802.11 协议适配层、电源管理、取消 UMB
4.0+BLE	2010.6.30	低功耗物理层和链路层、AES 加密、Attribute Protocol（ATT）、Security Meneger（SM）、Generic Attribute Profile（GATT）

目前最新的蓝牙 5.0 相对之前的版本有更大的技术优势，表现在以下几方面：

- 更快的传输速度：蓝牙 5.0 的开发人员称，新版本的蓝牙传输速度上限为 24Mbps，是之前 4.2LE 版本的两倍。
- 更远的有效距离：蓝牙 5.0 的另外一个重要改进是，它的有效距离是上一版本的 4 倍，理论上，蓝牙发射和接收设备之间的有效工作距离可达 300 米。
- 导航功能：蓝牙 5.0 将添加更多的导航功能，因此该技术可以作为室内导航信标或类似定位设备使用，结合 Wi-Fi 可以实现精度小于 1 米的室内定位。举个例子，如果你和小编一样是路痴的话，你可以使用蓝牙技术，在诺大的商业中心找到路。
- 物联网功能：物联网还在持续火爆，因此，蓝牙 5.0 针对物联网进行了很多底层优化，力求以更低的功耗和更高的性能为智能家居服务。
- 升级硬件：之前的一些蓝牙版本更新只要求升级软件，但蓝牙 5.0 很可能要求升级到新的芯片。不过，旧的硬件仍可以兼容蓝牙 5.0，但无法享用其新的性能了。搭载蓝牙 5.0 芯片的"旗舰"级手机已经问世，相信中低端手机也将陆陆续续内置蓝牙 5.0 芯片。
- 更多的传输功能：全新的蓝牙 5.0 能够增加更多的数据传输功能，硬件厂商可以通过蓝牙 5.0 创建更复杂的连接系统，比如 Beacon 或位置服务。因此通过蓝牙设备发送的广告数据可以发送少量信息到目标设备中，甚至无须配对。
- 更低的功耗：蓝牙 5.0 降低了蓝牙的功耗，使人们在使用蓝牙的过程中再也不必担心待机时间短的问题。

1.8.2　Bluetooth 技术

目前主流的操作系统都支持蓝牙堆栈技术。蓝牙协议栈的结构如图 1.12 所示。

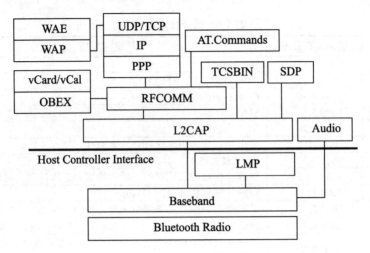

图 1.12 蓝牙协议栈结构

苹果公司从 2012 年的 Mac OS X v10.2 产品就开始采用蓝牙技术。关于微软平台，Windows 在 XP 时代就对 Bluetooth 1.1/2.0/2.0+EDR 提供了原生支持。Linux 有两个常用的蓝牙堆栈，即 BlueZ 和 Affix。多数 Linux 核心程序都包括 BlueZ 堆栈，它最早是由高通开发的。Affix 堆栈是由 Nokia 开发的。FreeBSD 从 5.0 版本开始支持蓝牙。NetBSD 从 4.0 版本开始支持蓝牙。蓝牙堆栈也被接入 OpenBSD 端口。

蓝牙协议体系中的协议按 SIG 的关注程度分为 4 层：

- 核心协议：BaseBand、LMP、L2CAP、SDP；
- 电缆替代协议：RFCOMM；
- 电话传送控制协议：TCS-Binary、AT 命令集；
- 选用协议：PPP、UDP/TCP/IP、OBEX、WAP、vCard、vCal、IrMC、WAE。

除上述协议层外，规范还定义了主机控制器接口（Host Controller Interface HCI），它为基带控制器、连接管理器、硬件状态和控制寄存器提供命令接口。在图 1.11 中，HCI 位于 L2CAP 的下层，但 HCI 也可位于 L2CAP 上层。

蓝牙核心协议由 SIG 制定的蓝牙专用协议组成。绝大部分蓝牙设备都需要核心协议（加上无线部分），而其他协议则根据应用的需要而定。总之，电缆替代协议、电话控制协议和被采用的协议在核心协议基础上构成了面向应用的协议。

1.9 ZigBee 协议

ZigBee 是一种新兴的短距离、低复杂度、低功耗、低数据速率和低成本的无线网络技术。主要用于近距离无线连接。TI 公司的 ZigBee 芯片样片如图 1.13 所示。它依据 IEEE 802.15.4 标准，在数千个微小的传感器之间相互协调实现通信。ZigBee 无线网络主要是为工业现场自动化控制数据传输而建立。因此它具备简单、方便、稳定和低成本等特点，弥补了蓝牙技术不能满足工业自动化中对低数据量、低成本、低功耗、高可靠性的无线数据通信的需求。

图 1.13　TI 公司 ZigBee 芯片

1.9.1　ZigBee 发展历史

ZigBee（蜜蜂协议），是基于 IEEE802.15.4 标准的低功耗局域网协议。根据国际标准规定，ZigBee 技术是一种短距离、低功耗的无线通信技术，它来源于蜜蜂的八字舞，蜜蜂（bee）是通过飞翔和"嗡嗡"（zig）抖动翅膀的"舞蹈"与同伴传递花粉所在方位的信息，而 ZigBee 协议的方式特点与其类似，便更名为 ZigBee。

ZigBee 协议是由 ZigBee 联盟制定的无线通信标准，该联盟成立于 2001 年 8 月。2002 年下半年，英国 Invensys 公司、日本三菱电气公司、美国摩托罗拉公司及荷兰飞利浦半导体公司共同宣布加入 ZigBee 联盟，研发名为 ZigBee 的下一代无线通信标准，这一事件成为该技术发展过程中的里程碑事件。ZigBee 联盟现有的理事公司包括 BM Group、Ember、飞思卡尔半导体、Honeywell（霍尼韦尔）、三菱电机、摩托罗拉、飞利浦、三星电子、西门子，以及德州仪器。ZigBee 联盟的目的是为了在全球统一标准上实现简单可靠、价格低廉、功耗低、无线连接的监测和控制产品进行合作，并在 2004 年 12 月发布了第一个正式标准。

下面列出 ZigBee 的几个重要的里程碑事件。

- 2001 年 8 月，ZigBee Alliance 成立。
- 2004 年，ZigBee V1.0 诞生。它是 Zigbee 规范的第一个版本。由于推出时间仓促，存在一些错误。

- 2006 年，推出 ZigBee 2006，功能比较完善。
- 2007 年年底，ZigBee PRO 推出。
- 2009 年 3 月，Zigbee RF4CE 推出，具备更强的灵活性和远程控制能力。
- 2009 年开始，Zigbee 采用了 IETF 的 6LoWPAN 标准作为新一代智能电网 Smart Energy（SEP 2.0）的标准，致力于形成全球统一的易于与互联网集成的网络，实现端到端的网络通信。

ZigBee 版本升级历程如图 1.14 所示。

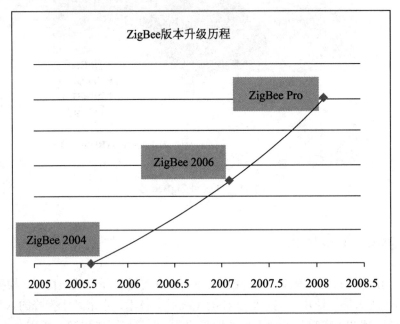

图 1.14　ZigBee 版本升级历程

- ZigBeeV1.0：这是第一个 ZigBee 标准公开版，2005 年 6 月开放下载。
- ZigBeeV1.1：这是第二个 ZigBee 标准公开版，2007 年 1 月开放下载。
- ZigBeeV1.2：这是第三个 ZigBee 标准公开版，2008 年 1 月开放下载。又称 ZigBee Pro。

ZigBee 协议的诞生源于对工业物联网的需求。但为了满足不同的应用背景，ZigBee 联盟先后颁布了：

- ZigBee Home Automation（ZigBee HA）；
- ZigBee Light Link（ZigBee LL）；
- ZigBee Building Automation（ZigBee BA）；
- ZigBee Retail Services（ZigBee RS）；
- ZigBee Health Care（ZigBee HC）；
- ZigBee Telecommunication Services（ZigBee TS）；

等应用层协议来满足智能家居、智能照明、智能建筑、智能零售、智能健康、智能通信服务等领域。问题是这些应用层协议是独立不互通的。以国内应用最广的智能家居领域为例，欧瑞博采用了标准的 ZigBee HA 协议的智能开关，和飞利浦采用标准的 ZigBee LL 的 Hue 智能灯泡是不能互相控制的。

这里强调标准 ZigBee 协议的原因是由于早期 ZigBee 版本由于标准化不完善，给了厂商太多选择，很多厂商虽然采用了 ZigBee HA 的协议，但是终端的智能家居厂商根据自家的需求定制化了 ZigBee HA，而非标准 ZigBee 协议，导致不同厂家产品还是不能互联互通。

这也类似于 Android，不同手机厂商都是采用 Android 系统，但是都进行了大量的定制化，导致最后的手机系统也是千差万别。可以说，ZigBee 之前仅仅解决了智能设备的连接问题，但是没有解决智能设备互联互通的问题。

2016 年 5 月，ZigBee 联盟推出了 ZigBee 3.0 标准，其主要任务就是为了统一上述众多应用层协议，解决了不同应用层协议之间的互联互通问题。用户只要购买任意一个经过 ZigBee 3.0 的网关就可以控制不同厂家基于 ZigBee 3.0 的智能设备，如图 1.15 所示。

图 1.15　ZigBee 3.0 网关的作用

ZigBee 3.0 统一了采用不同应用层协议的 ZigBee 设备的发现、加入和组网方式，使得 ZigBee 设备的组网更便捷、更统一。

并且 ZigBee 联盟推出了 ZigBee 3.0 认证，就是来规范各个厂商使用标准的 ZigBee 3.0 协议，以保证基于 ZigBee 3.0 设备的互通性。

距 ZigBee 3.0 标准发布后的第 7 个月，ZigBee 联盟于 2016 年 12 月宣布其 8 家成员公司已有 20 个 ZigBee 3.0 芯片平台获得认证通过，并表示未来 IoT 应用开发者在开发建筑照明、能源应用、传感器、控制器、网关和其他的物联网应用时，有更多供货商可供选择，不用再担心互操作性问题。

1.9.2　ZigBee 的特点及优势

ZigBee 是一种无线连接，可工作在 2.4GHz（全球流行）、868MHz（欧洲流行）和 915 MHz（美国流行）3 个频段上，分别具有最高 250Kbps、20Kbps 和 40Kbps 的传输速率，它的传输距离在 10～75m 的范围内，但可以继续增加。作为一种无线通信技术，ZigBee 具有如下特点：

- 数据传输速率低：10KB/s～250KB/s，专注于低传输应用。
- 低功耗：由于 ZigBee 的传输速率低，发射功率仅为 1mW（毫瓦），而且采用了休眠模式，功耗低，因此 ZigBee 设备非常省电。据估算，ZigBee 设备仅靠两节 5 号电池就可以维持长达 6 个月到 2 年左右的使用时间，这是其他无线设备望尘莫及的。
- 成本低：ZigBee 模块的初始成本在 6 美元左右，也许很快就能降到 1.5～2.5 美元，并且 ZigBee 协议是免专利费的。低成本对于 ZigBee 也是一个关键的因素。
- 时延短：通信时延和从休眠状态激活的时延都非常短，典型的搜索设备时延为 30ms，休眠激活的时延是 15ms，活动设备信道接入的时延为 15ms。因此 ZigBee 技术适用于对时延要求苛刻的无线控制（如工业控制场合等）应用。
- 网络容量大：一个星型结构的 ZigBee 网络最多可以容纳 254 个从设备和一个主设备，一个区域内可以同时存在最多 100 个 ZigBee 网络，而且网络组成灵活。
- 可靠：采取了碰撞避免策略，同时为需要固定带宽的通信业务预留了专用时隙，避开了发送数据的竞争和冲突。MAC 层采用了完全确认的数据传输模式，每个发送的数据包都必须等待接收方的确认信息。如果传输过程中出现问题可以进行重发。
- 安全：ZigBee 提供了基于循环冗余校验（CRC）的数据包完整性检查功能，支持鉴权和认证，采用了 AES-128 的加密算法，各个应用可以灵活确定其安全属性。

1.9.3　ZigBee 基本概念

ZigBee 可使用的频段有 3 个，分别是 2.4GHz 的 ISM 频段、欧洲的 868MHz 频段，以及美国的 915MHz 频段，而不同频段可使用的信道分别是 16、1、10 个，如图 1.16 所示。

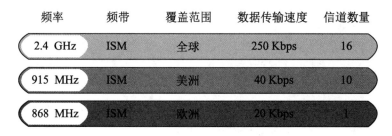

图 1.16　ZigBee 频率、频段、速率、信道数量

　　ZigBee 规范是由 ZigBee Alliance 所主导的标准，定义了网络层（Network Layer）、应用层（Application Layer）、媒体访问控制层（Media Access Control Layer；MAC Layer）、物理层（PHY Layer），如图 1.17 所示。

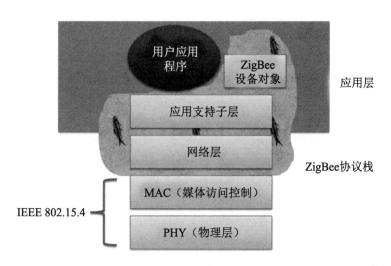

图 1.17　ZigBee 层次结构

ZigBee 网络中的设备主要分为以下 3 类：

- 协调器（Coordinator）：负责启动整个网络。它也是网络的第一个设备。协调器选择一个信道和一个网络 ID（也称之为 PAN ID，即 Personal Area Network ID），随后启动整个网络。
- 路由器（Router）：路由器的功能主要是：允许其他设备加入网络，路由和协助它自己的由电池供电的终端设备的通信。
- 终端设备（End-Device）：终端设备没有特定的维持网络结构的责任，它可以睡眠或者唤醒，因此它可以是一个电池供电设备。

ZigBee 的网络拓扑主要包括 3 种类型，分别是星型、串型和网状，如图 1.18 所示。

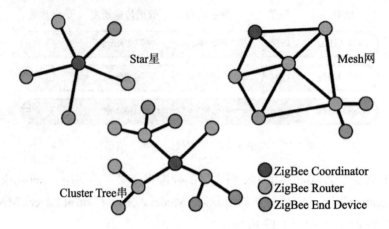

图 1.18　ZigBee 的网络拓扑类型

ZigBee 里常见的几个概念介绍如下：

- ZigBee 信道：2.4 GHz 的射频频段被分为 16 个独立的信道。每一个设备都有一个默认的信道集（DEFAULT_CHANLIST）。协调器扫描自己的默认信道集并选择一个信道上噪声最小的信道作为自己所建网络的信道。终端节点和路由节点也要扫描默认信道集并选择一个信道上已经存在的网络加入。

- PAN ID：PAN ID 指网络编号，用来区分不同的 ZigBee 网络。协调器是通过选择网络信道及 PAN ID 来启动一个无线网络的。PAN ID 的有效范围为 0～0x3FFF。

- IEEE 物理地址：每个 ZigBee 设备都有一个 64 位的 IEEE 长地址，即 MAC 地址。物理地址是在出厂时候初始化的，它是全球唯一的。当一个 ZigBee 节点加入网络时，它的 IEEE 地址不能与网络中现有节点的 IEEE 地址冲突且不能为 0xFFFFFFFFFFFFFFFF。

- 网络地址：网络地址也称短地址，通常用 16 位的短地址来标识自身和识别对方。对于协调器来说，短地址始终为 0x0000，对于路由器和节点来说，短地址由其所在网络中的协调器分配。

1.9.4　ZigBee 协议栈

ZigBee 软件协议栈主要包括以下几种：

- FreakZ 协议栈和 Contiki 操作系统；

- msstatePAN 协议栈（精简版 ZigBee 协议栈）；

- Microchip ZigBee Stack；

- BeeStack（Freescale）；

- SimpliciTI 协议栈（TI）；

- Z-Stack 协议栈和 OSAL 操作系统(TI)；

- TinyOS 操作系统。

ZigBee 协议栈包括 IEEE 802.15.4 的 PHY 和 MAC 层，网络层（NWK）、应用层和安全服务提供层。ZigBee 堆栈有两个接口：数据实体接口和管理实体接口。数据实体接口的目标是向上层提供所需的常规数据服务。管理实体接口的目标是向上层提供访问内部层参数、配置和管理数据的机制。从应用角度看，通信的本质就是端点到端点的连接。ZigBee 协议栈与 ZigBee 层间的连接如图 1.19 所示。

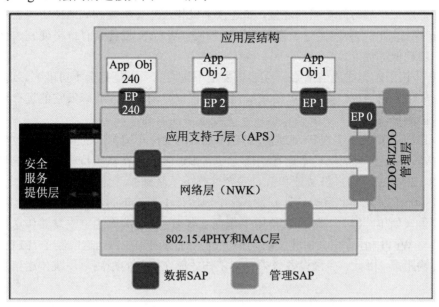

图 1.19　ZigBee 协议栈与 ZigBee 层间的连接示意

从应用角度看，通信的本质就是端点到端点的连接（例如，一个带开关组件的设备与带一个或多个灯组件的远端设备进行通信，目的是将这些灯点亮）。

端点之间的通信是通过称为簇的数据结构实现的。这些簇是应用对象之间共享信息所需的全部属性的容器，在特殊应用中使用的簇在模板中有定义。

所有端点都使用应用支持子层（Application Support sublayer，APS）提供的服务。APS通过网络层和安全服务提供层与端点相接，并为数据传送、安全和绑定提供服务，因此能够适配不同但兼容的设备，比如带灯的开关。

APS 使用网络层（NWK）提供的服务。NWK 负责设备到设备的通信，并负责网络中设备初始化所包含的活动、消息路由和网络发现。应用层可以通过 ZigBee 设备对象（ZDO ZigBee Device Object）对网络层参数进行配置和访问。

1.10　6LoWPAN 低速无线个域网协议

6LoWPAN 是一种基于 IPv6 的低速无线个域网标准，即 IPv6 over IEEE 802.15.4。

无线个域网（Wireless Personal Area Network，WPAN）是为了实现活动半径小、业务类型丰富、面向特定群体、无线无缝的连接而提出的新兴无线通信网络技术。WPAN 能够有效地解决"最后的几米电缆"的问题。

WPAN 是一种与无线广域网（WWAN）、无线城域网（WMAN）、无线局域网（WLAN）并列但覆盖范围相对较小的无线网络。在网络构成上，WPAN 位于整个网络链的末端，用于实现同一地点终端与终端间的连接，如连接手机和蓝牙耳机等。WPAN 所覆盖的范围一般在 10m 半径以内，必须运行于许可的无线频段。WPAN 设备具有价格便宜、体积小、易操作和功耗低等优点。

将 IP 协议引入无线通信网络一直被认为是不现实的（不是完全不可能）。迄今为止，无线网只采用专用协议，因为 IP 协议对内存和带宽要求较高，要降低它的运行环境要求以适应微控制器及低功率，IP 协议应用于无线连接很困难。

基于 IEEE 802.15.4 实现 IPv6 通信的 IETF 6LoWPAN 草案标准的发布有望改变这一局面。6LoWPAN 所具有的低功率运行的潜力使它很适合应用在从手持机到仪器的设备中，支持 AES-128 加密，为身份认证和信息安全性打下了基础。

IEEE 802.15.4 标准，用于设计开发，靠电池运行 1 到 5 年的、紧凑型、低功率、廉价、嵌入式设备（如传感器）。该标准使用工作在 2.4GHz 频段的无线电收发器传送信息，使用的频带与 Wi-Fi 相同，但其射频发射功率大约只有 Wi-Fi 的 1%。这限制了 IEEE 802.15.4 设备的传输距离，因此，多台设备必须一起工作才能在更长的距离上逐跳传送信息和绕过障碍物。

IETF 6LoWPAN 工作组的任务，定义如何利用 IEEE 802.15.4 链路，支持基于 IP 的通信，同时遵守开放标准以及保证与其他 IP 设备的互操作性。

这样做是为了适应多种复杂网关（每种网关对应一种本地 802.15.4 协议）以及专用适配器安全与管理程序的需要。然而，利用 IP 并不是件容易的事情：IP 的地址和包头很大，传送的数据可能过于庞大而无法容纳在很小的 IEEE 802.15.4 数据包中。6LoWPAN 工作组面临的技术挑战是发明一种将 IP 包头压缩到只传送必要内容的小数据包中的方法。他们的方法是 Pay as you go 式的包头压缩方法。这些方法去除了 IP 包头中的冗余或不必要的网络级信息。IP 包头在接收时从链路级 802.15.4 包头的相关域中得到这些网络级信息。

最简单的使用情况，是一台与邻近 802.15.4 设备通信的 802.15.4 设备，将非常高效率地得到处理。整个 40 字节 IPv6 包头，被缩减为 1 个包头，压缩字节（HC1）和 1 字节的"剩余跳数"。因为源和目的 IP 地址可以由链路级 64 位唯一 ID（EUI-64）或 802.15.4 中使用的 16 位短地址生成。8 字节用户数据报协议传输包头被压缩为 4 字节。

随着通信任务变得更加复杂，6LoWPAN 也相应调整。为了与嵌入式网络之外的设备通信，6LoWPAN 增加了更大的 IP 地址。当交换的数据量小到可以放到基本包中时，可以在没有开销的情况下打包传送。对于大型传输，6LoWPAN 增加分段包头来跟踪信息如何被拆分到不同的段中。如果单一跳 802.15.4 就可以将包传送到目的地，数据包可以在不增加开销的情况下传送。多跳则需要加入网状路由（mesh-routing）包头。

IETF 6LoWPAN 取得的突破是得到一种非常紧凑、高效的 IP 实现，消除了以前造成各种专门标准和专有协议的因素。这在工业协议（BACNet、LonWorks、通用工业协议、监控与数据采集）领域具有特别的价值。这些协议最初开发是为了提供特殊的行业特有的总线和链路（从控制总线到 AC 电源线）上的互操作性。

几年前，这些协议的研发团队选择开发 IP 是为了实现利用以太网等现代技术。6LoWPAN 的出现使这些老协议把它们的 IP 选择扩展到新的链路（如 802.15.4）。因此，可与专为 802.15.4 设计的新协议（如 ZigBee 和 ISA100.11a）互操作。受益于此，各类低功率无线设备能够加入 IP 家庭中，与 Wi-Fi、以太网以及其他类型的设备"称兄道弟"。

随着 IPv4 地址的耗尽，IPv6 是大势所趋。物联网技术的发展，将进一步推动 IPv6 的部署与应用。IETF 6LoWPAN 技术具有无线低功耗、自组织网络的特点，是物联网感知层、无线传感器网络的重要技术。ZigBee 新一代智能电网标准中 SEP 2.0 已经采用 6LoWPAN 技术，随着美国智能电网的部署，6LoWPAN 将成为实际标准，全面替代 ZigBee 标准。

6LoWPAN 协议的技术优势如下：

- 普及性：IP 网络应用广泛，作为下一代互联网核心技术的 IPv6，也在加速其普及的步伐，在低速无线个域网中使用 IPv6 更易于被接受。

- 适用性：IP 网络协议栈架构受到广泛的认可，低速无线个域网完全可以基于此架构进行简单、有效地开发。

- 更多地址空间：IPv6 应用于低速无线个域网时，最大亮点就是庞大的地址空间。这恰恰满足了部署大规模、高密度低速无线个域网设备的需要。

- 支持无状态自动地址配置：IPv6 中当节点启动时，可以自动读取 MAC 地址，并根据相关规则配置好所需的 IPv6 地址。这个特性对传感器网络来说，非常具有吸引力，因为在大多数情况下，不可能对传感器节点配置用户界面，节点必须具备自动配置功能。

- 易接入：低速无线个域网使用 IPv6 技术，更易于接入其他基于 IP 技术的网络及下一代互联网，使其可以充分利用 IP 网络的技术进行发展。

- 易开发：目前基于 IPv6 的许多技术已比较成熟，并被广泛接受，针对低速无线个域网的特性对这些技术进行适当的精简和取舍，可以简化协议开发的过程。

1.11　LoRa WAN 低功耗广域网协议

长期以来，要提高通信距离常用的办法是提高发射功率，但同时也带来了更多的能耗。电池供电的设备（如水表）一般只能使用微功率无线通信，这样就限制了其通信距离。SemTech 公司推出的 LoRa 射频芯片，因为采用了扩频调制技术，从而在同等的功耗下取得更远的通信距离。

2013 年 SemTech 公司推出了 SX1276/8 系列的扩频调制射频芯片，它的实现方式非常巧妙，整个解调器引擎只需要 5 万个门单元电路。功耗低，休眠电流为 0.2uA，接收电流为 12mA，发射电流为 29mA@13dBm，和常见的 GFSK 芯片 Si4438 及 CC1125 接近，通信距离是 GFSK 芯片的 3 倍。

SemTech 公司官方宣称该芯片可以达到可视距离 15 千米，城市环境中 3 千米的通信距离。根据实测数据：SX1278 在 1Kbps 的速率下可以单跳覆盖一个 5000 多户的小区。这意味着，使用简单的星型组网就可以建立 LoRa 微功率网络，而 GFSK 调制的芯片常常需要树形或 MESH 等复杂的路由网络。

LoRa 的灵敏度很高，抗干扰能力也很强，小巧灵活，更适合在一些企业特定的专网里工作。

作为一项无线技术，LoRa 所具备的功耗低、传输距离广、信号穿透性强、灵敏度高等特点，相较于 ZigBee、2.4G 等传统无线技术而言具有很明显的技术优势。因此，对一些具体的项目及企业的私网需求而言，LoRa 私有协议比 LoRaWAN 更加灵活，成本更低。

但是根据用户使用经验，发现 LoRa 射频芯片至少有两个缺点：首先，其通信速率低，其真正与 GFSK 拉开通信距离差距的速率都低于 1Kbps，这意味着 LoRa 主要用于低速率通信，如传感器数据；其次，其 1.5～2 美金的售价比 GFSK 芯片高出许多，给产品带来高成本。

LoRaWAN 是基于 LoRa 的低功耗广域网，它主要包括两个部分：通信协议和体系结构，如图 1.20 所示。它能构建一个低功耗、可扩展、高服务质量、安全的长距离无线网络。

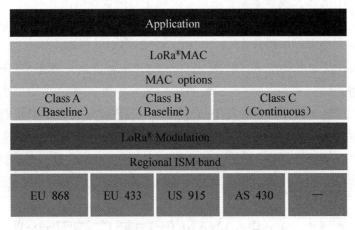

图 1.20　LoRa 通信协议

1. LoRaWAN体系结构

借助于 LoRa 长距离的优势，LoRaWAN 采用星型无线拓扑，有效延长了电池寿命，降低了网络复杂度，后续可轻易扩展容量。它将网络实体分成 4 类：即 End Nodes（终端节点）、Gateway（网关）、LoraWAN Server（LoRaWAN 服务器）和 Applicaton Server（用户服务器），如图 1.21 所示。

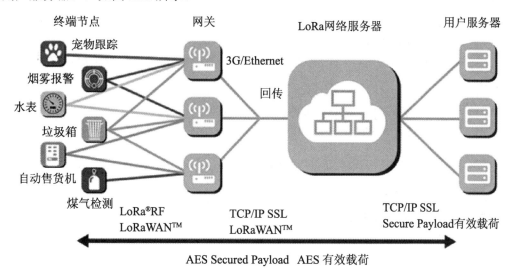

图 1.21　LoRa 体系结构

2. LoRaWAN通信协议

在 LoRaWAN 的星型网络中，End Nodes 使用单跳无线与一个或多个 Gateway 通信；Gateway 通过标准 IP 链路（Ethernet、3G/GPRS 和 Wi-Fi）与 LoRaWAN Server 通信；Gateway 负责 End Nodes 和 LoRaWAN Server 信息的中继，如图 1.22 所示。

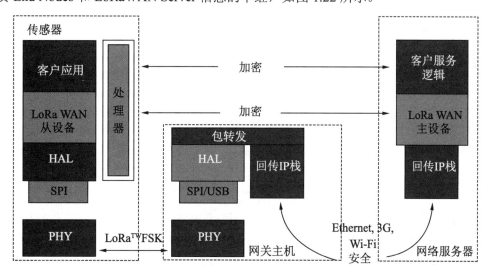

图 1.22　LoRa 通信协议

　　LoRaWAN 主要为此类设备提供无线通信：低功耗（电池一次性工作几年）、低速率（主要是传感器数据）、低成本（免流量费用）和长距离，如图 1.23 所示。LoRaWAN、Narrow-band、LTE Cat-1、LTE Cat-M 和 NB-LTE 的性能比较如图 1.24 所示。

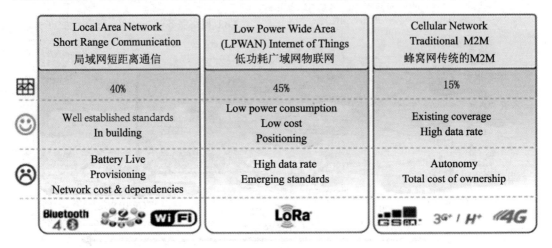

图 1.23　LoRaWAN 性能

Feature	LoRaWAN	Narrow-Band	LTE Cat-1 2016 (Rel12)	LTE Cat-M 2018 (Rel13)	NB-LTE 2019(Rel13+)
Modulation	SS Chirp	UNB / GFSK/BPSK	OFDMA	OFDMA	OFDMA
Rx bandwidth	500 - 125 KHz	100 Hz	20 MHz	20 - 1.4 MHz	200 KHz
Data Rate	290bps - 50Kbps	100 bit/sec 12 / 8 bytes Max	10 Mbit/sec	200kbps – 1Mbps	~20K bit/sec
Max. # Msgs/day	Unlimited	UL: 140 msgs/day	Unlimited	Unlimited	Unlimited
Max Output Power	20 dBm	20 dBm	23 - 46 dBm	23/30 dBm	20 dBm
Link Budget	154 dB	151 dB	130 dB+	146 dB	150 dB
Batery lifetime - 2000mAh	105 months	90 months		18 months	
Power Efficiency	Very High	Very High	Low	Medium	Med high
Interference immunity	Very high	Low	Medium	Medium	Low
Coexistence	Yes	No	Yes	Yes	No
Security	Yes	No	Yes	Yes	Yes
Mobility / localization	Yes	Limited mobility, No loc	Mobility	Mobility	Limited Mobility No Loc

图 1.24　NB-LTE 的性能比较

　　LoRa 联盟负责制定 LoRaWAN 标准和执行认证。该组织是一个开放、非赢利和快速增长的机构，成员包括科技巨头（IBM、Cisco、HP、Foxconn、Semtech 和 Sagemcom 等）、名牌企业（如 Schneider、Bosch、Diehl、Mueller 和 ZTE 等）、运营商（如 Orange 和 SwissCom 等）。设备接入数量趋势如表 1.7 所示。

表 1.7 　 不同技术方案设备接入数量趋势表

Global wide Are a M2M Connections by Technology: 2015—2030（Millions）

Technologr	2014	2015	2016	2017	2018	2019	2020	2021	2022	2030
2G&3G Cellular	268	316	373	440	520	613	723	716	709	654
LTE&5G Cellular	7	14	27	52	101	197	385	423	466	998
Satellite	4	5	6	7	9	10	11	13	14	33
LPWA	13	57	129	222	387	602	878	1321	1844	7192
Wireline	122	131	141	151	163	175	186	193	199	263
Others	101	103	104	105	106	108	109	110	111	123
Total	516	625	780	978	1286	1705	2293	2776	3344	9262

LoRaWAN 的目标是：

- 标准化：通过 LoRaWAN Specification（说明书）和 Certification（认证），从欧洲到非洲，从北美到东南亚，任何公司的 LoRaWAN 产品实现互连互通。
- 市场化：通过标准化和生态圈，扩大 LoRaWAN 在物联网市场的份额。

LoRaWAN 的初衷是提供区域、国家或全球的物联网。这样一来，它的体系和协议变得庞大复杂是必然的。LoRaWAN 应用范围如下：

- 运营商：毫无疑问，运营商是最希望部署 LPWAN（低功耗广域网）来为客户提供"无处不在"的物联网服务，这是在移动互联网已经饱和的情况下，又一波"增长红利"。这就可以理解欧洲国家（法国、荷兰和比利时等）部署 LoRaWAN 的热情了。
- 大规模节点的私网：智能工厂是最可能部署物联网的行业，毕竟有大量的设备需要监测和控制，且部署物联网能马上受益；节点多（>1000），需要 LoRaWAN 提供大规模接入能力。
- 要求 QoS 的私网：部分私网对于 QoS（网络质量）有特殊的要求，比如抗干扰能力强、吞吐量大、唤醒延时小，LoRaWAN 能较好地满足这些需求。

IP（Internet Protocol）协议是最成功的网络协议之一，它奠定了互联网的基础，在信息互联上把世界变成了地球村；从服务器，到 PC、手机，甚至手表，都离不开 IP 协议。它的成功原因在于：开放，所有标准文档谁都可以下载使用；免费，使用 IP 不用缴纳版权费；标准，有委员会制定标准，保证全球 IP 设备互联互通；推动，科技巨头（如 IBM、MicroSoft 和 Cisco 等）都在大力推进 IP 的使用和标准化。

而 LoRa WAN 与 IP 有极大的相似：

- 开放：用户可以下载标准文档，还有宝贵的 End Nodes 和 Gateway 源代码；
- 免费：使用 LoRaWAN 不用缴纳版本费用；
- 标准：由 LoRa Alliance 负责标准的制定和更新，对 LoRaWAN 产品执行认证；
- 推动：有运营商、科技巨头（IBM、Cisco 等）和生态圈企业一起来建设 LoRaWAN；

- 安全：它是第一个对网络和应用数据使用 128AES 双重加密的无线网络。

LoRaWAN 能否成为世界级的物联网标准，也需要考虑其他因素：基础科技的革新（比如超大容量储能电池的发明、超远距离高速无线通信技术等）、竞争对手的压力、商业风险，甚至全球经济危机等。

LoRaWAN 会有多大市场份额，需要从微观和宏观来分析来看。微观角度看，各行业（如生产、交通、医疗、农业、仓储）以及城市和人们的生活要智能化，都依赖传感器将物理信息（如温湿度、位置、压力、热和光等）转换成数字信息（即 0 和 1 二进制数据）。传感器主要是电池供电，采集数据量较小，数量庞大，地域分布广；它对通信的要求是长距离、低功耗、低速率和低成本。可见，LoRaWAN 在以"传感器为主体"的物联网中大有用武之地。

从宏观角度看，SNS Research 分析预测，45%～55%的设备将会接入 LPWAN（低功耗广域网，LoRaWAN 是其中之一）物联网。

Machina Research 分析预测，到 2025 年，将会有超过 30 亿设备接入 LPWAN 物联网，如图 1.25 所示。

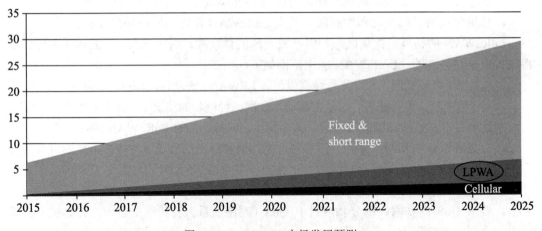

图 1.25　LoRaWAN 市场发展预测

LoRaWAN 的本质是无线通信网络，因此需要遵循以下规定：

- 切换信道（ChangeChannel）：End Devices 每次发送数据包都需要随机切换信道，经验表明，切换信道可以有效降低同频干扰和无线信号衰减，从而建立一个更健壮的网络。
- 发送占空比（DutyCycle）：依赖不同的地区和国家，在 ISM 频段，一个无线电设备允许最大发射占空比是有限制的，这样做是为了保证公平和防止非法占用信道。以欧洲设备通信为例，Duty Cycle=1%，即发送占空比为百分之一，如果一个设备发射时间=1s，接下来的 99s，它将不能再发射无线电信号（可以接收无线电信号）。

- 驻留时间（DwellTime）：该限制主要是北美地区，在 ISM 频段，一个无线电设备每 0.4s 必须切换信道，这样做是为了保证信道利用率和增强抗干扰能力。例如，如果一个设备发射时间=1s，那么它必须跳频 3 次，才能完成发射任务。

1.12　NB-IoT 窄带物联网协议

在通信领域物联网方向，NB-IoT 基本上是"独领风骚"，风光无限。

在通信领域，经过 1G、2G、3G 和 4G 技术的不断发展，加之智能手机的广泛普及，现在已经基本上实现了人与人之间随时随地的连接。

从早期的电报，到后来的电话和短信，再到现在即时传送图片、音频和视频等多媒体文件，通信技术手段已经十分强大、多元化。人类对技术的追求、对生活的追求，永远不会停住脚步。技术还有潜力可以挖掘，需求也在不断涌现。在商业利益的驱动下，通信厂商会不断推出新的产品，新的服务，吸引用户，以获取利益。

而通信人也开始把目光从人的身上，转移到了物的身上。既然人都可以相连，那么物物也可以相连，把所有的物体，都连到网络里面，如图 1.26 所示。于是，物联网就诞生了。

图 1.26　物联网（Internet of Things，IoT）

1.12.1　物联网应用场景和技术特点

人与人之间进行通信的网络，叫做人联网。物与物之间进行通信的网络，叫做物联网。试想一下这些场景：如果所有的汽车都联网了，如图 1.27 所示，自动驾驶是不是就实现了？车与车之间会协调路径、距离、速度，车祸就再也不会发生了。

图 1.27　汽车联网示意

如果所有的家电都联网了，如图 1.28 所示，实现了随时控制，人还没到家，就可以先开启空调和热水器；出门在外忘记关灯，可以远程关灯，还能远程监控，是不是更方便，更安全？

图 1.28　家电联网示意

甚至动物，如果保护区里所有的珍稀野生动物都联网控制了，科学家是不是可以更方便地检测它们的生命状态，更好地进行保护和研究？这还只是一小部分！事实上，只要开动脑筋，各种创意简直就是源源不断，如表 1.8 所示。

表 1.8　物联网应用场景

行　业	应 用 场 景
交通运输	智能停车、道路收费、车队管理、物流管理、货物跟踪、自动导航
环境保护	环境检测、动物检测、野生动物跟踪、有害废物跟踪
公共设施	智能抄表、智能电/水/气网、井盖监控、智能路灯、监控摄像头
医疗	医疗设备跟踪、远程医疗诊断、远程监控
制造业	工业自动化、远程监控、供应链监控、货品管理
商业	自动售卖机、POS机、ATM、电子标牌、广告灯箱
家庭	智能家居、可穿戴、儿童跟踪、老人监护、安防监控、智能影音、宠物跟踪

物联网的应用场景远远不止表 1.9 中所列部分。根据预测，2020 年，全球终端连接数将达到 500 亿个，其中，物的连接数将是人的连接数的 4 倍，如图 1.29 所示。

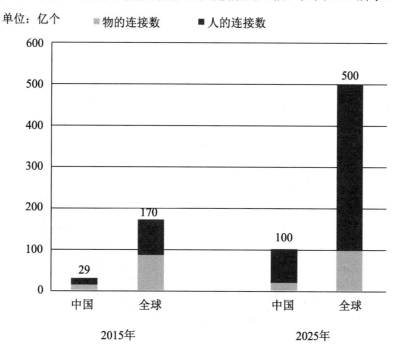

图 1.29　物联网发展趋势

据预测，2025 年全球物联网市场规模将达到 19 万亿美元。

物联网其实并不是一个新概念。在很多年前就有人提出过物联网。这么多年来，物联网其实一直在不断发展。

1995 年，比尔·盖茨的 *THE ROAD AHEAD*（《未来之路》）一书中就提到过物联网。但是因为技术的原因，过去一直发展的是 WLAN 物联网。从名字就可以看出来了，WLAN（Wireless Local Area Networks，无线局域网）是一种覆盖范围较小的物联网络。WLAN 物联网，以 Wi-Fi、蓝牙、ZigBee、Z-Wave 等技术为代表。如图 1.30 所示。

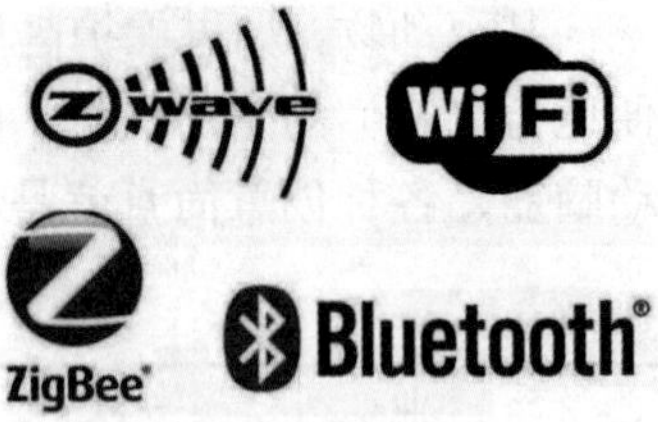

图 1.30　WLAN 物联网

这种 WLAN 物联网，无法完全满足某些行业应用的要求。第一个问题是速度（网速）。

人们用手机上网的时候，当然希望速度一定要快。目前主流的通信标准——LTE，理论速度已经达到 300Mbps。当然，实际体验速度远远达不到。正常情况下，这个速度已经能够满足人们大部分的工作和生活需求（玩游戏、看视频）。

除了速度之外，还有功耗、覆盖、成本，以及连接数量。

功耗影响待机时间，覆盖影响信号质量，成本影响使用费用。连接数量就是终端数量，对人联网来说就是手机数量。简单来说，就是每个小区可以容纳多少通信终端。

例如功耗，手机如果功耗较大，至多是充电频繁一些。但是对于智能水表，如图 1.31 所示，如果功耗大，每天都要换电池，或者一个月换一次，估计水厂和水厂工人都会崩溃吧？

图 1.31　NB-IoT 物联网水表

物联网对功耗、覆盖、连接数量这几个指标非常非常敏感。而对于速率，大部分物联网应用反而并不敏感。比如抄个电表读数，上报个位置经纬度，这些数据量都很小，没有几个字节，不需要多大的带宽速度。

WLAN 物联网，主要受限于覆盖范围和功耗上。于是，LPWAN（Low Power Wide Area Network，低功耗广域网）概念被提了出来。其名称里就有两个最重要的特点：即低功耗和广覆盖。

相比其他网络类型（WLAN、2G/3G/4G）相比，LPWAN 的定位是完全不同的，如图 1.32 所示。

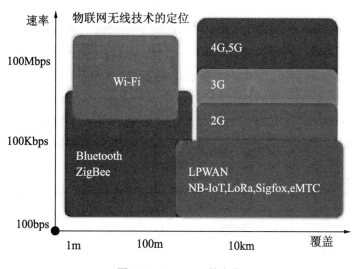

图 1.32 LPWAN 的定位

LPWAN 强调的是覆盖，牺牲的是速率。因此也把 LPWAN 叫做蜂窝物联网。这个称谓也体现了它和 2G/3G/4G 这种蜂窝通信技术之间的共性，即都是通过基站或类似设备提供信号的，如图 1.33 所示。

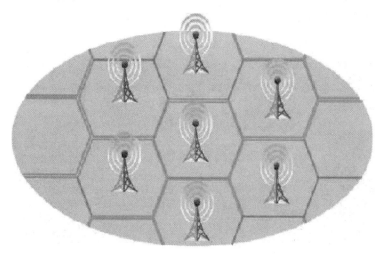

图 1.33 LPWAN 基站-蜂窝物联网

LPWAN 物联网包括很多技术标准（协议），目前比较主流的有 NB-IoT、LoRa、Sigfox、eMTC。这些技术标准，都是由不同的厂家或者通信机构组织提出来。物联网的市场很大，所有人都想分一杯羹。LPWAN 整体上还处于混战状态。在竞争过程中，NB-IoT 脱颖而出，处于暂时领先地位。

可以和 NB-IoT 势均力敌的是 eMTC，其英文全称是 enhanced Machine Type of Communication，即增强型机器类型通信。但是 eMTC 和 NB-IoT 的应用场景不同，eMTC 适合对速度和带宽有要求的物联网应用。而 LoRa 和 Sigfox，因为频谱的原因，所以没有竞争优势。常见的物联网协议特点如表 1.9 所示。

表 1.9　各种物联网协议特点

名　　称	特　　点
NB-IoT（国际标准）	低成本、电信级、高可靠性、高安全性
eMTC（国际标准）	高速率、电信级、高可靠性、高安全性
LoRa（私有技术）	独立建网、非授权频谱
Sigfox（私有技术）	独立建网、非授权频谱

LoRa 和 Sigfox 在国内没有自己的专用频段，先天不足。

NB-IoT 目前在几大标准中非常有竞争力，尤其在我国，受到多方追捧。NB-IoT 窄带物联网应用场景如图 1.34 所示。

它之所以这么"火"，有多方面的原因。首先，它确实是一项非常先进的技术。就刚才提及的通信网络的几项指标中，NB-IoT 除了速率之外，其他方面都表现优异。

图 1.34　NB-IoT 窄带物联网应用场景

在功耗方面，NB-IoT 牺牲了速率，却换回了更低的功耗。采用简化的协议，适合的设计，大幅提升了终端的待机时间，部分窄带（NB）终端设备，待机时间号称可以达到 10 年。

在信号覆盖方面，NB-IoT 有更好的覆盖能力（20dB 增益），就算你的水表埋在井盖下面，也不影响信号收发。

在连接数量方面，每小区可以支持 5 万个终端，相当强大了。

最重要的是成本价格。NB-IoT 通信模块成本很低，每模组有希望压到 5 美元之内甚至更低，有利于大批量采购和使用。NB-IoT 的特点就是：吃的少，用的少，能干活，不讲究，如图 1.35 所示。

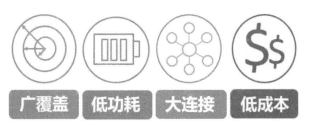

图 1.35　窄带物联网的主要特点

除了自身优点之外，NB-IoT 的"火爆"，和它背后的支持者——通信设备商里的"大哥大"华为公司主推有关。华为公司为了 NB-IoT，一直都在积极布局，努力助推。通过图 1.36，可以看出华为在 NB-IOT 标准演进过程中发挥的作用。

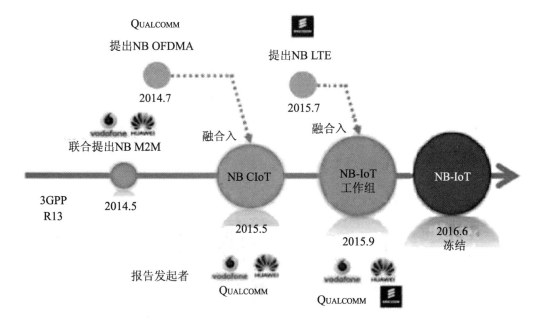

图 1.36　华为公司在 NB-IoT 演进过程中的推动作用

除了华为之外，运营商们对 NB-IoT 也是青睐有加。因为 NB-IoT 是运营商建网，不像 LoRa 这样的网络是企业独立建网。想要使用 NB-IoT 的终端，必须使用运营商的 NB-IoT 网络。这种情况下，运营商当然积极推动 NB-IoT。

更重要的一点是政府也在大力支持 NB-IoT 网络的发展，为此还专门下发过很多文件，指定划分了专门的频谱，推动行业标准的规范化。就连移动这样原本没有 FDD-LTE 牌照的运营商（NB-IoT 只支持 FDD-LTE），国家工信部也特批给了 NB-IoT 专用的 FDD-LTE 使用权。

1.12.2　无线通信技术发展过程

目前，国内三大运营商都推出了自己的 NB-IoT 商用网络，建立了大量的 NB-IoT 基站，也公布了资费标准和套餐。NB-IoT "一统天下"是不太可能的。因为应用场景的不同，所以物联网的技术需求还是会朝多元化方向发展。也就是说，未来的物联网，一定是多种技术标准共存，共同发挥作用，不可能是某一家完全垄断。移动通信技术一直在不断发展进步，各国在通信标准制定上都积极参与，争取话语权。从 2G 到 4G，移动通信网络不断更新换代。

2G 通信标准 GSM（Global System For Mobile Communications，全球移动通信系统），是由欧洲电信标准组织 ETSI 制订的一个数字移动通信标准。它的空中接口采用时分多址技术。自 20 世纪 90 年代中期投入商用以来，被全球超过 100 个国家采用。GSM 标准的设备占据当前全球蜂窝移动通信设备市场 80%以上。2G 通信系统如图 1.37 所示。

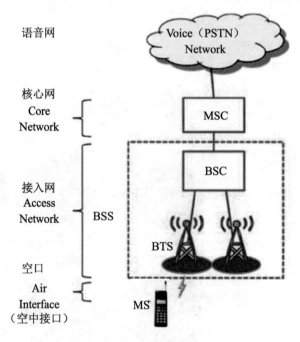

图 1.37　2G 通信网络结构拓扑

MSC（Mobile Switching Center）是移动交换中心，BSC（Base Station Controller）指的是基站控制器。基站子系统 BSS 可分为两部分，即通过无线接口与移动台相连的基站收发信台（BTS），以及与移动交换中心相连的基站控制器（BSC）。BTS 负责无线传输、BSC 负责控制与管理。一个 BSS 系统由一个 BSC 与一个或多个 BTS 组成，BSS 子系统可由多个 BSC 和 BTS 组成。

GPRS 通用分组无线服务技术（General Packet Radio Service），是 GSM 移动电话用户可用的一种移动数据业务。GPRS 可说是 GSM 的延续，被称为 2.5G，即介于二代和三代移动通信技术之间的技术，如图 1.37 所示。GPRS 访问速率理论上最快可以达到 171.2Kbps。EDGE（Enhanced Data Rate for GSM Evolution）是增强型数据速率 GSM 演进技术，也是一种 GSM 到 3G 的过渡技术，它能够充分利用现有 GSM 资源，比 GPRS 更加优良，因此被称为 2.75G 技术，理论速率最高可达 473.6Kbps。SGSN 和 GGSN 都属于核心网的 PS，负责走数据业务，例如彩信、上网等。SGSN 提供网络介入功能，分组路由和转发，以及 GPRS 的移动性能管理。GGSN 为 MS 访问外部网络提供网关功能。

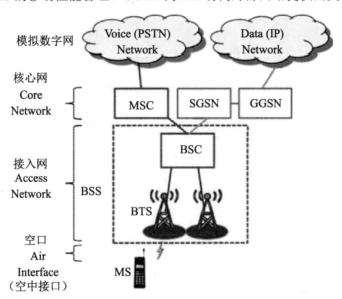

图 1.38　2G 通信：模拟数字通信系统拓扑结构

UMTS（Universal Mobile Telecommunications System，环球移动通信系统），属于第三代通信技术（3G）的一种，是 TDSCDMA（移动 3G）和 WCDMA（联通 3G）的统称。

HSPA（High-Speed Packet Access，高速数据信息包接入/存取技术），是一种建立在 UMTS 基础之上，对现存 UMTS 进行扩展和改进的通信协议。

ISDN（Integrated Service Digital NetWork，综合业务数字网），是电话网络与数字网络结合而成的一种网络，它提供了端到端的数字连接，用来提供语音业务和非语音业务等各种服务。

无线网络子系统（RNS - Radio Network Subsystem）包括在接入网中控制无线电资源的无线网络控制器（RNC）。RNC 具有宏分集合并能力，可提供软切换能力。每个 RNC 可覆盖多个 NodeB。NodeB 实质上是一种与基站收发信台等同的逻辑实体，它受 RNC 控制，提供移动设备（UE）和无线网络子系统（RNS）之间的物理无线链路连接。同样，基站系统（BSS）由基站控制器构成，基站控制器控制一个或多个基站收发信台，与 NodeB 不同，每个 BSS 对应于一个蜂窝，如图 1.39 所示。

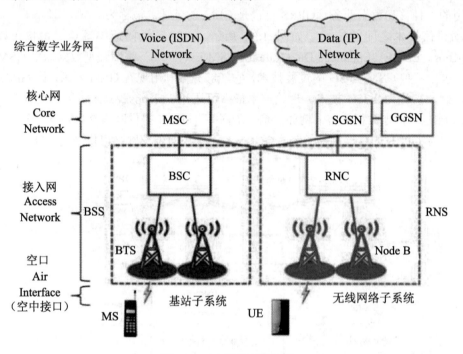

图 1.39　3G 通信网络拓扑

第四代移动电话行动通信标准，指的是第四代移动通信技术，即 4G 技术。该技术包括 TD-LTE 和 FDD-LTE 两种制式。

4G 是集 3G 与 WLAN 于一体，并能够快速传输数据、高质量、音频、视频和图像等。4G 能够以 100Mbps 以上的速度下载，比目前的家用宽带 ADSL（4 兆）快 25 倍，并能够满足几乎所有用户对于无线服务的要求。此外，4G 可以在 DSL 和有线电视调制解调器没有覆盖的地方部署，然后再扩展到整个地区。很明显，4G 有着不可比拟的优越性。

4G 移动系统网络结构可分为三层：物理网络层、中间环境层和应用网络层。物理网络层提供接入和路由选择功能，它们由无线和核心网的结合格式完成。中间环境层的功能有 QoS 映射、地址变换和完全性管理等，如图 1.40 所示。

物理网络层与中间环境层及其应用环境之间的接口是开放的，它使提供新的应用及服务变得更为容易，提供无缝高数据率的无线服务，并运行于多个频带。

PSTN（Public Switched Telephone Network，公共交换电话网络），是一种常用电话系

统，即日常生活中常用的电话网。公共交换电话网络是一种全球语音通信电路交换网络，包括商业的网络和政府拥有的网络。

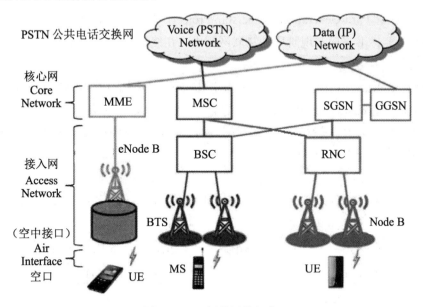

图 1.40　4G 通信网络拓扑

从 GPRS 到 LTE，移动网速越来越快。到了 4G 时代，移动通信网络的发展出现了分支。一边是大流量，一边是小数据，一边是移动宽带，一边是物联网，如图 1.41 所示。

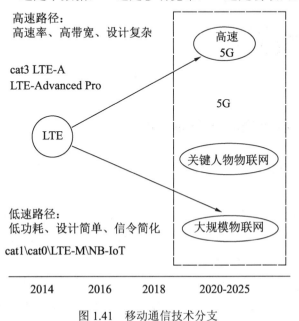

图 1.41　移动通信技术分支

从 2G 到 4G，移动通信网络都只是为了连接人而生。但随着万物互联时代的到来，移动通信网络需面向连接物而演进。

为此，3GPP（3rd Generation Partnership Project，第三代合作伙伴计划）在 Release 13 制定了 NB-IoT 标准来应对现阶段的物联网需求，在终端支持上也多了一个与 NB-IoT 对应的终端等级 cat-NB1。

3GPP 在 Release 13 定义了 3 种蜂窝物联网标准，分别是 EC-GSM、eMTC（LTE-M，对应 Cat-M1）和 NB-IoT（Cat-NB1），其频谱分布如图 1.42 所示。其中：

- GSM 是最早的广域 M2M 无线连接技术，EC-GSM 增强了其功能和竞争力。
- UMTS 没有衍生出低功耗物联网"变体"。
- LTE-M（Cat-M1）基于 LTE 技术演进，属于 LTE 的子集。
- NB-IoT（Cat-NB1）尽管和 LTE 紧密相关，且可集成于现有的 LTE 系统之上，但认为是独立的新空口技术。

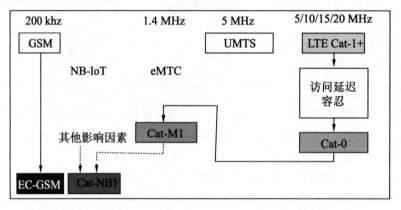

图 1.42　3 种物联网标准的频谱分布

1.12.3　NB-IoT 窄带物联网节能原理

NB-IoT 属于低功耗广域网（LPWAN），其设计原则都是基于物联网特点和使用场景为基础。

首先，相比传统的 2G/3G/4G 网络，物联网主要有以下三大特点：

- 懒：终端都很"懒"，大部分时间在"睡觉"，每天传送的数据量极低，且允许一定的传输延迟（比如智能水表）。
- 静止：并不是所有的终端都需要移动性，大量的物联网终端长期处于静止状态。
- 上行为主：与人的连接不同，物联网的流量模型不再是以下行为主，可能是以上行为主。

这三大特点支撑了低速率和传输延迟上的技术折中，从而实现覆盖增强、功耗降低、成本减少的蜂窝物联网，如图 1.43 所示。

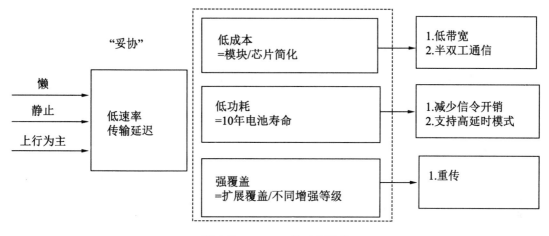

图 1.43　NB-IoT 的三大特点

1. 减少信令开销降低功耗

NB-IoT 信令流程基于 LTE 设计去掉了一些不必要的信令，在控制面和用户面均进行了优化。原 LTE 信令流程如图 1.44 所示。其中，UE（User Equipment）是用户设备，eNB 是无线通信基站，EPC（Evolved Packet Core）是分组核心网。

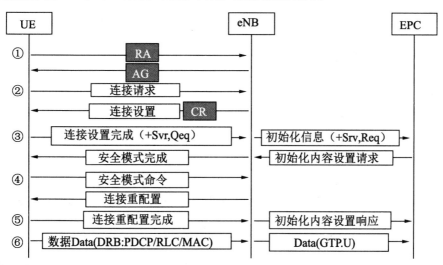

图 1.44　LTE 信令流程

NB-IoT 信令流程①如图 1.45 所示。

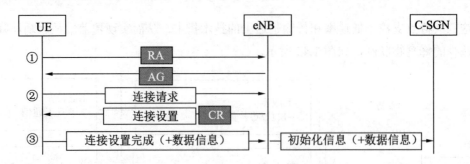

图 1.45　窄带物联网 NB-IoT 信令流程①

NB-IoT 信令流程②如图 1.46 所示。

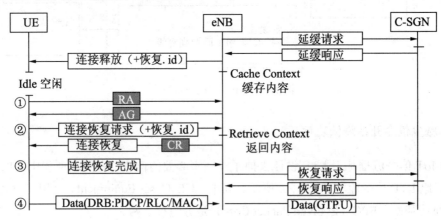

图 1.46　窄带物联网 NB-IoT 信令流程②

2. PSM & eDRX节能模式

DRX（extended Discontinuous Reception，不连续接收）和 PSM（Power Saving Mode，节能模式）是 NB-IoT 的两大省电技术，如图 1.47 所示。

手机（终端）和网络不断传送数据是很费电的。如果没有 DRX，即使我们没有用手机上网，手机也需要不断地监听网络（PDCCH 子帧），以保持和网络的联系，这导致手机耗电很快。因此，在 LTE 系统中设计了 DRX，让手机周期性地进入睡眠状态（sleep state），不用时刻监听网络，只在需要的时候，将手机从睡眠状态中唤醒进入 wake up state 后才监听网络，以达到省电的目的。eDRX 意味着扩展 DRX 周期，意味着终端可睡更长时间，更省电，如图 1.48 所示。

一些物联网终端本来就很懒，长期睡眠，而在 PSM 模式下，相当于关机状态，所以更加省电。

其原理是，当终端进入空闲状态，释放 RRC 连接后，开始启动定时器 T3324，当 T3324

终止后，进入 PSM 模式，并启动 T3412（周期性 TAU 更新）。在此期间，终端停止检测寻呼和执行任何小区/PLMN 选择或 MM 流程，工作过程如图 1.49 所示。此时，网络无法发送数据给终端或寻呼终端，网络与终端几乎失联（终端仍注册在网络中）。只有当周期性 TAU 更新定时器超时后，才退出 PSM 模式。这个定时器可设置最大 12.1 天。

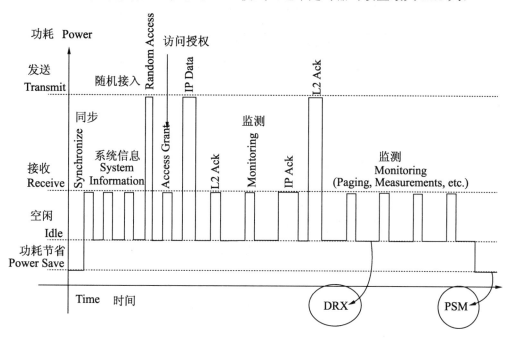

图 1.47　DRX 与 PSM 节能模式

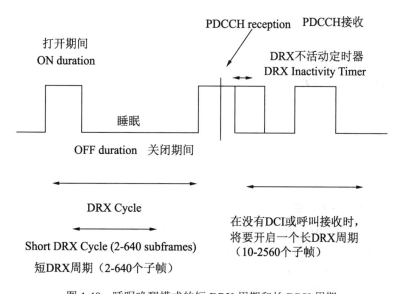

图 1.48　睡眠唤醒模式的短 DRX 周期和长 DRX 周期

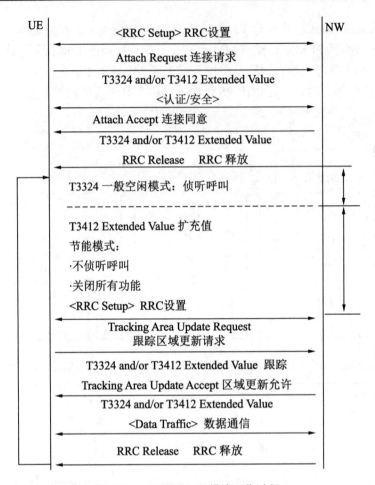

图 1.49　NB-IoT PSM 模式工作过程

1.12.4　NB-IoT 通信系统拓扑结构

无线通信系统拓扑结构中提到，无线通信系统由核心网、接入网和空中接口几部分组成。

1．核心网

为了将物联网数据发送给应用，蜂窝物联网（CIoT）在 EPS 中定义了两种优化方案：CIoT EPS 用户面功能优化（User Plane CIoT EPS optimisation）和 CIoT EPS 控制面功能优化（Control Plane CIoT EPS optimisation）。

其中，EPS（Evolved Packet System，演进的分组系统）中的所谓演进是相对于 PS 而言，PS 是 2G/3G 分组系统，EPS 自然就是 4G 系统了。4G 系统没有 CS（Circuit Switch，

电路交换）域，只有 PS（Packet Switch，分组交换）域。

对于 CIoT EPS 控制面功能优化，上行数据从 eNB（CIoT RAN）传送至 MME（Mobility Management Entity 移动管理实体），在这里传输路径分为两个分支：或者通过 SGW（Serving GateWay 服务网关）传送到 PGW（PDN　Gateway），PDN（Packet Data Network）再传送到应用服务器；或者通过 SCEF（Service Capa- bility Exposure Function）连接到应用服务器（CIoT Services），后者仅支持非 IP 数据传送。与下行数据传送路径一样，只是方向相反，如图 1.50 所示。

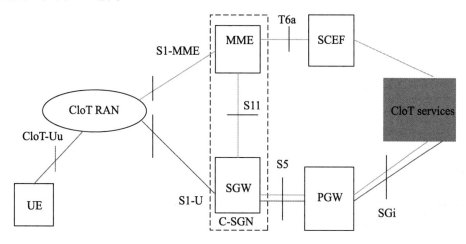

图 1.50　蜂窝物联网用户面功能优化和控制面功能优化

这一方案无须建立数据无线承载，数据包直接在信令无线承载上发送。因此，这一方案极适合非频发的小数据包传送。

SCEF 是专门为 NB-IoT 设计而新引入的，它用于在控制面上传送非 IP 数据包，并为鉴权等网络服务提供一个抽象的接口。

对于 CIoT EPS 用户面功能优化，物联网数据传送方式和传统数据流量一样，在无线承载上发送数据，由 SGW 传送到 PGW 再到应用服务器。因此，这种方案在建立连接时会产生额外开销，不过它的优势是数据包序列传送更快。这一方案支持 IP 数据和非 IP 数据传送。

2. 接入网

NB-IoT 的接入网架构与 LTE 一样，如图 1.51 所示。eNB 通过 S1 接口连接到 MME/SGW，只是接口上传送的是 NB-IoT 消息和数据。尽管 NB-IoT 没有定义切换，但在两个 eNB 之间依然有 X2 接口。X2 接口使能 UE 在进入空闲状态后，快速启动恢复流程，接入到其他 eNB。

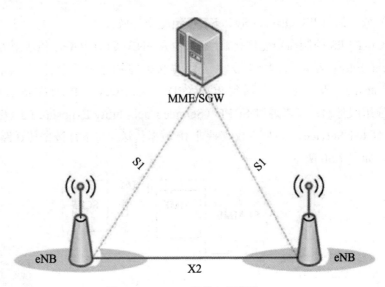

图 1.51 NB-IoT 的接入网架构

3. 频段

NB-IoT 沿用 LTE 定义的频段号，Release 13 为 NB-IoT 指定了 14 个频段，如表 1.10 所示。国内运营商频段占用，如表 1.11 所示。窄带物联网物理层设计参数如表 1.12 所示。

表 1.10　窄带物联网的频段范围

频带号	上行频率范围（MHz）	下行频率范围（MHz）
1	1920～1980	2110～2170
2	1850～1910	1930～1990
3	1710～1785	1805～1880
5	824～849	869～894
8	880～915	925～960
12	699～716	729～746
13	777～787	746～756
17	704～716	734～746
18	815～830	860～875
19	830～845	875～890
20	832～862	791～821
26	814～849	859～894
28	703～748	758～803
66	1710～1780	2120～2200

表 1.11　运营商窄带物联网频段分配

运营商	上行频段/MHz	下行频段/MHz	带宽
联通	909～915	954～960	6
	1745～1765	1840～1860	20
电信	825～840	870～885	15
移动	890～900	934～944	10
	1725～1735	1820～1830	10
广电	700	700	未分配

表 1.12　窄带物联网物理层参数

物理层设计	下行	上行
多址技术	OFDMA	SC-FDMA
子载波带宽	15KHz	3.75KHz/15KHz
发射功率	43dBM	23dBM
帧长度	1ms	1ms
TTI长度	1ms	1ms/8ms
SCH低阶调制	QPSK	BPSK
SCH高阶调制	QPSK	QPSK
符号重复最大次数	32	32

1.12.5　NB-IoT 窄带物联网信号收发技术

NB-IoT 占用 180KHz 带宽，这与在 LTE 帧结构中一个资源块的带宽是一样的。所以，以下 3 种部署方式成为可能，如图 1.52 所示。

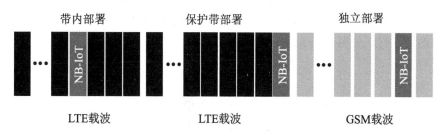

图 1.52　NB-IoT 物联网 3 种部署方式

● 独立部署（Stand alone operation）：适合用于重耕 GSM 频段，GSM 的信道带宽为 200kHz，这刚好为 NB-IoT 180kHz 带宽辟出空间，且两边还有 10kHz 的保护间隔，如图 1.53 所示。

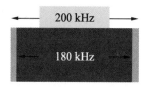

图 1.53　GSM 的信道带宽

- 保护带部署（Guard band operation）：利用 LTE 边缘保护频带中未使用的 180kHz 带宽的资源块。
- 带内部署（In-band operation）：利用 LTE 载波中间的任何资源块。

1. 信号覆盖等级CE Level

CE Level（Coverage Enhancement Level，覆盖增强等级）从 0 到 2，共分 3 个等级，分别对应可对抗 144dB、154dB、164dB 的信号衰减。基站与 NB-IoT 终端之间会根据其所在的 CE Level 来选择相对应的信息重发次数。

2. 双工模式

Release 13 NB-IoT 仅支持 FDD（Frequency Division Duplexing，频分双工）半双工 Type-B 模式。

FDD 意味着上行和下行在频率上分开，UE 不会同时处理接收和发送。

半双工设计意味着只需多一个切换器去改变发送和接收模式，比起全双工所需的元件，成本更低廉，且可降低电池能耗。在 Release 12 中，定义的半双工分为 Type-A 和 Type-B 两种类型，其中 type B 为 Cat.0 所用，如图 1.54 所示。

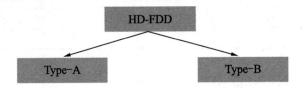

图 1.54　窄带物联网 NB-IoT 半双工模式

在 Type-A 下，UE 在发送上行信号时，其前面一个子帧的下行信号中最后一个 Symbol 不接收，用来作为保护时隙（Guard Period，GP）。而在 Type-B 下，UE 在发送上行信号时，前面子帧和后面子帧都不接收下行信号，使得保护时隙加长，对于设备要求降低，提高了信号的可靠性，如图 1.55 所示。

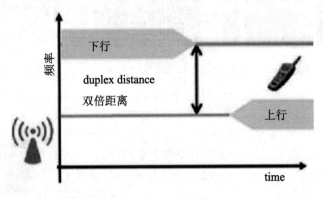

图 1.55　窄带物联网 NB-IoT 的上行信号和下行信号的保护时隙

3．下行链路

对于下行链路，NB-IoT 定义了以下 3 种物理信道：

- NPBCH：窄带物理广播信道。
- NPDCCH：窄带物理下行控制信道。
- NPDSCH：窄带物理下行共享信道。

此外，还定义了两种物理信号：

- NRS：窄带参考信号。
- NPSS 和 NSSS：主同步信号和辅同步信号。

相比 LTE，NB-IoT 的下行物理信道较少，并且去掉了 PMCH（Physical Multicast Channel，物理多播信道），原因是 NB-IoT 不提供多媒体广播/组播服务。如图 1.56 所示为 NB-IoT 传输信道和物理信道之间的映射关系。

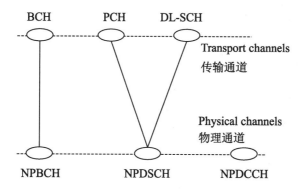

图 1.56 NB-IoT 传输信道和物理信道之间的映射关系

MIB（Management Information Base，管理信息库）消息在 NPBCH 中传输，其余信令消息和数据在 NPDSCH 上传输，NPDCCH 负责控制 UE 和 eNB 间的数据传输。

NB-IoT 下行调制方式为 QPSK（Quadrature Phase Shift Keyin，正交相移键控）。NB-IoT 下行最多支持两个天线端口（Antenna Port），即 AP0 和 AP1。

和 LTE 一样，NB-IoT 也有 PCI（Physical Cell ID，物理小区标识），称为 NCellID（Narrowband physical Cell ID），一共定义了 504 个 NCellID。

4．帧和时隙结构

和 LTE 循环前缀（Normal CP）物理资源块一样，在频域上由 12 个子载波（每个子载波宽度为 15kHz）组成，在时域上由 7 个 OFDM 符号组成 0.5 毫秒（ms）的时隙，这样保证了和 LTE 的相容性，对于带内部署方式至关重要，如图 1.57 所示。

每个时隙 0.5ms，2 个时隙就组成了一个子帧（SF），10 个子帧组成一个无线帧（RF）。这就是 NB-IoT 的帧结构，依然和 LTE 一样，如图 1.58 所示。

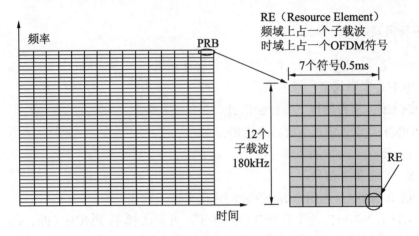

图 1.57 窄带物联网 NB-IoT 信号帧和时隙结构

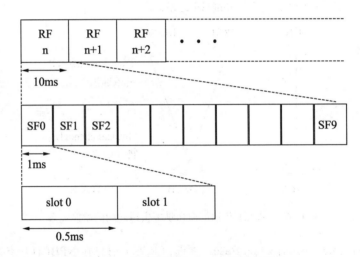

图 1.58 窄带物联网 NB-IoT 信号帧结构

5. RS（窄带参考信号）

NRS（窄带参考信号）也称为导频信号，主要作用是下行信道质量测量估计，用于 UE 端的相关检测和解调。在用于广播和下行专用信道时，所有下行子帧都要传输 NRS，无论有无数据传送。

NB-IoT 下行最多支持两个天线端口，NRS 只能在一个天线端口或两个天线端口上传输，资源的位置在时间上与 LTE 的 CRS（Cell-Specific Reference Signal，小区特定参考信号）错开，在频率上则与之相同，这样在带内部署（In-Band Operation）时，若检测到 CRS，可与 NRS 共同使用来做信道估测。

6．同步信号

NPSS（主同步）为 NB-IoT UE 时间和频率同步提供参考信号，与 LTE 不同的是，NPSS 中不携带任何小区信息，NSSS（辅同步）带有 PCI。NPSS 与 NSSS 在资源位置上避开了 LTE 的控制区域。

7．上行链路

对于上行链路，NB-IoT 定义了两种物理信道：

- NPUSCH：窄带物理上行共享信道。
- NPRACH：窄带物理随机接入信道。

此外还有 DMRS，即上行解调参考信号。

NB-IoT 上行传输信道和物理信道之间的映射关系如图 1.59 所示。

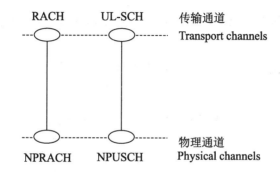

图 1.59　上行传输信道和物理信道之间的映射关系

除了 NPRACH，所有数据都通过 NPUSCH 传输。

8．时隙结构

NB-IoT 上行使用 SC-FDMA，考虑到 NB-IoT 终端的低成本需求，在上行要支持单频（Single Tone）传输，子载波间隔除了原有的 15kHz，还新制订了 3.75kHz 的子载波间隔，共 48 个子载波。

当采用 15kHz 子载波间隔时，资源分配和 LTE 一样。当采用 3.75kHz 的子载波间隔时，如图 1.58 所示。

15kHz 为 3.75kHz 的整数倍，所以对 LTE 系统干扰较小。由于下行的帧结构与 LTE 相同，为了使上行与下行相容，子载波空间为 3.75kHz 的帧结构中，一个时隙同样包含 7 个 Symbol，共 2ms 长，刚好是 LTE 时隙长度的 4 倍。

此外，NB-IoT 系统中的采样频率（Sampling Rate）为 1.92MHz，子载波间隔为 3.75kHz 的帧结构中，一个 Symbol 的时间长度为 512Ts（Sampling Duration），加上循环前缀（Cyclic Prefix，CP）长 16Ts，共 528Ts。因此，一个时隙包含 7 个 Symbol 再加上保护区间（Guard

Period）共 3840Ts，即 2ms 长。

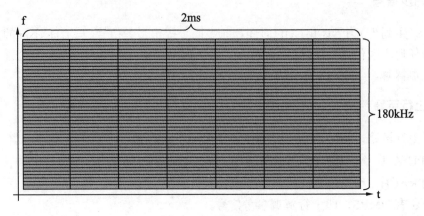

图 1.60　子载波间隔

NPUSCH 用来传送上行数据和上行控制信息。NPUSCH 传输可使用单频或多频传输，如图 1.61 所示。

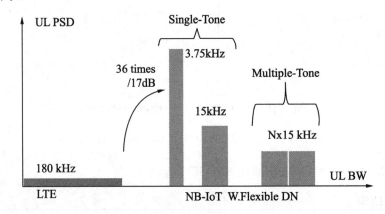

图 1.61　窄带物理上行共享信道单频或多频传输

在 NPUSCH 上定义了两种格式：即 format 1 和 format 2。NPUSCH format 1 为 UL-SCH 上的上行信道数据而设计，其资源块不大于 1000 bit；NPUSCH format 2 传送上行控制信息（UCI）。

映射到传输块的最小单元叫资源单元（Resource Unit，RU），它由 NPUSCH 格式和子载波空间决定。有别于 LTE 系统中的资源分配的基本单位为子帧，NB-IoT 根据子载波和时隙数目作为资源分配的基本单位。

1.12.6　NB-IoT 窄带物联网小区接入

NB-IoT 的小区接入流程和 LTE 相似：小区搜索取得频率和符号同步、获取 SIB（System

Information Blocks）信息、启动随机接入流程建立 RRC（Radio Resource Control，无线资源控制）连接。当终端返回 RRC_IDLE 状态，需要进行数据发送或收到寻呼时，会再次启动随机接入流程。

1．协议栈和信令承载

总地来说，NB-IoT 协议栈基于 LTE 设计，但是根据物联网的需求，去掉了一些不必要的功能，减少了协议栈处理流程的开销。因此，从协议栈的角度看，NB-IoT 是新的空口（空中接口）协议。

以无线承载 RB（Radio Bearer）为例，在 LTE 系统中，SRB（Signalling Radio Bearers，信令无线承载）会部分复用，SRB0 用来传输 RRC 消息，在逻辑信道 CCCH（Common Control Channel）上传输；而 SRB1 既用来传输 RRC 消息，也会包含 NAS 消息，其在逻辑信道 DCCH（Dedicated Control Channel，专用控制信道）上传输。LTE 中还定义了 SRB2，但 NB-IoT 没有。

此外，NB-IoT 还定义了一种新的信令无线承载 SRB1bis。SRB1bis 和 SRB1 的配置基本一致，除了没有 PDCP（Packet Data Convergence Protocol，分组数据汇聚协议）。这也意味着在控制面（Control Plane）CIoT EPS optimisation 下只有 SRB1bis，因为只有在这种模式下才不需要 SIB，简化了 SIB 的协议栈，如图 1.62 所示。

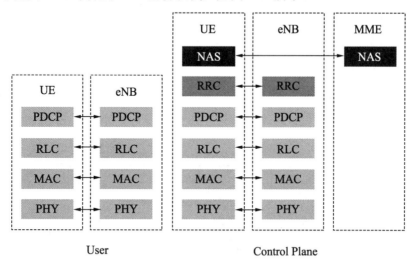

图 1.62　NB-IoT 协议栈

NB-IoT 经过简化，去掉了一些对物联网不必要的 SIB（System Information Blocks），只保留了 8 个信息块，每个信息块的内容如表 1.13 所示。

需特别说明的是，SIB-NB 是独立于 LTE 系统传送的，并非夹带在原 LTE 的 SIB 之中。

表 1.13　信息块内容

系统信息块	内　　容
MIB-NB	获得系统所需的基本信息
SIB Type1-NB	小区接入和选择，其他SIB调度
SIB Type2-NB	无线资源分配信息
SIB Type3-NB	小区重选信息
SIB Type4-NB	Intra-frequency的邻近Cell相关信息
SIB Type5-NB	Inter-frequency的邻近Cell相关信息
SIB Type14-NB	接入禁止（Access Barring）
SIB Type16-NB	GPS时间/世界标准时间信息

2．小区重选和移动性

由于 NB-IoT 主要为非频发小数据包流量而设计，所以 RRC_CONNECTED 中的切换过程并不需要，被移除了。如果需要改变服务小区，NB-IoT 终端会进行 RRC 释放，进入 RRC_IDLE 状态，再重选至其他小区。

在 RRC_IDLE 状态，小区重选定义了 intra frequency 和 inter frequency 两类小区，inter frequency 指的是 in-band operation 下两个 180 kHz 载波之间的重选。

NB-IoT 的小区重选机制也做了适度的简化，由于 NB-IoT 终端不支持紧急拨号功能，所以当终端重选时无法找到 Suitable Cell 的情况下，终端不会暂时驻扎（Camp）在 Acceptable Cell，而是持续搜寻直到找到 Suitable Cell 为止。根据 3GPP TS 36.304 定义，所谓 Suitable Cell 为可以提供正常服务的小区，而 Acceptable Cell 为仅能提供紧急服务的小区。

3．随机接入过程

NB-IoT 的 RACH 过程和 LTE 一样，只是参数不同。

基于竞争的 NB-IoT 随机接入过程如图 1.63 所示。

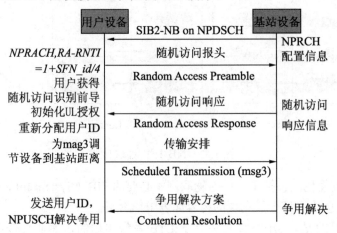

图 1.63　基于竞争的 NB-IoT 随机接入过程

基于非竞争的 NB-IoT 随机接入过程如图 1.64 所示。

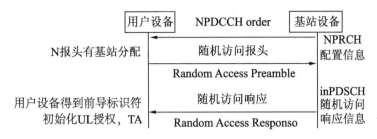

图 1.64　非竞争的 NB-IoT 随机接入过程

1.12.7　NB-IoT 连接管理

由于 NB-IoT 并不支持不同技术间的切换，所以 RRC 状态模式也非常简单，如图 1.65 所示。

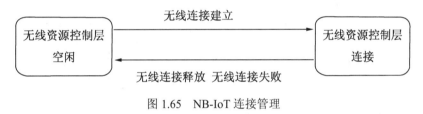

图 1.65　NB-IoT 连接管理

RRC 连接建立（Connection Establishment）流程和 LTE 一样，但内容却不相同，如图 1.66 所示。

很多原因都会引起 RRC（Radio Resource Control 无线资源控制）建立，但是在 NB-IoT 中，连接请求（RRCConnectionRequest）中的建立原因（Establishment Cause）里没有访问接入延迟容忍（delayTolerantAccess），因为 NB-IoT 被预先假设为容忍延迟。

图 1.66　NB-IoT 连接建立

另外，在 Establishment Cause 里，UE 将说明支持单频或多频的能力。

与 LTE 不同的是，NB-IoT 新增了挂起-释放（Suspend-Resume）流程（Suspend 将线

程挂起，运行→阻塞；Resume 将线程解挂，阻塞→就绪）。当基站释放连接时，基站会下达指令让 NB-IoT 终端进入挂起（Suspend）模式，该挂起（Suspend）指令带有一组 Resume ID，此时，终端进入释放（Suspend）模式并存储当前的 AS context。

当终端需要再次进行数据传输时，只需要在 RRC Connection Resume Request 中携带 Resume ID，基站即可通过此 Resume ID 来识别终端，并跳过相关配置信息交换，直接进入数据传输。挂起-释放（Suspend-Resume）流程如图 1.67 所示。

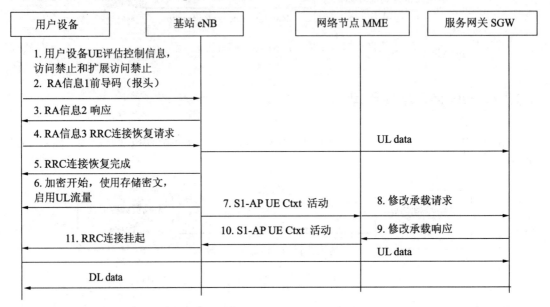

图 1.67　NB-IoT 挂起-释放（Suspend-Resume）流程

简而言之，在 RRC_Connected 至 RRC_IDLE 状态时，NB-IoT 终端会尽可能地保留 RRC_Connected 下所使用的无线资源分配和相关安全性配置，减少两种状态之间切换时所需的信息交换数量，以达到省电的目的。

1.12.8　NB-IoT 数据传输

NB-IoT 定义了两种数据传输模式：即控制面优先（Control Plane CIoT EPS optimisation）方案和用户面优先（User Plane CIoT EPS optimisation）方案。对于数据发起方，由终端选择决定哪一种方案。对于数据接收方，由 MME 参考终端习惯，选择决定哪一种方案。

1. 控制面优先数据传输方案

对于控制面优先（Control Plane CIoT EPS Optimisation）数据传输方案，终端和基站

间的数据交换在 RRC 级上完成。对于下行，数据包附带在 RRC 连接设置（RRC connection setup）消息里；对于上行，数据包附带在 RRC 连接设置完成（RRC connection setup complete）消息里。如果数据量过大，RRC 不能完成全部传输，将使用 DL 信息传输（DLInformationTransfer）和 UL 信息传输（ULInformationTransfer）使消息继续传送，如图 1.68 所示。

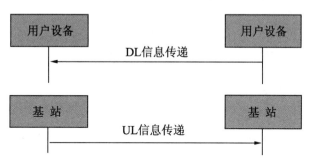

图 1.68　控制面优先（Control Plane CIoT EPS Optimisation）数据传输方案

这两类消息中包含的是带有 NAS 消息的 byte 数组，其对应 NB-IoT 数据包，因此对于基站是透明的，UE 的 RRC 也会将它直接转发给上一层。

在这种传输模式下，没有 RRC connection reconfiguration 流程，数据在 RRC connection setup 消息里传送，或者在 RRC 连接启动之后立即进行 RRC 连接释放并启动 Resume 流程。

2. 用户面优先数据传输方案

在用户面优先（User Plane CIoT EPS optimisation）数据传输模式下，数据通过传统的用户面传送，为了降低物联网终端的复杂性，只可以同时配置一个或两个 DRB。RRC 连接恢复流程如图 1.69 所示，RRC 连接释放流程如图 1.70 所示。

图 1.69　RRC 连接恢复流程

此时，有两种情况：

- 当 RRC 连接释放时，RRC 连接释放会携带 Resume ID，并启动 Resume 流程。如果 Resume 启动成功，更新密匙安全建立后，保留了先前 RRC_Connected 的无线承载也随之建立，如图 1.70 所示。

图 1.70　RRC 连接释放流程

- 当 RRC 连接释放时，如果 RRC 连接释放没有携带 Resume ID，或者 Resume 请求失败，安全和无线承载建立过程如图 1.71 所示。

图 1.71　安全模式流程

首先，通过安全模式控制（SecurityModeCommand）和安全模式完成（SecurityMode Complete）模式建立 AS 级安全。

在安全模式控制（SecurityModeCommand）消息中，基站使用 SRB1 和 DRB 提供加密算法和对 SRB1 完整性保护。LTE 中定义的所有算法都包含在 NB-IoT 里。

当安全激活后，进入 RRC 连接重配置（RRC connection reconfiguration）流程建立 DRB，如图 1.72 所示。

图 1.72　连接重配置

在重配置消息中，基站为 UE 提供无线承载，包括 RLC（Radio Link Control，无线链路层控制协议）和逻辑信道配置。PDCP 仅配置于 DRB（Data Radio Bearer，数据无线承载），因为 SRB（Signalling Radio Bearers，信令无线承载）采用默认值。在 MAC 配置中，将提供 BSR、SR、DRX 等配置。最后，物理配置提供将数据映射到时隙和频率的参数。

3. 多载波配置

在 RRC connection reconfiguration 消息中，可在上/下行设置一个额外的载波，称为非锚定载波（non-anchor carrier）。

基于多载波配置，系统可以在一个小区里同时提供多个载波服务，因此，NB-IoT 的载波可以分为两类：提供 NPSS、NSSS 与承载 NPBCH 和系统信息的锚定载波（Anchor

Carrier），以及非锚定载波（Non-Anchor Carrier），即除锚定载波之外的载波。

当提供非锚定载波时，UE 在此载波上接收所有数据，但同步、广播和寻呼等消息只能在锚定载波上接收。

NB-IoT 终端一律需要在锚定载波上面随机接入（Random Access），基站会在 Random Access 过程中传送非锚定载波调度信息，以将终端卸载至非锚定载波上进行后续数据传输，避免锚定载波的无线资源吃紧。

另外，单个 NB-IoT 终端同一时间只能在一个载波上传送数据，不允许同时在锚定载波和非锚定载波上传送数据。

1.13　MQTT 网络协议

物联网（IoT）设备必须连接互联网。通过连接到互联网，设备就能相互协作，以及与后端服务协同工作。互联网的基础网络协议是 TCP/IP。MQTT（Message Queuing Telemetry Transport，消息队列遥测传输）是基于 TCP/IP 协议栈而构建的，已成为 IoT 通信的标准。

MQTT 最初由 IBM 于 20 世纪 90 年代晚期所开发。它最初的用途是将石油管道上的传感器与卫星相连接。顾名思义，它是一种支持在各方之间异步通信的消息协议。异步消息协议在空间和时间上将消息发送者与接收者分离，因此可以在不可靠的网络环境中进行扩展。虽然叫做消息队列遥测传输，但它与消息队列毫无关系，而是使用了一个发布和订阅的模型。在 2014 年末，它正式成为了一种 OASIS 开放标准，而且在一些流行的编程语言中受到支持（通过使用多种开源实现）。

MQTT 是一种轻量级的、灵活的网络协议，可在严重受限的设备硬件和高延迟/带宽有限的网络上实现。它的灵活性使得为 IoT 设备和服务的多样化应用场景提供支持成为可能。

1.13.1　网络协议比较

大多数开发人员已经熟悉 HTTP Web 服务。那么为什么不让 IoT 设备连接到 Web 服务？设备可采用 HTTP 请求的形式发送其数据，并采用 HTTP 响应的形式从系统接收更新。这种请求和响应模式存在一些严重的局限性：

HTTP 是一种同步协议，客户端需要等待服务器响应。Web 浏览器具有这样的要求，但它的代价是牺牲了可伸缩性。在 IoT 领域，大量设备及很可能不可靠或高延迟的网络使得同步通信成为问题。而异步消息协议更适合 IoT 应用程序，传感器发送读数，让网络确定将其传送到目标设备和服务的最佳路线和时间。

HTTP 是单向的。客户端必须发起连接。客户端发出请求，服务器进行响应。将消息传送到网络上的所有设备上，不但很困难，而且成本很高，而这是 IoT 应用程序中的一种常见使用情况。

HTTP 是一种有许多标头和规则的重量级协议。它不适合资源受限的设备网络。

出于上述原因，大部分高性能、可扩展的系统都使用异步消息总线进行内部数据交换，而不使用 Web 服务。

事实上，企业中间件系统中使用的最流行的消息协议被称为 AMQP（高级消息排队协议）。但是在高性能环境中，计算能力和网络延迟通常不是问题。AMQP 致力于在企业应用程序中实现可靠性和互操作性，它拥有庞大的特性集，但不适合资源受限的 IoT 应用程序。

其他流行的消息协议，例如，XMPP（Extensible Messaging and Presence Protocol，可扩展消息和状态协议）是一种对等即时消息（IM）协议。它高度依赖于支持 IM 用例的特性，比如存在状态和介质连接。与 MQTT 相比，它在设备和网络上需要的资源都要多得多。

1.13.2　发布和订阅模型

MQTT 协议的一个关键特性是发布和订阅模型。与所有消息协议一样，它将数据的发布者与使用者分离。MQTT 协议在网络中定义了两种实体类型：消息代理和一些客户端。代理是一个服务器，它从客户端接收所有消息，然后将这些消息路由到相关的目标客户端。客户端是能够与代理交互发送和接收消息的任何设备，可以是现场的 IoT 传感器，是数据中心内处理 IoT 数据的应用程序。

客户端连接到代理，它可以订阅代理中的任何消息"主题"。此连接可以是简单的 TCP/IP 连接，也可以是用于发送敏感消息的加密 TLS 连接。

客户端通过将消息和主题发送给代理，发布某个主题范围内的消息。然后代理将消息转发给所有订阅该主题的客户端。

因为 MQTT 消息是按主题进行组织的，所以应用程序开发人员能灵活地指定某些客户端只能与某些消息交互。例如，传感器将在 sensor_data 主题范围内发布读数，并订阅 config_change 主题。将传感器数据保存到后端数据库中的数据处理应用程序会订阅 sensor_data 主题。管理控制台应用程序能接收系统管理员的命令来调整传感器的配置，比如灵敏度和采样频率，并将这些更改发布到 config_change 主题中。传感器的 MQTT 发布和订阅模型如图 1.73 所示。

同时，MQTT 是轻量级的。它有一个用来指定消息类型的简单报头，有一个基于文本的主题，还有一个任意的二进制有效负载。应用程序可对有效负载采用任何数据格式，比如 JSON、XML、加密二进制或 Base64，只要目标客户端能够解析该有效负载。

开始进行 MQTT 开发的最简单工具是 Python Mosquitto 模块，该模块包含在 Eclipse Paho 项目中，提供了多种编程语言格式的 MQTT SDK 和库。它包含能在本地计算机上运行的 MQTT 代理，还包含使用消息与代理交互的命令行工具。可以从 Mosquitto 网站下载并安装 Mosquitto 模块。

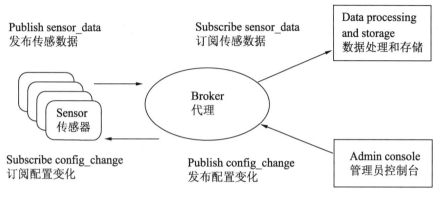

图 1.73　MQTT 发布-订阅工作模式

1.13.3　MQTT 协议命令

1．mosquitto命令

mosquitto 命令在本地计算机上运行 MQTT 代理。也可以使用-d 选项在后台运行它。

```
$ mosquitto -d
```

2．mosquitto_sub命令

在另一个终端窗口中，可以使用 mosquitto_sub 命令连接到本地代理并订阅一个主题。运行该命令后，将等待从订阅的主题接收消息，并打印出所有消息。

```
$ mosquitto_sub -t "dw/demo"
```

3．mosquitto_pub 命令

在另一个终端窗口中，可以使用 mosquitto_pub 命令连接到本地代理，然后向一个主题发布一条消息。

```
$ mosquitto_pub -t "dw/demo" -m "hello world!"
```

现在，运行 mosquitto_sub 的终端会在屏幕上打印出 hello world!。刚才使用 MQTT 代理发送并接收了一条消息。

当然，在生产系统中，不能使用本地计算机作为代理。相反，可以使用 IBM Bluemix Internet of Things Platform 服务，这是一种可靠的按需服务，功能与 MQTT 代理类似。Bluemix 服务集成并使用 MQTT 作为与设备和应用程序通信的协议。

IBM Bluemix Internet of Things Platform 服务的工作原理如下：

（1）从 Bluemix 控制台，可以在需要时创建 Internet of Things Platform 服务的实例。

（2）添加能使用 MQTT 连接该服务实例的设备。每个设备有一个 ID 和名称。只有列出的设备能访问该服务，Watson IoT Platform 仪表板会报告这些设备上的流量和使用信息。

（3）对于每个设备客户端，Bluemix 会分配一个主机名、用户名和密码，用于连接到用户的服务实例（MQTT 代理）。在 Bluemix 上，用户名始终为 use-token-auth，密码始终是图 1.74 中显示的每个连接设备的令牌。

在 IBM Bluemix 中创建 Internet of Things Platform 服务，结果如图 1.74 所示。

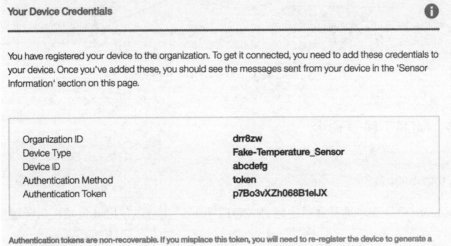

图 1.74　在 IBM Bluemix 中创建 Internet of Things Platform 服务

使用远程 MQTT 代理时，需要将代理的主机名和身份验证凭证传递给 mosquitto_sub 和 mosquitto_pub 命令。例如，下面的命令使用了 Bluemix 提供的用户名和密码，订阅我们的 Internet of Things Platform 服务上的 demo 主题：

```
$ mosquitto_sub -t "demo" -h host.iotp.mqtt.bluemix.com -u username -P password
```

有关使用 mosquitto 工具的更多选择，以及如何使用 mosquitto API 创建自己的 MQTT 客户端应用程序，请参阅 Mosquitto 网站上的文档。

有了必要的工具后，让我们来更深入地研究 MQTT 协议。

1.13.4　MQTT 协议参数

MQTT 是一种连接协议，它指定了如何组织数据字节并通过 TCP/IP 网络传输它们。但实际上，开发人员并不需要了解这个连接协议，只需要知道每条消息有一个命令和数据

有效负载。该命令定义消息类型（例如 CONNECT 消息或 SUBSCRIBE 消息）。所有 MQTT
库和工具都提供了直接处理这些消息的简单方法，并能自动填充一些必需的字段，比如消
息和客户端 ID。

（1）首先，客户端发送一条 CONNECT 消息来连接代理。CONNECT 消息要求建立从
客户端到代理的连接。CONNECT 消息包含以下内容参数，如表 1.14 所示。

表 1.14　CONNECT（连接）消息参数

参　　　数	说　　　明
cleanSession	此标志指定连接是否是持久性的。持久会话会将所有订阅和可能丢失的消息（具体取决于QoS）都存储在代理中
username	代理的身份验证和授权凭证
password	代理的身份验证和授权凭证
lastWillTopic	连接意外中断时，代理会自动向某个主题发送一条last will消息
lastWillQos	last will消息的Qos（请参阅表1.17中关于QoS的描述）
lastWillMessage	last will消息本身
keepAlive	这是客户端通过ping代理来保持连接有效所需的时间间隔

（2）客户端收到来自代理的一条 CONNACK 消息。CONNACK 消息包含以下内容参
数，见表 1.15。

表 1.15　CONNACK（连接返回）消息参数

参　　　数	说　　　明
sessionPresent	此参数表明连接是否已有一个持久会话。也就是说，连接已订阅了主题，而且会接收丢失的消息
returnCode	0表示成功。如为其他值，则会指出失败的原因

（3）建立连接后，客户端会向代理发送一条或多条 SUBSCRIBE 消息，表明它会从代
理接收针对某些主题的消息。消息可以包含一个或多个重复的参数，如表 1.16 所示。

表 1.16　SUBSCRIBE（订阅）消息参数

参　　　数	说　　　明
qos	服务质量QoS标志表明此主题范围内的消息传送到客户端所需的一致程度。 • 值为0：不可靠，消息仅传送一次，如果客户端不可用，则会丢失该消息。 • 值为1：消息应传送至少1次。 • 值为2：消息仅传送一次
topic	要订阅的主题。一个主题可以有多个级别，级别之间用斜杠字符分隔。例如，dw/demo和ibm/bluemix/mqtt是有效的主题

（4）客户端成功订阅某个主题后，代理会返回一条 SUBACK 消息，其中包含一个或
多个 returnCode 参数，见表 1.17 所示。

表 1.17　SUBACK（订阅返回）消息参数

参　　数	说　　明
returnCode	SUBCRIBE命令中的每个主题都有一个返回代码。返回值如下： 值为0～2时：成功达到相应的QoS级别（参阅表1.16） 值为128时：失败

与 SUBSCRIBE 消息对应，客户端也可以通过 UNSUBSCRIBE 消息取消订阅一个或多个主题，见表 1.18 所示。

表 1.18　UNSUBSCRIBE（取消订阅）消息参数

参　　数	说　　明
topic	此参数可重复用于多个主题

客户端可向代理发送 PUBLISH 消息。该消息包含一个主题和数据有效负载。然后代理将消息转发给所有订阅该主题的客户端，见表 1.19 所示。

表 1.19　PUBLISH消息参数

参　　数	说　　明
topicName	发布的消息的相关主题
qos	消息传递的服务质量水平（请参阅表1.16）
retainFlag	此标志表明代理是否保留该消息作为针对此主题的最后一条已知消息
payload	消息中的实际数据。它可以是文本字符串或二进制大对象数据

MQTT 的优势在于它的简单性，在可以使用的主题类型或消息有效负载上没有任何限制。这支持一些有趣的用例。例如，请考虑以下问题：

如何使用 MQTT 发送 1 对 1 消息？双方可以协商使用一个特定于它们的主题。例如，主题名称可以包含两个客户端的 ID，以确保它的唯一性。

客户端如何传输它的存在状态？系统可以为 presence 主题协商一个命名约定。例如，presence/client-id 主题可以拥有客户端的存在状态信息。当客户端建立连接时，将该消息设置为 true，在断开连接时，该消息被设置为 false。客户端也可以将一条 last will 消息设置为 false，以便在连接丢失时设置该消息。代理可以保留该消息，让新客户端能够读取该主题并找到存在状态。

如何保护通信？客户端与代理的连接可以采用加密 TLS 连接，以保护传输中的数据。此外，因为 MQTT 协议对有效负载数据格式没有任何限制，所以系统可以协商一种加密方法和密钥更新机制。在这之后，有效负载中的所有内容可以是实际 JSON 或 XML 消息的加密二进制数据。

1.14　协 议 转 换

协议转换指将一个设备协议转换成适用于另一设备的协议过程，目的是为了使不同协议之间实现互操作。协议通常是以软件的形式出现。比如路由器将一个网络中的数据格式、数据速率等转换成适用于另一个网络的协议。网络中有很多种协议，分别应用在不同的领域。

主要的协议转换消息涉及数据消息、事件、命令和时间同步的转换。

每个网络内部都有各自的信息交流方式，当两个网络需要相互沟通的时候，如果彼此不识别对方的交流方式，那么就无法相互沟通，协议转换即起到了为两个网络相互"翻译"的作用。实际情况下，可以在不同的网络类型中分别设置一个网关，网络与网络之间通过网关相连，网关即起到协议转换的作用。

协议转换是一种映射，就是把某一协议的收发信息（或事件）序列映射为另一协议的收发信息序列。需要映射的信息为重要信息，因此协议转换可以看作是两个协议的重要信息之间的映射。所谓重要信息和非重要信息是相对而言的，要根据具体需要加以确定，选择不同的重要信息作映射，会得到不同的转换器。

工业通信需要多个设备之间的信息共享和数据交换，而常用的工控设备通信口有RS-232、RS-485、CAN 和网络，由于各接口协议不同，使得异构网络之间的操作和信息交换难以进行，通过多协议转换器可以将不同接口设备组网，实现设备间的相互操作。基于多种通信接口和各种协议，形成了种类繁多的协议转换器，主要类别有 E1/以太网协议转换器、RS-232/485/422/CAN 转换器等。

协议网关通常在使用不同协议的网络区域间做协议转换。这一转换过程可以发生在OSI 参考模型的第 2 层、第 3 层或第 2 与第 3 层之间。但是有两种协议网关不提供转换的功能：即安全网关和管道。由于两个互连的网络区域的逻辑差异，安全网关是两个技术上相似的网络区域间的必要中介，如私有广域网和公有的因特网。

1.14.1　RS-232/485/CAN 转换器

具有串行通信能力的设备仍然在控制领域、通信领域大面积使用，随着接入设备的增多，应用功能复杂程度的提高，传统的串行通信网络的缺点越来越明显，而采用RS-232/CAN 智能转换器，升级、改造或重新构建既有通信或控制网络，能够很方便地实现RS-232 设备多点组网和远程通信，特别是在不需要更改原有RS-232 通信软件的情况下，用户可直接嵌入原有的应用领域，使系统设计达到更先进的水平，在系统功能和性能大幅度提高的情况下，减少了重复投资和系统更新换代所造成的浪费。

USB-RS232 接口转换器首要的功能是实现两种总线的协议转换。主机端可以使用新的 USB 总线协议，向外发送数据，转换器内部将数据格式转变为 RS-232 串行信号，再发送到设备上。设备回送主机的数据，经转换器转变为 USB 协议数据。

USB-RS232 接口转换器在对所流经的数据进行协议转换时，可以增加特别的功能。

- 由于 USB 总线的速度比 RS-232 接口快很多，可以在接口转换器上设计数据缓冲区，以协调两总线的速度差。
- RS-232 接口有一些变种，如 RS-485、RS-422 接口，接口转换器中可以设计 RS-232/485 或是 RS-232/422 接口转换器，简化整个系统的通信接口转换。
- 接口转换器在进行数据格式转换时，可以设计加密、解密算法，对流经的数据进行处理，提高系统的数据保密性。

1.14.2 基于现场总线的协议转换器

基于现场总线的研究，发现多种总线标准的竞争与共存在客观应用上造成了不便。

CAN 总线协议和 Modbus 协议的结合，通过引用 Modbus 协议代替原自定义串口协议，将通信任务按读、写进行归纳分类，再用 Modbus 协议定义的标准功能码简化通信流程，提高效率，同时也使系统具备开放性，能方便地结成网络。Modbus 协议是主从协议，而 CAN 总线协议是多主对等协议，这也就决定了所设计的协议转换器在 Modbus 网络中作为从站，而在 CAN 网络中作为发送优先级最高的节点。

Modbus 和 CAN 协议转换原理：在 DSP 的 RAM 中划分 Modbus 报文和 CAN 报文的存储缓冲区（包含各自的输入和输出缓冲区）；协议转换器从 Modbus 主站收到的报文存入 Modbus 接收缓冲区，向主站返回应答时从 CAN 总线的接收缓冲区读取数据打包成 Modbus 应答报文的格式进行发送；协议转换器从 Modbus 接收缓冲区获取报文并存入 CAN 报文发送缓冲区，依据功能码进行发送分析，决定采用单次还是分次发送方式。总地来说，就是一种存储转发机制，这种机制首先考虑的是通信转换的可靠性，存储转换带来的延时直接导致通信实时性的降低。

数量众多的物联网协议各有各的特点和应用场景。如果深究起原理来，还涉及 OSI 的七层模型和各种标准。

物联网的协议分为两种，即接入协议与通信/网络协议。接入协议大多都不属于 TCP/IP 协议族，只能用于设备子网（设备与网关组成的局域网）内的通信；而通信/网络协议属于 TCP/IP 协议族，能够在互联网中进行数据传输，如图 1.75 所示。

采用接入协议的物联网设备，需要通过网关进行协议转换，转换成通信/网络协议才能接入互联网。而采用通信协议的物联网设备，则可以直接接入互联网。

常用的接入协议包括蓝牙、ZigBee、LoRa、NB-IoT、Wi-Fi、RS-485、RS-232、NFC、RFID 等；常用的通信协议包括 HTTP、CoAP、MQTT、XMPP、AMQP、JMS 等。其中：

- Wi-Fi 不需要网关。作为接入协议的 Wi-Fi 在对接互联网时，并不需要网关做协议转换，而是可以直接接入互联网，这是由于 Wi-Fi 采用的标准 IEEE 802.11 就包含在 TCP/IP 协议族中，该标准规定了物理层和数据链路层，并能够以 TCP/IP 协议作为网络层等其他各层的协议，因此能够无缝对接互联网。

- 作为通信协议的 CoAP，在目前的互联网环境下无法广泛使用。CoAP 是应用层的协议，但是其在网络层依赖的是 IPv6，而 IPv6 目前并没有在互联网环境中普及，因此，CoAP 作为通信协议在互联网上的传输受到极大的限制，目前更多应用于局域网中。

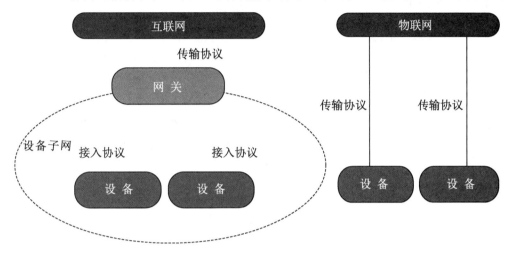

图 1.75　设备接入的两种方式

为什么会有接入协议的存在？物联网设备都采用通信/网络协议不就万事大吉了？

相对于通信/网络协议的优势，接入协议所依赖的硬件资源要求更低，功耗更低，网络传输的数据量也更小，因此，在远程抄表等一些场景中更具优势。这些场景中，物联网设备往往没有外接电源，因此要求功耗尽可能低，比如，一节纽扣电池能够供电一年左右。这样的要求是 HTTP 等协议所需的硬件环境难以胜任的。

1.14.3　物联网协议转换器——网关

继计算机、互联网之后，物联网的崛起掀起了世界信息产业发展的第三次浪潮。物联网是新一代信息技术的重要组成部分，可以看作是互联网的升级与扩展。根据国际电信联盟（ITU）的定义，物联网主要解决物品与物品（Thing to Thing，T2T），人与物品（Human to Thing，H2T），人与人（Human to Human，H2H）之间的互连。通过以互联网为基础，延伸和扩展到了任何物品与物品之间进行信息交换和通信。简言之，物联网就是物物相连的互联网。物联网应用通过传感器间接或者直接将设备运行状态及数据上传到云服务器上，然后就可以利用云计算和大数据等先进技术手段对数据进行处理，从而为用户更好地服务，方便更好地利用和控制设备。

物联网是指通过信息感知节点，按照相互约定的协议将传感器、执行器或者嵌入式设备与互联网连接起来，进行信息交换与通信，以实现智能化识别、定位、跟踪、监控和管理。近几年，物联网发展迅猛，各种各样的基于物联网的应用应运而生。物联网的应用十分广泛，工业生产、环境保护、军队布防、仓储管理、智能家居、社交网络、医疗研究等各个方面都需要借助物联网设备和应用来进一步提高效率。

1. 物联网网关的概念

物联网的概念由来已久，但是物联网的具体实现方式和组成架构一直都没有形成统一的意见。物联网网关作为其中的一项关键性技术，有着开发成本高、开发周期长、软硬件不兼容、核心技术难以掌握、商业模式不确定、标准难以统一等诸多问题。从资源整合的角度来说，采用成熟的网关解决方案配合自己的项目开发无疑是最佳的选择方式。物联网架构可分为 3 层：即感知层、网络层和应用层，其中连接感知层和网络层的关键技术即物联网网关。在物联网时代中，物联网网关将会是至关重要的环节，如图 1.76 所示。

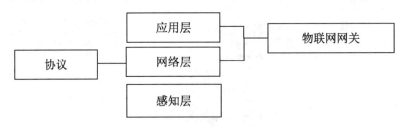

图 1.76　物联网网关概念

作为连接感知层与网络层的纽带，物联网网关可以实现感知网络与通信网络，以及不同类型感知网络之间的协议转换，既可以实现广域互联，也可以实现局域互联。在无线传感网中，物联网网关是不可或缺的核心设备。此外物联网网关还需要具备设备管理功能，运营商通过物联网网关设备可以管理底层的各感知节点，了解各节点的相关信息，并实现远程控制。

2. 物联网网关的形态

从物联网网关的定义来看，物联网网关很难以某种相对固定的形态出现。总体来说，凡是可以起到将感知层采集到的信息通过此终端的协议转换发送到互联网的设备都可以算做物联网网关。形态可以是盒子状，可以是平板电脑，可以有显示屏幕的交互式形态，可以是封闭或半封闭的非交互形态。

3. 物联网网关关键技术

● 多标准互通接入能力：目前用于进程通信的技术标准很多。常见的传感网技术包括 ZigBee、Z-Wave、RUBEE、WirelessHART、IETF6IowPAN、ANT/ANT+、Wibree 和 Insteon 等。各类技术主要针对某一类应用展开，之间缺乏兼容性和体系规划。例如, Z.Wave 主要应用于无线智能家庭网络, RUBEE 适用于恶劣环境, WirelessHART 主要集中在工业监控领域。实现各种通信技术标准的互联互通,成为物联网网关必须要解决的问题。研发人员针对每种标准设计单独的网关,再通过网关之间的统一接口实现,还可以采用标准的适配层、不同技术标准开发相应的接口实现,如图 1.77 所示。

- 网关的可管理性:物联网网关作为与网络相连的网元,其本身要具备一定的管理功能,包括注册登录管理、权限管理、任务管理、数据管理、故障管理、状态监测、远程诊断、参数查询和配置、事件处理、远程控制和远程升级等。如需要实现全网的可管理,不仅要实现网关设备本身的管理,还要进一步通过网关实现子网内各节点的管理。例如获取节点的标识、状态、属性等信息,以及远程唤醒、控制、诊断、升级维护等。根据子网的技术标准不同,协议的复杂性不同,所能进行的管理内容有较大差异。

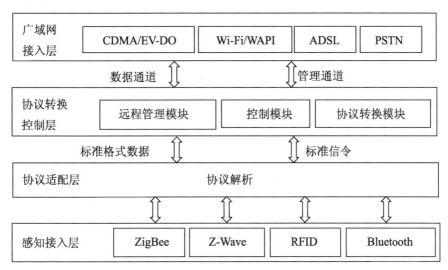

图 1.77　物联网网关典型结构

在物联网环境中,分布着成千上万的数据节点,每个节点都在不停地更新数据。由于数据信息完全分散,节点支持数据传输协议不尽相同,给数据收集、数据查询带来很大的难度。显然,如果不对数据进行综合采集,将会产生很大的网络开销,而且不便于管理,传输效率、传输安全也得不到保障。在这种情况下,我们需要一种设备能同时通过近场通信信息采集,通过远程通信的方式传输数据到云端,并对设备进行管理。不同协议之间进行转换,包括节点配置、数据采集、数据处理、设备控制等功能,这就是物联网智能网关。物联网智能网关主要实现设备管理、多协议接入功能,以及协议转换与标准数据传输协议的功能。

多数据协议转换的物联网智能网关解决了物联网应用中多节点、多协议设备接入物联网云平台效率低、复杂度高的困局。支持多种协议的设备接入和物联网协议数据上传到云平台，从而方便其在工业和城市物联网项目中的推广和移植。通过加入设备管理与配置模块，极大地方便了用户的使用。

1.14.4　物联网网关

基于物联网技术的智能网关技术方案，包括嵌入式硬件平台、操作系统和应用软件等几部分。

1．嵌入式硬件平台

嵌入式硬件平台主要由嵌入式处理器和外部设备组成。嵌入式处理器采用 TIam3352 处理器（德州仪器），该处理器采集于 ARM Cortex-A8 架构，拥有二级高速缓存、通用内存接口（支持 DDR/DDR2/DDR3）、通用存储接口，内部集成了两个千兆以太网链路层接口功能（以太网接口 1，以太网接口 2），6 个 UART（串口），2 个 McSPI，3 个 I2C 接口和一个 Jtag 接口。外部设备包括 512MDDR3 内存、512MB Nand flash 存储器、一个网口、一个蓝牙模块、一个 Wi-Fi 模块、一个 CAN 模块和 4 个 485 模块。

蓝牙模块、Wi-Fi 模块和 4 个 485 模块分别通过 UART 接口与嵌入式处理器连接；DDR3 连接到通用内存接口；Nand flash 连接到通用存储接口；网口连接到以太网接口 1；CAN 模块用 MCP2510CAN 控制芯片实现，通过 McSPI 接口与嵌入式处理器连接。

2．操作系统

操作系统为开源的 Linux 3.2.0 系统，通过 J-Link 仿真器和 JTAG 接口，将 TI 提供的 uboot 和 Linux 3.2.0 烧录到 Nand falsh 中，然后将 TI 提供的接口驱动安装完毕，实现操作系统在硬件中的部署，同时为应用软件运行提供必要的环境支持。

3．应用软件

应用软件主要实现业务功能，由 3 部分组成，包括多协议数据接入系统、网关内部管理系统和网关内部数据缓存系统。应用软件是基于 Linux 操作系统，通过 gcc 编译器将应用软件编译为可执行文件，后通过串口下载到 Linux 操作系统中，并设置应用软件随操作系统自动启动。

4．多协议数据接入系统

多协议数据接入系统中由 4 个 Connecter 模块组成。每个 Connecter 实现一种协议数据交互和解析。Connecter 为接入设备和协议以及包含的动作的抽象，每个 Connecter 就是一个智能体。它可以根据配置自动识别设备，进行数据读写和数据解析，将数据传递给需要的 Connecter。在计算机系统中每个 Connecter 也是一个进程。这样就可以根据硬件接口增加或者删减 Connecter，可以做到灵活扩展网关功能。目前支持 CanConnecter、ModBusConnecter、MQTTConnecter 和 HttpConnecter 4 种，但可以根据硬件和协议定制添加 Connecter。

5．网关内部管理系统

网关内部管理系统简称 CMS（Connecter Management System），主要用来做 Connecter 的管理。由于每个 Connecter 都是单独的进程，这样 Connecter 的启动、暂停和停止等一系列的操控需要专门的系统来管理。CMS 根据客户端的 JSON 配置文档，来启动需要的 Connecter，并分配 Connecter 运行的 JSON 配置文档。这样每个启动的 Connecter 就会按照用户的定义运行起来。

网关运行需要配置文档，配置文档采用 JSON 格式。流行的 JSON 数据交互格式，简洁易用，日益成为新的交换格式的标准。

6．网关内部缓存系统

网关内部缓存系统采用高性能的 Redis 内存数据库，由于每个 Connecter 是一个独立的进程，那么 Connecter 之间的数据交互，就涉及进程间的通信。常见的进程间的通信用管道、信号量、消息队列、共享内存和套接字（socket）通信等。经过分析，本实例采用基于套接字的 Redis 内存数据库做数据缓冲。Redis 是一个 key-value 存储系统。它支持存储的 value 类型相对更多，包括 string（字符串）、list（链表）、set（集合）、zset（sorted set--有序集合）和 hash（哈希类型）。这些数据类型都支持 push/pop、add/remove，以及取交集、并集和差集等操作，而且这些操作都是原子性的。本实例主要采用 Redis 基本的字符串存储，做一对一的 Connecter 之间的通信，一对多的 Connecter 模型中采用 Redis 订阅发布模式，这样一个 Connecter 向 Redis 服务器发布数据时，那么订阅此数据的 Connecter 都可以接收到数据。

与传统网关不同的地方在于，本实例支持现有流行的物联网协议 MQTT 与数据平台进行交互。MQTT 使用发布/订阅消息模式，提供一对多的消息发布，解除应用程序耦合，对负载内容屏蔽的消息传输和小型传输的开销很小（固定长度的头部是 2 字节），协议交换最小化，以降低网络流量。作为一种优化方案，支持 HTTP 协议，HTTP 协议已经成为互联网上应用最为广泛的协议。HTTP 协议稳定、安全，但是开销大，而 MQTT 轻巧、快速，二者可以互补。作为优化方案，与平台交互的数据格式采用 JSON 格式。JSON 数据由多个键值对组成，可以方便地定义数据，赋予数据更多含义，比如数据包括数据来源、数据物理含义、数据单位和数据长度等，这样云平台对数据利用更加方便。

7．硬件核心板

硬件核心板采用 TI am3352 核心板，am3352 功能强大，定位工业控制。外围实现 485、CAN、Wi-Fi、蓝牙和网口硬件模块连接。

操作系统采用剪裁的 Linux 3.2.0，Linux 3.2.0 具有系统稳定、比较简洁、运行速度快等特点。

应用软件包括多协议数据接入系统，网关管理模块和数据缓存系统。根据接入关系，应用层又可以划分为下行接入层、业务层和上行接入层。下行接入层和上行接入层都属于多协议数据接入系统。下行接入层主要在设备侧，上行接入侧主要在物联网云平台交互侧，业务层由网关管理系统和数据缓存系统实现，主要包括网关内部安全管理、数据存储和 Connecter 之间的通信。

1.14.5　物联网网关应用

物联网网关作为一个新的名词，在未来的物联网时代将会扮演非常重要的角色，它将成为连接感知网络与传统通信网络的纽带。作为网关设备，物联网网关可以实现感知网络与通信网络，以及不同类型感知网络之间的协议转换，既可以实现广域互联，也可以实现局域互联。此外，物联网网关还需要具备设备管理功能，运营商通过物联网网关设备可以管理底层的各感知节点，了解各节点的相关信息，并实现远程控制。

有物联网应用的地方，必然有物联网网关的存在。通过连接感知层的传感器、射频（RFID）、微机电系统（MEMS）、智能嵌入式终端，物联网网关的应用将遍及智能交通、环境保护、政府工作、公共安全、平安家居、智能消防、工业监测、环境监测、路灯照明管控、景观照明管控、楼宇照明管控、广场照明管控、老人护理、个人健康、花卉栽培、水系监测、食品溯源等多个领域。不同应用方向的物联网网关所使用的协议与网关形态会有不同差异，但它们的基本功能都是把感知层采集到的各类信息，通过相关协议转换形成高速数据传递到互联网上，同时实现一定的管理功能。

1. 智能家居

物联网网关在家庭中的使用也是很有代表性的，物联网应用智能家居模型如图 1.78 所示。现今，许多家用设备形式越来越多样，有些设备本身就具备遥控能力，如空调和电视机等，有些如热水器、微波炉、电饭煲和冰箱等则不具备这方面的能力。而这些设备即使可以遥控，但对其的控制能力和控制范围都非常有限。并且这些设备之间都是相互孤立存在的，不能有效实现资源与信息的共享。随着物联网技术的发展，物联网网关技术的日益成熟，智能家居中各家用设备间互联互通的问题将得到解决。

电视机、洗衣机、空调、冰箱等家电设备，门禁、烟雾探测器、摄像头等安防设备，台灯、吊灯、电动窗帘等采光照明设备，通过集成特定的通信模块，分别构成各自的自组网子系统。而在家庭物联网网关设备内部，集成了几套常用的自组网通信协议，能够同时与使用不同协议的设备或子系统进行通信。用户只需对网关进行操作，便可以控制家里所有连接到网关的智能设备。

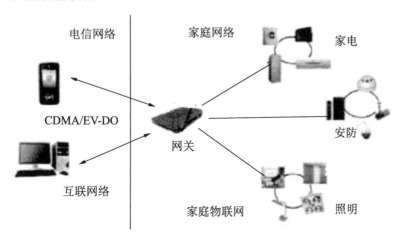

图 1.78　智能家居模型

2. 车联网网关

车联网是物联网应用做得比较好的行业之一，被国内学术界认为是第一个切实可行的物联网系统，已经通过国家专家组论证，预计投入 2000 个亿支持相关单位研发车联网系列产品。国产 CARMAN 系统即多功能的车载终端与车联网网关二合一的产品。CARMAN 系统基于国标 GB-T19056-2003/国家交通运输部行业标准的要求，集合了数字化视频压缩存储和 3G 无线传输技术（DigitalVideoRecord），结合了 GPS 定位监控、汽车行驶记录仪、SD 卡大容量存储、驾驶员 IC 卡身份识别、公交报站器、多路数据接口、车载蓝牙免提语音通话功能、倒车监控、Wi-Fi 热点、车载 MP3/MP4、车载影音和车载功放等功能。通过 3G 视频传输技术，双码流传输，速率可调，传输更快，视频更清晰流畅。通过 WCDMA 或 CDMA 可以上传抓拍的图片，实现移动目标实时监控，做到实时传输监控视频和图像。系统自带的多媒体行驶记录分析软件可以实现 4 路图像同步回放，以及条件回放、剪辑存储、字符叠加、地理信息和行驶记录叠加、事件分析和记录提取等功能。一体化结构极大地压缩了产品体积，扩展了产品的性能，符合未来车联网网关的发展趋势。

1.15　小　　结

本章介绍了数字通信的常用规范协议，考虑到物联网涉及有线通信和无线通信，本章以网络通信协议为基础，以无线通信协议为重点，详细介绍了近场通信协议、短距离通信协议，以及广域通信协议的功能、标准和应用场景等内容。

1.16 习 题

1. 通信协议和接入协议有哪些区别？
2. TCP/IP 协议的七层模型是什么？
3. 简述 HTTP 协议的要点。
4. Wi-Fi 协议的要点是什么？是哪些技术优势使其广泛流行？
5. 窄带物联网协议在 5G 通信中有什么重要作用？
6. 窄带物联网 NB-IoT 协议实施、部署的优势和难点在哪里？
7. MQTT 为什么适合 IoT 应用？

第 2 章　信息交换技术

谈到交换，从广义上讲，任何数据的转发都可以叫做交换。但是传统的、狭义的第 2 层交换技术，仅包括数据链路层的转发。数据链路层的概念在第 1 章中的网络七层模型中提及过。

2 层交换机主要用在小型局域网中，机器数量在二三十台以下，这样的网络环境下，广播包影响不大，2 层交换机的快速交换功能、多个接入端口和低廉价格，为小型网络用户提供了完善的解决方案。

总之，交换式局域网技术使专用的带宽为用户所独享，极大地提高了局域网传输的效率。可以说，在网络系统集成的技术中，直接面向用户的第 2 层交换技术已得到了令人满意的用户体验。

第 3 层交换技术是 1997 年前后才开始出现的一种交换技术，最初是为了解决广播域的问题。经过多年发展，第 3 层交换技术已经成为构建多业务融合网络的主要力量。

在大规模局域网中，为了减小广播风暴的危害，必须把大型局域网按功能或地域等因素划分成多个小局域网，这样必然导致不同子网间的大量互访，而单纯使用第 2 层交换技术，却无法实现子网间的互访。

为了从技术上解决这个问题，网络厂商利用第 3 层交换技术开发了 3 层交换机，也叫做路由交换机，它是传统交换机与路由器的智能结合。

简单地说，可以处理网络第 3 层数据转发的交换技术就是第 3 层交换技术。

从硬件上看，在第 3 层交换机中，与路由器有关的第 3 层路由硬件模块，也插接在高速背板/总线上。这种方式使得路由模块可以与需要路由的其他模块间高速交换数据，从而突破了传统的外接路由器接口速率的限制。

3 层交换机是为 IP 设计的，接口类型简单，拥有很强的 3 层包处理能力，价格又比相同速率的路由器低得多，非常适用于大规模局域网络。

第 3 层交换技术到今天已经相当成熟，同时，3 层交换机也从来没有停止过发展。第 3 层交换技术及 3 层交换设备的发展，必将在更深层次上推动整个社会的信息化变革，并在整个网络中获得越来越重要的地位。

交换技术正朝着智能化的方向演进，从最初的第 2 层交换发展到第 3 层交换，目前已经演进到网络的第 7 层应用层的交换。其根本目的就是在降低成本的前提下，保证网络的高可靠性、高性能、易维护、易扩展，最终达到网络的智能化管理。

本章将从交换技术的历史讲起，直到现代交换机的设计等专题。

2.1 交换技术概述

1. 电路交换技术的发展

1876 年在 Bell A.G 发明电话以后的很短时间里，人们就意识到应该把电话线集中到一个中心节点上，中心点可以把电话线连接起来，这样就诞生了最早的电话交换技术——人工磁石电话交换机。这种交换机的交换网络就是一个接线台，非常简单，接线由人工控制。但由于人工接续的固有缺点，如接续速度慢、接线员需日夜服务等，迫使人们寻求自动接续方式。

在 1889 年，Strowger A. B. 发明了第一个由两步动作完成的上升旋转式自动交换机，以后又逐步演变为广泛应用的步进制自动交换机。这种交换机的交换网络由步进接线器组成，主叫用户的拨号脉冲直接控制交换网络中步进选择器的动作，从而完成电话的接续，属于直接控制（direct control）或叫分散控制方式。步进选择器动作范围大，带来的直接后果是接续速度慢、噪音大。直接控制的方式导致组网和扩容非常不灵活。

第一个纵横交换机于 1932 年投入使用。纵横交换机的交换网络由纵横接线器组成，与步进接线器相比，器件动作范围减小了很多，接续速度明显提高。它采用一种称为"记发器"的特殊电路实现收号控制和呼叫接续，是一种集中控制（indirect control）方式。这种控制方式下的组网和容量扩充灵活。

第二次世界大战后，当整个长距离网络实现自动化时，自动电话占据了统治地位。晶体管的发明刺激了交换系统的电子化，导致了 20 世纪 50 年代后期第一个电子交换机的出现。

随着计算机技术的出现，从 20 世纪 60 年代开始有了软件控制的交换系统。如 1965 年，美国开通了世界上第一个用计算机存储程序控制的程控交换机。由于采用了计算机软件控制，用户的服务性能得到了很大发展，如增加了呼叫等待、呼叫转移及三方通话等功能。

模拟信号转换为数字信号的原理随着脉冲编码调制 PCM（Pulse Code Modulation）的推出而被人们广泛接受。20 世纪 70 年代，电话语音被编码后传送，出现了数字程控交换机。由于计算机比较昂贵，因此采用了集中控制方式。

数字程控交换在发展初期，有些系统由于成本和技术原因，曾采用过部分数字化，即选组级数字化，而用户级仍为模拟的形式，编/译码器也曾采用集中的共用方式，而非单路编/译码器形式。随着集成电路技术的发展，很快就采用了单路编/译码器和全数字化的用户级交换。

微处理机技术的迅速发展和普及，使数字程控交换普遍采用多机分散控制方式，灵活性高，处理能力增强，系统扩充方便而经济。

软件方面，除去部分软件要注重实时效率，为了与硬件关系密切而用汇编语言编写以外，普遍采用高级语言，包括 C 语言、CHILL 语言和其他电信交换的专用语言。对软件的主要要求不再是节省空间开销，而是可靠性、可维护性、可移植性和可再用性，使用了结构化分析与设计、模块化设计等软件设计技术，并建立和不断完善了用于程控交换软件开发、测试、生产、维护的支持系统。

数字程控交换机的信令系统也从随路信令走向共路信令。

综上所述，到了 20 世纪 80 年代中期，交换网络已实现了从模拟到数字、控制系统的单级控制到分级控制，信令系统从随路信令到 7 号共路信令的转变。

经过一百多年的发展，电路交换技术已非常完善和成熟，是目前网络中使用的一种主要交换技术。传统电话交换网中的交换局，GSM 数字移动通信系统的移动交换局，窄带综合业务数字网（N-ISDN）中的交换局，智能网 IN（Intelligent Network）中的业务交换点 SSP（Service Switching Point）均使用的是电路交换技术。

2. 分组交换技术的发展

20 世纪 60 年代初期，欧洲 RAND 公司的成员 Paul Baran 和他的助手们为北大西洋公约组织制定了一个基于话音打包传输与交换的空军通信网络体制，目的在于提高话音通信网的安全和可靠性。这个网络的工作原理设想是：把送话人的话音信号分割成数字化的一些"小片"，各个小片被封装成"包"，并在网内的不同通路上独立地传输到目的端，最后从包中卸下"小片"装配成原来的话音信号送给受话人。这样，在除目的地之外的任何其他终点，只能窃听到支言片语，不可能是一个完整的语句。另外，由于每个话音小片可以有多条通路到达目的站，因而网络具有抗破坏和抗故障能力。

第一次论述这种分组交换通信网络体制的论文发表于 1964 年。可惜由于当时的技术尤其是数字技术水平所限，并且对语音信号实现复杂处理的器件及大型网络的分组交换、路由选择和流量控制等功能所要求的计算机还十分缺乏和昂贵，因而这种网络体制未能实现。

第一个利用这个研究成果的是美国国防部的高级研究计划局 ARPA（Advanced Research Project Agency）。当时 ARPA 在全国范围内的许多大学和实验室安装了许多计算机，进行大量的基础和应用科学研究工作。由于时区、计算中心负荷、专用软件、硬件等差别，他们觉得需要一种能交换数据和共享资源的有效办法。当时世界上还没有任何能实现资源共享的网络，因此 ARPA 决定致力于开发一个网络，把分组交换技术应用于网络的数据通信。这就是 1969 年开始组建、1971 年投入运营的 ARPANET——世界上第一个采用分组交换技术的计算机通信网。

第一代的分组交换机由一台主机和一台接口信息处理机 IMP（Interface Message Processor）组成，见图 1.22。主机将发送的报文分成多个分组，加上分组头，为每一个分组独立选路，然后将某个输入队列中的分组转移到某个输出队列中并发往目的地。接收端处理过程相反。IMP 执行较低级别的规程，例如链路差错控制，以减轻主计算机的负荷。

系统中的软件也是 ARPANET 专用的。受计算机速度的限制，第一代分组交换机每秒只能处理几百个分组。

到 1969 年 12 月已经有由 4 个节点组成的实验性网络被启动。当更多的 IMP 被安装时，网络增长得非常快，并且很快覆盖了全美国。

3. 宽带交换技术的发展

未来网络的发展不会是多个网络，而是用一个统一的宽带网络提供多种业务。这个网络中的关键设备——交换机，也必须能实现多种速率、多种服务要求及多种业务的交换。

使宽带网络成为可能的技术有 3 种：ATM、宽带 IP 技术和光交换技术。

ATM 是电信界为实现 B-ISDN 而提出的面向连接的技术。它集中了电路交换和分组交换的优点，具有可信的 QoS 来保证语音、数据、图像和多媒体信息的传输。它还具有无级带宽分配、安全和自愈能力强等特点。

另一方面以 IP 协议为基础的 Internet 的迅猛发展，使 IP 成为当前计算机网络应用环境中的"既成事实"标准和开放式系统平台。其优点在于：

- 易于实现异种网络互连；
- 对延迟、带宽、QoS 等要求不高，适于非实时的信息通信；
- 具有统一的寻址体系，易于管理。

ATM 和 IP 都是发展前景良好的技术，但它们在发展过程中都遇到了问题。

从技术角度看，ATM 技术是最佳的，而且 ATM 过于完善了，其协议体系的复杂性造成了 ATM 系统研制、配置、管理、故障定位的难度；ATM 没有机会将现有设施推倒重来，构建一个纯 ATM 网。相反，ATM 必须支持主流的 IP 协议才能够生存。

传统的 IP 网络只能提供尽力而为（best effort）的服务，没有任何有效的业务质量保证机制。IP 技术在发展过程中也遇到了路由器瓶颈等问题。

如果把这两种技术结合起来，既可以利用 ATM 网络资源为 IP 用户提供高速直达数据链路，发展 ATM 上的 IP 用户业务，又可以解决因特网发展中瓶颈问题，推动因特网业务进一步发展。

在支持 IP 协议时，ATM 处于第二层，IP 协议处于第三层，这是业界普遍认可的一种网络模型。当网络中的交换机接收到一个 IP 分组时，它首先根据 IP 分组中的 IP 地址通过某种机制进行路由地址处理，按路由转发。随后，按已计算的路由在 ATM 网上建立虚电路（VC）。以后的 IP 分组在此 VC 上以直通方式传输，从而有效地解决了传统路由器的瓶颈问题，并提高了 IP 分组转发速度。

随着吉比特（GBit）高速路由器的出现及 IP QoS、MPLS 等概念的提出，ATM 的优势也发生了变化。新的网络模型被提出，IP 作为二层处理的呼声日益高涨，甚至有人预测随着 MPLS 产品的出现及 IP QoS 问题的解决，对 ATM 的需求将会日益减少。ATM 技术与 IP 技术在未来骨干网中的地位之争也达到了空前激烈的程度，很多电信运营厂商仍在观望，而更多的厂商则是双管齐下。

尽管在未来谁是主流的问题上有很多分歧，但多数厂商和研究人员均认为 ATM 技术与 IP 技术在未来很长一段时间内将共存，并最终融合在一起。目前最看好的是支持两者结合的多协议标记交换（MPLS）技术，它的大部分标准已制定。

对光交换的探索始于 20 世纪 70 年代，80 年代中期发展比较迅速。首先是在实验室对各种光基本器件进行了技术研究，然后对构成系统进行了研究。目前对光交换所需器件的研究已具有相当水平。在光器件技术推动下，光交换系统技术的研究也有了很大进展。第一步进行电控光交换，即信号交换是全光的，而光器件的控制仍由电子电路完成。目前实用系统大都处于这一水平，相关成果媒体报道得也比较多。第二步为全光交换技术，即系统的逻辑、控制和交换均由光子完成。关于这方面的媒体报道还较少。

随着 B-ISDN 技术的发展，各国对光交换的关注日益增加。许多国家都在致力于光交换技术的研究与开发，其中美国的 ATM 贝尔研究所、日本的 NEC 和 NTF、德国的 HHI、瑞典的爱立信等研究机构对光交换的研究水平较高，主要涉及 6 种交换方式，以及光互联、全光同步、光存储器和光交换在 B-ISDN 中的应用等领域。光交换领域急需研究开发的课题有：光互联、光交换、光逻辑控制及光综合通信网的结构。

我国在"七五"期间就开展了光交换技术的研究，并将光交换技术列为"八五""九五"期间的高科技基础研究课题。1990 年，清华大学实现了我国第一个时分光交换（34Mbps）演示系统。1993 年，北京邮电大学光通信技术研究所研制出了光时分交换网络实验模型。

光交换的优点在于，光信号在通过光交换单元时不需经过光电、电光转换，因此它不受检测器、调制器等光电器件响应速度的限制，对比特速率和调制方式透明，可以大大提高交换单元的吞吐量。光交换将是未来宽带网络使用的另一种宽带交换技术。

2.2　数字程控交换

程控交换技术主要指的是通过交换设备在通信网路终端用户之间建立相应的连接，并且通过网络通道实现信息的传递和交流，主要的组成部分包括信号发射源、信号发生终端、信号收取终端、网络传输通道和相应的交换节点。

程控的意思是程序控制，把对交换机的各种控制、方法、步骤都编成程序，存放在存储器中，用程序来控制交换机的各项工作。程控交换是利用计算机软件进行控制的一种交换方式。

与程控相对的概念是布控，（Wider Logic Control，布线逻辑控制）所有控制逻辑用机电或电子元件做在一定的印制板上，通过机架的布线做成。布控交换是利用逻辑电路进行接续控制的一种交换方式。

程控交换机的优越性表现在以下几方面：

- 灵活性大，适应性强；

- 能提供多种新服务性能；
- 便于实现共路信令；
- 操作维护管理功能的自动化；
- 适应现代电信网的发展。

现在常用的交换设备几乎全部都是数字程控交换设备。

2.3 ATM 交换

ATM 是 ITU-T（国际电联电信部）确定的用于宽带综合业务数字网 B-ISDN（Broadband Integrated Services Digital Network）的复用、传输和交换模式。信元是 ATM 特有的分组单元，话音、数据、视频等各种不同类型的数字信息均可被分割成一定长度的信元。它的长度为 53 字节，分成两部分：5 字节的信元头含有用于表征信元去向的逻辑地址、优先级等控制信息；48 个字节的信息段用来装载不同用户的业务信息。任何业务信息在发送前都必须经过分割，封装成统一格式的信元，在接收端完成相反操作，以恢复业务数据原来的形式。通信过程中业务信息信元的再现，取决于业务信息要求的比特率或信息瞬间的比特率。

ATM 具有以下技术特点：

- ATM 是一种统计时分复用技术。它将一条物理信道划分为多个具有不同传输特性的逻辑信道提供给用户，实现网络资源的按需分配。
- ATM 利用硬件实现固定长度分组的快速交换，具有时延小、实时性好的特点，能够满足多媒体数据传输的要求。
- ATM 是支持多种业务的传递平台，并提供服务质量 QoS 保证。ATM 通过定义不同 ATM 适配层 AAL（ATM Adaptation Layer）来满足不同业务传送性能的要求。
- ATM 是面向连接的传输技术，在传输用户数据之前必须建立端到端的虚连接。所有信息，包括用户数据、信令和网管数据都通过虚连接传输。
- 信元头比分组头更简单，处理时延更小。

ATM 支持语音、数据、图像等各种低速和高速业务，是一种不同于其他交换方式、与业务无关的全新交换方式。

2.4 以太网交换

以太网是 Xerox 公司发明的基带 LAN 标准，它采用带冲突检测的载波监听多路访问协议（CSMA/CD），速率为 10Mbps，传输介质为同轴电缆。以太网是在 20 世纪 70 年代为解决网络中零散的和偶然的堵塞开发的，而 IEEE 802.3 标准是在最初的以太网技术基础上于 1980 年开发成功的。现在，以太网一词泛指所有采用 CSMA/CD 协议的局域网。以太网 2.0 版由数字设备公司（Digital Equipment Corp）Intel 公司和 Xerox 公司联合开发，它与 IEEE 802.3 兼容。

尽管以太网与 IEEE 802.3 标准有很多相似之处，但也存在一定的差别。以太网提供的服务对应于 OSI 参考模型的第一层和第二层，而 IEEE 802.3 提供的服务对应的 OSI 参考模型的第一层和第二层的信道访问部分（即第二层的一部分）。IEEE 802.3 没有定义逻辑链路控制协议，但定义了几个不同物理层，而以太网只定义了一个物理层。另外，IEEE 802.3 的帧格式与以太网 II 的帧格式也不完全相同，现在的以太网设备一般都兼容这两种帧格式。

从速率等级来看以太网技术经历了 10M、100M、千兆和 10G 以太网 4 个阶段。目前千兆速率以下 IEEE 802.3 都已经定义了相关的标准，随着 10G 以太网技术标准的出台，已经有一些厂商推出了 10G 以太网设备，比如 CISCO 和 Juniper 等。

从应用角度来看，最初以太网技术用于局域网，主要是当时以太网的传输距离仅仅局限在几百米，随着以太网传输距离的扩大，特别是以太网的长距离光纤传输技术的出现，以太网技术应用的范围已经突破局域网的范围，以太网技术已经成为城域宽带接入的一种主要技术。

从技术融合角度来看，由于以太网技术的经济性和技术的简单性，非常方便承载 IP 业务，因此在数据业务与时分业务的融合中也扮演着非常重要的角色，目前已经有以太网 OVER VDSL，以太网 OVER SDH 等几种技术。

网络的七层模型及 INTERNET 的五层模型之间的对应关系如表 2.1 所示。

表 2.1　OSI 七层模型与 INTERNET 网络模型层次对应关系

INTERNET层次	INTERNET层次名称	对应的OSI模型的层次
5	应用层（TELNET/SNMP等）	应用层（7）
4	TCP/UDP	传输层（4）
3	IP	网络层（3）
2	数据链路层	数据链路层（2）
1	物理层	物理层（1）

以太网技术标准主要定义了数据链路层和物理层的规范，如图 2.1 所示。对等技术标准包括令牌环网等。TCP/IP 协议本身是与数据链路层和物理层无关的，TCP/IP 协议栈可以架构在以太网技术上，也可以是令牌环网上。

图 2.1　以太网技术范畴

2.5　光　交　换

光纤有着巨大的频带资源和优异的传输性能，是实现高速率、大容量传输最理想的物理媒质。随着波分复用（Wavelength Division Multiplexing，WDM）技术的成熟，一根光纤中能够传输几百吉比特/秒（Gbit/s）到太比特/秒（Tbit/s）的数字信息，这就要求通信网中交换系统的规模越来越大，运行速率也越来越高。

光交换和 ATM 交换一样，是宽带交换的重要组成。

光交换技术是一种光纤通信技术，它是指不经过任何光／电转换，在光域直接将输入光信号交换到不同的输出端。信息的光电交换和光交换的原理示意图如图 2.2 和图 2.3 所示。

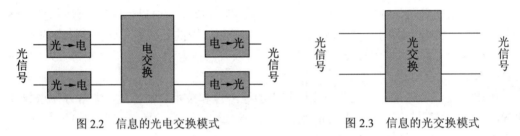

图 2.2　信息的光电交换模式　　　　图 2.3　信息的光交换模式

随着光器件和波分复用技术的发展及不断成熟，光交换技术将会成为一个核心技术。

2.6　二层交换——交换机原理

交换机（Switch）是一种用于电信号转发的网络设备。它可以为接入交换机的任意两个网络节点提供独享的电信号通路。

交换机的主要功能包括物理编址、网络拓扑结构、错误校验、帧序列及流控。交换机还具备一些新的功能，如对 VLAN（Virtual Local Area Network，虚拟局域网）的支持、对链路汇聚的支持，甚至有的交换机还具有防火墙的功能。

首先，我们需要清楚二层交换机和 HUB 的区别。其实很简单，二层交换机比 HUB（多端口转发器，也称集线器）"聪明"。当从网络中收到一个数据帧时，HUB 给所有的端口都发一份数据，而交换机只给目的设备连接的那个端口发一份数据。

二层交换是指在 LAN 中的报文转发，我们结合交换机的工作原理来阐述 LAN 中的报文转发。

如图 2.4 所示，从外部网络来一个报文进入 LAN 中，已知它的目标主机就在这个 LAN

中，但是它只知道目标主机的 IP 地址，这样就需要地址解析协议（Address Resolution Protocol，ARP）来帮助它找到目标主机的链路层地址，这时路由器就会发送 ARP 请求，在 LAN 中寻找与报文目的 IP 地址对应的 MAC 地址及此主机连接的端口。这样，就完成了 LAN 内的寻址。同时在二层交换机上会有一张 MAC 地址表来帮助以后报文进行 LAN 内的转发。

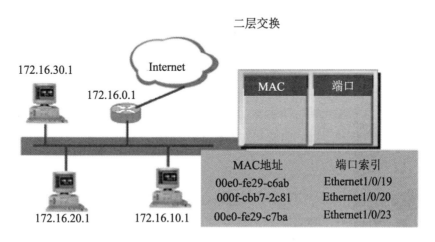

图 2.4　二层交换原理

二层交换的特点总结：
- ARP 解析可以获得对端 MAC 地址；
- 交换机学习 MAC 地址映射。

二层交换的关键数据就是 MAC 表，MAC 表记录了访问指定 MAC 地址的报文需要交换到哪个端口。MAC 是二层交换的核心。

2.7　三层转发——路由器原理

路由器是指用于网络互连的计算机设备，它的主要作用如下：
- 路由（寻径）：学习和维护网络拓扑结构知识的机制，产生和维护路由表。
- 交换/转发：数据在路由器内部移动与处理的过程（从路由器一个接口输入，然后选择合适的接口输出，做帧的解封装与封装，并对包做相应处理）。
- 隔离广播，指定访问规则。
- 异种网络互连。

路由设备的工作流程如图 2.5 所示。

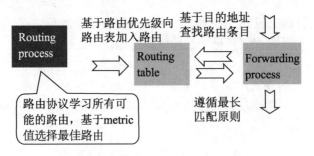

图 2.5　路由设备工作流程示意图

1．直连路由

当接口配置了网络协议地址并状态正常时，接口上配置的网段地址自动出现在路由表中并与接口关联，并随接口的状态变化在路由表中自动出现或消失。IPv4 路由表结构示意图如图 2.6 所示。

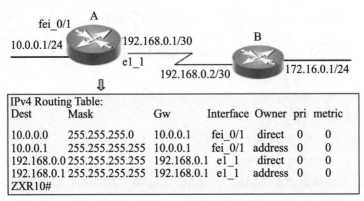

图 2.6　IPv4 路由表结构示意图

2．静态路由

静态路由是一条单向路由，还需要在对方的路由设备上配置一条相反的路由。静态路由示意图如图 2.7 所示。

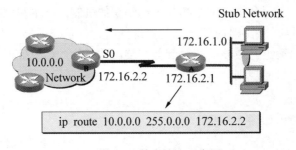

图 2.7　静态路由示意图

默认路由配置示例如图 2.8 所示。

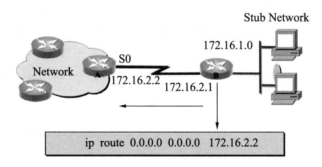

图 2.8　静态路由默认配置

默认配置路由可以配置在只有一条出口的"根状网络"的出口路由设备上，可以访问"未知的"目的网络。

3．动态路由

动态路由是指路由器能够自动地建立自己的路由表，并且能够根据实际情况的变化适时地进行调整。动态路由机制的运作依赖路由器的两个基本功能：路由器之间适时的路由信息交换，以及对路由表的维护。

路由协议是运行在路由器上的软件进程，与其他路由器上相同路由协议之间交换路由信息，学习非直连网络的路由信息，并加入路由表，并且在网络拓扑结构变化时能自动调整，维护正确的路由信息。

常见的动态路由协议有以下几个：

- RIP 协议：路由信息协议（RIP）是内部网关协议 IGP 中最先得到广泛使用的协议。RIP 是一种分布式的基于距离向量的路由选择协议，是因特网的标准协议，其最大优点就是实现简单，开销较小。
- OSPF 协议：OSPF（Open Shortest Path First，开放式最短路径优先）是一个内部网关协议（Interior Gateway Protocol，IGP），用于在单一自治系统（Autonomous System，AS）内决策路由。

动态路由工作机制如图 2.9 所示。

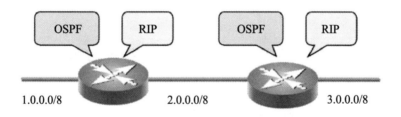

图 2.9　动态路由工作机制

路由转发的核心是路由表。

三层 IP 转发和二层交换有什么区别呢？最主要的区别是它们寻找目的地的关键字不同，二层交换是链路层地址，三层转发是 IP 地址。链路层地址——MAC 地址，通常存在于一个平面地址空间，没有清晰的地址层次，只适合于同一网段内主机的通信。对于不同网络之间的互连通信，考虑到可能使用不同的传输介质，不同的链路层协议，为提供更大的灵活性，通常使用网络层地址——IP 地址来寻址通信。

每个路由器中都有一张路由表，这张表可以由用户手动配置，也可以从动态路由协议中学到。该表的索引是 IP 地址/掩码，每个表项中都存放有下一跳的 IP 地址和出口。有了这张表，路由器接在收到数据包时就能做到心中有数了。

如图 2.10 所示，IP 地址为 192.4.1.1 的主机要访问远端 IP 地址为 192.5.1.1 的主机。数据包需要先在接入路由器上查找路由，一般情况下接入路由器上路由表项都比较简单，对所有网段的地址都指向其直连的上游设备 20.1.1.2.。然后还需在 20.1.1.2 上查路由表，找到匹配项 192.5.1.0 /24 ：10.1.1.1，就从 10.1.1.2 所在的接口通过 E1 链路将数据包发送出去。在 10.1.1.1 上接收到报文后，检查数据报的目的地址，发现在其直连网段，遂将数据报文正确送到 IP 地址为 192.5.1.1 的主机，从而完成一次完整的转发。

IP 转发的特点总结：

- 报文逐跳转发；
- 报文的转发单位可以是数据包，也可以是数据流。

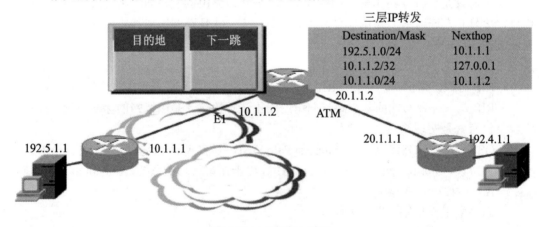

图 2.10　三层路由原理

2.8　三层交换——三层交换机

三层交换机是二层交换机和路由器在功能上的集成，三层交换机在功能上实现了 VLAN 的划分、VLAN 内部的二层交换和 VLAN 间路由的功能。

VLAN 是一组逻辑上的设备和用户，这些设备和用户并不受物理位置的限制，可以根据功能、部门及应用等因素将它们组织起来，相互之间通信就像在同一个网段中一样，由此得名虚拟局域网。

VLAN 工作在 OSI 参考模型的第 2 层和第 3 层，一个 VLAN 就是一个广播域，VLAN 之间的通信是通过第 3 层的路由器来完成的。

传统的交换技术是在 OSI 网络标准模型中的第二层——数据链路层进行操作的，而三层交换技术是在网络模型中的第三层实现了数据包的高速转发。应用第三层交换技术即可实现网络的路由功能，又可以根据不同的网络状况做到最优的网络性能。

三层交换机就是具有部分路由器功能的交换机，三层交换机的最重要目的是加快大型局域网内部的数据交换，所具有的路由功能也是为这个目的服务的，能够做到"一次路由，多次转发"。对于数据包转发等规律性的过程由硬件高速实现，而像路由信息更新、路由表维护、路由计算、路由确定等功能，由软件实现。

典型应用：同一个局域网中的各个子网的互联及局域网中 VLAN 间的路由，用三层交换机来代替路由器；局域网与公网互联之间要实现跨地域的网络访问时，通过专业路由器。

优点：实现局域网内的快速转发。

特点：交换机的信息转发基于硬件转发，路由器的信息转发基于软件转发。三层转发流程如图 2.11 所示。

（1）源主机→网关，通过 ARP 获取网关 MAC（源主机与目的主机处于不同网段）。

（2）网关→源主机，网关发送 ARP 应答报文，应答报文中的"源 MAC 地址"就包含了网关的 MAC 地址。

（3）源主机→网关，目的 MAC 使用网关 MAC 地址，源 IP 地址使用主机的 IP 地址，目的 IP 地址为目的主机的 IP 地址，发送报文给网关。

（4）网关（交换机）查找转发表（Forward Information Base，FIB）。（查找 FIB 表的条件：源主机与目的主机的 IP 地址不在同一网段。FIB 表是根据路由表生成的，主要存储的是有效的路由，如果你的路由全部有效，那么 FIB 表与路由表内容完全一样，这种情况时路由器可以直接转发。路由表是属于控制层，FIB 属于转发层。也就是说，路由表是配置时生成的下一跳，这个下一跳不一定直接可达，FIB 是转发的，下一跳必须直接可达）。

（5）FIB 表 Miss，请求 CPU 查看软件路由表，如果匹配，需要查询目的 MAC 地址；通过发送 ARP 包进行查询。

（6）获取目的 MAC 后，向 ARP 表中添加对应表项，并转发由源主机到达目的主机的包；同时三层交换机三层引擎结合路由表生成目的主机的三层硬件转发表。

（7）路由器生成硬件转发表完成后，目的主机的数据包根据转发表项进行数据交换；

以上流程适用于不同 VLAN（网段）中的主机互访时属于这种情况，这时用于互连的交换机做三层交换转发。这就是"一次路由，多次交换"的原理。

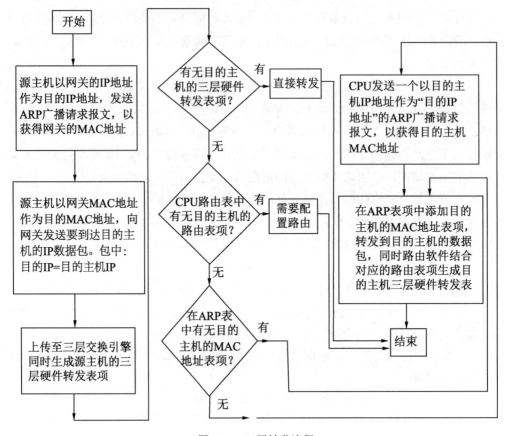

图 2.11　三层转发流程

　　例如，PC A 与 PC B 进行通信的示例如图 2.12 所示。MAC 表如表 2.2 所示，三层交换机的 ARP 表如表 2.3 所示，硬件转发表如表 2.4 所示，其中，L3-SW 的含义是三层交换机。主机 PCA 的 ARP 表如表 2.5 所示。

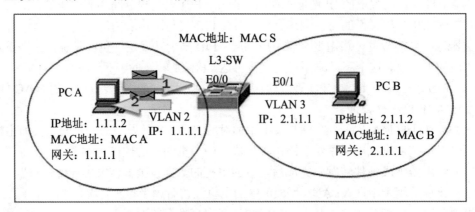

图 2.12　PC A 与 PC B 第一次通信（第（1）步和第（2）步）

表 2.2　MAC 表（L3-SW）

MAC 地址	PORT 端口
MAC A	E0/0

表 2.3　ARP 表（L3-SW）

IP 地址	MAC 地址
1.1.1.2	MAC A

表 2.4　硬件转发表（L3-SW）

IP 地址	MAC 地址	VID	PORT
1.1.1.1	MAC A	2	E0/0

表 2.5　ARP 表（PC 主机 A）

IP 地址	MAC 地址
1.1.1.1	MACS

备注：此处为第一次通信，L3-SW 交换机没有任何 PC A 和 PC B 的信息。

（1）PC A 的 IP（1.1.1.2）与目的 PC B IP（2.1.1.2）不在同一网段，需通过网关进行中转；PC A 检测是否有网关 MAC，有则进行转发，没有则先通过 ARP 获取网关 MAC。广播帧组成结构：源 MAC（PC A）+目的 MAC（IP 地址广播，全 0）+目的 IP（1.1.1.1）+源 IP（1.1.1.2）。

（2）L3-SW 交换机（网关）接收 ARP 包，（主机发送消息时将包含目标 IP 地址的 ARP 请求广播到网络中的所有主机上，并接收返回消息，以此确定目标的物理地址）确定为请求交换机（网关）自己的 MAC 地址，然后进行 ARP 应答，回复交换机（网关）自身的 MAC 地址；同时进行 MAC 学习，完成 MAC 表和 ARP 表，然后把"PC A IP 地址+MAC+端口+VLAN 等"的多元组更新至硬件转发表。

（3）PC A 收到 ARP 回复报文，刷新 ARP 表，同时把要发送数据的目的 MAC 修改为网关 MAC。

注意：三层转发时，改变的是帧封装后的源和目的 MAC 地址，原来输入 IP 包中的"目的 MAC 地址"作为转发的"下一跳 MAC 地址"，原来的"源 MAC 地址"改为三层交换机自身的 MAC 地址，源和目的 IP 地址都不变。

（4）L3-SW 交换机收包，根据目的 IP 查询转发表，找寻出接口（端口），找到直接转发；否则进行查询 ARP 表，找到目的 IP 对应的网段，然后查找目的 IP 对应的 MAC 地址，MISS 则查询路由表，查询到直连网段，再查找 ARP 表获取目的 MAC 地址，返回 MISS。

（5）L3-SW 交换机在目的 IP 所在网段，进行 ARP 广播，获取目的设备的 MAC 地址。

（6）L3-SW 交换机根据 ARP 应答报文，更新 ARP、MAC、硬件转发表。

（7）L3-SW 交换机把 PC A 要发给 PC B 的报文转发给 PC B，完成第一次通信；第一次通信的第（3）至第（7）步如图 2.13 所示。PC B、L3-SW 交换机的 MAC 表、L3-SW 交换机的 ARP 表、硬件转发表和 PC A 表，分别如表 2.6 至表 2.10 所示。

（8）后续 PC A 与 PC B 进行通信，根据硬件转发表的信息，查询出接口（端口），进行报文转发，完成两台设备间的通信。

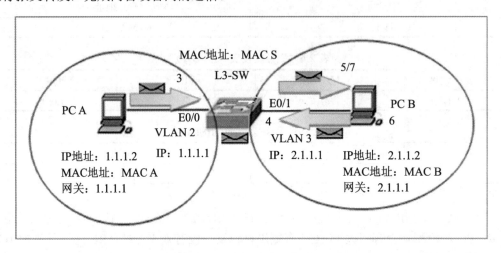

图 2.13　PC A 与 PC B 第一次通信（第（3）至第（7）步）

表 2.6　ARP 表（PC 主机 B）

IP 地址	MAC 地址
2.1.1.1	MAC S
1.1.1.2	MAC A

表 2.7　MAC 表（L3-SW）

MAC 地址	PORT 端口
MAC A	E0/0
MAC B	E0/1

表 2.8　ARP 表（L3-SW）

IP 地址	MAC 地址
1.1.1.2	MAC A
2.1.1.2	MAC B

表 2.9　硬件转发表（L3-SW）

IP 地址	MAC 地址	VID	PORT
1.1.1.2	MAC A	2	E0/0
2.1.1.2	MAC B	3	E0/1

表 2.10　ARP表（PC主机A）

IP地址	MAC地址
1.1.1.1	MAC S
2.1.1.2	MAC B

为什么有了三层转发，还会发展出三层交换技术呢？原因就是交换比转发要快。交换功能是交换芯片提供的，这个过程不需要 CPU 的参与，但是转发往往是 CPU 的实现，CPU 由于要干很多事情，所以往往没有时间处理这么多的转发报文，因此从性能上看，相同价位的路由器跟三层交换机相比，交换机的性能更好。当然转发也有硬件实现的，这种情况下自然性能更好，但是成本也高。

2.9　交换机设计开发

2.9.1　交换机的层次定位

当设计一款交换机时，首先要明白自己的交换机需要应用在什么样的网络中，在网络中的层次是什么，这是第一步，也就是说必须从网络的整体来考虑，然后再对局部的交换机进行功能抽象。如图 2.14 所示为一个典型的校园网网络图。

其中，交换机分为 3 种：接入交换机、汇聚交换机和核心交换机。

接入交换机：

- 多模式的接入（有线、无线）；
- 可以提供本地信息点的数据交换；
- 可以提供 VLAN 划分功能；
- 实现对于组播功能的支持。

汇聚交换机：

- 连接校园网骨干；
- 完成本区域内的数据交换和路由功能；
- 为接入层提供高速可靠的传输链路。

核心交换机：

- 实现在骨干网络之间的优化传输；
- 保证整个网络的冗余能力、可靠性和高速传输；
- 实现对网络的全面管理。

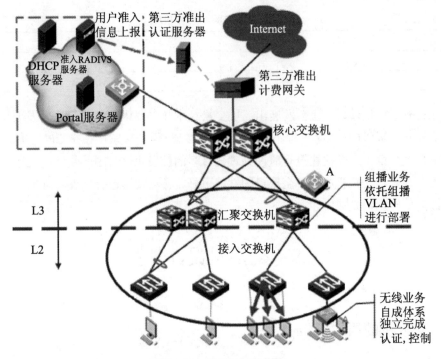

图 2.14　典型网络结构图

2.9.2　交换机的硬件设计

交换机的硬件参考图如图 2.15 所示。

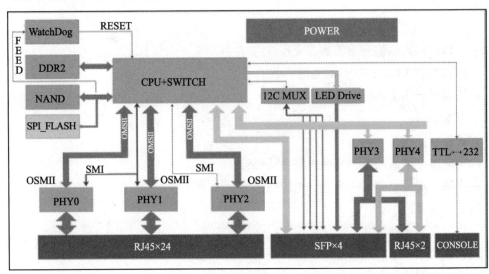

图 2.15　交换机硬件结构框图

下面对交换机硬件中几个重要部分进行介绍。

1．处理器部分

CPU：交换机的 CPU 是具有交换能力的 CPU，其生产厂家有 Marvel、博通。交换芯片是交换机的核心部分，也是交换机成本中的大头，其决定了交换机的路数（能出多少个光口、电口），交换机的吞吐量（每秒钟能够交换的报文数量）。整个交换机架构中使用 Marwell 公司的 98dx3236 交换芯片，该芯片内部包含以下主要资源及性能指标：

- 120MPPS 的包转发速率；
- 84Gbps 的背板带宽；
- 12 个可配置的 serdes 接口，其中，6 个可配置为 1～10Gbps 接口，6 个可配置为 1～5Gbps 接口；
- 内嵌 1.5MB 的包缓存；
- AlleyCat3：单核，ARM v7，400 MHz；
- PonCat3：双核，ARM v7，800 MHz。

可提供的接口速率及接口类型见表 2.11。

表 2.11　接口速率及接口类型

端 口 模 式	规　　模	接　　口
10/100/1000	最多24	QSGMII
1GbE	最多10	SGMII
2.5GbE	最多10	HS-SGMII
10GbE	1	XAUI
	最多2	RXAUI
12GbE	最多4	XHGS（芯片之间）
20GbE*	最多2	20G-BASE-R2

2．物理层接口

PHY：以太网 PHY 是一个芯片，可以发送和接收以太网的数据帧（frame），PHY 是 Port Physical Layer 的缩写。

3．电源部分

电源部分的设计要求是提供稳定的供电，有时候如果端口需要提供 POE（端口供电）功能，要求的功率较大。当电源设计不稳定的时候，可能会造成端口数据解析的错误。

4．外设部分

（1）DDR 存储

交换机的硬件设计方案使用 DDR3 作为 RAM 系统存储，使用单片 16bit 总线形式，总容量为 512MB。

（2）NAND 存储

交换机的硬件设计方案使用 NAND 作为 ROM 系统存储。

（3）看门狗

交换机的硬件设计方案使用一个硬件看门狗

（4）系统时钟

交换机的硬件设计方案设计中要求系统时钟的数量和种类较多，使用了 1 个专用时钟芯片，用于产生 CPU 系统时钟，25MHz 的 CMOS 逻辑系统时钟，100M 的 PCI_E 的差分 LVDS 逻辑时钟，156.25MHz 的用于 10Gbps 网络的差分 PECL 逻辑时钟，本次设计将 LVDS 通过交流耦合电路将 LVDS 逻辑转变为 PECL 逻辑。

（5）I2C 复用电路

在 SFP+部分需要对每个光模块通过 I2C 总线进行读写访问，需要对 I2C 总线进行复用，同时通过 I2C 总线扩展几个 IO 口对光模块进行收发使能，以及对在位状态进行检查。

（6）LED 驱动电路

光模块的状态指示灯需要对交换芯片的 IO 进行驱动，使用 HC251 进行驱动控制。

在设计之初，设计人员要确定交换机的交换能力，根据交换机的交换能力选择交换芯片，方能达到不浪费芯片的能力，做到高性价比。

如表 2.12 所示参数是华为 S6300 设备的硬件属性。

表 2.12　华为 S6300 设备的硬件参数

项　　目	S6300-52QF	S6300-48S	S6300-42QF	S6300-42QT
外形尺寸	440×460×43.6	440×460×43.6	440×460×43.6	440×660×43.6
满配重量	≤10kg	≤10kg	≤10kg	≤10kg
Console口	1个，位于后面板			
管理用以太网口	1个，位于后面板			
USB口	1个（全速），位于后面板			
10G Base-T接口	0个	0个	0个	32个
SFP Plus口	48个	48个	40个	8个
QSFP口	4个	0个	2个	2个

（续）

项　目		S6300-52QF	S6300-48S	S6300-42QF	S6300-42QT
输入电压	交流	额定电压范围：100V～240V AC，50/60Hz			
		最大电压范围：90V～264V AC，47/63Hz			
	直流	额定电压范围：-48V～-60V DC			

2.9.3　交换机的软件设计

交换机的功能由硬件和软件共同实现。硬件在芯片确定之后，硬件性能基本就确定了。软件实现的功能则伸缩性很大，取决于研发团队的软件实力。软件能力是交换机功能的另一种体现，由于软件的特性太多，而且软件特性也在不断更新、升级，所以软件开发的工作量很大，是项目研发团队的核心工作之一。

1. MAC协议

MAC（Media Access Control）子层负责完成下列任务：
- MAC 地址自动学习和老化：MAC 模块的主要功能。
- 静态、动态、黑洞 MAC 表项刷新：静态 MAC 用于给一些不支持动态协议的节点使用，比如打印机，动态 MAC 是常见应用，黑洞 MAC 用于屏蔽一些攻击源，提供一种网络安全功能。
- MAC FLAPPING 检测：支持 MAC 地址漂移的检测，用于预防攻击的安全目的。
- Sticky MAC，粘性 MAC 功能，保存配置后重启设备。Sticky MAC 地址不会丢失，无须重新学习，解决了端口安全问题。MAC 层的代码编写主要还是跟 SDK 配合。

2. 以太网

- 全双工、半双工、自动协商工作方式：自动协商的主要功能就是使物理链路两端的设备通过交互信息自动选择同样的工作参数。自动协商的内容主要包括双工模式、运行速率及流控等参数。一旦协商通过，链路两端的设备就锁定为同样的双工模式和运行速率。
- 端口流量控制：流量控制会从物理层对网络拥塞进行一定的反压（发送一个 pause 帧），目的是让数据发送方知道你发得太快了，请降低速率以便接收方可以处理。
- Jumbo 帧：就是巨型帧的支持能力，通常以太网帧的长度是 1520。巨型帧指长度较大的帧，不同厂家的实现不尽相同，一般在 9000～12000 之间。
- 链路聚合（Trunk）和负载分担：Trunk 是一种捆绑技术。将多个物理接口捆绑成一个逻辑接口，这个逻辑接口就称为 Trunk 接口，捆绑在一起的每个物理接口称为成员接口。Trunk 技术可以实现增加带宽、提高可靠性和负载分担的功能。

- LLDP（Link Layer DiscoveryProtocol）：LLDP 是一种邻近发现协议。它为以太网网络设备如交换机、路由器和无线局域网接入点定义了一种标准的方法，使其可以向网络中其他节点公告自身的存在，并保存各个邻近设备的发现信息。例如，设备配置和设备识别等详细信息都可以用该协议进行公告。

以太网特性的诸多小特性也大多是交换芯片的 SDK 直接具备的功能，大多数的工作量是调试。

3. VLAN

VLAN（Virtual Local Area Network，虚拟局域网）是将一个物理的 LAN 在逻辑上划分成多个广播域（多个 VLAN）的通信技术。VLAN 内的主机间可以直接通信，而 VLAN 间不能直接互通，从而将广播报文限制在一个 VLAN 内。由于 VLAN 间不能直接互访，因此提高了网络安全性。

VLAN 特性是一个在二层组网中相当重要的特性，几乎所有的网络划分都要用到最基本的 VLAN 特性。

根据对 VLAN 帧的识别情况，将端口分为 4 类：

- Access 端口：是交换机上用来连接用户主机的端口，它只能连接接入链路。有如下特点：
  - 仅仅允许唯一的 VLAN ID 通过本端口，这个 VLAN ID 与端口的 PVID（PortDefault VLAN ID，端口默认的 VLAN ID）相同。
  - 如果该端口收到的对端设备发送的帧是 untagged（不带 VLAN 标签），交换机将强制加上该端口的 PVID。
  - Access 端口发往对端设备的以太网帧永远是不带标签的帧。
- Trunk 端口：是交换机上用来和其他交换机连接的端口，它只能连接干道链路，如图 2.16 所示。有如下特点：
  - Trunk 端口允许多个 VLAN 的帧（带 Tag 标记）通过。
  - 如果从 Trunk 端口发送的帧带 Tag，且 Tag 与端口默认的 VLAN ID 相同，则交换机会剥掉该帧中的 Tag 标记。因为每个端口的 PVID 取值是唯一的。仅在这种情况下，Trunk 端口发送的帧不带 Tag。
  - 如果从 Trunk 端口发送的帧带 Tag，但是与端口默认的 VLAN ID 不同，则交换机对该帧不做任何操作，直接发送带 Tag 的帧。
- QinQ：QinQ（802.1Q-in-802.1Q）端口：是使用 QinQ 协议的端口。QinQ 端口可以给帧加上双重 Tag，即在原来 Tag 的基础上，给帧加上一个新的 Tag，从而可以支持多达 4094×4094 个 VLAN，满足网络对 VLAN 数量的需求。

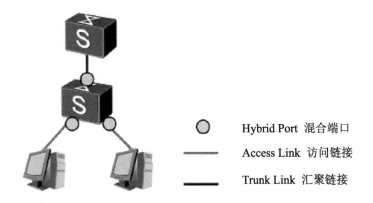

图 2.16 交换机链接拓扑

QinQ 有两层标签，外层的标签通常被称做公网 Tag，用来存放公网的 VLAN ID；内层标签通常被称做私网 Tag，用来存放私网的 VLAN ID。

按照 VLAN 的划分方式，可以分为以下几种：

➢ 基于端口划分：根据交换设备的端口编号来划分 VLAN。
➢ 基于 MAC 地址划分：根据计算机网卡的 MAC 地址来划分 VLAN。
➢ 基于子网划分：交换设备根据报文中的 IP 地址信息划分 VLAN。
➢ 基于匹配策略划分：基于 MAC 地址、IP 地址、接口组合策略划分 VLAN，是指在交换机上配置终端的 MAC 地址和 IP 地址，并与 VLAN 关联。只有符合条件的终端才能加入指定 VLAN。

VLAN 的技术点相当复杂，要实现 VLAN 的基本功能至少需要实现以上前 3 种接口，而 VLAN 的划分方式，需要至少实现一种才能够配置 VLAN，从实现角度来说第一种划分最容易实现。

VLAN 的特性还有很多，限于篇幅，这里不再展开。

• hybird 端口：是 Access 和 Trunk 的集合，Hybrid 端口 untagged tagged 对报文的处理过程如下所述。

接收报文时：Hybrid 报文在收到数据的时候，先看它是否带 VLAN 标签，是否允许通过（在 untagged 和 tagged 列表中的报文都允许通过，这个就相当于 Trunk 的 allow-pass vlan）。当你给 PC1 划入 vlan10 的时候（port hybrid pvid vlan 10），相应的就要放行 vlan10（port hybrid untagged vlan 10）。如果报文已经有标签且可以通过，则让报文带着标签通过；如果报文没标签且可以通过，则打上 PVID，再让带着 PVID 标签的报文通过；（以上两点跟 Trunk 端口一样）如果不在 untagged 或 tagged 列表中，则表示不允许通过，丢弃此报文。

发送报文时：如果报文在 untagged 或 tagged 列表中，则表示可以从此端口通过，对于 untagged 列表中的报文，在发送的时候去掉 VLAN 标签后再从端口发送出去；对于 tagged 列表中的报文，在发送的时候带着 VLAN 标签从端口发送出去。

如果报文不在 untagged 或 tagged 列表中，表示不从此端口通过。接收报文的时候，可以当做 Trunk 口来对待；untagged（去标签）和 tagged（带标签）只是做到了 Trunk 是否放行 VLAN 的需要，和实际打不打标签没有关系。untagged（去标签）和 tagged（带标签）只对从端口发送出去的报文起作用（保留标签或去掉标签再发送出去）。在 untagged 或 tagged 列表中的 VLAN 表示可以从本端口发送或者接收；不在 untagged 或 tagged 列表中的 VLAN 表示不可以从本端口发送或接收。

2.9.4 测试环节

产品完成后的测试主要是硬件测试。软件测试在开发阶段应该已经完成。常见的测试方法有：

- 高低温测试：一般使用高低温测试箱进行。高低温测试箱分为交变测试箱和湿热测试箱，两种试验方法都是在高低温测试箱的基础上进行升级拓展。交变测试箱是指可以一次性将需要做的温度、湿度和时间设定在仪表参数内，测试箱会按照设定程序执行；湿热测试箱就是在温度的基础上加湿热系统，这样可以在做温度测试的同时也可以做湿度测试，使试验效果更接近自然气候，模拟出更恶劣的自然气候，从而使被测样品的可靠性更高。
- 端口还回测试：端口还回是指在交换机的一个端口上产生一个输入，然后从一个端口出，使流量形成闭环，这样就能够使每个端口都能够利用这个正向激励达到每个端口的满带宽，从而实现软硬件的测试，如图 2.17 所示。

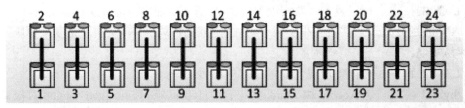

图 2.17　端口还回测试示意图

- 长稳测试：这个要搭建一个组网环境，进行长时间的流量测试，这种测试至少要一周时间，来测试交换机的稳定性。

2.10　小　结

交换机的设计重点是设计出符合自己需求的交换机，功能做到尽量不浪费硬件的性能，这就要求设计人员对交换产品的软硬件特性要有很深的了解。

2.11　习　　题

1. 简述交换机的功能与交换原理。
2. 简述路由器的功能与路由原理。
3. 简述交换机的开发流程。
4. VPN 在交换机中的设计要点是什么？
5. 简述交换机软件设计流程？

第 3 章　无线 Wi-Fi 技术

Wi-Fi 是一个创建于 IEEE 802.11 标准的无线局域网技术,与品牌认证和无线局域网技术两套系统密切相关,因此常有人把 Wi-Fi 当做 IEEE 802.11 标准的同义术语。

Wi-Fi 是一种无线联网技术。以前通过网线连接计算机,Wi-Fi 则是通过无线电波来连网。常见的就是一个无线路由器,在这个无线路由器电波覆盖的有效范围都可以采用 Wi-Fi 连接方式进行联网。智能手机、平板电脑和笔记本电脑都支持 Wi-Fi 上网,是当今使用最广泛的一种无线网络传输技术。无线路由器把有线网络信号转换成无线信号,供计算机、手机和平板等设备接收。

Wi-Fi 技术传输的无线通信质量不是很好,数据安全性能比蓝牙差一些,但传输速度非常快,可以达到 54Mbps,符合个人和社会信息化的需求。Wi-Fi 的优势在于不需要布线,非常适合移动办公用户的需要。Wi-Fi 的发射功率低于 100mW,低于手机发射功率,所以 Wi-Fi 上网相对也是健康的。

Wi-Fi 信号内容是由有线网提供的,只要接一个无线路由器,就可以把有线信号转换成无线 Wi-Fi 信号。很多发达国家的城市里到处覆盖着由政府或大公司提供的 Wi-Fi 信号供居民使用。我国也有许多地方开始实施"无线城市"工程,使这项技术得到了推广,许多地方将 4G 信号转化为了 Wi-Fi 信号供市民使用。

3.1　Wi-Fi 概述

3.1.1　WLAN 无线局域网络概述

WLAN(Wireless Local Area Networks,无线局域网络)是一种利用射频(Radio Frequency,RF)技术进行数据传输的系统,该技术的出现绝不是用来取代有线局域网络,而是用来弥补有线局域网络之不足,以达到网络延伸之目的,使得无线局域网络能利用简单的存取架构让用户透过它实现无网线、无距离限制的通畅网络。WLAN 使用 ISM(Industrial、Scientific 和 Medical)无线电广播频段通信。WLAN 的 IEEE 802.11a 标准使用 5 GHz 频段,支持的最大速度为 54 Mbps,而 IEEE 802.11b 和 IEEE 802.11g 标准使用 2.4 GHz 频段,分别支持最大 11 Mbps 和 54 Mbps 的速度。目前 WLAN 所包含的协议标准有：IEEE 802.11b 协议、IEEE 802.11a 协议、IEEE 802.11g 协议、IEEE 802.11E 协议、IEEE 802.11i 协议和无线应用协议（WAP）。

无线以太网技术是一种基于无线传输的局域网技术，与有线网络技术相比，其具有使用灵活、建网迅速、个性化高等特点。将这一技术应用于电信网的接入网领域，能够方便、灵活地为用户提供网络接入，适合于用户流动性较大并有数据业务需求的公共场所、高端的企业及家庭用户、需要临时建网的场合，以及难以采用有线接入方式的环境等。

在 1999 年 IEEE 官方定义 IEEE 802.11 标准的时候，选择并认定了 CSIRO 发明的无线网技术是世界上最好的无线网技术，因此 CSIRO 的无线网技术标准，就成为了 2010 年 Wi-Fi 的核心技术标准。

Ethenet 和 Wi-Fi 采用的协议都属于 IEEE 802 协议集。其中，Ethenet 以 IEEE 802.3 协议作为其网络层以下的协议；而 Wi-Fi 以 IEEE 802.11 作为其网络层以下的协议。无论是有线网络，还是无线网络，其网络层以上的部分基本一样。

IEEE 802.11 协议包含许多子部分，其中按照时间顺序发展，主要有：

- IEEE 802.11a，1999 年 9 月制定，工作在 5GHz 的频率范围（频段宽度 325MHz），最大传输速率为 54Mbps，但当时不是很流行，所以使用的不多。
- IEEE 802.11b，1999 年 9 月制定，时间比 IEEE 802.11a 稍晚，工作在 2.4GHz 的频率范围（频段宽度 83.5MHz），最大传输速率为 11Mbps。
- IEEE 802.11g，2003 年 6 月制定，工作在 2.4GHz 频率范围（频段宽度 83.5MHz），最大传输速率为 54Mbps。
- IEEE 802.11n，2009 年才被 IEEE 批准，在 2.4GHz 和 5GHz 范围内均可工作，最大的传输速率为 600Mbps。

以上协议均为无线网络通信所需的基本协议，最新发展的协议一般要比最初的协议有所改善。比如，IEEE 802.11n，在 MAC 层上进行了一些重要的改进，所以使得网络性能有了很大的提升。例如：

- 因为传输速率在很大的程度上取决于 Channel（信道）的宽度（Channel Width），IEEE 802.11n 中采用了一种技术，在传输数据的时候将两个信道合并为一个再进行传输，极大地提高了传输速率。
- IEEE 802.11n 的多输入输出（MIMO）特性，采用了 OFDM 特殊的调制技术，使得两对天线可以在同时同 Channel 上传输数据，而两者却能够不相互干扰。

3.1.2　Wi-Fi 无线网络起源

自从只需少量的话费就可以将笔记本、平板电脑连接到互联网以来，Wi-Fi 就已成为了大众所熟知的网络，它已经无处不在。Wi-Fi 对于一些物联网应用十分有用，比如楼宇自动化、内部能源管理。Wi-Fi 的重要性对于我们的日常生活和某些物联网应用不言而喻。

1．Wi-Fi的发源地是夏威夷

Wi-Fi 概念最早的尝试是在夏威夷。ALOHANET 是一个在夏威夷大学开发的计算机网络系统，是首次公开演示的提供无线分组数据网的计算机网络系统。1971 年 Wi-Fi 的概念被提出，20 年后 NCR 和 AT&T 公司联合发明了 WaveLAN，被认为是真正的 Wi-Fi 先驱。

2．Wi-Fi的专利在澳大利亚

无线网络技术由澳大利亚政府的研究机构 CSIRO 在 20 世纪 90 年代发明并于 1996 年在美国成功申请了无线网技术专利（美国专利号：US Patent Number 5487069）。发明人是悉尼大学工程系毕业生 Dr John O'Sullivan 领导的一群由悉尼大学工程系毕业生组成的研究小组。IEEE 曾请求澳大利亚政府放弃其无线网络专利，让世界免费使用 Wi-Fi 技术，但遭到拒绝。澳大利亚政府随后在美国通过官司胜诉，收取了世界上几乎所有电器电信公司（包括苹果、英特尔、联想、戴尔、AT&T、索尼、东芝、微软、宏碁、华硕等）的专利使用费。2010 年，当人们每购买一台含有 Wi-Fi 技术的电子设备时，所付的价钱中就包含了交给澳大利亚政府的 Wi-Fi 专利使用费，但 Wi-Fi 的专利于 2013 年到期。

无线网络被澳大利亚媒体誉为澳大利亚有史以来最重要的科技发明，其发明人 John O'Sullivan 被澳大利亚媒体称为"Wi-Fi 之父"并获得了澳大利亚的国家最高科学奖和全世界的众多赞誉，其中包括欧盟机构、欧洲专利局，European Patent Office（EPO）颁发的 European Inventor Award 2012，即 2012 年欧洲发明者大奖。

3．Wi-Fi=IEEE802.11

当两台机器相互连通时，它们需要一定的标准和协议规定，以便能顺利沟通。IEEE 802.11 是指一组为无线局域网通信所定义的标准。

所以在 1999 年，一个名为 Interbrand 的品牌咨询公司开始把这项技术推广到市场中，后来他们将"IEEE 802.11"协议名改名为"Wi-Fi"，同时设计了 Wi-Fi 的 Logo。

4．Wi-Fi并不代表"无线"或"无线保真"

Wi-Fi 并不是无线保真（Wireless Fidelity）的意思，这种误解来自于早期使用的广告语"无线保真的标准"。Wi-Fi 实际上并不代表什么，也不是任何事物的缩写。

Wi-Fi 联盟成立于 1999 年，是一个拥有 Wi-Fi 商标的行业协会，其确定其正式的名称为"Wi-Fi"。

5．Wi-Fi使用无线电波

无线电波是电磁辐射的一种，电磁辐射包括从伽玛射线到可见光到无线电波的频谱范围，如图 3.1 所示。

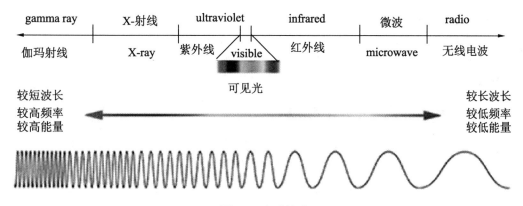

图 3.1　电磁波谱

笔记本、平板电脑使用无线适配器将数据转换成无线电波并使用天线发送该信号。这些无线电波通过天线向外发出，并通过无线路由器接收。然后，无线路由器把无线电波转换回数据形式，使用一个路由器的硬件设备连接到互联网上并将数据发送出去。倘若想要从互联网获取数据并传输到笔记本电脑、平板电脑等设备上，只需逆转以上的过程即可。这是所有无线通信的工作方式。

6．Wi-Fi在2.4GHz或者5GHz的频率下传递信息

2.4GHz 和 5GHz 这两个频率比用来蜂窝传输的频率高得多。较高频率意味着信号可以携带更多的数据。

所有形式的无线通信必然要在功耗、范围和带宽之间权衡。因此，高数据速率的代价意味着 Wi-Fi 将消耗大量的电力，并且它的范围也较小。

7．Wi-Fi最远能将信息传输到260英里之外

瑞典航天局曾使用 Wi-Fi 来传输数据。Wi-Fi 接收设备工作在 260 英里外的高空平流层上的气球中。在 Wi-Fi 发送设备方面，他们使用了非常规的 6 瓦特射频功率放大器。在传输路径上，根本没有物理屏障来阻拦、截断信号。

对于一般的 Wi-Fi 路由器，信号范围非常非常小，并且取决于天线、信号的反射和折射，以及路由器的无线电功率输出。

无线电波能穿过大多数种类的材料，但会被可导电的材料所阻挡或吸收。水可导电，这意味着我们的身体实际上可以对 Wi-Fi 造成干扰。由于 Wi-Fi 使用无线电波，同时无线电波有很多的源头，包括空间中也会发射无线电波，这些电波会相互碰撞和干扰。事实上，微波炉以 2.4 GHz 的频率运行，这意味着它可以干扰 2.4 GHz 的 Wi-Fi 信号。

8．Wi-Fi有许多不同的种类

自 1997 年以来 Wi-Fi 有了许多不同的版本：IEEE 802.11a、IEEE 802.11b、IEEE 802.11g、

IEEE 802.11n、IEEE 802.11ac。

每一个协议标准都有优点和缺点：有些数据传输快，有些速度慢；有些对信号干扰的免疫强，有些抗干扰能力弱；有的成本较低，有些则较为昂贵。成本是一个因素，因为虽然在协议上新标准可以兼容旧标准，但是不同的标准总是需要不同的硬件来协同运作。

9．Wi-Fi在物联网工程中的适用范畴

现在市面上已经有数不尽的物联网应用和设备，而其中许多是需要电池供电数月甚至数年的小型传感器或设备。这些传感器和设备并不需要发送大量的数据，也许只是偶尔冒出来的几个字节。并且，它们可能还需要把数据传输到数英里之外，而不仅仅是短短几英尺之内。

像之前提到的，Wi-Fi 可以在高能耗和短距离的前提下传输大量的数据。当同时使用成千上万个传感器的时候，Wi-Fi 并不是一个很好的选择。

Wi-Fi 可以很好地应用在不必担心功耗（比如插入插座的设备）、需要发送大量的数据（如视频），而且并不需要太大传输范围的物联网应用中。家庭安全系统便是一个很好的例子。

对于大多数其他的物联网应用，还有更好的连接选项，比如蓝牙（Bluetooth）、低功耗广域网（Low-Power Wide-Area Networks, LPWANs）或移动物联网（Cellular IoT）。

现在有两种已经开发完成和正在开发的 Wi-Fi 标准是专门针对物联网的：Wi-Fi HaLow（802.11ah）和 HEW（802.11ax）。

Wi-Fi HaLow 在 2016 年被批准，旨在解决对于物联网的应用所需的数据传输范围和电力能量问题。HEW（High-Efficiency Wireless，高效率无线标准）是即将发布的标准，在 HaLow 的基础上增加了对物联网便利的特征。

3.2　Wi-Fi 基础

作为全球公认的局域网权威，IEEE 802 工作组建立的标准在过去二十年内在局域网领域独领风骚。这些协议包括了 802.3Ethernet 协议、802.5TokenRing 协议和 802.3z100BASE－T 快速以太网协议。在 1997 年，经过了 7 年的工作以后，IEEE 发布了 802.11 协议，这也是在无线局域网领域内的第一个国际上被认可的协议。

在 1999 年 9 月，他们又提出了 IEEE 802.11b "HighRate" 协议，用来对 IEEE 802.11 协议进行补充。IEEE 802.11b 在 IEEE 802.11 的 1Mbps 和 2Mbps 速率下又增加了 5.5Mbps 和 11Mbps 两个新的网络吞吐速率。利用 IEEE 802.11b，移动用户能够获得同 Ethernet 一样的性能、网络吞吐率和可用性。这个基于标准的技术使得管理员可以根据环境选择合适的局域网技术来构造自己的网络，满足他们的用户需求。IEEE 802.11 协议主要工作在 ISO 协议的最低两层上，并在物理层上进行了一些改动，加入了高速数字传输的特性和连接的稳定性。

IEEE 802.11 网络协议定义了基本服务集（basic service set），包含物理组件和服务集合。

3.2.1 Wi-Fi 物理组件

（1）工作站（Station）

构建网络的目的是为了在工作站间传送数据。所谓工作站，是指配备无线网络接口的计算设备。

（2）接入点（Access Point，AP）

IEEE 802.11 网络所使用的帧必须经过转换，方能被传递至其他不同类型的网络上。具备无线至有线的桥接功能的设备称为接入点，接入点的功能不仅于此，但桥接最为重要。接入点既有普通站点的身份，又有接入到分布系统的功能。

（3）无线热点布式系统（Distribution System，DS）

当几个接入点串联以覆盖较大区域时，彼此之间必须相互通信以掌握移动式工作站的行踪。分布式系统属于 802.11 的逻辑组件，负责将帧转送至目的地。

802.11 并没有规范分布式系统的技术细节。大多数商用产品是以桥接引擎（Bridging engine）和分布式系统媒介（Distribution system medium）共同组成分布式系统。分布系统用于连接不同的基本服务单元。分布系统使用的媒介（Medium）逻辑上和基本服务单元使用的媒介是截然分开的，尽管它们物理上可能会是同一个媒介，例如同一个无线频段。

WDS，即无线热点分布系统，它是无线 AP 和无线路由中一个特别的功能，简单来说就是 AP 的中继加桥接功能，它可以实现两个无线设备通信，也可以起到放大信号的作用，而产品的 SSID 也可以不同。这是一个非常实用的功能，比如有三户邻居，每户都有一个支持 WDS 的无线路由器或 AP，这样无线信号就可以在这三户同时覆盖了，使得相互的通信更加方便。但要注意的是，每个品牌的无线路由所支持的 WDS 设备是有限制的（一般可以支持 4～8 个设备），不同品牌的 WDS 功能不一定可以链接成功。

（4）无线媒介（Wireless Medium）

IEEE 802.11 标准以无线媒介在工作站之间传递帧。其所定义的物理层不只一种，IEEE 802.11 最初标准化了两种射频物理层及一种红外线物理层；存在 3 种媒介：站点使用的无线媒介、分布系统使用的媒介，以及和无线局域网集成的其他局域网使用的媒介。物理上它们可能互相重叠。

IEEE 802.11 只负责在站点使用的无线媒介上的寻址（Addressing）。分布系统和其他局域网的寻址不属无线局域网的范围。

3.2.2 Wi-Fi 服务功能

1. 基本服务集（BSS）

基本服务集是 IEEE 802.11 LAN 的基本组成模块。能互相进行无线通信的 STA 可以组成一个 BSS（Basic Service Set）。如果一个站移出 BSS 的覆盖范围，它将不能再与 BSS 的其他成员通信。

2．扩展服务集（ESS）

多个 BSS 可以构成一个扩展网络，称为扩展服务集（ESS）网络，如图 3.2 所示。一个 ESS 网络内部的 STA 可以互相通信，是采用相同 SSID 的多个 BSS 形成的更大规模的虚拟 BSS。连接 BSS 的组件称为分布式系统（Distribution System，DS）。

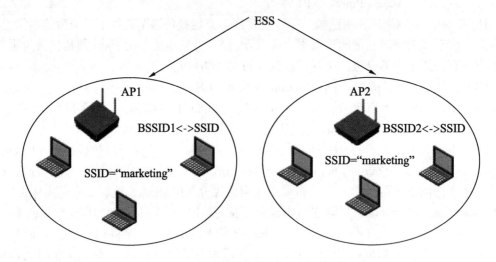

图 3.2　扩展服务集（ESS）网络

3．服务集的标识（SSID）

服务集的标识 SSID（Service Set Identifier）是一个 ESS 的网络标识（如 TP_Link_1201），通俗地说，SSID 是用户给自己的无线网络所取的名字。BSSID 是一个 BSS 的标识，BSSID 实际上就是 AP 的 MAC 地址，用来标识 AP 管理的 BSS，在同一个 AP 内 BSSID 和 SSID 一一映射。在一个 ESS 内，SSID 是相同的，但对于 ESS 内的每个 AP 与之对应的 BSSID 是不相同的。如果一个 AP 可以同时支持多个 SSID 的话，则 AP 会分配不同的 BSSID 来对应这些 SSID，BSSID(MAC) ↔ SSID。

IEEE 802.11 没有具体定义分布系统，只是定义了分布系统应该提供的服务（Service）。整个无线局域网定义了 9 种服务。其中：

- 5 种服务属于分布系统的任务，分别为联接（Association）、结束联接（Diassociation）、分配（Distribution）、集成（Integration）和再联接（Reassociation）。
- 4 种服务属于站点的任务，分别为鉴权（Authentication）、结束鉴权（Deauthentication）、隐私（Privacy）和 MAC 数据传输（MSDU delivery）。

4. 无线接入点AP功能

无线 AP，即 Access Point，也就是无线接入点。简单来说就是无线网络中的无线交换机，它是移动终端用户进入有线网络的接入点，主要用于家庭宽带、企业内部网络部署等，无线覆盖距离为几十米至上百米，目前主要技术为 IEEE 802.11X 系列。一般的无线 AP 还带有接入点客户端模式，也就是说 AP 之间可以进行无线连接，从而可以扩大无线网络的覆盖范围。AP 的主要功能如下：

- 中继：所谓中继就是在两个无线点间把无线信号放大一次，使得远端的客户端可以接受到更强的无线信号。例如在 a 点放置一个 AP，而在 c 点有一个客户端，之间有 120 米的距离，从 a 点到 c 点信号已经削弱很多，于是在中途 60 米处的 b 点放一个 AP 作为中继，这样 c 点的客户端的信号就可以有效地增强，保证了传输速度和稳定性。
- 桥接：桥接就是链接两个端点，实现两个无线 AP 间的数据传输。想要把两个有线局域网连接起来，一般就选择通过 AP 来桥接。例如在 a 点有一个由 15 台计算机组成的有线局域网，b 点有一个由 25 台计算机组成的有线局域网，但是 a、b 两点间的距离很远，超过了 100 米，通过有线连接已不可能，那么怎么把两个局域网连接在一起呢？这就需要在 a 点和 b 点各设置一个 AP，开启 AP 桥接功能，这样 a、b 两点的局域网就可以互相传输数据了。需要提醒的是，没有 WDS 功能的 AP，桥接后两点是没有无线信号覆盖的。
- 主从模式：在这个模式下工作的 AP 会被主 AP 或者无线路由看作是一台无线客户端，比如无线网卡或者是无线模块。这样可以方便网管统一管理子网络，实现一点对多点的连接，AP 的客户端是多点，无线路由或主 AP 是一点。这个功能常被应用在无线局域网和有线局域网的连接中，比如 a 点是一个由 20 台计算机组成的有线局域网，b 点是一个由 15 台计算机组成的无线局域网，b 点已经是有一台无线路由了，如果 a 想接入 b，在 a 点加一个 AP，并开启主从模式，并把 AP 接入 a 点的交换机中，这样所有 a 点的计算机就可以连接 b 点的计算机了。

5. Wi-Fi快连（配置）

什么是快连呢？手机（设备 B）已经接入了 AP，而设备 A 是一个信息"孤岛"。手机将 AP 的信息直接发送给设备 A，设备 A 就可以接入 AP 了。

可以这样认为，Wi-Fi 快连就是接入 AP 的手机快速配置设备，是设备 A 接入 AP 的方式。实现原理是：手机通过 UDP 广播，将 AP 的相关信息组帧发出。而 Wi-Fi 模块（设备 A）一直处于 UDP 监听状态。获取到 AP 信息之后，Wi-Fi 模块（设备 A）便可以接入 AP 了。

6. 胖AP与瘦AP

Fat AP 将 WLAN 的物理层、用户数据加密、用户认证、QoS、网络管理、漫游技术及其他应用层的功能集于一身。Fat AP 无线网络解决方案可由 Fat AP 直接在有线网的基础上构成。Fat AP 设备结构复杂，且难于集中管理。

Fit AP 是一个只有加密、射频功能的 AP，功能单一，不能独立工作。整个 Fit AP 无线网络解决方案由 AC 和 Fit AP 在有线网的基础上构成。

Fit AP 上"零配置"，所有配置都集中到 AC 上。这也促成了 Fit AP 解决方案更加便于集中管理，并由此具有三层漫游、基于用户下发权限等 Fat AP 不具备的功能。

FAT AP 和 FIT AP 比较如图 3.3 所示。

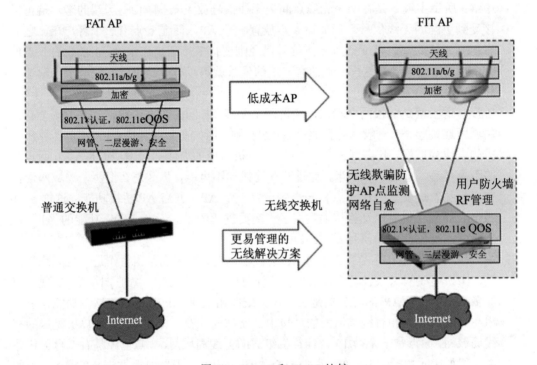

图 3.3　Fat AP 和 Fit AP 比较

3.2.3　Wi-Fi 认证和加密

1. 概念

认证允许只有被认可的用户才能连接到无线网络；加密的目的是提供数据的保密性和完整性，数据在传输过程中不会被篡改。

2. 阶段划分

初级版本：

- 认证不需要密码，传输不需要加密；
- 认证不需要密码，传输需要加密（用 WEP 算法）；
- 认证需要密码（用 WEP 算法），传输需要加密（用 WEP 算法）。

过渡版本：

- WPA 认证方式（IEEE 802.1x），加密方式（TKIP、WEP）；
- PSK 认证方式，TKIP、WEP 加密方式。

终极版本：

- WPA2 认证方式（IEEE 802.1x），加密方式 CCMP（AES-CCMP）、TKIP、WEP；
- PSK 认证方式，加密方式 CCMP（AES-CCMP）、TKIP、WEP。

IEEE 802.1x：手机连接到 AP 后，它的认证过程不是在 AP 上进行的，而是发送到一个服务器，由服务器进行认证。在大型公司里面，用一个服务器统一进行认证比较好，但对于家庭网络，这样认证的话成本太高，因而用 PSK 替代。

PSK 认证：手机只需要连接 AP，AP 会提示手机输入密码，AP 上事先设置密码，如果手机提供的密码和事先设置的密码一样，那么手机就可以使用无线网络。

3．手机认证方式

以手机上的 Wi-Fi 热点为例，有 4 种常用的"认证/加密"方法，分别是 Open、WEP、WPA（TKIP）和 WPA2（AES）。

3.2.4　Wi-Fi 基础参数

1．IEEE 802.11协议簇

Wi-Fi 无线信号的频谱、带宽、调制方式如表 3.1 所示。

表 3.1　Wi-Fi频谱、带宽、调制方式

标　准　号	IEEE 802.11b	IEEE 802.11a	IEEE 802.11g	IEEE 802.11n
标准发布时间	1999年9月	1999年9月	2003年6月	2009年9月
工作频率范围 单位：GHz	2.4～2.4835	5.150～5.350 5.475～5.725 5.725～5.850	2.4～2.4835	2.4～2.4835 5.15～5.850
非重叠信道数	3	24	3	15
物理速率Mbps	11	54	54	600
实际吞吐量Mbps	6	24	24	100以上
频宽	20MHz	20MHz	20MHz	20MHz/40MHz
调制方式	CCK/DSSS	OFDM	CCK/DSSS/ OFDM	MIMO-OFDM/ DSSS/CCK

2．Wi-Fi信道频谱划分

Wi-Fi 总共有 14 个信道，如图 3.4 所示。

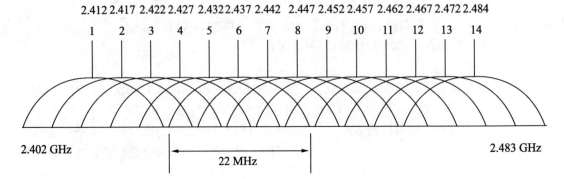

图 3.4　Wi-Fi 信道频谱、带宽划分

- IEEE 802.11b/g 标准工作在 2.4G 频段，频率范围为 2.400～2.4835GHz，共 83.5M 带宽；
- 划分为 14 个子信道；
- 每个子信道宽度为 22MHz；
- 相邻信道的中心频点间隔 5MHz；
- 相邻的多个信道存在频率重叠（如 1 信道与 2、3、4、5 信道有频率重叠）；
- 整个频段内只有 3 个（1、6、11）互不干扰信道。

3．Wi-Fi接收灵敏度

在数据传输速率、误码率确定的情况下，所需的 Wi-Fi 信号的最小信号强度定义为接收灵敏度，如表 3.2 所示。

表 3.2　Wi-Fi灵敏度

误码率要求	速　率	最小信号强度
PER（误码率）不超过8%	6Mbps	−82dBm
	9Mbps	−81dBm
	12Mbps	−79dBm
	18Mbps	−77dBm
	24Mbps	−74dBm
	36Mbps	−70dBm
	48Mbps	−66dBm
	54Mbps	−65dBm

4．信道划分（2.4GHz）

IEEE 802.11b 和 IEEE 802.11g 的工作频段在 2.4GHz（2.4～2.4835GHz），其可用带宽为 83.5MHz，我国划分为 13 个信道，每个信道带宽为 22MHz，2.4GHz 频段 WLAN 信道配置表如表 3.3 所示。

表 3.3　2.4GHz频段WLAN信道配置表

信　　道	中心频率（MHz）	信道低端/高端频率
1	2412	2401/2423
2	2417	2406/2428
3	2422	2411/2433
4	2427	2416/2438
5	2432	2421/2443
6	2437	2426/2448
7	2442	2431/2453
8	2447	2426/2448
9	2452	2441/2463
10	2457	2446/2468
11	2462	2451/2473
12	2467	2456/2478
13	2472	2461/2483

北美/FCC 2.4G 频率范围为 2.412～2.461GHz（11 个信道），欧洲/ETSI 2.4G 频率范围为 2.412～2.472GHz(13 个信道)，日本/ARIB 2.4G 频率范围为 2.412～2.484GHz(14 个信道）。

3.3　Wi-Fi 接入

终端在连接 Wi-Fi、通过无线接入点传输数据之前，要经过 3 个阶段：扫描阶段（SCAN）、认证阶段（Authentication）和关联（Association）阶段，这 3 个阶段既有需要用户主动操作的动作，也有后台服务器自动完成的动作。

3.3.1　Wi-Fi 的 STA 与 AP 的接入

工作站（STA）启动初始化开始正式使用 AP 传送数据帧前，要经过 3 个阶段才能够接入网络，如图 3.5 所示。802.11MAC 层负责客户端与 AP 之间的通信，功能包括扫描、接入、认证、加密、漫游和同步等。

- 扫描阶段（Scanning）；
- 认证阶段（Authentication）；
- 关联（Association）。

图 3.5 Wi-Fi STA 接入 AP 三步骤

1．扫描（Scanning）

802.11 MAC 使用 Scanning 来搜索 AP，STA 搜索并连接一个 AP，当 STA 漫游时寻找连接一个新的 AP，STA 会在每个可用的信道上进行搜索。

- Passive Scanning（特点是寻找到时间较长，但 STA 节电）：通过侦听 AP 定期发送的 Beacon 帧来发现网络，该帧提供了 AP 及所在 BSS 的相关信息："我在这里…"。
- Active Scanning（特点是能迅速找到）：STA 依次在 13 个信道发出 Probe Request 帧，寻找与 STA 所属有相同 SSID 的 AP，若找不到相同 SSID 的 AP，则一直扫描下去。

2．认证（Authentication）

当 STA 找到与其有相同 SSID 的 AP，在 SSID 匹配的 AP 中，根据收到的 AP 信号强度，选择一个信号最强的 AP，然后进入认证阶段。只有身份认证通过的站点才能进行无线接入访问。AP 提供如下认证方法：

- 开放系统身份认证（Open-system Authentication），过程如图 3.6a 所示；
- 共享密钥认证（Shared-Key Authentication），过程如图 3.6b 所示；
- WPA PSK 认证（Pre-shared key）；
- 802.1x EAP 认证。

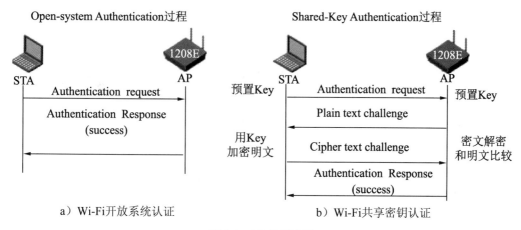

图 3.6　AP 认证方法

3. 关联（Association）

当 AP 向 STA 返回认证响应信息，身份认证获得通过后，进入关联阶段。

（1）STA 向 AP 发送关联请求。

（2）AP 向 STA 返回关联响应。

至此接入过程才完成，STA 初始化完毕，可以开始向 AP 传送数据帧，如图 3.7 所示。

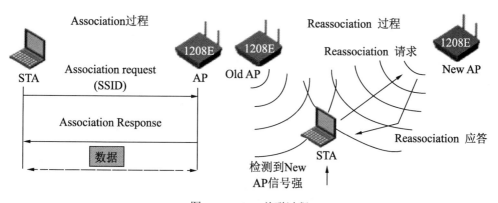

图 3.7　Wi-Fi 关联过程

3.3.2　Wi-Fi 的多 AP 认证和关联过程

日常的网络环境中存在多个无线路由器时，通过 Wi-Fi 名称和密码确认，可选择一个 AP 热点认证接入。移动设备在移动过程中，会发生离连接的 AP 距离越来越远，信号越来越弱，这时，移动设备要重新扫描，寻找新的连入热点。移动设备（客户端）不断移动，不断寻找信号强、服务好的热点（AP）申请接入的请求接入流程如图 3.8 所示。

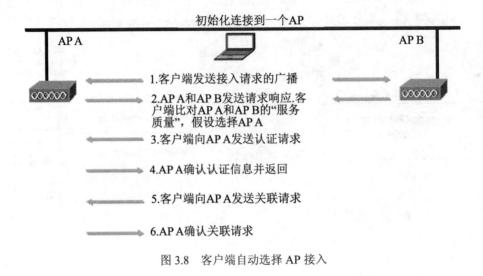

图 3.8　客户端自动选择 AP 接入

3.3.3　Wi-Fi 漫游过程

只要客户端在当前 AP 的无线信号的覆盖范围内，其同该 AP 的关联就将得到维持。在客户端走出该信号的覆盖范围后，信号强度将低于可接受的阈值，导致客户端失去关联。通过添加 AP，让客户端能够在更大的区域内移动；通过精细部署 AP 的位置、调节信号覆盖、重合区间，就能使客户端在 AP 间漫游，不间断地与网络连接。漫游指的是客户端从一个 AP 的关联切换到另一个 AP 的关联，让无线连接在客户端移动时能够保持连续、稳定的过程。Wi-Fi 漫游过程如图 3.9 所示。

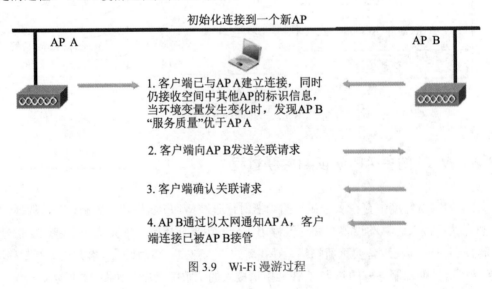

图 3.9　Wi-Fi 漫游过程

3.4　Wi-Fi 管理

　　Wpa_supplicant 是 Linux 系统下一个非常强大的无线网卡管理程序，是一个连接、配置 Wi-Fi 的工具，它主要包含 wpa_supplicant 与 wpa_cli 两个程序。可以通过 wpa_cli 程序进行 Wi-Fi 的配置与连接，前提是要保证 wpa_supplicant 程序正常启动。

　　wpa_supplicant 是一个开源项目，已经被移植到 Linux、Windows 以及很多嵌入式系统上。它是 WPA 的应用层认证客户端，负责完成认证相关的登录、加密等工作。

　　wpa_supplicant 其实是一个独立运行的守护进程，其核心是一个消息循环，在消息循环中处理 WPA 状态机、控制命令、驱动事件和配置信息等。

　　wpa_supplicant 本是开源项目源码，被谷歌修改后加入 Android 移动平台，主要用来支持 WEP、WPA/WPA2、WAPI 无线协议和加密认证的。其工作内容是通过 socket（不管是 wpa_supplicant 与上层交互还是 wpa_supplicant 与驱动交互，都采用 socket 通信）与驱动交互，上报数据给用户，用户可以通过 socket 发送命令给 wpa_supplicant，调动驱动来对 Wi-Fi 芯片进行操作。简单地说，wpa_supplicant 就是 Wi-Fi 驱动和用户的中转站对协议与加密认证的支持。

3.4.1　wpa_supplicant 程序

1. wpa_supplicant.c文件

　　首先定义一个驱动操作数组 externstructwpa_driver_ops*wpa_supplicant_drivers[]，然后定义系列 wpa_supplicant_XXX 函数，很多函数里面会调用 wpa_drv_XXX 函数，这些函数是 wpa_supplicant_i.h 中实现的函数。几乎每个函数都需要一个 wpa_supplicant 结构，对其进行所有的控制和通信操作。

2. Wpa_supplicant_i.h文件

　　Wpa_supplicant_i.h 定义了一个重要数据结构 wpa_supplicant，其中有一个重要的 driver 成员，它是 wpa_driver_ops 类型，可以被用来调用抽象层的接口。接下来定义系列函数声明，这些函数声明在 wpa_supplicant.c 中实现，然后定义 wpa_drv_XXX 函数，这些函数就是在 wpa_supplicant.c 中被 wpa_supplicant_xxx 函数调用的，而这些 wpa_drv_xxx 函数都有一个 wpa_supplicant 结构的变量指针，用来调用封装的抽象接口，而这些抽象接口的实现在 driver_wext.c 中（如果使用的汉斯 WEXT 驱动）。

这里要注意的是：在 wpa_suppliant.c 文件中定义的很多函数是在该头文件中声明的，而不是在 wpa_supplicant.h 中声明的。

3．Driver_w ext.c文件

Driver_wext.c 程序是对 wpa_drvier_ops 函数的具体实现，该函数的结构指针在 wpa_supplicant 结构指针中注册一个网络接口时会被初始化，并赋予结构指针指定的操作。例如：wpa_supplicant.c 中的 wpa_supplicant_ ioctrl_socket 函数通过 wpa_supplicant 结构指针中的操作，调用 WEXT 的实现接口。在 Driver_wext.c 文件中，创建了 3 个 socket，分别是 ioctrl_socket、event_socket 和 mlme_socket，它们分别有自己的用途。例如，ioctrl_socket 用于发送控制命令，event_socket 用于监听驱动传来的 event 事件等。Wpa_supplicant 通过这 3 个 socket 与 Wi-Fi 驱动关联。

Wpa_supplicant 里面定义很多字符串变量和适配层的接口实现，是对 wpa_supplicant 程序通信的接口封装，用来完成上层和 wpa_supplicant 的通信，头文件在 libhardware/include/hardware 下，这里的函数用来向 JNI（Java Native Interface）的本地实现提供调用接口。

这里的函数，可以分为以下 4 类：

- 第一类是命令相关的控制函数，就是在 JNI 层 android_XXX_Command 函数所调用的 Wi-Fi_Command 函数，调用流程如下：

android_XXX_command 函数→docommand 函数→Wi-Fi_command 函数→Wi-Fi_send_command 函数→ wpa_ctrl_require 函数。

- 第二类是监听函数，即 Wi-Fi_wait_for_event 函数，调用流程如下：
- android_net_Wi-Fi_Waitforevent 函数→Wi-Fi_wait_for_event 函数→wpa_ctrl_recv 函数。
- 第三类是 WPA_SUPPLICANT 的启动、连接和关闭函数。
- 第四类是驱动的加载和卸载函数。

第四类函数定义了两类套接字和一个管道，并分别实现了和 wpa_supplicant 的通信。而在实际的实现中采用的都是套接字的方式，因此 wpa_supplicant 适配层和 wpa_supplicant 层是通过 socket 通信的。

要是从 Wi-Fi.c 中真的很难看出它和 wpa_supplicant 有什么关系，和它联系密切的就是这个 wpa_ctrl.h 文件。该文件中定义了一个类 wpa_ctrl，这个类中声明了两个 socket 套接口，一个是本地套接口，另一个是要连接的套接口。wpa_ctrl 与 wpa_supplicant 的通信就需要 socket 来帮忙了，而 wpa_supplicant 就是通过调用 wpa_ctrl.h 文件中定义的函数和 wpa_supplicant 进行通信的，wpa_ctrl 类（其实是其中的两个 socket）就是它们之间的桥梁。

3.4.2　wpa_cli 调试工具

wpa_cli 是命令行界面下的无线网连接工具，在 wpa_supplicant 运行的基础上，打开
wpa_cli：

```
wpa_cli -iwlan0 -p/data/misc/wifi/sockets
```

1．启动wpa_supplicant

使用下面命令启动 wpa_supplicant：

```
wpa_supplicant-Dwext-iwlan0-C/data/system/wpa_supplicant-c/data/misc/Wi-
Fi/wpa_supplicant. conf
```

为了确保 wpa_supplicant 真的启动起来了，可以使用 ps 命令查看。

2．连接wpa_cli到wpa_supplicant

```
wpa_cli-p/data/system/wpa_supplicant -iwlan0
```

然后就可以使用 wpa_cli 调试工具进行 Wi-Fi 调试了。

3．Wi-Fi调试命令：

下面列出了一些常用的调试命令：

```
>scan                                              //扫描周围的 AP
>scan_results                                      //显示扫描结果
>status                                            //显示当前的连接状态信息
>terminate                                         //终止 wpa_supplicant
>quit                                              //退出 wpa_cli
>add_network                                       //返回可用 network id
>set_network<network id> <variable> <value>        //设置网络
>select_network<network id>                        //选择网络，禁用其他网络
>disable_network<network id>                        //禁用网络
>enable_network<network id>                         //启用网络
```

4．无密钥认证AP

```
>add_network (返回可用 networkid, 假定返回 0)
>set_network 0 ssid "666"
>set_network 0 key_mgmt NONE
>enable_network 0
>quit
```

如果上面的操作正确，我们会连接到一个 AP，它的 SSID 为 666，现在需要一个 IP
来访问 internet：

```
dhcpcd wlan0
```

成功获取 IP 后，即可连上 Internet。

5. WEP认证AP

```
>add_network(假设返回1)
>set_network 1 ssid "666"
>set_network 1 key_mgmt NONE
>set_network 1 wep_key0 "ap passwork"
>set_network 1 wep_tx_keyidx 0
>select_network 1（如果已经连上了其他的AP，那么就需要这个命令来禁用其他的网络）
>enable_network 1
```

然后同上获取 IP，连接到 Internet 上。

6. WPA-PSK/WPA2-PSK认证AP

```
>add_network          (假定返回2)
>set_network 2 ssid "666"
>set_network 2 psk "your pre-shared key"
>select_network 2
>enable_network 2
```

还有其他的命令可以进一步设置网络，不过 wpa_supplicant 已经给出了一些默认的配置。

7. 隐藏AP

原则上，只要在上面的基础上设置 set_network netid scan_ssid 1 即可，测试过无加密的 Hidden AP 后，WEP/WPA/WPA2 的原理与其类似，不再赘述。

3.5　Wi-Fi 模块解析

本节将介绍 WiFi 模块的逻辑拓扑结构，并将介绍 Wi-Fi 服务模块的工作机制和 Wi-Fi 的启动流程。

3.5.1　Wi-Fi 框架分析

Wi-Fi 整体框架如图 3.10 所示，由 wifi.c +wpa_ctrl.c+ main.c+Linux Kernel 组成。Wi-Fi 的工作机制流程如下：

首先，用户程序使用 Wi-FiManager 类来管理 Wi-Fi 模块，它能够获得 Wi-Fi 模块的状态，配置并控制 Wi-Fi 模块，而所有这些操作都要依赖 Wi-FiService 类来实现，如图 3.11 所示。

Wi-FiService 和 Wi-FiMonitor 类是 Wi-Fi 框架的核心，如图 3.12 所示。下面先来看看 Wi-FiService 是什么时候创建，怎么被初始化的。

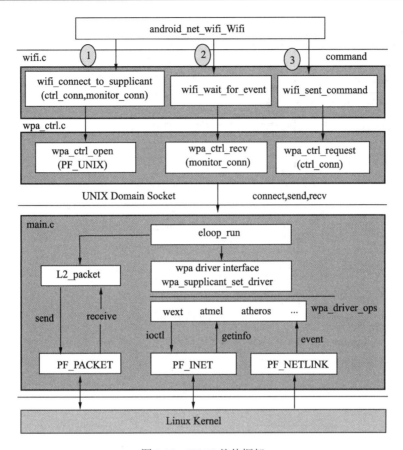

图 3.10　Wi-Fi 整体框架

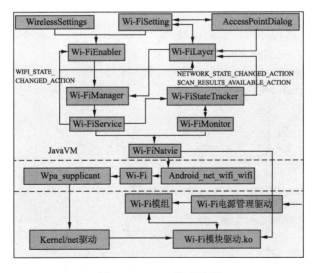

图 3.11　Wi-Fi 管理流程

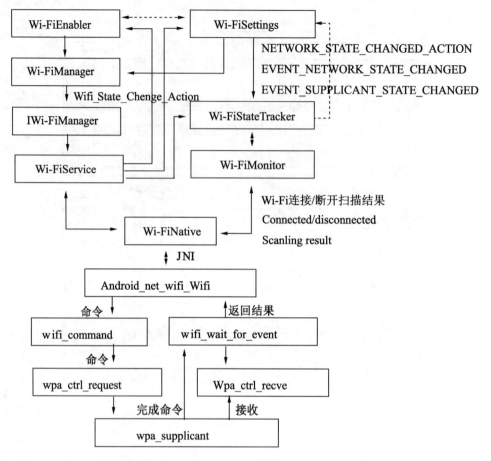

图 3.12　Wi-FiService 和 Wi-FiMonitor 的工作流程

在 SystemServer 启动之后，它会创建一个 ConnectivityServer 对象，这个对象的构造函数会创建一个 Wi-FiService 的实例，代码如下：

```
//Wi-FiService 实例代码
framework/base/services/java/com/android/server/ConnectivityService.java
{
……
case ConnectivityManager.TYPE_WI-FI:
 if(DBG) Slog.v(TAG, "Starting Wi-Fi Service.");
 Wi-FiStateTrackerwst = new Wi-FiStateTracker(context,mHandler);
                                          //创建 Wi-FiStateTracker 实例
 Wi-FiService Wi-FiService = newWi-FiService(context,wst);
                                          //创建 Wi-FiService 实例
  ServiceManager.addService(Context.WI-FI_SERVICE,Wi-FiService);
                                          //向服务管理系统添加 Wi-Fi 服务
 Wi-FiService.startWi-Fi();              //启动 Wi-Fi
 mNetTrackers[ConnectivityManager.TYPE_WI-FI]= wst;
 wst.startMonitoring();                 //启动 Wi-FiMonitor 中的 Wi-FiThread 线程
```

```
......
    }
```

Wi-FiService 的主要工作是：Wi-FiMonitor 与 Wpa_supplicant 的启动和关闭，向 Wpa_supplicant 发送命令。

Wi-FiMonitor 的主要工作是：阻塞监听并接收来自 Wpa_supplicant 的消息，然后发送给 Wi-FiStateTracker。

上面两个线程通过 AF_UNIX 套接字和 Wpa_supplicant 通信，在通信过程中有两种连接方式：控制连接和监听连接。它们的代码如下：

```
ctrl_conn =wpa_ctrl_open(ifname);
.. .. ..
monitor_conn = wpa_ctrl_open(ifname);
```

3.5.2　Wi-Fi 启动流程

1. 使能Wi-Fi

要想使用 Wi-Fi 模块，必须首先使能 Wi-Fi，当第一次按下 Wi-Fi 使能按钮时，Wireless Settings 会实例化一个 Wi-FiEnabler 对象，实例化代码如下：

```
packages/apps/settings/src/com/android/settings/WirelessSettings.java
protected void onCreate(Bundle savedInstanceState) {
super.onCreate(savedInstanceState);
......
CheckBoxPreferenceWi-Fi = (CheckBoxPreference) findPreference(KEY_TOGGLE_
WI-FI);
mWi-FiEnabler=new Wi-FiEnabler(this, Wi-Fi);
......
    }
```

Wi-FiEnabler 类的定义大致如下，它实现了一个监听接口，当 Wi-FiEnabler 对象被初始化后，它监听到用户按键的动作，调用响应函数 onPreferenceChange，该函数会调用 Wi-FiManager 的 setWi-FiEnabled 函数。

```
public class Wi-FiEnabler implementsPreference.OnPreferenceChangeListener{
......
public boolean onPreferenceChange(Preference preference,Objectvalue) {
booleanenable = (Boolean)value;
......
if (mWi-FiManager.setWi-FiEnabled(enable)) {
mCheckBox.setEnabled(false);
......
    }
......
    }
```

我们都知道，Wi-Fimanager 只是一个服务代理，所以它会调用 Wi-FiService 的 setWi-FiEnabled 函数，而这个函数会调用 sendEnableMessage 函数，了解 Android 消息处

理机制的读者都知道，这个函数最终会给自己发送一个 MESSAGE_ENABLE_WI-FI 的消息，被 Wi-FiService 里面定义的 handlermessage 函数处理，会调用 setWi-FiEnabledBlocking 函数。下面是调用流程：

mWi-FiEnabler.onpreferencechange 函数→mWi-FiManage.setWi-Fienabled 函数→mWi-FiService.setWi-FiEnabled 函数→mWi-FiService.sendEnableMessage 函数→mWi-FiService.handleMessage 函数→mWi-FiService.setWi-FiEnabledBlocking 函数。

在 setWi-FiEnabledBlocking 函数中主要做如下工作：加载 Wi-Fi 驱动，启动 wpa_supplicant，注册广播接收器，启动 Wi-FiThread 监听线程。代码如下：

```
......
if (enable) {
        if(!mWi-FiStateTracker.loadDriver()) {
            Slog.e(TAG,"Failed toload Wi-Fi driver.");
            setWi-FiEnabledState(WI-FI_STATE_UNKNOWN,uid);
            return false;
        }
        if(!mWi-FiStateTracker.startSupplicant()) {
            mWi-FiStateTracker.unloadDriver();
            Slog.e(TAG, "Failed tostart supplicant daemon.");
            setWi-FiEnabledState(WI-FI_STATE_UNKNOWN, uid);
            return false;
        }

        registerForBroadcasts();
        mWi-FiStateTracker.startEventLoop();
......
```

至此，Wi-Fi 使能结束，自动进入扫描阶段。

2. 扫描AP

扫描 AP 是 Wi-Fi 的一项重要工作，分为自动扫描和手动扫描两种方式。

当驱动加载成功后，如果配置文件的 AP_SCAN = 1，扫描会自动开始，Wi-FiMonitor 将会从 supplicant 收到一个消息 EVENT_DRIVER_STATE_CHANGED，调用 handleDriver Event，然后调用 mWi-FiStateTracker.notifyDriverStarted 函数。该函数向消息队列添加 EVENT_DRIVER_STATE_CHANGED，handlermessage 函数处理消息时调用 scan 函数，并通过 Wi-FiNative 将扫描命令发送到 wpa_supplicant。代码如下：

```
Frameworks/base/Wi-Fi/java/android/net/Wi-Fi/Wi-FiMonitor.java
private void handleDriverEvent(Stringstate) {
        if(state == null) {
            return;
        }
        if(state.equals("STOPPED")) {
            mWi-FiStateTracker.notifyDriverStopped();
        }else if (state.equals("STARTED")) {
            mWi-FiStateTracker.notifyDriverStarted();
        }else if (state.equals("HANGED")) {
            mWi-FiStateTracker.notifyDriverHung();
```

```
        }
    }
Frameworks/base/Wi-Fi/java/android/net/Wi-Fi/Wi-FiStateTracker.java
    case EVENT_DRIVER_STATE_CHANGED:
        switch(msg.arg1) {
        case DRIVER_STARTED:
            /**
            *Set the number of allowed radio channels according
            *to the system setting, since it gets reset by the
            *driver upon changing to the STARTED state.
            **/
            setNumAllowedChannels();
            synchronized(this) {
                if(mRunState == RUN_STATE_STARTING) {
                    mRunState= RUN_STATE_RUNNING;
                    if(!mIsScanOnly) {
                        reconnectCommand();
                    }else {
                        //在某些情况下，需要运行请求程序来启动背景扫描
                        scan(true);
                    }
                }
            }
            break;
```

上面是启动 Wi-Fi 时自动进行的 AP 扫描，用户当然也可以手动扫描 AP，这部分实现在 Wi-FiService 里面，Wi-FiService 通过 startScan 接口函数发送扫描命令到 supplicant。代码如下：

```
Frameworks/base/Wi-Fi/java/android/net/Wi-Fi/Wi-FiStateTracker.java
    public boolean startScan(booleanforceActive) {
        enforceChangePermission();
        switch(mWi-FiStateTracker.getSupplicantState()) {
        caseDISCONNECTED:
        caseINACTIVE:
        caseSCANNING:
        caseDORMANT:
            break;
        default:
            mWi-FiStateTracker.setScanResultHandling(
                    Wi-FiStateTracker.SUPPL_SCAN_HANDLING_LIST_ONLY);
            break;
        }
        return mWi-FiStateTracker.scan(forceActive);
    }
```

后面的流程与自动扫描的流程相似，我们来分析一下手动扫描从哪里开始的。我们知道，手动扫描是通过菜单扫描命令来响应的，而响应该动作的应该是 Wi-FiSettings 类中 Scanner 类的 handlerMessage 函数，它调用 Wi-FiManager 的 startScanActive 函数，从而调用 Wi-FiService 的 startScan 函数。代码如下：

```
packages/apps/Settings/src/com/android/settings/Wi-FiWi-Fisettings.java
public boolean onCreateOptionsMenu(Menu menu) {
    menu.add(Menu.NONE,MENU_ID_SCAN, 0, R.string.Wi-Fi_menu_scan)
```

```
                      .setIcon(R.drawable.ic_menu_scan_network);
          menu.add(Menu.NONE,MENU_ID_ADVANCED,0,R.string.Wi-Fi_menu_advanced)
                      .setIcon(android.R.drawable.ic_menu_manage);
          returnsuper.onCreateOptionsMenu(menu);
      }
```

当选择菜单命令时，Wi-FiSettings 就会调用这个函数绘制菜单。如果单击扫描按钮，Wi-FiSettings 会调用 onOptionsItemSelected 函数。代码如下：

```
packages/apps/Settings/src/com/android/settings/Wi-FiWi-Fisettings.java
public booleanonOptionsItemSelected(MenuItem item) {
      switch (item.getItemId()){
          caseMENU_ID_SCAN:
              if(mWi-FiManager.isWi-FiEnabled()) {
                  mScanner.resume();
              }
              return true;
          caseMENU_ID_ADVANCED:
              startActivity(new Intent(this,AdvancedSettings.class));
              return true;
      }
      returnsuper.onOptionsItemSelected(item);
}

private class Scanner extends Handler {
      private int mRetry = 0;

      void resume() {
          if (!hasMessages(0)) {
              sendEmptyMessage(0);
          }
      }

      void pause() {
          mRetry= 0;
          mAccessPoints.setProgress(false);
          removeMessages(0);
      }

      @Override
      public voidhandleMessage(Message message) {
          if(mWi-FiManager.startScanActive()){
              mRetry = 0;
          }else if (++mRetry >= 3) {
              mRetry = 0;
                  Toast.makeText(Wi-FiSettings.this,R.string.Wi-Fi_fail_
                  to_scan,
                  Toast.LENGTH_LONG).show();
              return;
          }
          mAccessPoints.setProgress(mRetry!= 0);
          sendEmptyMessageDelayed(0, 6000);
      }
  }
```

这里的 mWi-FiManager.startScanActive 函数就会调用 Wi-FiService 里的 startScan 函数，后面的流程和上面的一样，不再赘述。

当 supplicant 完成了这个扫描命令后，它会发送一个消息给上层，提醒它们扫描已经完成，Wi-FiMonitor 会接收到这消息，然后再发送给 Wi-FiStateTracker。代码如下：

```
Frameworks/base/Wi-Fi/java/android/net/Wi-Fi/Wi-FiMonitor.java
void handleEvent(int event, String remainder) {
        switch (event) {
            caseDISCONNECTED:
                handleNetworkStateChange(NetworkInfo.DetailedState.
                DISCONNECTED,remainder);
                break;

            case CONNECTED:
                handleNetworkStateChange(NetworkInfo.DetailedState.
                CONNECTED,remainder);
                break;

            case SCAN_RESULTS:
                mWi-FiStateTracker.notifyScanResultsAvailable();
                break;

            case UNKNOWN:
                break;
        }
    }
```

Wi-FiStateTracker 将会广播 SCAN_RESULTS_AVAILABLE_ACTION 消息：

```
Frameworks/base/Wi-Fi/java/android/net/Wi-Fi/Wi-FiStateTracker.java
public voidhandleMessage(Message msg) {
        Intent intent;
......
case EVENT_SCAN_RESULTS_AVAILABLE:
        if(ActivityManagerNative.isSystemReady()) {
            mContext.sendBroadcast(newIntent(Wi-FiManager.SCAN_
            RESULTS_AVAILABLE_ACTION));
        }
        sendScanResultsAvailable();
        /**
        * On receiving the first scanresults after connecting to
        * the supplicant, switch scanmode over to passive.
        */
        setScanMode(false);
        break;
......
}
```

由于 Wi-FiSettings 类注册了 Intent，能够处理 SCAN_RESULTS_AVAILABLE_ACTION 消息，它会调用 handleEvent 函数，调用流程如下：

Wi-FiSettings.handleEvent 函数 → Wi-FiSettings.updateAccessPoints 函数 → mWi-FiManager.Get ScanResults 函数 → mService.getScanResults 函数 → mWi-FiStateTracker.scan

Results 函数→Wi-FiNative.scan ResultsCommand 函数……

将获取 AP 列表的命令发送到 supplicant，然后 supplicant 通过 socket 发送扫描结果，由上层接收并显示。这和前面的消息获取流程基本相同。

3. 配置连接AP

当用户选择一个活跃的 AP 时，Wi-FiSettings 响应打开一个对话框来配置 AP，比如加密方法和连接 AP 的验证模式。配置好 AP 后，Wi-FiService 添加或更新网络连接到特定的 AP。代码如下：

```
packages/apps/settings/src/com/android/settings/Wi-Fi/Wi-FiSetttings.java
public booleanonPreferenceTreeClick(PreferenceScreen screen,Preference
preference) {
    if (preference instanceofAccessPoint) {
        mSelected= (AccessPoint) preference;
        showDialog(mSelected, false);
    } else if (preference ==mAddNetwork) {
        mSelected= null;
        showDialog(null,true);
    } else if (preference ==mNotifyOpenNetworks) {
        Secure.putInt(getContentResolver(),
            Secure.WI-FI_NETWORKS_AVAILABLE_NOTIFICATION_ON,
            mNotifyOpenNetworks.isChecked()? 1 : 0);
    } else {
        returnsuper.onPreferenceTreeClick(screen, preference);
    }
    return true;
}
```

配置好以后，当按 Connect Press 时，Wi-FiSettings 通过发送 LIST_NETWORK 命令到 supplicant 来检查该网络是否配置。如果没有该网络或没有配置它，Wi-FiService 将调用 addorUpdateNetwork 函数来添加或更新网络，然后发送命令给 supplicant，连接到这个网络。下面是从响应连接按钮到 Wi-FiService 发送连接命令的代码：

```
packages/apps/settings/src/com/android/settings/Wi-Fi/Wi-FiSetttings.java
public void onClick(DialogInterfacedialogInterface, int button) {
    if (button ==Wi-FiDialog.BUTTON_FORGET && mSelected != null) {
        forget(mSelected.networkId);
    } else if (button ==Wi-FiDialog.BUTTON_SUBMIT && mDialog !=null) {
        Wi-FiConfigurationconfig = mDialog.getConfig();

        if(config == null) {
            if(mSelected != null&& !requireKeyStore(mSelected.getConfig())) {
                connect(mSelected.networkId);
            }
        }else if (config.networkId != -1) {
            if (mSelected != null) {
                mWi-FiManager.updateNetwork(config);
                saveNetworks();
            }
        }else {
            intnetworkId =mWi-FiManager.addNetwork(config);
```

```
                    if (networkId != -1) {
                        mWi-FiManager.enableNetwork(networkId,false);
                        config.networkId =networkId;
                        if (mDialog.edit || requireKeyStore(config)){
                            saveNetworks();
                        } else {
                            connect(networkId);
                        }
                    }
                }
            }
        }
Frameworks\base\Wi-Fi\java\android\net\Wi-Fi\Wi-FiManager.java
public intupdateNetwork(Wi-FiConfiguration config) {
    if(config == null ||config.networkId < 0) {
        return-1;
    }
    returnaddOrUpdateNetwork(config);
}
private intaddOrUpdateNetwork(Wi-FiConfiguration config) {
    try {
        return mService.addOrUpdateNetwork(config);
    } catch (RemoteExceptione) {
        return-1;
    }
}
```

Wi-FiService.addOrUpdateNetwork 函数通过调用 mWi-FiStateTracker.setNetworkVariable
函数将连接命令发送到 Wpa_supplicant。

4. 获取IP地址

当连接到 supplicant 后，Wi-FiMonitor 就会通知 Wi-FiStateTracker。代码如下：

```
Frameworks/base/Wi-Fi/java/android/net/Wi-Fi/Wi-FiMonitor.java
Public void Run(){
if (connectToSupplicant()) {
            //发送一条消息，表明现在可以向请求者发送命令
            mWi-FiStateTracker.notifySupplicantConnection();
        }else {
            mWi-FiStateTracker.notifySupplicantLost();
        return;
    }
......
}
```

Wi-FiStateTracker 发送 EVENT_SUPPLICANT_CONNECTION 消息到消息队列，这个
消息有自己的 handlermessage 函数处理，它会启动一个 DHCP 线程，而这个线程会一直等
待一个消息事件来启动 DHCP 协议分配 IP 地址。代码如下：

```
frameworks/base/Wi-Fi/java/android/net/Wi-Fi/Wi-FiStateTracker.java
void notifySupplicantConnection() {
    sendEmptyMessage(EVENT_SUPPLICANT_CONNECTION);
}
```

```
public void handleMessage(Message msg) {
        Intent intent;
        switch (msg.what) {
          caseEVENT_SUPPLICANT_CONNECTION:
            ......
            HandlerThread dhcpThread =newHandlerThread("DHCP Handler Thread");
              dhcpThread.start();
              mDhcpTarget =newDhcpHandler(dhcpThread.getLooper(), this);
......
}
```

当 Wpa_supplicant 连接到 AP 后，它会给上层发送一个消息，通知连接成功，Wi-FiMonitor
会接收到这个消息并上报给 Wi-FiStateTracker。代码如下：

```
Frameworks/base/Wi-Fi/java/android/net/Wi-Fi/Wi-FiMonitor.java
void handleEvent(int event, String remainder) {
        switch(event) {
            caseDISCONNECTED:
                handleNetworkStateChange(NetworkInfo.DetailedState.
                DISCONNECTED,remainder);
                break;

            caseCONNECTED:
                handleNetworkStateChange(NetworkInfo.DetailedState.
                CONNECTED,remainder);
                break;
                ......
}
private void handleNetworkStateChange(NetworkInfo.DetailedStatenewState,
String data) {
        StringBSSID = null;
        intnetworkId = -1;
        if(newState ==NetworkInfo.DetailedState.CONNECTED) {
            Matchermatch = mConnectedEventPattern.matcher(data);
            if(!match.find()) {
                if(Config.LOGD) Log.d(TAG, "Could not find BSSID in
                CONNECTEDeventstring");
            }else {
                BSSID= match.group(1);
                try{
                    networkId= Integer.parseInt(match.group(2));
                }catch (NumberFormatException e) {
                    networkId= -1;
                }
            }
        }
        mWi-FiStateTracker.notifyStateChange(newState,BSSID,networkId);
}

void notifyStateChange(DetailedState newState, StringBSSID, intnetworkId) {
```

```
        Messagemsg =Message.obtain(
            this,EVENT_NETWORK_STATE_CHANGED,
            newNetworkStateChangeResult(newState, BSSID, networkId));
        msg.sendToTarget();
    }


caseEVENT_NETWORK_STATE_CHANGED:
......
configureInterface();
......
private void configureInterface() {
        checkPollTimer();
        mLastSignalLevel = -1;
        if(!mUseStaticIp){                    //使用 DHCP 线程动态 IP
            if(!mHaveIpAddress && !mObtainingIpAddress) {
                mObtainingIpAddress= true;
                    //发送启动 DHCP 线程获取 IP
                mDhcpTarget.sendEmptyMessage(EVENT_DHCP_START);
            }
        } else{              //使用静态 IP，IP 信息从 mDhcpInfo 中获取
            intevent;
            if(NetworkUtils.configureInterface(mInterfaceName,mDhcpInfo)) {
                mHaveIpAddress= true;
                event= EVENT_INTERFACE_CONFIGURATION_SUCCEEDED;
                if(LOCAL_LOGD) Log.v(TAG,"Static IP configurationsucceeded");
            }else {
                mHaveIpAddress= false;
                event= EVENT_INTERFACE_CONFIGURATION_FAILED;
                if(LOCAL_LOGD) Log.v(TAG, "Static IP configuration failed");
            }
            sendEmptyMessage(event);                //发送 IP 获得成功消息事件
        }
    }
```

dhcpThread 获取 EVENT_DHCP_START 消息事件后，调用 handleMessage 函数，启动 DHCP 获取 IP 地址的服务。代码如下：

```
public void handleMessage(Message msg) {
        intevent;
switch (msg.what) {
            caseEVENT_DHCP_START:
......
Log.d(TAG, "DhcpHandler: DHCP requeststarted");
//启动一个 DHCPclient 的精灵进程，为 mInterfaceName 请求分配一个 IP 地址
    if (NetworkUtils.runDhcp(mInterfaceName, mDhcpInfo)) {
    event=EVENT_INTERFACE_CONFIGURATION_SUCCEEDED;
        if(LOCAL_LOGD) Log.v(TAG, "DhcpHandler: DHCP request succeeded");
    } else {
        event=EVENT_INTERFACE_CONFIGURATION_FAILED;
        Log.i(TAG,"DhcpHandler: DHCP request failed: " +
```

```
                    NetworkUtils.getDhcpError());
        }
......
    }
```

这里调用了一个 NetworkUtils.runDhcp 函数，NetworkUtils 类是一个网络服务的辅助类，它主要定义了一些本地接口，这些接口会通过 JNI 层 android_net_NetUtils.cpp 文件和 DHCP client 通信，并获取 IP 地址，至此，Wi-Fi 启动流程结束。

3.6　Wi-Fi 驱动结构

WLAN 是 WirelessLAN 的缩写，就是无线局域网的意思。无线以太网技术是一种基于无线传输的局域网技术，与有线网络技术相比，具有灵活、建网迅速、个人化等特点。将这一技术应用于电信网的接入网领域，能够方便、灵活地为用户提供网络接入，适合于用户流动性较大和有数据业务需求的公共场所、高端企业及家庭用户、需要临时建网的场所，以及难以采用有线接入方式的环境等。

3.6.1　SDIO 驱动

在 drivers/mmc 目录下面是 MMC 卡、SD 卡和 SDIO 卡驱动部分，其中包括 card 驱动、core 驱动和 host 驱动。由于网络接口卡挂接在 SDIO 总线上，所以下面先来看一下 SDIO 的驱动结构。其驱动在 drivers/mmc 目录下的结构为：

```
|-- mmc
|    |-- card
|    |-- core
|    |-- host
```

这里主要关注的是 core 目录，这个目录是整个驱动的核心目录，是媒体卡的通用代码部分，包括 core.c，host.c 和 sdio.c 文件等。core 层完成了不同协议和规范的实现，并为 host 层的驱动提供了接口函数，该目录完成 SDIO 总线的注册操作，相应的 ops 操作，以及支持 mmc 的代码。host 目录是根据平台的特性为不同平台而编写的 host 驱动。

3.6.2　无线通信芯片

1．概述

2011 年 8 月 8 日，Broadcom（博通）公司宣布推出最新无线组合芯片 BCM4330，该芯片可支持更多媒体形式和数据应用，且不会增大智能手机、平板电脑及其他移动设备的尺寸，缩短其电池寿命。BCM4330 在单个芯片上集成了业界领先的 Broadcom 802.11n Wi-Fi、蓝牙和 FM 无线技术，与分立式半导体器件组成的解决方案相比，BCM4330 芯片在成本、尺寸、功耗和性能上有显著优势，是移动设备研发的理想选择芯片。

BCM4330 采用了新的 Wi-Fi 和蓝牙标准，可支持新的、令人振奋的应用。例如，Broadcom BCM4330 是业界第一款经过蓝牙 4.0 标准认证的组合芯片解决方案，集成了蓝牙低功耗（BLE）标准。该标准使蓝牙技术能以超低功耗运行，因此 BCM4330 非常适用于需要很长电池寿命的系统，如无线传感器、医疗和健身监控设备等。BCM4330 还支持 Wi-Fi Direct 和蓝牙高速（HS）标准，因此采用 BCM4330 的移动设备能直接相互通信，而不必先连接到接入点，成为传统网络的一部分，从而为很多无线设备之间新的应用和使用模式创造了机会。

Broadcom 一直支持所有主流的操作系统（OS）平台，如 Microsoft Windows、Windows Phone、Google Chrome 和 Android 等，而且不仅是 BCM4330，所有蓝牙、WLAN 和 GPS 芯片组都提供这样的支持。

2. 源码

BCM 4330 驱动源码一般被厂商单独提供，如果要在开发的 Linux 系统中（当然它还支持多种平台）使用该源码，可以添加到 Linux kernel 源码树里，也可以单独组织存放。可以直接编译到 kernel 里，也可以编译成模块，然后在系统启动的流程中或其他适当的时机加载到 kernel 中。一般建议单独组织并编译成模块，在需要的时候加载如 kernel。kernel 文件结构如下：

```
|-- src
|   |-- bcmsdio      //BCM 4330 驱动软件文件夹
|   |-- dhd          //BCM 4330 驱动软件文件夹
|   |--dongle        //BCM 4330 驱动软件文件夹
|   |--include
|   |-- shared
|   |-- wl
```

BCM 4330 芯片驱动软件在 bcmsdio、dhd 和 wl 这 3 个目录下，BCM 4330 驱动的入口在 dhd/sys/dhd_linux.c 文件中的 dhd_module 函数中设置，设备的初始化和相关驱动注册都从这里开始。

3. BCM 4329 芯片 Wi-Fi 驱动流程

以 Boardcom BCM 4329 芯片驱动为例，相应的函数流程图如图 3.13 所示。

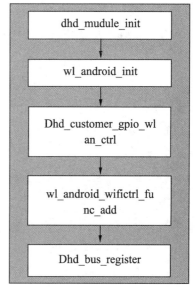

图 3.13　BCM 4329 芯片驱动函数流程

3.6.3　设备驱动注册

设备驱动注册流程如图 3.14 所示。

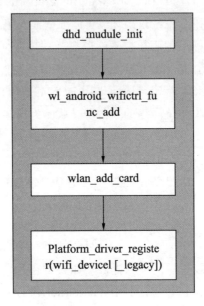

图 3.14　设备驱动注册流程

程序调用 Platform_driver_register(Wi-Fi_device[_legacy])函数将 Wi-Fi_device[_legacy] 驱动注册到系统中，Wi-Fi_device_legacy 是为了兼容老版本的驱动。代码如下：

```
Path: wl/sys/wl_android.c
Static struct Platform_driver Wi-Fi_device ={
        .probe = Wi-Fi_probe
        .remove = Wi-Fi_remove
        .suspend = Wi-Fi_supend
        .resume = Wi-Fi_resume
        .driver = {
        .name = "bcmdhd_wlan"
}
}
Static struct Platform_driver Wi-Fi_device_legacy ={
        .probe = Wi-Fi_probe
        .remove = Wi-Fi_remove
        .suspend = Wi-Fi_supend
        .resume = Wi-Fi_resume
        .driver = {
        .name = "bcm4329_wlan"
}
}
```

上面的代码展示了 Wi-Fi 平台设备驱动的注册过程，那么在平台相关的代码区，应该有 Wi-Fi 作为平台设备被初始化和注册的地方。代码如下：

```
Path: kernel/arch/arm/mach-msm/msm_
static struct resource mahimahi_Wi-Fi_resources[] = {
        [0] = {
                .name = "bcm4329_wlan_irq",
                .start =MSM_GPIO_TO_INT(MAHIMAHI_GPIO_WI-FI_IRQ),
                .end = MSM_GPIO_TO_INT(MAHIMAHI_GPIO_WI-FI_IRQ),
                .flags = IORESOURCE_IRQ|IORESOURCE_IRQ_HIGHLEVEL| IORESOURCE_
                IRQ_SHAREABLE,
        },
};

static structWi-Fi_platform_data mahimahi_Wi-Fi_control = {
        .set_power = mahimahi_Wi-Fi_power,
        .set_reset = mahimahi_Wi-Fi_reset,
        .set_carddetect = mahimahi_Wi-Fi_set_carddetect,
        .mem_prealloc = mahimahi_Wi-Fi_mem_prealloc,
};

static struct platform_device mahimahi_Wi-Fi_device = {
        .name = "bcm4329_wlan",
        .id = 1,
        .num_resources = ARRAY_SIZE(mahimahi_Wi-Fi_resources),
        .resource = mahimahi_Wi-Fi_resources,
        .dev = {
                .platform_data = &mahimahi_Wi-Fi_control,
        },
};
```

上面是对 Wi-Fi_device 设备的初始化。下面是对该设备的注册：

```
static int __initmahimahi_Wi-Fi_init(void)
{
        int ret;
        if (!machine_is_mahimahi())
                return 0;
        printk("%s: start\n",__func__);
        mahimahi_Wi-Fi_update_nvs("sd_oobonly=1\r\n", 0);
        mahimahi_Wi-Fi_update_nvs("btc_params70=0x32\r\n", 1);
        mahimahi_init_Wi-Fi_mem();
        ret = platform_device_register(&mahimahi_Wi-Fi_device);
        return ret;
}
late_initcall(mahimahi_Wi-Fi_init); //表明在系统启动的后期会自动调用加载该模块
```

这样，通过上面的初始化和注册流程，Wi-Fi 设备作为平台设备就可以和驱动握手成功了。这里的平台驱动只是对 Wi-Fi 设备的简单管理，如对 Wi-Fi 设备的挂起和恢复等操作。但是在 Wi-Fi 设备初始化之前是不能够被挂起和恢复的，那么 Wi-Fi 设备是如何初始化的呢？看下面的代码：

```
Path: wl/sys/wl_android.c
static int Wi-Fi_probe(structplatform_device *pdev)
{
        struct Wi-Fi_platform_data *Wi-Fi_ctrl =
                (structWi-Fi_platform_data *)(pdev->dev.platform_data);

        DHD_ERROR(("## %s\n",__FUNCTION__));
        Wi-Fi_irqres = platform_get_resource_byname(pdev,IORESOURCE_IRQ,
        "bcmdhd_wlan_irq");
        if (Wi-Fi_irqres == NULL)
                Wi-Fi_irqres =platform_get_resource_byname(pdev,
                        IORESOURCE_IRQ,"bcm4329_wlan_irq");
        Wi-Fi_control_data = Wi-Fi_ctrl;

        Wi-Fi_set_power(1,0);    /* Power On */
        Wi-Fi_set_carddetect(1); /* CardDetect (0->1) */

        up(&Wi-Fi_control_sem);
        return 0;
}
```

这是 Wi-Fi 平台设备驱动注册时成功匹配 Wi-Fi 设备后调用的 Wi-Fi_probe 函数，它的主要工作就是从 Wi-Fi 设备中获取终端资源，并获取 Wi-Fi_platform_data 类型结构赋予 Wi-Fi_control_data 变量，这一步很重要，下面就可以看出它的重要性了。然后调用 Wi-Fi_set_power 函数和 Wi-Fi_set_carddetect 函数给 Wi-Fi 芯片上电并检测。代码如下：

```
int Wi-Fi_set_power(int on, unsignedlong msec)
{
        DHD_ERROR(("%s = %d\n",__FUNCTION__, on));
        if (Wi-Fi_control_data &&Wi-Fi_control_data->set_power) {
                Wi-Fi_control_data->set_power(on);
        }
        if (msec)
                msleep(msec);
        return 0;
}
```

Wi-Fi_set_power 函数中调用 Wi-Fi_control_data->set_power(on)函数，Wi-Fi_control_data 就是前面说的那个重要变量，注意它是从 Wi-Fi_device 平台设备的 Wi-Fi_platform_data 类型结构中获取的。现在来看看上面的 Wi-Fi_device 平台初始化的代码：

```
static struct platform_device mahimahi_Wi-Fi_device = {
        .name = "bcm4329_wlan",
        .id = 1,
        .num_resources = ARRAY_SIZE(mahimahi_Wi-Fi_resources),
        .resource = mahimahi_Wi-Fi_resources,
        .dev = {
                .platform_data =&mahimahi_Wi-Fi_control,
        },
};

static struct Wi-Fi_platform_datamahimahi_Wi-Fi_control= {
        .set_power = mahimahi_Wi-Fi_power,
        .set_reset = mahimahi_Wi-Fi_reset,
```

```
            .set_carddetect = mahimahi_Wi-Fi_set_carddetect,
            .mem_prealloc = mahimahi_Wi-Fi_mem_prealloc,
};
```

所以它实际调用的是 mahimahi_Wi-Fi_power 函数，该函数的定义在 kernel/arch/arm /mach-msm/board-mahimahi-mmc.c 中。代码如下：

```
int mahimahi_Wi-Fi_power(int on)
{
    printk("%s: %d\n", __func__, on);

    if (on) {
        config_gpio_table(Wi-Fi_on_gpio_table,
                    ARRAY_SIZE(Wi-Fi_on_gpio_table));
        mdelay(50);
    } else {
        config_gpio_table(Wi-Fi_off_gpio_table,
                    ARRAY_SIZE(Wi-Fi_off_gpio_table));
    }

    mdelay(100);
    gpio_set_value(MAHIMAHI_GPIO_WI-FI_SHUTDOWN_N,on);/*WI-FI_SHUTDOWN */
    mdelay(200);

    mahimahi_Wi-Fi_power_state = on;
    return 0;
}
```

调用 gpio_set_value 函数操作 Wi-Fi 芯片，给 Wi-Fi 芯片上电。现在来看看 Wi-Fi_set_ carddetect 函数究竟做了什么事：

```
Path: wl/sys/wl_android.c
static int Wi-Fi_set_carddetect(int on)
{
    DHD_ERROR(("%s = %d\n", __FUNCTION__, on));
    if(Wi-Fi_control_data && Wi-Fi_control_data->set_carddetect) {
        Wi-Fi_control_data->set_carddetect(on);
    }
    return 0;
}
```

同样会调用 Wi-Fi_device 平台的 mahimahi_Wi-Fi_set_carddetect 函数。代码如下：

```
Path:kernel/arch/arm/mach-msm/board-mahimahi-mmc.c
int mahimahi_Wi-Fi_set_carddetect(int val)
{
    pr_info("%s: %d\n", __func__, val);
    mahimahi_Wi-Fi_cd = val;
    if(Wi-Fi_status_cb) {
        Wi-Fi_status_cb(val,Wi-Fi_status_cb_devid);
    } else
        pr_warning("%s: Nobody to notify\n", __func__);
    return 0;
}
```

Wi-Fi_status_cb 代码如下：

```
static int mahimahi_Wi-Fi_status_register(
                void (*callback)(intcard_present, void *dev_id),
                void *dev_id)
{
        if (Wi-Fi_status_cb)
            return -EAGAIN;
        Wi-Fi_status_cb = callback;
        Wi-Fi_status_cb_devid = dev_id;
        return 0;
}

static unsigned intmahimahi_Wi-Fi_status(struct device *dev)
{
        return mahimahi_Wi-Fi_cd;
}

static structmmc_platform_data mahimahi_Wi-Fi_data = {
        .ocr_mask = MMC_VDD_28_29,
        .built_in = 1,
        .status = mahimahi_Wi-Fi_status,
        .register_status_notify= mahimahi_Wi-Fi_status_register,
        .embedded_sdio = &mahimahi_Wi-Fi_emb_data,
};
```

由上面的代码不难看出会有个地方调用了 mahimahi_Wi-Fi_status_register 函数来设置 Wi-Fi_status_cb 回调函数，可以跟踪这个 mahimahi_Wi-Fi_data 结构体，看它被传递给了谁：

```
int msm_add_sdcc(unsigned intcontroller, struct mmc_platform_data *plat,
        unsigned int stat_irq,unsigned long stat_irq_flags);
int __initmahimahi_init_mmc(unsigned int sys_rev, unsigned debug_uart)
{
        ......
        msm_add_sdcc(1, &mahimahi_Wi-Fi_data, 0, 0);
        ......
        if (system_rev > 0)
            msm_add_sdcc(2,&mahimahi_sdslot_data, 0, 0);
        else {
            mahimahi_sdslot_data.status =mahimahi_sdslot_status_rev0;
            mahimahi_sdslot_data.register_status_notify = NULL;
            set_irq_wake(MSM_GPIO_TO_INT(MAHIMAHI_GPIO_SDMC_CD_REV0_N),1);
            msm_add_sdcc(2, &mahimahi_sdslot_data,
        ......
}
```

可以跟踪到这里 Path：kernel/arch/arm/mach-msm/devices-msm7x30.c，代码如下：

```
struct platform_device msm_device_sdc1 = {
        .name = "msm_sdcc",
        .id = 1,
        .num_resources = ARRAY_SIZE(resources_sdc1),
        .resource = resources_sdc1,
        .dev = {
            .coherent_dma_mask =0xffffffff,
        },
```

```
};

struct platform_device msm_device_sdc2 = {
        .name = "msm_sdcc",
        .id = 2,
        .num_resources = ARRAY_SIZE(resources_sdc2),
        .resource = resources_sdc2,
        .dev = {
            .coherent_dma_mask =0xffffffff,
        },
};
struct platform_devicemsm_device_sdc3 = {
        .name = "msm_sdcc",
        .id = 3,
        .num_resources = ARRAY_SIZE(resources_sdc3),
        .resource = resources_sdc3,
        .dev = {
            .coherent_dma_mask = 0xffffffff,
        },
};

struct platform_device msm_device_sdc4= {
        .name = "msm_sdcc",
        .id = 4,
        .num_resources = ARRAY_SIZE(resources_sdc4),
        .resource = resources_sdc4,
        .dev = {
            439,2-16    62%
            .coherent_dma_mask = 0xffffffff,
        },
};

static struct platform_device *msm_sdcc_devices[] __initdata = {
        &msm_device_sdc1,
        &msm_device_sdc2,
        &msm_device_sdc3,
        &msm_device_sdc4,
};


int __initmsm_add_sdcc(unsigned int controller,struct mmc_platform_data *plat,
            unsigned int stat_irq,unsigned long stat_irq_flags)
{
    ......

pdev =msm_sdcc_devices[controller-1];
                //因为传过来 controller 是 1,所以下面注册的是第 1 个平台设备
pdev->dev.platform_data= plat;         //被传递给平台设备的 platform_data
res =platform_get_resource_byname(pdev, IORESOURCE_IRQ, "status_irq");
    if (!res)
            return -EINVAL;
    else if (stat_irq) {
            res->start = res->end =stat_irq;
            res->flags &=~IORESOURCE_DISABLED;
            res->flags |=stat_irq_flags;
    }
```

```
        return platform_device_register(pdev);
}
```

这个平台设备就是 SD 卡控制器，也就是前面说的 host 驱动所驱动的主机控制设备。

```
Path: drivers/mmc/host/msm_sdcc.c
static struct platform_drivermsmsdcc_driver = {
        .probe          = msmsdcc_probe,
        .suspend        = msmsdcc_suspend,
        .resume         = msmsdcc_resume,
        .driver         = {
                .name   = "msm_sdcc",
        },
};

static int __initmsmsdcc_init(void)
{
        return platform_driver_register(&msmsdcc_driver);
}
```

驱动成功匹配设备后，调用 probe 函数：

```
static int
msmsdcc_probe(structplatform_device *pdev)
{
......
if (stat_irqres &&!(stat_irqres->flags & IORESOURCE_DISABLED)) {
......
        } else if(plat->register_status_notify) {
                plat->register_status_notify(msmsdcc_status_notify_cb,host);
        } else if (!plat->status)
......
}
```

msmsdcc_status_notify_cb 调用 msmsdcc_check_status 函数：

```
msmsdcc_status_notify_cb(intcard_present, void *dev_id)
{
        struct msmsdcc_host *host = dev_id;

        printk(KERN_DEBUG "%s:card_present %d\n", mmc_hostname(host->mmc),
                card_present);
        msmsdcc_check_status((unsigned long) host);
}
```

msmsdcc_check_status 函数调用 mmc_detect_change 函数：

```
static void
msmsdcc_check_status(unsignedlong data)
{
        ......
        if (status ^ host->oldstat) {
                pr_info("%s: Slot statuschange detected (%d -> %d)\n",
                        mmc_hostname(host->mmc),host->oldstat, status);
                if (status &&!host->plat->built_in)
                        mmc_detect_change(host->mmc, (5 * HZ) / 2);
                else
```

```
                    mmc_detect_change(host->mmc, 0);
        }
        host→oldstat = status;
out:
        if (host→timer.function)
        mod_timer(&host→timer,jiffies + HZ);
}
```

可以看到 mmc_detect_change 函数被调用了，这个函数触发了一个延时工作：

```
void mmc_detect_change(structmmc_host *host, unsigned long delay)
{
……
        mmc_schedule_delayed_work(&host->detect, delay);
}
```

这个时候会在 delay 时间后，执行 host->detect 延时工作对应的函数，在 host 驱动注册并匹配设备成功后执行的 probe 函数里，会调用 mmc_alloc_host 函数动态创建一个 mmc_host：

```
msmsdcc_probe(structplatform_device *pdev)
{
……
/*
        * Setup our host structure
        */

        mmc = mmc_alloc_host(sizeof(struct msmsdcc_host),&pdev->dev);
        if (!mmc) {
                ret = -ENOMEM;
                goto out;
        }
……
}
```

mmc_alloc_host 初始化工作入口：

```
struct mmc_host*mmc_alloc_host(int extra, struct device *dev)
{
……
INIT_DELAYED_WORK(&host->detect, mmc_rescan);
……
}
```

mmc_rescan 是 core.c 中一个很重要的函数，它遵照 SDIO 卡协议的 SDIO 卡启动过程，包括非激活模式、卡识别模式和数据传输模式这 3 种模式共 9 种状态的转换，需要参照相关规范来理解。

```
void mmc_rescan(structwork_struct *work)
{
        struct mmc_host *host =
                container_of(work, structmmc_host, detect.work);
……
        mmc_power_up(host);
```

```
        sdio_reset(host);
        mmc_go_idle(host);

        mmc_send_if_cond(host, host->ocr_avail);

        /*
         * First we search for SDIO...
         */
        err = mmc_send_io_op_cond(host, 0, &ocr);
         if (!err) {
                if (mmc_attach_sdio(host, ocr))
                        mmc_power_off(host);
                extend_wakelock = 1;
                goto out;
        }
......
}
```

以上代码中的 mmc_attach_sdio 函数很重要，它是 SDIO 卡初始化的起点，主要工作包括：匹配 SDIO 卡的工作电压，分配并初始化 mmc_card 结构，然后注册 mmc_card 到系统中。代码如下：

```
/*
 * Starting point for SDIO card init.
 */
int mmc_attach_sdio(structmmc_host *host, u32 ocr)
{
        ......
        mmc_attach_bus(host,&mmc_sdio_ops);        //初始化 host 的 bus_ops
        ......
        host->ocr = mmc_select_voltage(host, ocr);   //匹配 SDIO 卡工作电压
        ......
        /*
         * Detect and init the card.
         */
        err = mmc_sdio_init_card(host, host->ocr, NULL, 0);
                                                //检测，分配初始化 mmc_card
        if (err)
           goto err;
        card = host->card;
/*
         * If needed, disconnect card detectionpull-up resistor.
         */
        err = sdio_disable_cd(card);
        if (err)
                goto remove;
        /*
         * Initialize (but don't add) all present functions.
         */
        for (i = 0; i < funcs; i++, card->sdio_funcs++) {
#ifdef CONFIG_MMC_EMBEDDED_SDIO
```

```
            if(host->embedded_sdio_data.funcs) {
                struct sdio_func *tmp;

                tmp = sdio_alloc_func(host->card);
                if(IS_ERR(tmp))
                    goto remove;
                tmp->num = (i + 1);
                card->sdio_func[i] = tmp;
                tmp->class = host->embedded_sdio_data.funcs[i].f_class;
                tmp->max_blksize = host->embedded_sdio_data.funcs[i].f_
                maxblksize;
                tmp->vendor = card->cis.vendor;
                tmp->device = card->cis.device;
            } else {
#endif
                err =sdio_init_func(host->card, i + 1);
                if (err)
                    goto remove;
#ifdefCONFIG_MMC_EMBEDDED_SDIO
            }
#endif
        }

        mmc_release_host(host);

        /*
         * First add the card to the drivermodel...
         */
        err = mmc_add_card(host->card);              //添加 mmc_card
        if (err)
                goto remove_added;

        /*
         * ...then the SDIO functions.
         */
        for (i = 0;i < funcs;i++) {
            err =sdio_add_func(host->card->sdio_func[i]);
                                        //将 sdio_func 加入系统
                if (err)
                    goto remove_added;
        }
        return 0;
......
}
```

　　这样，SDIO 卡已经初始化成功并添加到了驱动中。上面说的过程是在 SDIO 设备注册时的调用流程，mmc_rescan 是整个流程的主体部分，由它来完成 SDIO 设备的初始化和添加工作。设备注册、设备初始化、添加设备，都需要调用 mmc_rescan 函数进行 SDIO 设备的下述操作：

（1）加载 SDIO host 驱动模块；

（2）SDIO 设备中断。

3.6.4 加载驱动模块

host 作为平台设备被注册，前面也列出了相应源码：

```
static struct platform_drivermsmsdcc_driver = {
        .probe = msmsdcc_probe,
        .suspend = msmsdcc_suspend,
        .resume = msmsdcc_resume,
        .driver = {
                .name = "msm_sdcc",
        },
};
static int __initmsmsdcc_init(void)
{
        returnplatform_driver_register(&msmsdcc_driver);
}
```

probe 函数会调用 mmc_alloc_host 函数（该函数代码前面已经给出）来创建 mmc_host 结构变量，进行必要的初始化之后，调用 mmc_add_host 函数将它添加到驱动里面：

```
int mmc_add_host(structmmc_host *host)
{
    ......
    err =device_add(&host->class_dev);
    if (err)
        return err;
    mmc_start_host(host);
    if (!(host->pm_flags &MMC_PM_IGNORE_PM_NOTIFY))
        register_pm_notifier(&host->pm_notify);
    return 0;
}
```

Mmc_start_host 定义如下：

```
void mmc_start_host(structmmc_host *host)
{
    mmc_power_off(host);
    mmc_detect_change(host, 0);
}
```

mmc_power_off 中对 ios 进行了设置，然后调用 mmc_set_ios(host);

```
host->ios.power_mode = MMC_POWER_OFF;
        host->ios.bus_width = MMC_BUS_WIDTH_1;
        host->ios.timing =MMC_TIMING_LEGACY;
        mmc_set_ios(host);
```

mmc_set_ios(host) 中的关键语句 host->ops->set_ios(host, ios)，实际上在 host 驱动的 probe 函数中就已经对 host->ops 进行了初始化：

```
......
```

```
/*
        * Setup MMC host structure
        */
       mmc->ops = &msmsdcc_ops;
......
static const structmmc_host_ops msmsdcc_ops = {
        .request = msmsdcc_request,
        .set_ios =msmsdcc_set_ios,
        .enable_sdio_irq =msmsdcc_enable_sdio_irq,
};
```

所以实际上调用的是 msmsdcc_set_ios，关于这个函数就不介绍了，有兴趣的读者可以参考源码。下面再来看 mmc_detect_change(host, 0)，最后一句是：

```
mmc_schedule_delayed_work(&host->detect,delay);
```

实际上就是调用前面所说的延时函数 mmc_rescan，后面的流程是一样的，不再赘述。

3.6.5　SDIO 设备中断

SDIO 设备通过 SDIO 总线与 host 相连，SDIO 总线的 DAT[1]即 pin8 可以作为中断线使用，当 SDIO 设备向 host 产生中断时，host 会对终端做出相应的动作，在 host 驱动的 probe 函数中申请并注册相应的中断函数：

```
static int
msmsdcc_probe(structplatform_device *pdev)
{
......
  cmd_irqres = platform_get_resource_byname(pdev, IORESOURCE_IRQ,
                        "cmd_irq");
     pio_irqres =platform_get_resource_byname(pdev, IORESOURCE_IRQ,
                        "pio_irq");
     stat_irqres =platform_get_resource_byname(pdev, IORESOURCE_IRQ,
                        "status_irq");
......
  if (stat_irqres && !(stat_irqres->flags &IORESOURCE_DISABLED)) {
        unsigned long irqflags =IRQF_SHARED |
            (stat_irqres->flags& IRQF_TRIGGER_MASK);
        host->stat_irq = stat_irqres->start;
        ret = request_irq(host->stat_irq,
                msmsdcc_platform_status_irq,
                irqflags,
                DRIVER_NAME " (slot)",
                host);
        if (ret) {
            pr_err("%s: Unableto get slot IRQ %d (%d)\n",
                mmc_hostname(mmc), host->stat_irq, ret);
            goto clk_disable;
        }
     }
......
}
```

当产生相应的中断时调用 msmsdcc_platform_status_irq 中断处理函数，这个函数的处理流程如下：

```
msmsdcc_platform_status_irq->
msmsdcc_check_status;
mmc_detect_change;
mmc_rescan;
```

那么，这里为何调用 mmc_rescan 函数呢？因为前面说过 mmc_rescan 函数主要用于 SDIO 设备的初始化，如果 SDIO 设备产生中断，mmc_rescan 函数如何调用？从函数名就能看出来它还有再扫描检测的功能，即如果设备产生了中断，mmc_rescan 函数一开始就会再次检测所有挂接在该 host 上的所有 SDIO 设备，确认是否存在，如果不存在就做相应的释放工作，以确保数据的一致性。如果检测到了新的设备那么它就会创建一个新的 mmc_card，初始化并添加该设备。中断引发的调用 mmc_rescan 动作的意义是：实现了 SDIO 设备的热插拔功能。

3.6.6　Wi-Fi 驱动流程

Wi-Fi 驱动调用流程由 dhd_bus_register() 函数发起，通过 sdio_register_driver() 函数注册一个 SDIO 设备驱动，然后通过 dhdsdio_probe() 函数初始化并注册一个网络设备，网络设备的注册标志着 Wi-Fi 驱动已经成功加载，调用流程如图 3.15 所示。

```
dhd_mudule_init→   //path:dhd/sys/dhd_linux.c      （驱动程序文件路径与文件名）
dhd_bus_register      // dhd/sys/dhd_sdio.c         （驱动程序文件路径与文件名）
bcmsdh_register  // bcmsdio/sys/bcmsdh_linux.c      （驱动程序文件路径与文件名）
sdio_function_init
 //bcmsdio/sys/bcmsdh_sdmmc_linux.c                 （驱动程序文件路径与文件名）
sdio_register_driver
 //bcmsdio/sys/bcmsdh_sdmmc_linux.c                 （驱动程序文件路径与文件名）
bcmsdh_sdmmc_probe
//bcmsdio/sys/bcmsdh_sdmmc_linux.c                  （驱动程序文件路径与文件名）
bcmsdh_probe
//bcmsdio/sys/bcmsdh_linux.c                        （驱动程序文件路径与文件名）
bcmsdio_probe  //dhd/sys/dhd_sdio.c                 （驱动程序文件路径与文件名）
```

这里注意上面两个黑体标记的函数，sdio_register_driver 函数中注册了一个 SDIO 设备，在匹配成功后调用 bcmsdh_sdmmc_probe 函数，这个函数会调用 bcmsdh_probe 函数。有一点要注意：浏览 bcmsdh_linux.c 文件可以看出，在 bcmsdh_register 函数中，当定义了 BCMLXSDMMC 宏时，会调用 sdio_function_init 函数，否则调用 driver_register 函数：

```
int
bcmsdh_register(bcmsdh_driver_t*driver)
{
    int error = 0;
  drvinfo = *driver;                          //注意它的用途
#if defined(BCMPLATFORM_BUS)
```

```
#if defined(BCMLXSDMMC)
     SDLX_MSG(("Linux Kernel SDIO/MMC Driver\n"));
      error =sdio_function_init();
#else
     SDLX_MSG(("Intel PXA270 SDIO Driver\n"));
      error =driver_register(&bcmsdh_driver);
#endif /* defined(BCMLXSDMMC) */
     return error;
#endif /*defined(BCMPLATFORM_BUS) */

#if !defined(BCMPLATFORM_BUS) && !defined(BCMLXSDMMC)
#if (LINUX_VERSION_CODE <KERNEL_VERSION(2, 6, 0))
    if (!(error =pci_module_init(&bcmsdh_pci_driver)))
            return 0;
#else
     if (!(error =pci_register_driver(&bcmsdh_pci_driver)))
            return 0;
#endif
    SDLX_MSG(("%s: pci_module_initfailed 0x%x\n", __FUNCTION__, error));
#endif /* BCMPLATFORM_BUS */
   return error;
 }
```

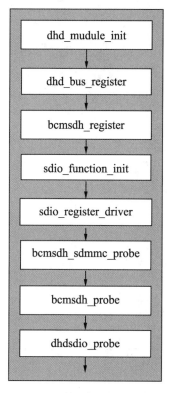

图 3.15　Wi-Fi 驱动流程图

上面的流程中出现了 sdio_function_init 调用，所以这里实际上 BCMLXSDMMC 宏被定义了，bcmsdh_probe 函数只是作为一个普通函数被调用，如果不定义该宏，那么 bcmsdh_probe 函数会被作为驱动匹配设备后第一个调用的函数而被自动调用。

接着再来看看 dhdsdio_probe 函数调用的玄机。从上面的 bcmsdh_register 函数中可以看出它的参数被传递给了 drvinfo，看看 bcmsdh_register 的调用地方：

```
static bcmsdh_driver_t dhd_sdio = {
    dhdsdio_probe,
    dhdsdio_disconnect
};
int
dhd_bus_register(void)
{
    DHD_TRACE(("%s: Enter\n", __FUNCTION__));

    return bcmsdh_register(&dhd_sdio);
}
```

上面传递的参数是 dhd_sdio 结构变量，被用两个函数初始化了，那么哪一个是 attach 函数呢？需要找到定义 bcmsdh_driver_t 结构定义的地方：

```
Path: src/include/bcmsdh.h
/* callback functions */
typedef struct {
    /* attach to device */
    void *(*attach)(uint16 vend_id, uint16 dev_id, uint16 bus,uint16 slot,
            uint16 func, uint bustype, void * regsva, osl_t * osh,
            void * param);
    /* detach from device */
     void (*detach)(void *ch);
} bcmsdh_driver_t;
```

这是第一个 dhdsdio_probe 函数，再来看看什么地方调用 attach 函数：

```
Path:bcmsdio/sys/bcmsdh_linux.c
#ifndef BCMLXSDMMC
static
#endif /* BCMLXSDMMC */
int bcmsdh_probe(struct device*dev)
{
......
if (!(sdhc->ch =drvinfo.attach((vendevid>> 16),
        (vendevid & 0xFFFF), 0, 0, 0, 0,
        (void*)regs, NULL, sdh))) {
        SDLX_MSG(("%s: device attachfailed\n", __FUNCTION__));
        goto err;
    }
    return 0;
......
}
```

黑体部分的函数调用是 drvinfo.attach，就是上面传递过来的 dhdsdio_probe 函数，仔细阅读会发现上面那个 bcmsdh_driver_t 结构体定义的地方有个说明，即把该结构的成员函数当做 callback 函数来使用，这就是它的用意所在。

3.6.7　网络设备注册

网络设备注册流程，在 dhdsdio_probe 函数中先后对 dhd_attach 和 dhd_net_attach 两个函数进行调用，dhd_attach 函数主要用于创建和初始化 dhd_info_t 和 net_device 两个结构变量，然后调用 dhd_add_if 函数将创建的 net_device 变量添加到 dhd_info_t 变量的 iflist 列表中（支持多接口），如图 3.16 所示。

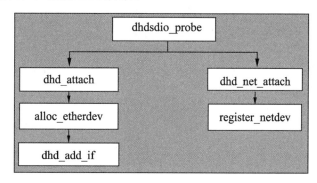

图 3.16　网络设备注册流程

dhd_attach 函数的调用流程如下：

```
dhd_pub_t *
dhd_attach(osl_t *osh, structdhd_bus *bus, uint bus_hdrlen)
{
    dhd_info_t *dhd = NULL;
    struct net_device *net = NULL;
......
    /* Allocate etherdev, including spacefor private structure */
    if (!(net = alloc_etherdev(sizeof(dhd)))) {        //网络设备的创建
        DHD_ERROR(("%s: OOM -alloc_etherdev\n", __FUNCTION__));
        goto fail;
    }
    dhd_state |=DHD_ATTACH_STATE_NET_ALLOC;
    /* Allocate primary dhd_info */
    if (!(dhd = MALLOC(osh, sizeof(dhd_info_t)))) {    //dhd 的创建
        DHD_ERROR(("%s: OOM -alloc dhd_info\n", __FUNCTION__));
        goto fail;
    }
......
/* Set network interface name if it was provided as moduleparameter */
    if (iface_name[0]) {
        int len;
        char ch;
        strncpy(net->name,iface_name, IFNAMSIZ);
        net->name[IFNAMSIZ - 1] = 0;
        len = strlen(net->name);
        ch = net->name[len - 1];
```

```
              if ((ch > '9' || ch <'0') && (len < IFNAMSIZ - 2))
                  strcat(net->name,"%d");
          }
  if (dhd_add_if(dhd, 0, (void *)net, net->name, NULL, 0, 0)== DHD_BAD_IF)
                                        //将前面创建的 net 添加到 iflist 列表中
          goto fail;
      dhd_state |= DHD_ATTACH_STATE_ADD_IF;
  ......
  Memcpy(netdev_priv(net), &dhd, sizeof(dhd));              //关联 dhd 和 net
  //dhd 的初始化工作
  }
```

调用 dhd_add_if 函数添加网络接口流程如下：

```
int
dhd_add_if(dhd_info_t *dhd, int ifidx, void *handle, char *name,
    uint8 *mac_addr,uint32 flags, uint8 bssidx)
{
    dhd_if_t *ifp;
    DHD_TRACE(("%s: idx %d,handle->%p\n", __FUNCTION__, ifidx, handle));
    ASSERT(dhd && (ifidx <DHD_MAX_IFS));

    ifp =dhd->iflist[ifidx];
    if (ifp != NULL) {
        if (ifp->net != NULL) {
            netif_stop_queue(ifp->net);
            unregister_netdev(ifp->net);
            free_netdev(ifp->net);              //如果已经存在，释放 net 成员
        }
    } else
        if ((ifp = MALLOC(dhd->pub.osh,sizeof(dhd_if_t))) == NULL) {
        DHD_ERROR(("%s: OOM - dhd_if_t\n", __FUNCTION__));
        //否则，创建一个 dhd_if_t 结构变量
            return -ENOMEM;
        }
    memset(ifp, 0, sizeof(dhd_if_t));
    ifp->info = dhd;                        //进行系列初始化，添加工作
    dhd->iflist[ifidx] = ifp;
    strncpy(ifp->name, name, IFNAMSIZ);
    ifp->name[IFNAMSIZ] = '\0';
    if (mac_addr != NULL)
        memcpy(&ifp->mac_addr, mac_addr,ETHER_ADDR_LEN);
    if (handle == NULL) {
        ifp->state = DHD_IF_ADD;
        ifp->idx = ifidx;
        ifp->bssidx = bssidx;
        ASSERT(&dhd->thr_sysioc_ctl.thr_pid >= 0);
        up(&dhd->thr_sysioc_ctl.sema);
    } else
    ifp->net = (struct net_device *)handle;//handle 是一个 net_device 变量
    return 0;
}
```

这样，一个 net_device 网路设备就被添加到了接口管理列表中了，但这时的网路设备还没有完成初始化和注册工作，bcmsdio_probe 函数随后对 dhd_net_attach()函数的调用完成了这个操作：

```
int
dhd_net_attach(dhd_pub_t*dhdp, int ifidx)
{
    dhd_info_t *dhd = (dhd_info_t*)dhdp->info;
    struct net_device *net = NULL;
    int err = 0;
    uint8 temp_addr[ETHER_ADDR_LEN] = {0x00, 0x90, 0x4c, 0x11, 0x22, 0x33 };
    DHD_TRACE(("%s: ifidx %d\n",__FUNCTION__, ifidx));
    ASSERT(dhd &&dhd->iflist[ifidx]);
    net = dhd->iflist[ifidx]->net;
//首先从刚才添加的接口列表中取出 net，然后进行下面的系列初始化工作
    ASSERT(net);
//根据内核版本信息，选择对 net 成员函数的初始化方式，假设是 2.6.30 的版本
#if (LINUX_VERSION_CODE <KERNEL_VERSION(2, 6, 31))
    ASSERT(!net->open);
    net->get_stats = dhd_get_stats;
    net->do_ioctl =dhd_ioctl_entry;
  net->hard_start_xmit = dhd_start_xmit;
    net->set_mac_address = dhd_set_mac_address;
    net->set_multicast_list = dhd_set_multicast_list;
    net->open =net->stop = NULL;
#else
    ASSERT(!net->netdev_ops);
    net->netdev_ops = &dhd_ops_virt;
#endif
    /* Ok, link into the network layer...*/
    if (ifidx == 0) {
        /*
        * device functions for theprimary interface only
        */
#if (LINUX_VERSION_CODE <KERNEL_VERSION(2, 6, 31))
        net->open = dhd_open;
        net->stop = dhd_stop;
#else
        net->netdev_ops = &dhd_ops_pri;
#endif
    } else {
        /*
        * We have to use the primaryMAC for virtual interfaces
        */
        memcpy(temp_addr,dhd->iflist[ifidx]->mac_addr, ETHER_ADDR_LEN);
        /*
```

```
* Android sets the locallyadministered bit to indicate that this is a
* portable hotspot.  This will not work in simultaneous AP/STAmode,
* nor with P2P. Need to set the Donlge's MAC address, andthen use that.
*/
if(!memcmp(temp_addr, dhd->iflist[0]->mac_addr,
    ETHER_ADDR_LEN)) {
    DHD_ERROR(("%sinterface[%s]: set locally administered bit in MAC\n",
    __func__,net->name));
    temp_addr[0] |= 0x02;
    }
}
    net->hard_header_len = ETH_HLEN + dhd->pub.hdrlen;
#if LINUX_VERSION_CODE >=KERNEL_VERSION(2, 6, 24)
net->ethtool_ops = &dhd_ethtool_ops;
#endif /* LINUX_VERSION_CODE>= KERNEL_VERSION(2, 6, 24) */
#ifdefined(CONFIG_WIRELESS_EXT)
#if WIRELESS_EXT < 19
net->get_wireless_stats = dhd_get_wireless_stats;
#endif /* WIRELESS_EXT < 19*/
#if WIRELESS_EXT > 12
net->wireless_handlers = (struct iw_handler_def*)&wl_iw_handler_def;
    //这里的初始化工作很重要，之后的ioctl流程会涉及对它的使用
#endif /* WIRELESS_EXT > 12*/
#endif /*defined(CONFIG_WIRELESS_EXT) */
dhd->pub.rxsz =DBUS_RX_BUFFER_SIZE_DHD(net);
            //设置设备地址
    memcpy(net->dev_addr, temp_addr, ETHER_ADDR_LEN);
    if ((err =register_netdev(net)) != 0) {    //注册net
        DHD_ERROR(("couldn'tregister the net device, err %d\n", err));
        goto fail;
    }
    ......
}
```

到这里，net 网络设备就被注册到系统中了，设备准备好以后就可以对设备进行访问了。

3.7 小　　结

　　Wi-Fi 是最流行的无线网络技术，是移动互联网的核心技术。本章介绍了 Wi-Fi 无线技术的基础知识、基本参数，以及 Wi-Fi 扫描、认证、加密和连接的方法，并且深入介绍了 Wi-Fi 网络技术的功能框架结构及其底层驱动程序的组成和调用方法，最后还分析了 Wi-Fi 用于物联网工程的优势与不足。

3.8　习　　题

1. Wi-Fi 有多少信道？
2. Wi-Fi 的频谱有 2.4GHz 和 5GHz，通信速率分别为多少？
3. Wi-Fi 信道之间的带宽是多少？
4. SSID 是什么意思？
5. BSSID→MAC，在同一 ESS 环境下，MAC 有什么作用？
6. 简述用手机给新的 Wi-Fi 设备加入无线局域网的步骤。

第 4 章 操作系统概述

现代的计算机系统是一个复杂的系统，主要由一个或者多个处理器，以及主存、硬盘、键盘、鼠标、显示器、打印机、网络接口及其他输入、输出设备组成。

如果每位应用开发人员都必须掌握该系统硬件的所有细节，可能需要很长时间，增大了学习成本，影响了开发效率，使他们不能专注地编写代码。

管理这些部件并加以优化使用，是一件极富挑战性的工作，于是计算机安装了一个系统软件，叫做操作系统。它的任务就是为用户程序提供一个更好、更简单、更清晰的计算机模型，并管理计算机系统硬件资源和外部设备。这样开发人员不必了解所有的硬件操作细节，管理并优化这些硬件由操作系统来完成。有了操作系统，开发人员就可以从这些烦琐的工作中解脱出来，只需要考虑应用软件的编写工作就可以了，应用软件直接使用操作系统提供的功能来间接使用硬件。

4.1 通用计算机操作系统

操作系统（Operating System，OS）是一个协调、管理、控制计算机硬件资源和软件资源的控制程序，同时也是计算机系统的内核与基石。操作系统需要处理如管理与配置内存、决定系统资源供需的优先次序、控制输入与输出设备、操作网络与管理文件系统等基本事务，操作系统还提供了一个让用户与系统交互的操作界面，同时为计算机应用程序提供相关服务。操作系统由操作系统的内核及系统调用两部分组成。

操作系统位于底层硬件与用户之间，是两者沟通的桥梁。用户可以通过操作系统的用户界面输入命令。操作系统则对命令进行解释，驱动硬件设备，实现用户要求。一个标准 PC 的操作系统应该提供以下功能：

- 进程管理（Processing management）；
- 内存管理（Memory management）；
- 文件系统（File system）；
- 网络通信（Networking）；
- 安全机制（Security）；
- 用户界面（User interface）；
- 驱动程序（Device drivers）；

- 操作系统隐藏了硬件调用接口，为应用开发人员提供调用硬件资源更好、更简单、更清晰的模型（系统调用接口）。开发人员有了这些接口，不用再考虑操作硬件的细节，专心开发自己的应用程序即可。
- 将应用程序对硬件资源的竞态请求变得有序化，很多应用软件其实是共享一套计算机硬件，操作系统的一个功能就是将资源争用按优先级有序利用。

操作系统理论研究者把操作系统分成四大部分。

- 驱动程序：最底层的、直接控制和监视各类硬件的部分，它们的职责是隐藏硬件的具体细节，并向其他部分提供一个抽象的、通用的接口。
- 内核：通常运行在最高特权级，负责提供基础性、结构性的功能。
- 支持库：一系列特殊的程序库，它们的职责在于把系统所提供的基本服务包装成应用程序所能够使用的编程接口（API），是最靠近应用程序的部分。
- 外围组件：用于提供特定高级服务的部件。

操作系统中四大部分的不同布局，也就形成了几种整体结构的区分。常见的操作系统结构包括：简单结构、层结构、微内核结构、垂直结构和虚拟机结构。

操作系统由硬件保护，不能被用户修改，是一个大型、复杂、"长寿"的软件。Linux 或 Windows 的源代码约有五百万行。操作系统很难编写，如此大的代码量，一旦完成，操作系统的所有者便不会轻易废弃再写一个，而是不断升级更新，来维护操作系统的"寿命"。

操作系统的分类没有单一的标准，可以根据工作方式分为批处理操作系统、分时操作系统、实时操作系统、网络操作系统和分布式操作系统等；根据架构可以分为单内核操作系统等；根据运行的环境，可以分为桌面操作系统、嵌入式操作系统等；根据指令的长度分为 8bit、16bit、32bit 和 64bit 的操作系统。

- 通用操作系统：一般是面向没有特定应用需求的操作系统。由于没有特定的应用需求，通用操作系统为了适应更广泛的应用，需要支持更多的硬件与软件，需要针对所有的用户体验，对系统进行更新。通用操作系统是一个工程量繁重的操作系统。
- 实时操作系统（Real Time OS）：泛指所有据有一定实时资源调度及通信能力的操作系统。实时性在某些领域非常重要，比如在工业控制、医疗器材、影音频合成及军事领域，实时性都是无可或缺的特性。常用实时操作系统有 QNX、VxWorks、RTLinux 等。
- 非实时操作系统：Linux、多数 UNIX，以及多数 Windows 家族成员等都属于非实时操作系统。

操作系统是一种系统软件，位于计算机硬件和应用程序中间的一层，管理硬件和软件资源，为计算机程序提供相关服务。所有的计算机程序包括应用程序或者固件都需要操作系统支持。通用操作系统如图 4.1 所示。

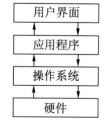

图 4.1　操作系统是硬件和应用程序之间的桥梁

典型的 PC 操作系统主要有 Windows 操作系统（微软）、UNIX 及类 UNIX 操作系统（Linux、谷歌）、Mac OS 操作系统（苹果）。

Windows 操作系统是在 MS-DOS 的基础上设计的图形操作系统，是一种闭源系统，即源代码不开放。

UNIX 及类 UNIX 操作系统，例如 FreeBSD、OpenBSD、Solaris 、Minix、Linux、QNX、谷歌的 Android 操作系统（基于 Linux），Ubuntu，这些基本上都是开源系统，源代码开放。

另外就是苹果的 Mac OS X 和 iOS 移动设备操作系统，是以 Darwin 为基础开发的。Darwin 是一种类 UNIX 操作系统，苹果的操作系统（Mac OS X 和 iOS）是闭源的，但是苹果于 2000 年将 Darwin 开源了。

PC 和移动设备领域的操作系统，经过几十年的发展，优胜劣汰，PC 操作系统还剩 3、4 种操作系统比较流行，手机操作系统以 Android 和 iOS 比较常见。物联网操作系统（The Internet of Things Operating System，IOTOS）在发展初期，有几十种操作系统面世，分为商用和开源两个类型。众多的各具特色的物联网操作系统各自有最佳使用场合、应用范畴和商业生态。营利性的科技公司和开源社区成员都在宣传各自的操作系统，认为自己是适合众多物联网用途的操作系统。而事实上，不是每种操作系统都适合每一个物联网用途。正因为如此，物联网操作系统才会具有多样性。

4.2　嵌入式实时操作系统

嵌入式操作系统（Embedded Operating System，EOS）是一种用途广泛的系统软件，通常包括与硬件的底层驱动软件、系统内核、设备驱动接口、通信协议、图形界面和标准化浏览器等。嵌入式操作系统分为 4 层：硬件层、驱动层、操作系统和应用层。嵌入式操作系统负责嵌入式系统的全部软件和硬件资源的分配、任务调度、控制和协调并发活动。它必须体现其所在系统的特征，能够通过装卸某些模块来达到系统所要求的功能，是用途广泛的系统软件。嵌入式操作系统框图，如图 4.2 所示。

图 4.2　嵌入式操作系统框图

嵌入式操作系统更加关注对中断的响应时间，更加关注线程或任务的调度算法，以使整个系统能够在可预知的时间内完成对外部事件的响应。

"感知"描述和定义了物联网产业的内涵，感是信息采集（传感器），知是信息处理（运算、处理、控制、通信并通过互联网进行信息传递和控制）。这些都是嵌入式系统的特征表现，通过嵌入式系统智能终端产品网络化的过程可以实现感知目的。

4.2.1　嵌入式操作系统的主要特点

嵌入式操作系统是指资源受限的计算机操作系统，泛指单片机开发时使用的操作系统，具有如下特点：

- 可装卸性、开放性、可伸缩性的体系结构。
- 强实时性。实时性一般比较强，可用于各种设备控制当中。
- 提供统一的各种设备驱动接口。
- 操作方便、简单、提供友好的用户图形界面 GUI，追求易学、易用。
- 提供强大的网络功能，支持 TCP / IP 协议及其他协议，提供 TCP / UDP / IP / PPP 协议支持及统一的 MAC 访问层接口，为各种移动计算设备预留接口。
- 强稳定性，弱交互性。嵌入式系统一旦开始运行就不需要用户过多地干预，这需要负责系统管理的操作系统具有较强的稳定性。嵌入式操作系统的用户接口一般不提供操作命令，它通过系统的调用命令向用户程序提供服务。
- 固化代码。在嵌入式系统中，嵌入式操作系统和应用软件被固化在嵌入式系统计算机的 ROM 中。辅助存储器在嵌入式系统中很少使用，嵌入式操作系统的文件管理功能应该能够很容易地拆卸，改用内存文件系统。
- 更好的硬件适应性，也就是良好的可移植性。

4.2.2　嵌入式操作系统和通用计算机操作系统的区别

嵌入式系统与通用计算机操作系统有完全不同的技术要求和技术发展方向。通用计算机系统的技术要求是高速、海量的数值计算，其技术发展方向是总线速度的无限提升，以及存储容量的无限扩大；嵌入式计算机系统的技术要求则是智能化控制，技术发展方向是与对象系统密切相关的嵌入性能、控制能力和可靠性的不断提高。

嵌入式操作系统和通用计算机系统的主要区别包括以下 6 点：

（1）形式与类型

- 通用计算机操作系统：按其体系结构、运算速度和规模可分为大型机、中型机、小型机和微机；
- 嵌入式操作系统：单片机（微处理器、SoC 芯片），形式多样，应用领域广泛。

（2）组成

- 通用计算机操作系统：通用处理器、标准总线和外设，软硬件相对独立；
- 嵌入式操作系统：面向特定应用的微处理器，总线和外设一般集成在处理器内部，软硬件紧密结合。

（3）系统资源

- 通用计算机操作系统：系统资源充足，有丰富的编译器、集成开发环境和调试器等；
- 嵌入式操作系统：系统资源紧缺，没有编译器等相关开发工具。

（4）开发方式

- 通用计算机操作系统：开发平台和运行平台都是通用计算机；
- 嵌入式操作系统：采用交叉编译方式，开发平台一般是通用计算机，运行平台是嵌入式系统。

（5）二次开发性

- 通用计算机操作系统：应用程序可重新编程；
- 嵌入式操作系统：应用程序一般不能重新编程开发。

（6）发展目标

- 通用计算机操作系统：使普通计算机具有编程功能，普遍进入社会应用；
- 嵌入式操作系统：针对应用目标，使资源受限的单片机变为专用计算机，实现"普及计算"。

4.2.3 流行嵌入式实时操作系统

1. VxWorks简介

VxWorks 操作系统是美国 WindRiver 公司设计开发的一种嵌入式实时操作系统（RTOS），是 Tornado 嵌入式开发环境的关键组成部分。它良好的持续发展能力、高性能的内核及友好的用户开发环境，使其在嵌入式实时操作系统领域逐渐占据一席之地。

VxWorks 实时操作系统由 400 多个相对独立、短小精悍的目标模块组成，用户可根据需要选择适当的模块来裁剪和配置系统；提供基于优先级的任务调度、任务间同步与通信、中断处理、定时器和内存管理等功能，内建符合 POSIX（可移植操作系统接口）规范的内存管理，以及多处理器控制程序；并且具有简明易懂的用户接口，核心代码甚至可以微缩到 8 KB 大小。

2. Windows CE简介

Windows CE 是微软公司嵌入式和移动计算平台的基础，它是一个开放的、可升级的 32 位嵌入式操作系统，是基于掌上型电脑类的电子设备操作系统，是精简的 Windows 95，其图形用户界面相当出色。Windows CE 是从整体上为有限资源的平台设计的多线程、优先权排序、多任务的操作系统。从掌上电脑到专用的工业控制器，Windows CE 根据用户电子设备进行模块化定制，其操作系统的基本内核需要至少 200KB 的 ROM。

一般来说，一个 Windows CE 系统包括四层结构：应用程序、Windows CE 内核映像、板级支持包（BSP）、硬件平台。基本软件平台则主要由 Windows CE 系统内核映像（OS Image）和板级支持包（BSP）两部分组成。因为 Windows CE 系统是一个软硬件紧密结合的系统，即使 CPU 处理器相同，如果开发板上的外围硬件不相同，还是需要修改 BSP。换句话说，Windows CE 的移植过程主要是改写 BSP 的过程。

在工业控制、军事设备、航空航天等领域对系统的响应时间有苛刻的要求，这就需要使用实时系统。当外界事件或数据产生时，能够接收并以足够快的速度予以处理，其处理的结果又能在规定的时间之内来控制生产过程或对处理系统做出快速响应，并控制所有实时任务协调一致运行。因此，对嵌入式实时操作系统的理解应该建立在对嵌入式操作系统的理解基础上加入对响应时间的要求。

Windows CE 与 Windows 系列有较好的兼容性，这无疑是 Windows CE 推广的一大优势。其中，Windows CE 3.0 是一种针对小容量、移动式、智能化、32 位微处理器、设备模块化的嵌入式实时操作系统，对建立面向掌上设备、无线设备的动态应用程序服务提供了一种功能丰富的操作系统平台，它能在多种处理器体系结构上运行，并且通常适用于那些对内存占用空间具有一定限制的设备，是为有限资源平台设计的多线程、优先权排序、多任务操作系统。

由于嵌入式产品的体积、成本等方面有较严格的要求，所以处理器部分占用内存空间应尽可能地小。嵌入式操作系统运行在有限的内存（一般在 ROM 或快闪存储器）中，因此对操作系统的规模、效率等方面提出了较高的要求。

从技术角度上讲，Windows CE 作为嵌入式操作系统有很多的缺陷：没有开放源代码，使应用开发人员很难实现产品的定制；在效率、功耗方面的表现并不出色，而且和 Windows 一样占用过多的系统内存，运用程序庞大；另外版权许可费也是厂商不得不考虑的因素。

3. 嵌入式Linux简介

嵌入式 Linux 是嵌入式操作系统的成员之一，最大的特点是源代码公开并且遵循 GPL（General Public License）协议。嵌入式 Linux 近年来成为研究热点，据 IDG 预测，嵌入式 Linux 在嵌入式操作系统中的份额会逐渐上升。

Linux 开放了源代码，不存在黑箱技术。并且 Linux 的内核小、效率高，内核的更新速度很快；Linux 是可以定制的，其系统内核最小只有约 134KB。Linux 还是免费的 OS，在价格上极具竞争力。因为它的开放性，对于技术方面的要求不高，只要懂 UNIX / Linux 和 C 语言即可。随着 Linux 在国内的普及，这类人才越来越多，所以软件的开发和维护成本很低。优秀的网络功能，在 Internet 时代尤其重要。Linux 性能稳，内核精悍，运行所需资源少，十分适合嵌入式应用。

嵌入式 Linux 支持的硬件数量庞大，和普通的 Linux 没有本质区别，PC 上用到的硬件嵌入式 Linux 几乎都支持，而且各种硬件的驱动程序源代码都可以得到。Linux 能为用户编写自己专有硬件的驱动程序，为嵌入式系统研发带来了很大的便利。

4. μC/OS-Ⅱ简介

μC/OS-Ⅱ是著名的源代码公开的实时操作系统，是专为嵌入式应用设计的，可用于 8 位、

16 位和 32 位单片机或数字信号处理器（DSP）上。μC/OS-Ⅱ是在原版本 μC/OS 的基础上做了重大改进与升级，并有近十年的使用实践，有许多成功的应用实例。μC/OS-Ⅱ的主要特点如下：

- 公开源代码：容易把操作系统移植到各个不同的硬件平台上；
- 可移植性：绝大部分源代码是用 C 语言写的，便于移植到其他微处理器上；
- 可裁剪性：可以有选择地使用需要的系统服务，以减少所需的存储空间；
- 占先式：在运行条件就绪时，总是先运行优先级最高的任务；
- 多任务：可管理 64 个任务，任务的优先级必须是不同的，不支持时间片轮转调度法；
- 可确定性：函数调用与服务的执行时间具有可确定性，不依赖于任务的多少；
- 实用性和可靠性：成功案例较多，是其实用性和可靠性的最好证据。

由于 μC/OS-Ⅱ仅是一个实时内核，这就意味着它不像其他实时操作系统那样提供给用户的只是一些 API 函数接口，还有很多工作需要用户自己去完成。

5．QNX（Quick UNIX）简介

QNX 是一种商用的类 UNIX 实时操作系统，遵从 POSIX（可移植性操作系统接口）规范，目标市场主要是嵌入式系统。QNX 的应用范围极广，包含了控制保时捷跑车的音乐和媒体功能、核电站和美国陆军无人驾驶 Crusher 坦克的控制系统，以及 RIM 公司的 BlackBelly PlayBook 平板电脑。QNX 是一个分布式、嵌入式、可规模扩展的实时操作系统。它遵循 POSIX.1 规范（程序接口）和 POSIX.2 规范（Shell 和工具），部分遵循 POSIX.1b（实时扩展规范）规范。

QNX 操作系统核心仅包含了 CPU 任务排序、进程间通信、中断重导向及定时器等部分。除此之外，包含驱动程序、文件系统、堆栈协议、应用程序都是在使用阶段执行。QNX 操作系统有一个相当特殊的进程（Process）阶段，专门负责程序进程（process）的建立、存储器管理等系统微核心中的组件交互。QNX 所有的组件都能通过消息传递函数来进行沟通，具有良好定义的通信机制，能保障所有的组件都有完全独立且被保护的储存及执行空间。因此有问题的应用程序不会影响其他组件的稳定性，发生问题的程序将会被自动终止并重新启动。

与传统的操作系统架构相比，微核心架构可以让嵌入式系统获得更为快速的平均回覆时间（MTTR），当硬件驱动程序失效，QNX 可以在数毫秒之内对该驱动程序进行终止、回收资源并重新启动的步骤，让嵌入式设备可接近无停摆时间表现。

不过微核心 RTOS 的架构除了优点以外，由于其进程（process）间的信息传递功能将会占用存储器带宽，影响到效能表现，在实际应用上，就必须采用特殊的手段，以避免信息传递所带来的性能耗损。

6．Nucleus Plus简介

Nucleus Plus 嵌入式操作系统的主要特征就是轻薄短小，其架构上的延展性，可以让

Nucleus RTOS 所占的储存空间压缩到仅有 13KB 左右。Nucleus Plus 是一款不需授权费的操作系统，并且提供了原始码。

Nucleus Plus 本身只是 Acclerated Technology 公司完整解决方案里面的其中一环，这个 RTOS 本身架构属于先占式多工设计，有超过 95％的原始码是用标准的 ANSI C 语言所编写，因此可以非常高效地移植到各种不同的平台上。Nucleus Plus 在 CISC 架构处理器中，核心部分大约占 20KB 的储存空间，而在 RISC 处理器上则占 40KB 左右，核心资料结构仅占约 1.5KB。由于其即时回应、先占式多工、多进程（process）并行，以及开放原始码等特性，在国防、工控、航天工业、铁路、网络、POS、自动化控制及信息家电等领域被广泛应用。

如同 QNX 一般，Nucleus Plus 也可以根据目标产品的需求，来自行剪裁所需要的系统功能，达到精简体积的目的。而配合相对应的编译器（Borland C / C＋＋、Microsoft C / C＋＋）及动态连接程序库和各种底层驱动程序，在开发上拥有相当大的便利性。飞思卡尔（Freescale）、罗技（Logitech）、美国 NEC、SK Telecom 等公司，都有采用 Nucleus Plus 嵌入式操作系统来开发产品。

4.3　手机操作系统

手机操作系统是运行在手机上的操作系统。手机操作系统是在嵌入式操作系统基础之上发展起来的专为手机设计的操作系统，除了具备嵌入式操作系统的功能（如进程管理、文件系统、网络协议栈等）外，还需有针对电池供电系统的电源管理部分、与用户交互的输入/输出部分、针对上层应用提供调用接口的嵌入式图形用户界面服务、针对多媒体应用提供底层编解码服务、Java 运行环境、针对移动通信服务的无线通信核心功能及智能手机的上层应用等。手机的系统主要有 Android、iOS、Firefox OS、BlackBerry、Windows Phone、Symbian、Palm、BADA、Windows Mobile、Ubuntu，Sailfish OS 和三星 Tizen。

4.3.1　Android 操作系统

Android 是一种基于 Linux 的自由及开放源代码的操作系统，主要使用于移动设备，如智能手机和平板电脑，由 Google 公司和开放手机联盟领导及开发。

Android 由操作系统、中间件、用户界面和应用软件组成。是一个包括操作系统、中间件、应用程序的软件集。Android 作为一个完全开源的操作系统，是由操作系统 Linux、中间件及核心应用程序组成的软件栈，通过 Android SDK 提供的 API 及开发工具，程序员可以很方便地开发 Android 平台上的应用程序。Android 开发平台由应用程序、应用程序框架、应用程序库、Android 运行库和 Linux 内核（Linux Kernel）5 个部分组成。Android 操作系统内置了一部分应用程序，包括电子邮件客户端、SMS 程序、日历、地图、浏览器、通讯录及其他的程序，值得一提的是，这些程序都是用 Java 编写的。

Android 的系统架构和其操作系统一样，采用了分层的架构。从架构图 4.3 看，Android 分为 4 个层，从高层到低层分别是应用程序层、应用程序框架层、系统运行库层和 Linux 内核层。

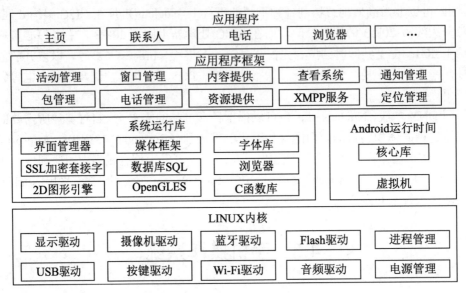

图 4.3　Android 操作系统架构

4.3.2　Android App 研发基础

Android App 研发，因为 Android 的开源，而拥有众多的 App 开发者。Android 操作系统的普及，使其占据了市场份额的 80%以上。Android App 开发有一定的复杂性，本节给出一个 App 开发初学者学习流程，循序渐进，达到掌握 Android App 研发技术的目的。

1．Java 语言基础

学习 Java 语言，需掌握的基本要点：
- Java 基本数据类型与表达式，分支循环。
- String 和 StringBuffer 的使用、正则表达式。
- 面向对象的抽象、封装、继承、多态，类与对象，对象初始化和回收，构造函数、this 关键字、方法的参数传递过程、static 关键字、内部类。
- 对象实例化过程、方法的覆盖、final 关键字、抽象类、接口、继承的优点和缺点剖析，对象的多态性：子类和父类之间的转换、抽象类和接口在多态中的应用、多态带来的好处。

- Java 异常处理，异常的机制原理。
- 常用的设计模式：Singleton、Template 和 Strategy 模式。
- JavaAPI：基本数据类型包装类，System 和 Runtime 类，Date 和 DateFomat 类等。
- Java 集合：Collection、Set、List、ArrayList、LinkedList、Hashset、Map、HashMap、Iterator 等。
- JavaI/O 输入与输出流：File 和 FileRandomAccess 类，字节流 InputStream 和 OutputStream，字符流 Reader、Writer 及相应实现类，I/O 性能分析，字节和字符的转化流，包装流的概念及常用包装类，计算机编码。
- Java 高级特性：反射和泛型。
- 多线程原理：如何在程序中创建多线程（Thread、Runnable），线程安全问题，线程的同步，线程之间的通信、线程死锁。

2．Android UI编程基础

用户界面编程，需要熟悉以下要点：
- Android 开发环境搭建：需要熟悉 Android 开发环境概念、Android 开发环境搭建、第一个 Android 应用程序，以及 Android 应用程序目录结构。
- Android 初级控件的使用：TextView 控件、Button 控件、EditText 控件、ImageView 控件、RadioButton 控件、Checkbox 控件和 Menu 控件的使用方法。
- Android 高级控件的使用：ListView、GridView、Adapter、Spinner、Gallary、ScrollView 和 RecyclerView 的使用方法。
- 对话框与菜单的使用：Dialog 的基本概念，BlockquoteAlertDialog、DatePickerDialog 和 Menu 的使用方法，以及自定义 Menu 的实现方法。
- 控件的布局方法：线性布局和相对布局的使用方法。
- 多 Acitivity 管理：AndroidManifest.xml 文件的作用、Intent 的使用方法、使用 Intent 传递数据的方法、启动 Activity 的方法、IntentFilter 和 Activity Group 的使用方法。
- 自定义控件实现方法：自定义 ListView 的实现方法、可折叠 ListView 的使用方法，自定义 Adapter、自定义 View 和动态控件布局的实现方法，以及上拉刷新下拉加载更多的方法。

3．Android网络编程与数据存储基础

Android 编程中，网络程序设计是关键，必须掌握以下要点：
- 基于 Android 平台的 HTTP 通信：掌握 HTTP 协议、使用 Get 方法向服务器提交数据的方法、使用 POST 方法向服务器提交数据的实现方法、使用 HTTP 协议实现多线程下载的方法和使用 HTTP 协议实现断点续传的方法。
- Android 数据存储技术：熟悉 SQLite3 数据库、SQL 语句、掌握 SQLite3 编程接口、SQLite3 事务管理、SQLite3 游标使用方法、SQLite3 性能分析、访问 SDCard 的方

法和访问 SharedPreferences 的方法。

4．Android App开发工程师必备能力

- 初级工程师技能要求：四大组件的使用、创建 Service、布局、简单自定义 View、动画技术。
- 中级工程师需要掌握的技能如下：
  - ➢ AIDL：熟悉 AIDL，理解其工作原理，了解 Transact 和 onTransact 的区别。
  - ➢ Binder：从 Java 层理解 Binder 的工作原理，掌握 Parcel 对象的使用。
  - ➢ 多进程：熟练掌握多进程的运行机制，了解 Messenger、Socket 工作流程。
  - ➢ 事件分发：理解 view 的滑动原理，掌握如何实现弹性滑动，解决 view 的滑动冲突。
  - ➢ 精通 View 的绘制原理、各种自定义 View；熟悉 view 的 measure、layout 和 draw。
  - ➢ 动画系列：熟悉 View 动画和属性动画的不同点，了解属性动画的工作原理。
  - ➢ 掌握性能优化、熟悉 mat 等工具，掌握常见的设计模式。
- 资深高级工程师技能要求：掌握系统核心机制，熟悉 SystemServer 的启动过程，了解主线程的消息循环模型，理解 AMS 和 PMS 的工作原理。精通四大组件的工作流程。

熟悉 Activity 的启动模式及异常情况下不同 Activity 的表现，Service 的 onBind 和 onReBind 的关联，onServiceDisconnected（ComponentName className）和 binderDied 函数的区别，AsyncTask 在不同版本上的表现细节，线程池的细节和参数配置。熟悉设计模式，有架构意识，学会研发方法。

4.3.3　Android App 开发文献

Ardroid 参考书籍、电子文档、技术手册和辅助读物推荐如下：

1．Java程序设计

- 《Java 核心技术卷 I》：基本语法，适合入门学习；
- 《Effective Java》（中文版）：介绍如何写好 Java 代码；
- 《Java 并发编程实战》：系统介绍了 Java 的并发，以及如何设计支持并发的数据结构；
- 《Java 程序员修炼之道》：详细介绍了 Java 7 的新特性。

2．算法与数据结构

- 《数据结构与算法分析：Java 语言描述》：涵盖面比较全，示例是 Java 语言；
- 《算法设计与分析基础》：实用主义的典型，偏算法设计。

3．操作系统

- Linux 常用命令的功能介绍和使用方法，可查询 Linux 操作系统手册。
- 《Linux 内核设计与实现》（原书第 3 版）：用很精炼的语言清楚描述了内核算法。

4．网络协议

- Http/Https 协议文档；
- TCP/IP 协议详解。

5．Android 专业书籍、文献

- 《Android 源码设计模式解析与实战》；
- 《Android 内核剖析》；
- Android Training 官方课程；
- The Google I/O 2015 Android App（Google 大会官方的 App，适合学习各类实现）；
- Android 开发技术前线（定期翻译与发布国内外 Android 优质的技术、开源库、软件架构设计和测试等文章）。

6．软件工程基础文献

Android Studio 是谷歌推出的一个 Android 集成开发工具，用于进行开发和调试。基础文献：AndroidStudioGit 权威指南中文手册。

Git 是一个开源的分布式版本控制系统，用于敏捷、高效地处理任何或大或小的项目。Git 不仅仅是一个版本控制系统，也是内容管理系统（CMS）或工作管理系统等。基础文献：Git 权威指南中文手册。

7．软件质量阅读资料

- 《编写可读代码的艺术》（来自 Google 工程师，专注于代码可读性）；
- 《代码整洁之道》（使用面向对象+敏捷开发原则编写清晰可维护的代码）；
- 《重构-改善既有代码的设计》（学习改善已有代码）。

8．设计模式阅读文档

- 《Head First 设计模式》（入门级的设计模式书籍）；
- 《设计模式：可复用面向对象软件的基础》：介绍了设计模式在实际中的应用。

9．敏捷开发资料

- 《敏捷开发的艺术》；
- 《敏捷软件开发—原则、模式与实践》。

4.3.4 iOS 操作系统

iOS 是由苹果公司开发的移动操作系统。最初是设计给 iPhone 使用的，后来陆续应用到 iPod touch、iPad 及 Apple TV 等产品上。iOS 与苹果的 Mac OS X 操作系统一样，属于类 UNIX 的商业操作系统。

1. SDK技术

2007 年 10 月 17 日，史蒂夫·乔布斯在一封张贴于苹果公司网页上的公开信上宣布软件开发工具包 SDK，允许开发人员开发 iPhone 和 iPod touch 的应用程序，并对其进行测试，名为"iPhone 手机模拟器"。自从 Xcode 3.1 发布以后，Xcode 就成为了 iPhone 软件开发工具包的开发环境。该 SDK 需要拥有英特尔处理器且运行 Mac OS X Leopard 系统的 Mac 才能使用。其他的操作系统，包括微软的 Windows 操作系统和旧版本的 Mac OS X 都不支持。

SDK 本身是可以免费下载的，但为了发布软件，开发人员必须加入 iPhone 开发者计划，其中有一步需要付款以获得苹果公司的批准。加入 iPhone 开发者之后，开发人员将会得到一个牌照，可以用这个牌照将他们编写的软件发布到苹果的 App Store 上。

2. iOS操作系统功能

- Siri 功能：能够利用语音来完成发送信息、安排会议、查看最新比分等更多事务。只要说出你想要做的事，Siri 就能帮你办到。Siri 回答问题的速度很快，而且还能查询更多信息源，如维基百科。它可以承担更多任务，如回电话、播放语音邮件、调节屏幕亮度等更多功能。
- Facetime 功能：使用 iOS 设备通过 WLAN 或 3G 网络与其他人进行视频通话，甚至还可以在 iPhone 或 iPad 上通过蜂窝网络和朋友们进行 FaceTime 通话。
- iMessage 功能：这是一项比手机短信更出色的信息服务，可以通过 WLAN 网络连接与任何 iOS 设备或 Mac 用户免费收发信息。而且信息数量不受限制，可以尽情发送文本信息，还可以发送照片、视频、位置信息和联系人信息。iMessage 包含手机短信服务。
- Safari 功能：是一款移动网络浏览器，不仅可以使用阅读器排除网页上的干扰，还可以保存阅读列表，以便进行离线浏览。
- Game Center 功能：使社交游戏网络不断扩展，可以加入多人游戏，与不认识的玩家一决高下。
- 控制中心：建立快速通路，便于使用那些随时急需的控制选项和 App。只需从任意屏幕（包括锁定屏幕）向上轻滑，即可完成一个操作，如：切换到飞行模式，打开或关闭无线局域网、蓝牙或勿扰模式，锁定屏幕的方向，调整屏幕亮度，播放、暂停或跳过一首歌曲，连接支持 AirPlay 的设备，能快速使用手电筒、定时器、计算器和相机等。

- 通知中心：可随时掌握新邮件、未接来电、待办事项和更多信息。可以从任何屏幕（包括锁定屏幕）访问通知中心。只需要向下轻滑，即可迅速掌握各类动态信息。

- 多任务处理：在 App 之间切换。因为 iOS 7 会了解用户喜欢何时使用 App，并在用户启动 App 之前更新用户的内容，这就是 iOS 7 的多任务处理功能。点按两次主屏幕按钮，即可查看已经打开的 App 的预览屏幕。若要退出一款 App，只需向上轻滑，将它移出预览模式。iOS 将应用程序的更新安排在低功耗的时段，比如在用户的设备开启并连接无线网络时，这样就不会无端消耗电池。

- 相机功能：将所有的拍摄模式置于显要位置，包括照片、视频、全景模式和新增的正方形模式。轻滑一下，就能以喜欢的方式拍摄想拍的画面，瞬间即成。全新滤镜更好地提升了对比度。

- Airdrop：通过文本信息或电子邮件发送照片或文档。它能快速、轻松地共享照片、视频、通讯录，以及任何有"共享"按钮的 App 中的一切。只需轻点"共享"选项，然后选择要共享的对象即可。AirDrop 会使用无线网络和蓝牙完成其余的事情，不仅无须设置，而且传输经过加密，可严格保障共享内容的安全。通过 AirDrop，用户可以与指定的一个人或多个人共享照片或视频。

- 查找我的 iPhone/iPad/iPod touch：丢失 iPhone 的感觉糟透了，幸好有"查找我的 iPhone"功能，它能帮用户找回 iPhone。但如果难以找回，iOS 7 中新的安全功能可以增加其他人使用或卖掉用户设备的难度。关闭"查找我的 iPhone"或"擦除你的设备"选项，都需要用户的 Apple ID 和密码。即使设备上的信息已被擦除，"查找我的 iPhone"仍能继续显示自定义信息。无论谁想重新激活设备，都需要你的 Apple ID 和密码。也就是说，你的 iPhone 仍然是你的 iPhone，无论它在哪里。

- 软硬件配合：由于 Apple 同时制造 iPad、iPhone 和 iPod touch 的硬件和操作系统，因此一切都配合得天衣无缝。这种高度整合使 App 得以充分利用 Retina 显示屏、Multi-Touch 界面、加速感应器、三轴陀螺仪、加速图形功能及更多硬件功能。FaceTime 使用前后两个摄像头、显示屏、麦克风和 WLAN 网络连接，这也使得 iOS 是优化程度最好、最快的移动操作系统。

- App Store：iOS 所拥有的应用程序是所有移动操作系统里最多的。iOS 平台拥有数量庞大的移动 App，几乎每类 App 都有数千款，而且每款 App 都很出色。这是因为 Apple 为第三方开发者提供了丰富的工具和 API，从而让他们设计的 App 能充分利用每部 iOS 设备蕴含的先进技术。所有 App 都集中在一处，只要使用你的 Apple ID，即可轻松访问、搜索和购买这些 App。

- iCloud：iCloud 可以存放照片、App、电子邮件、通讯录、日历和文档等内容，并以无线方式将它们推送到你的所有设备上。如果你用 iPad 拍摄照片或编辑日历事件，iCloud 能确保这些内容也会出现在你的 Mac、iPhone 和 iPod touch 上，而无须进行任何操作。

4.4 物联网操作系统

物联网的出现，推动了集成电路产业、传感器产业、自动化产业、计算机软件产业、移动网络产业的发展，冠以"智慧"之词的行业层出不穷，如智慧交通、智慧电网、智慧医疗、智慧校园、智慧工厂、智慧城市等。物联网操作系统更是百花齐放，本节所枚举的案例，仅是部分物联网操作系统，涉及国外的、国内的、开源的、商用的等不同形式。物联网工程的复杂性、广覆盖性，意味着物联网操作系统具有多样性。统一的、普适的物联网操作系统是技术"小白"的梦想，是垄断厂商追求的目标。

4.4.1 概述

物联网操作系统有不同于其他操作系统的特点，最主要的是其伸缩性。物联网操作系统的内核应该能够适应各种配置的硬件环境，从小到几十 KB 内存的低端嵌入式应用，到高达几十 MB 内存的复杂应用领域，物联网操作系统内核都应该可以适应。同时，物联网操作系统的内核应该足够节能，确保在一些能源受限的应用下，能够持续足够长的时间。比如，内核可以提供硬件休眠机制，包括 CPU 本身的休眠，以便在物联网设备没有任务处理的时候能够持续处于休眠状态。在需要处理外部事件时，又能够快速地唤醒。

物联网首先要解决的是"连接""区别""识别""沟通"和"操作"5 大问题，只有这些问题解决了，才能继续涉及安全性、易用性、低成本等问题。而传统的 PC 操作系统、网络操作系统和嵌入式操作系统等均无法有效解决以上问题。

在物联网飞速发展和水平化转型的大背景下，运行在资源受限设备之上的操作系统内涵也将不断丰富，例如硬件抽象、安全、协议连接、互联互通和设备管理等。

物联网有 3 个层次：终端应用层、网络层和感知层。其中最能体现物联网特征的就是物联网的感知层。感知层由各种传感器、协议转换网关、通信网关和智能终端设备组成。物联网操作系统就是运行在物联网终端上，对终端进行控制和管理，并提供统一编程接口的操作系统软件。

具体来说，物联网操作系统除具备传统操作系统的设备资源管理功能外，还具备下列功能：

- 屏蔽物联网碎片化的特征，提供统一的编程接口；
- 物联网生态环境培育；
- 降低物联网应用开发的成本和时间；
- 为物联网统一管理奠定基础。

物联网操作系统架构正在由原来的垂直沙漏模型向水平模型转化，从水平化角度看，其发展趋势是更重视设备管理和设备连接性，不再拘泥于特定操作系统的功能。如 Wind River 和 ARM 都将物联网平台定位在提供连接性和设备管理上。

物联网操作系统按工作模式分为实时操作系统和非实时操作系统。

国际上常见的嵌入式操作系统大约有 40 种，如：Linux、uClinux、WinCE、PalmOS、Symbian、uCOS－II、VxWorks、Nucleus、ThreadX 和 QNX 等。它们基本可以分为两类：一类是面向控制、通信等领域的实时操作系统，如 windriver 公司的 vxWorks、QNX 系统软件公司的 QNX、ATI 的 Nucleus 等；另一类是面向消费电子产品的非实时操作系统，这类产品包括个人数字助理（PDA）、移动电话、机顶盒、电子书、Webphone 等，操作系统有 Microsoft 的 WinCE，3Com 的 Palm，Google 的 Android，以及 Symbian 等。

"实时"的真正含义是指任务的完成时间可确定、可预知。操作系统面对的负载通常是变化的，有时任务少，有时任务多，实时操作系统要求无论负载多少，都必须保证满足时间要求。

实时操作系统要求的不是运行速度，而是任务执行时间的确定性。

物联网操作按市场运作模式分为开源操作系统和商用操作系统。

开源操作系统（Open source operating system），是指源代码公开的操作系统软件，要遵循开源协议进行使用、编译和再发布。在遵守相关开源协议的前提下，任何人都可以免费使用，随意控制软件的运行方式。开源操作系统最大的特点就是开放源代码和自由定制，列举优势如下：

- 易理解：开源操作系统源代码公开，开发人员更容易查看和理解代码，获取相关知识。
- 公开透明：操作系统漏洞和缺陷更容易曝光，同时代码的开发和维护也是公开的。
- 可定制：用户可以根据需求，依照不同的硬件平台和应用场景进行定制。
- 低成本：无商业版权费，节省了相关开发管理和人力投入成本。
- 可持续：操作系统开发公司无法提供后续服务，依靠开源社区的开发人员参与持续维护系统。
- 集思广益：因为开源操作系统是公开，可以让更多的开发者参与开发，汇集更多的智慧和想法。

对于物联网发展而言，碎片化是主要的问题，其中，芯片、传感器、通信协议、应用场景千差万别，厂商、学派山头林立。比如无线通信标准就有蓝牙、Wi-Fi、ZigBee、PLC、Z-Wave、RF、Thread、Z-Wave、NFC、UWB、LiFi、NB-IoT 和 LoRa 等。很明显，技术方案不统一，体系结构不一致，阻碍了物联网的发展，也局限了互联互通的范围。

各种操作系统可以支持不同的硬件、通信标准和应用场景。开源，有利于打破技术障碍和壁垒，提高互操作性和可移植性，减小开发成本，同时也适合开源社区的开发人员参与进来。

操作系统是物联网中一个十分关键的环节，开源更助推了物联网的开放和发展。目前，开源操作系统在物联网中的应用已经十分广泛，以后也必将在物联网中扮演越来越重要的角色。

手机操作系统市场，经过多年的市场优胜劣汰，Android 操作系统因为开源而占市场 84%以上的份额，iOS 操作系统因为苹果公司科技领先的优势，占市场份额 16%左右，形成两家独大的局面，其他手机操作系统基本被市场淘汰。在物联网普及初期，由于物联网通信协议的多样性和微处理器芯片的多样性，物联网操作系统必然呈现出多样性的特点，而几年后，经过市场风雨的洗礼，物联网操作系统的种类会减少，优质的物联网操作系统会存活下来。

另外，商用操作系统需要付费授权才可使用，一般不允许客户改动操作系统核心编码。

4.4.2　特点

物联网操作系统的特点分为 3 个：连接、协同、智能。

1．连接

连接是各种各样的终端设备能够通过某种网络技术，连接到一个统一的网络上，任何终端之间都可以相互访问。下一代的基础通信网络，包括 5G 通信技术和网络架构重构，核心目标是为物联网提供泛连接网络。目前已经有很多厂商推出了相应的解决方案，比如 Google 的 thread/wave，华为的 Hi-Link，以及 NB-IoT 等。

传统的物联网连接，都是指物联网终端设备与物联网云平台之间的连接，如图 4.4 所示。

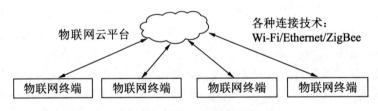

图 4.4　传统的物联网连接

在这种模式下，物联网设备通过各种各样的连接技术，比如 Wi-Fi、Ethernet、BLE 和 ZigBee 等技术，连接到位于云端的物联网平台上。需要注意的是，这仅仅是一个逻辑结构，在物理层面上，物联网设备在接入云平台之前可能需要一个物联网网关。因为很多连接技术是无法直接连接到位于 Internet 上的物联网云平台的，比如 ZigBee、BLE、Z-Wave 和 NFC 等。这些技术的通信范围是一个小的局域网，比如一个家庭、一间办公室等。而连入 Internet 的技术，则往往是 Wi-Fi、Ethernet、2G/3G/4G 等这类网络技术，大部分物联网设备并不能提供这种连接的能力。因此，需要有一个物联网网关来弥补这个空隙，完成不同技术之间的转换。如图 4.5 所示为物联网网关的功能和网络位置。

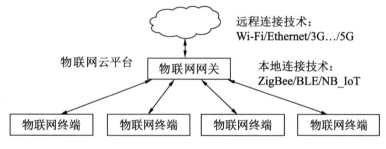

图 4.5　含有物联网网关的连接方式

物联网网关具备相对强大的计算能力，具备丰富的网络接口，同时具备消息或数据的汇聚和分解功能。

在这种连接模式下，物联网云平台是所有物联网终端设备的大脑，云平台统一指挥物联网终端的行为，如果这种连接一旦断开，那么物联网终端将无所适从，完全失去控制。

更理想的连接，应该是物联网设备之间也能实现本地的直接连接，如图 4.6 所示。

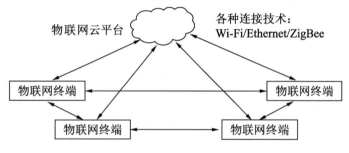

图 4.6　本地连接方式

物联网设备之间也建立连接，同时保留与云平台的连接。这样的好处就是，一旦云平台的连接中断，物联网终端可以采用本地之间的终端连接，继续提供服务。同时，物联网设备本地之间的交流和通信，直接通过本地连接完成，而不用再上升到云端。

要实现这种"云端连接"加"本地连接"的模型，需要物联网设备支持消息中继功能。即物联网设备可以把另外的物联网设备消息或数据转发到云平台，同时把云平台下发的数据转接给另外的物联网设备。

2. 协同

协同是指接入网络的任何设备之间，能够通过学习，实时地了解自己和对方的能力与状态，能够根据特定的输入条件或者特定的环境状态，多种设备间实现有效互动、协调工作，完成某种单一设备无法完成的工作。协同是物联网的核心和本质，主要表现在下面几个方面：

物联网设备之间的自动发现，尤其是不同功能、不同类别的设备的相互发现。比如在智慧交通领域，汽车靠近信号灯时，应该可以快速发现信号灯并建立联系。这样，信号灯就可以根据与自己建立联系的汽车数量，来灵活调度信号灯的切换时间。

物联网设备之间的能力交互。设备之间，只有相互了解对方的能力，了解对方能干什么，才能实现有效的交互和协同。类似中国人之间的"找关系"，只有知道对方是干什么的，有哪些能力，才会有目的地发起请求，从而一起协作互动达到目标。

新增物联网成员（设备、功能）的自动传播。在一个局域网（智慧家庭）中，加入了一个新（成员）的功能设备，这个新的（成员）设备需要尽快地"融入"原有的（网络组织）设备群之中。新设备有能够广播自己的能力，同时原有的设备也可以快速地"理解"新加入的（成员）设备的功能和角色，达到一种统一的新网络状态。

3．智能

智能是指物联网设备具备类似于人的智慧，比如根据特定条件和环境的自我调节能力，能够通过持续的学习不断优化和改进，以便更人性化地为人类服务。

物联网设备应该具备自我学习能力，能够通过积累过往的经验或数据，对未来进行预判，为人们提供更加智能的服务。这种机器学习的能力，属于物联网操作系统的一部分，能够抽象成一些基本的服务或 API，内置到内核中，提供给应用开发者或设备开发者调用。

机器学习服务不仅是位于终端操作系统中的一段代码，还应该有一个庞大的云平台作为支撑。大量的计算和预测功能在云平台上执行，而终端上只是做一些简单计算和结果的执行。这样终端加云平台软件，就形成了一个分布式的计算网格，有效分工，协同计算，有序执行，形成一个支撑物联网的数字神经系统。

4.4.3 架构

物联网操作系统是支撑物联网大规模发展的最核心软件。根据上面总结的物联网的主要特征，结合操作系统的主要功能和分层结构，总结出以下物联网操作系统整体架构，如图 4.7 所示。

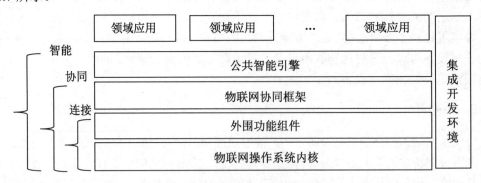

图 4.7　物联网操作系统整体架构

物联网操作系统是由操作系统内核、外围功能组件、物联网协同框架、通用智能引擎和集成开发环境等几个大的子系统组成。这些子系统之间相互配合，共同组成一个完整的面向各种各样物联网应用场景的软件基础平台。需要说明的是，这些子系统之间有一定的层次依赖关系，比如外围功能组件需要依赖于物联网操作系统内核，物联网协同框架需要依赖于外围功能组件，而公共智能引擎，需要依赖于下层的内核、外围功能组件甚至是物联网协同框架。在架构图 4.7 中，反映了这种层次化的依赖关系。

目前主流的物联网操作系统，比如 Google 的 Brillo、Linux 开放基金会的 Ostro 项目，以及 HelloX 项目，都遵循这种框架。根据这个框架，我们自下而上解析物联网结构如下：

1. 系统内核

内核是操作系统的核心组件，线程、任务管理、内存管理、内核安全和同步等机制，都是在内核中实现的。从功能上说，大部分操作系统的内核都相差不大，在功能的实现上，面向不同领域的操作系统，其实现目标和实现技术是不同的。比如对传统的通用个人计算机操作系统来说，内核更加关注用户交互的响应时间、资源的充分利用、不同应用程序之间的隔离和安全等。物联网操作系统内核的功能结构如图 4.8 所示。

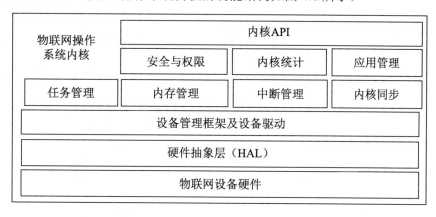

图 4.8　物联网操作系统内核功能结构

物联网操作系统的内核也应该具备嵌入式操作系统的一些特征，比如可预知可计算的外部事件响应时间、可预知中断响应时间、对多种多样的外部硬件的控制和管理机制等。当然，物联网操作系统内核必须足够可靠和安全，以满足物联网对安全性的需求。

物联网操作系统的功能与其他操作系统基本类似，主要包括任务管理、内存管理、中断管理、内核同步、安全与权限管理，以及应用管理等。为了确保内核的正常运行，也应提供内核统计与监控功能，即监视内核的运行状态、监视内核对象的数量和状态等，为维护人员或开发人员提供故障定位的工具。在每一个内核子模块中，都会通过更加具体的机制或者算法，来满足物联网应用的需求，同时确保内核的整体安全性和可靠性。

内核也是直接与物理设备打交道的软件，所有对物理设备的管理，包括物理设备检测，以及物理设备驱动程序加载和卸载等功能，都是在内核中实现的。为了有效地管理物理设备，内核需要定义一套标准的设备管理框架，设备驱动程序需要遵循这套框架，才能纳入内核的管理。为了访问多种多样的物理设备，内核同时也会定义一套叫做硬件抽象层的软件，这本质上是对一些常用硬件操作的抽象，比如读写设备配置空间，有的 CPU 是通过 I/O 接口来访问设备空间的，有的则是把设备配置空间直接映射到内存空间，通过常规内存访问来读取设备配置空间。为了适应这种不同的情况，内核一般会定义两个叫做 __device_read 和 __device_write 的宏，根据设备类型的不同，这些宏定义的实现代码也会不同，但是对操作系统内核和设备驱动程序来说，只需要调用这两个一致的宏，即可对设备配置空间进行访问。这是典型的硬件抽象层的例子。

除此之外，物联网操作系统的内核还提供面向物联网应用的常用连接功能，比如对蓝牙的支持、对 ZigBee 的支持和对 Wi-Fi 的支持等。各类领域应用可以直接利用物联网操作系统内核的这些连接功能，实现最基本的通信需求。

2. 外围组件

物联网操作系统内核只是提供最基本的操作系统功能，供物联网应用程序调用。但只有物联网操作系统内核是远远不够的，在很多情况下，还需要很多其他功能模块的支持，比如文件系统、TCP/IP 网络协议栈和数据库等。把这些功能组件从物联网操作系统内核中独立出来，组成一个独立的功能系统，称为外围组件。

之所以把这些功能组件称为"外围"，是因为在很多情况下，这些功能组件都是可选的。在实际的物联网应用中，这些外围组件不会全部用到，大部分情况下用到一个或两个外围组件就可以满足需求了，其他的功能组件必须裁剪掉。在物联网应用中，很多情况下的系统硬件资源非常有限，如果保留没有用到的功能组件，会浪费很多资源。同时，保留一些用不到的组件，会对整个系统带来安全隐患。这些外围组件都是针对物联网操作系统进行定制和开发的，与物联网操作系统内核之间的接口非常清晰，具备高度的可裁剪性。

在通用（PC）操作系统中，这些外围组件的处理方式却与物联网操作系统不同，这些组件会被统一归类到内核中，随内核一起分发，作为一个整体提供给用户。即使应用程序不用这些组件，也不能把这些组件裁剪掉。之所以这样做，是因为通用（PC）操作系统的资源相对丰富，多保留一些功能模块对整体系统的影响并不大。同时，通用（PC）操作系统的安全性要求相对较低。

物联网操作系统内核和外围组件结合起来可以解决物联网的"连接"需求。这包括内核提供的基本物联网本地连接（蓝牙、ZigBee、NFC 和 RFID 等），以及外围组件中的 TCP/IP 协议栈等提供的复杂网络连接。

除 TCP/IP 网络协议栈外，常见的外围组件还包括文件系统、图形用户界面（GUI）、安全传输协议、脚本语言执行引擎（比如 JavaScript 语言的执行引擎等）、基于 TCP/IP 协议的安全传输协议（SSL、SSH 等）、C 运行库和在线更新机制（软件升级、在线更新补丁）等。需要说明的是，TCP/IP 协议栈是面向互联网设计的通信协议栈，由于物联网本身特征与互联网有很大差异，TCP/IP 协议栈在应用到物联网的时候，面临许多问题和挑战，需要对 TCP/IP 协议栈做一番优化和改造。我们把改造之后的 TCP/IP 协议栈称为"面向物联网的 TCP/IP 协议"，简写为 TCP/IP@IoT。如图 4.9 所示为常见的物联网操作系统外围功能组件。

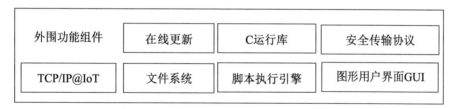

图 4.9 物联网操作系统外围功能组件结构

3. 物联网协同框架

物联网协同框架实现物联网"协同"功能，是物联网系统架构的组成部分。物联网操作系统的内核和外围组件实现了物联网设备之间的"连接"功能。但是，仅仅实现物联网设备的连接网络，是远远不够的。物联网的精髓在于，物联网设备之间能够相互交互和协同，使物联网设备能够充分合作，相互协调一致，以达到单一物联网设备无法完成的功能。物联网协同框架，就是为物联网设备之间的协同提供技术支撑。

物联网协同框架是一组软件的集合，由多个功能相互独立，又相互依赖的软件模块组成。比如，Google 的 Weave 物联网协同框架，由云平台组件 Weave Cloud、面向设备端的 LibWeave 及面向智能手机客户端的 Weave Client 等组件组成。Weave Cloud 是整个框架的中心管理器，所有基于 Weave 的物联网设备，首先都连接到 Weave Cloud 上，接收 Weave Cloud 下发的指令，并向 Weave Cloud 上报相关数据。Weave Client 也需通过 Weave Cloud 来管理和控制基于 Weave 的物联网设备。

物联网协同框架包括如下功能：

- 物联网设备发现机制。物联网设备一般不提供直接的用户交互界面，需要通过如智能手机或计算机等设备连接，然后对设备进行管理和配置。在物联网设备第一次加电并连接网络之后，智能手机/计算机等如何快速准确地找到这个物联网设备，就是物联网设备发现机制要解决的问题。尤其是在物联网设备数量众多、功能多样的情况下，如何准确快速地发现和连接到物联网设备上，是一个很大的挑战。设备发现机制的另外一个应用场景是设备与设备之间的直接交互。比如在同一个局域网内的物联网设备，可以相互发现并建立关联，在必要的时候能够直接通信，相互协作，实现物联网设备之间的协同。
- 物联网设备的初始化与配置管理，包括设备在第一次使用时的初始化配置、设备的认证和鉴权，以及设备的状态管理等。
- 物联网设备之间的协同交互，包括物联网设备之间的直接通信机制。物联网协同框架需要能够提供一套标准或规范，使得建立关联关系的物联网设备之间能够直接通信，不需要经过后台服务器。

- 云端服务。大部分情况下，物联网服务需要云端的支持。物联网设备要连接到云端平台上，就需要进行认证和注册。物联网设备在运行期获取的数据，也需要传送到云端平台上进行存储。如果用户与物联网设备距离很远，无法直接连接，则用户也需要经过云端平台来间接控制或操作物联网设备。物联网协同框架至少要定义并实现一套标准的协议来支撑这些操作。

除此之外，物联网协同框架还必须实现一些基本的服务来支撑上述功能。比如，物联网协同框架需要定义一套标准的物联网设备命名体系，以能够准确、唯一地标识每一台物联网设备。物联网设备之间，以及用户与物联网设备之间，在相互操作之前还必须要完成认证和鉴权，以确保物联网的安全。另外一个基础服务就是标准的物联网操作模式。比如在智能家电应用中，用户可以通过一个标准的 Open 命令来远程打开空调；通过一个 Adjust 命令来调节空调的温度。这些标准的命令必须由物联网协同框架进行定义才能实现不同厂商、不同类型设备之间的互操作。如果没有这些标准的操作模式（操作命令），那么要打开 A 厂商的空调是 Open 命令，要打开 B 厂商的空调则可能是 Turn On 命令，这样就无法实现相互操作。

上述协同功能和基本服务都是建立在网络通信基础之上的，协同框架还必须实现或者选择一种合适的网络通信协议。物联网的特征，要求这种通信协议尽可能地低功耗和高效率。一些常用的标准协议，比如 CoAP 或者 MQTT 可以承担这个功能。大部分物联网协同框架比如 IoTivity，就是基于 CoAP 协议的。如图 4.10 给出了物联网协同框架的主要组成。

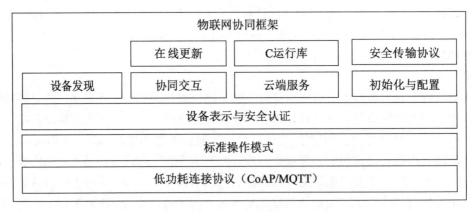

图 4.10　物联网协同框架结构

我们通过智慧商场的例子，进一步说明物联网协同框架的作用。在智慧商场解决方案中，一般都会包括火警探测器与智慧门禁系统。这两类物联网设备在被安装在商场之前，必须经过安全的初始配置，以确保不会被恶意控制。初始配置完成之后，这两类设备会连接到统一的协同框架云端系统，并实时更新其状态。与此同时，火警探测器也会通过物联网协同框架的设备发现机制与门禁系统建立联系，并相互知道自己的存在。一旦火警探测器探测到火警发生，则会直接告诉门禁系统打开门禁，以方便人们尽快逃生。这种情况下，如果没有物联网设备之间的直接通信功能，所有的通信都需要经过后台系统转接，那么不但响应时间会增加，更致命的是，一旦与后台之间的物理网络中断，则终端之间将无法实现自动联动。这种网络故障，在火警灾难发生时是最常见的。

为支撑上述机制的有效运行，物联网协同框架还必须提供一致的通信协议和通信技术，物联网设备只要遵循这套协议，就能够相互识别对方的消息。同时，物联网协同框架还必须提供一套唯一的命名规范，确保任何一个物联网终端设备都能获取到唯一的名字，其他设备能够通过这个唯一的名字与之交互。同时，这套唯一的命名规范，最好能够把物联网终端设备的功能也体现出来。这样物联网设备之间通过设备名字，就可以确定其提供的功能，从而做出有针对性的动作。比如上述例子，火警探测器可以命名为 Fire alert detector，而门禁系统可以命名为 Entrance access control，这样这两者可以通过名字知道对方的功能角色。当然，这只是一个例子，在实际的命名系统中，应该有一套计算机能够识别的编码体系。

目前物联网行业内的一些协同框架，基本都是与物联网操作系统内核独立的，即这些协同框架可以被应用在基于任何操作系统的物联网解决方案中，只要这些操作系统能够提供必要的接口即可。但采取这种方式显然有其明显的弊端，那就是无法采用一套统一的代码，来适应所有的操作系统。比如 Google 的 Waeve，针对 Linux 和 Android 等复杂的操作系统，采用 C++语言开发了 LibWeave 组件。而针对资源受限的嵌入式应用场景，则又采用 C 语言开发了 uWeave。这样对物联网设备的开发者来说，就不得不掌握两套完全迥异的 API，了解两套机理完全不同的物联网协同框架，显然无法降低成本。

理想的实现方式是，物联网协同框架能够与物联网操作系统内核紧密绑定，只提供一套 API 给开发者，通过物联网操作系统内核本身的伸缩机制，来适应不同的应用场景。比如在没有 Wi-Fi 支持的嵌入式场景中，物联网操作系统内核会裁剪掉 TCP/IP 等组件，而采用低功耗蓝牙技术实现数据通信。而如果目标硬件配置了 Wi-Fi 或者 Ethernet 等网络接口设备，则会保留 TCP/IP 协议栈。不论是哪种形态，物联网操作系统内核都会提供统一的 API 给物联网协同框架使用，即底层的通信机制对物联网协同框架是透明的。基于这样的设计原则，类似 Google Weave 这样的物联网协同框架就无须针对不同的目标硬件设计多套解决方案了，只需要一套就可解决问题。

4. 公共智能引擎

通过物联网协同框架，可以使物联网设备之间建立关联，充分协作，完成单一物联网设备无法完成的功能。但是这种协同的功能，还是局限于事先定义好的逻辑。比如上述智慧商场中火警探测器和门禁系统的例子，必须在领域应用中编写代码，告诉火警探测器，一旦发生火警就告诉门禁系统打开门禁。如果没有这样的程序逻辑，火警探测系统是不会通知门禁系统打开门禁的。

如果希望物联网系统超出预定义的范围，能够达到一种自学习的程度，比如最开始火警探测器并不知道在发生火警时通知门禁系统打开门禁，而是随着运行时间的增加，逐渐地学习到这种能力。这样，只有物联网协同框架是无法做到的，必须引入智能引擎的支持。公共智能引擎结构如图 4.11 所示。

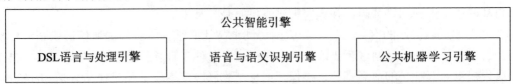

图 4.11　公共智能引擎

物联网智能引擎，是指包含了如语音与语义识别、机器学习等功能模块，以使得物联网能够超出事先定义好的活动规则，能够像人一样具备智慧的能力。在物联网智能引擎内的功能模块，都是基础能力，可以供各种物联网应用所调用。比较典型的例子就是，在物联网设备中加入语音识别功能，人们通过自然语言，与物联网设备直接对话，以此达到下达指令的目的。

另外一个公共智能引擎中的重要模块，是 DSL 语言与其对应的处理引擎。DSL（DomainSpecific Language，领域特定语言）是针对某一种特定的应用领域开发的编程或操作语言，专门应用于一个相对独立的领域。这与计算机编程语言不一样，计算机编程语言大部分都通用，可以为多种应用领域编写程序。正是因为它的通用性，无法照顾到某一个具体的领域，因此采用通用计算机语言来实现某一个具体领域的应用时就非常麻烦，需要专业的程序员经过复杂的编程工作来实现。DSL 语言则是针对某一个很细的功能领域开发，专门应用于这个特定的领域。这样就可以针对这个特定的领域建立一些内置对象，定义领域特定的动作，并根据领域的习惯定义领域特有的语法。采用 DSL 语言来编写领域应用就非常简单。

现在有很多软件工具可以用于定义 DSL，并提供执行解释引擎。物联网操作系统的公共智能引擎模块中，也应该提供 DSL 语言开发及解释的功能，以方便物联网特定场景的调用。

5. 集成开发环境

集成开发环境是任何一个完备的操作系统所必需提供的功能组件，程序员通过集成开发环境的辅助，完成具体应用的开发，这些应用最终运行在目标操作系统上。比如针对 Linux 操作系统的 GCC 开发工具套件，面向 Windows 操作系统的 Microsoft Visual Studio 集成开发环境，以及跨平台的 Eclipse 集成开发环境等，集成开发环境如图 4.12 所示。

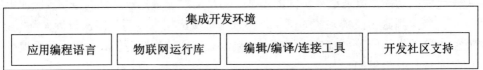

图 4.12　集成开发环境结构

　　开发环境是丰富和壮大操作系统生态圈的最核心组件，同时也是形成二级开发模式的基础。所谓二级开发模式，指的是包含操作系统平台本身功能开发的第一级开发，以及基于操作系统平台，进行应用程序开发或操作系统内核定制的二次开发。其中，第一级开发，是由操作系统厂商或者开源社区完成。而第二级的二次开发，则是由具体的应用厂商开发完成。这两个层次的开发，所用的工具是不同的。在第一级开发中，一般采用系统级的开发工具，大部分都是命令行模式，采用的开发语言也是以 C/C++，甚至汇编语言为主。而第二级开发的时候，操作系统基础架构已构筑起来了，对应的编程开发环境也已完善，因此大部分是采用图形化的开发环境。相对来说，第二级开发所需要的系统级的开发技能也相对较低。注意，这里说的是系统级的开发技能，主要是指对计算机 CPU 和外围硬件、操作系统内核等的理解和控制技能，并不是指面向应用的开发技能。实际上，无论是哪个层级的开发，只要深入进去，真正解决问题了，都不会太简单。

　　物联网领域也是如此。在物联网操作系统本身的开发中，会采用不同的相对专业的开发工具。在操作系统发布之后，也要提供一套完整的开发工具，方便物联网领域的程序员开发物联网应用。

　　一般的集成开发环境是由一系列工具组合而成的，即使是 Microsoft 的 Visual Studio 集成开发环境，虽然开发起来是类似 Office Word 一样的独立应用程序，程序员在其中完成程序的编写、编译、调试、运行和发布等全软件生命周期的所有活动，但是它也是由若干个独立工具组合在一起形成的集成软件工作台，比如编译工具、连接工具、调试工具，以及软件代码一致性检查工具等。

　　面向物联网操作系统的集成开发环境也不例外，它是由一系列相互独立但又相互依赖的独立工具组成的。最基本也是最核心的部分是开发语言。目前来说，还没有一套专门面向物联网应用开发的语言，这不利于推动物联网的大发展，因此，必须选择一种适合物联网特点的开发语言。根据物联网本身的特征，适合物联网应用开发的语言，必须具备下列特征：

- 开发语言必须是能够跨硬件平台的。跨硬件平台的好处是，针对某一类功能相同或类似的物联网设备编写的应用程序，可以在这一类物联网设备上通用，而不管这类设备是不是同一个厂商。比如针对智能摄像头而言，A 厂商的摄像头的配置，可能是 ARM 的 CPU、USB 接口，分辨率是 1024×768 等，而 B 厂商的摄像头可能是基于 x86 的 CPU、SPI 接口。基于摄像头编写一个人脸识别程序，如果采用跨平台的编程语言，则针对 A 厂商设备编写的应用程序，可以直接在 B 厂商的设备上使用。但是，如果编程语言不是跨硬件平台的，比如 C/C++语言，则针对 A 厂商的摄像头编写的应用程序必须经过重新编译（甚至还需要大量的修改）之后，才能在 B 厂商的摄像头上运行。因此物联网设备的碎片化特征，决定了开发语言必须是跨硬件平台的。
- 开发语言最好是面向对象的开发语言。面向对象编程方法，可以让程序员以更接近实际世界的方式来理解应用场景，建立程序开发模型，同时也可以大大加快开发速度。对于大型的软件，面向对象思想可以简化开发和维护过程，降低开发成本。在物联网领域，面向对象编程思想更有价值。因为我们面对的是一个一个的物体，每个物体都可以抽象为程序开发领域的一个对象，通过不同对象（物）之间的消息交互，可以快速完成复杂应用系统的开发。要支持面向对象的编程思想，面向对象的编程语言是必须的。

- 开发语言最好能支持完善的"事件驱动"机制。与以人为中心的传统软件开发模式不同，物联网时代的软件，都是受事件驱动的。面向物联网的程序，大多数情况下处理的是一个一个的外部事件，根据外部事件做出响应。比如一个火警探测设备，会针对探测到的起火事件做出对应的动作。物联网软件开发，很多情况下就是编写一个一个的时间处理程序，并与事先定义好的事件关联在一起。一旦外部事件发生，则处理程序就会被调用。这种以事件为中心的物联网编程方法，必须配以能够支持完善的"事件驱动"机制的开发语言。分析目前常见的开发语言，JavaScript 语言是最合适的。

除了编程语言之外，另外一个集成开发环境的核心部件是"物联网运行库"（物联网 Runtime）。任何一种开发语言，都有一个与之对应的运行库，比如针对 C 语言的 libc，针对 Java 语言的 J2SE/J2EE/J2ME 等配套库。这些运行库提供了开发过程中最常用的功能或函数，比如字符串操作、数字操作、I/O、数据库访问等。物联网开发领域也一样，必须有一套物联网运行库来提供最常见的物联网开发功能支持。下列与物联网应用开发相关的功能，应该在物联网运行库中实现：

- 支持物联网应用开发的最基本操作，比如字符串操作、文件 I/O、网络功能、任务管理、内存管理和数据库访问。
- 常见传感器的访问接口，比如针对温度、湿度、重力、加速度和光照等常见传感器设计一套标准的访问接口，然后把这一套访问接口作为物联网运行库的一部分进行实现。对应用程序来说，只需要调用这些接口即可访问对应的传感器，而不用关心传感器的物理参数（厂商、接口类型等）。
- 支撑物联网软件开发的基本编程机制，比如事件驱动机制的框架、面向对象机制的对象管理等。这些基本的机制，也需要在物联网运行库中实现，应用程序直接调用即可。
- 公共安全服务。比如用户或设备认证、访问鉴权和数据通信加密/解密等。这些基本的安全服务，在几乎每个物联网应用场景中都会涉及，因此作为公共服务纳入物联网运行库中进行实现。
- 物联网协同框架提供的基本服务，也可以纳入物联网运行库中，提供给应用程序。比如 IoTivity 协同框架的 API，CoAP 协议的 API，都可以作为物联网运行库的一部分功能来实现。

- 其他与具体应用（如车联网、智慧医疗、智慧农业等）相关的公共服务，比如物联网后台连接服务等，都可以作为应用领域特定物联网运行库的一部分来实现。

物联网运行库必须与物联网开发语言强相关，且物联网运行库的大部分代码，都是由物联网开发语言实现的。如果以 JavaScript 作为物联网开发语言，那么与之对应的物联网运行库大部分会通过 JavaScript 语言实现。物联网运行库有两种存在方式，一种是作为集成开发环境的一部分，在代码编译链接阶段，编译连接器从物联网运行库中选择与应用程序有关的代码片段，与应用程序编译在一起，形成一个可运行的程序包。在这种模式下，不需要加载全部物联网运行库，而只需要加载应用程序需要的一部分即可。另外一种存在方式，是在物联网操作系统的内核中。在这种情况下，物联网应用程序与物联网运行库是独立存在的，物联网应用程序在运行时，操作系统会根据需要临时加载物联网运行库，支持物联网应用程序的运行。

除物联网编程语言和物联网运行库之外，物联网集成开发环境还包括代码编辑工具、编译工具、连接工具和调试工具等，这是任何一个软件开发环境都需要具备的。需要注意的是，JavaScript 语言是解释型语言，即代码可以被语言解释器直接加载并分析运行，不需要事先编译和链接。在这种情况下，就不需要编译链接等工具。但是调试工具是必需的。

物联网应用开发语言，物联网运行库，以及对应的编辑、编译、连接和调试等工具组成了物联网开发环境的核心部分。除此之外，为了方便开发、分享、交流的目的，一个完善的开发社区也是必需的。开发者可以在这个社区上共享代码、讨论技术问题等。更重要的是，物联网集成开发环境可以与开发社区紧密结合，可以把成功的代码或有价值的模块发布到社区中。物联网开发环境可以直接根据程序员的需要，从社区中下载代码并纳入项目中。

6. 领域应用

领域应用是面向不同物联网领域，通过综合利用物联网操作系统的各层功能模块，借助物联网操作系统集成开发环境，开发出来的可以完成一项或多项具体功能的应用程序。应用领域可以根据需要，调用一个或全部物联网操作系统的功能。比如，一个简单网络连接的实时温度计应用，只需要利用物联网操作系统的内核和 TCP/IP 协议栈等外围组件即可。但是，如果这个温度计应用在智慧农业解决方案中，需要根据不同的温度来实时调节通风系统，则必须要集成物联网系统框架，以使得温度计与通风系统能够建立联系并有效协同。更进一步，如果希望温度计具备某些智慧的功能，比如能够识别人们的语音指令，能够根据周围环境的温度和湿度等信息，判断出是否在下雨并采取适当动作等，则必须要有公共智能引擎的支持。

总之，领域应用是物联网操作系统的直接服务目标，它利用物联网操作系统这个基础软件平台，并根据具体领域应用的特征，来完成某项具体的功能。由于领域应用是与特定领域强相关的，不属于公共的平台软件，因此我们不把它作为物联网操作系统的组成部分。但是为了说明领域应用与物联网操作系统的关系，也将它体现在了物联网操作系统的架构图中。

如果物联网应用只希望实现基本的连接功能，那么只要保留物联网操作系统的内核，以及一个或两个基本的外围组件比如 TCP/IP 协议栈就足够了。

如果物联网应用需要实现协同功能，则必须包含物联网协同框架这个功能模块。通过引入物联网协同框架，可以实现包括物联网应用终端设备之间的交互和协同，物联网设备与物联网运行平台之间的交互和协同，甚至包括物联网终端设备与智能手机之间的协同等功能。

如果仅仅提供连接和协同，并不能满足物联网的应用需求，那么物联网的领域应用可以把物联网操作系统的智能引擎利用起来。一个典型的场景就是，用户可以通过语音控制物联网设备，可以与物联网设备进行对话。物联网系统可以通过学习来理解用户的行为，并对用户的行为进行预测和反馈。

物联网操作系统分为内核、公共智能引擎、协同框架和外围组件 4 个层次，这些层次之间并不是严格的泾渭分明，而是具备一些依赖关系的。比如外围组件要依赖物联网操作系统内核机制，而协同框架又依赖于某些外围组件。同时，公共智能引擎也需要依赖于内核和外围组件作为基础支撑。这些不同的层次之间通过预先定义好的接口，能够水乳交融地集成在一起形成完整的解决方案，又可以根据应用需求保留其中的一个或几个部分，仍然可以成为整体。集成开发环境提供统一的 API，使整个系统表现出一致的风格。

4.4.4 实例分析

1. 实例1

RT-Thread 是由中国开源社区主导开发的开源嵌入式实时操作系统，它包含实时嵌入式系统相关的各个组件：实时操作系统内核、TCP/IP 协议栈、文件系统、libc 接口和图形引擎等。如图 4.13 所示为物联网操作系统抽象架构图。

RT-Thread 抽象架构包括：

- 底层移植和驱动层：这一层与硬件密切相关，由 Drivers 和 CPU 移植构成。
- 硬实时内核：是 RT-Thread 的核心，包括了内核系统中对象的实现，例如多线程及其调度、信号量、邮箱、消息队列、内存管理和定时器等实现。
- 组件层：是基于 RT-Thread 核心基础上的外围组件，包括文件系统、命令行 Shell 接口，lWIP 轻型 TCP/IP 协议栈和 GUI 图形引擎等。

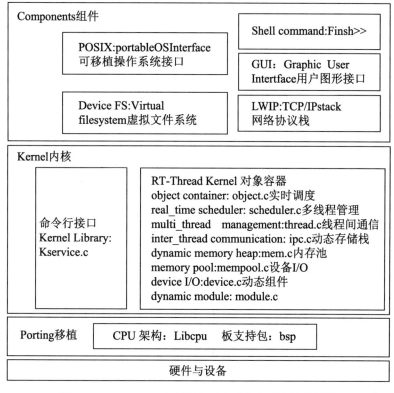

图 4.13　RT-Thread 开源嵌入式实时操作系统结构框图

2．实例2

Ostro Linux 操作系统符合 IoTivity，支持众多的无线技术，提供一种传感器框架。它注重物联网安全，提供对操作系统、设备、应用程序和数据的保护。Ostro Linux 整体架构如图 4.14 所示。

IoT应用程序
编程接口
协同框架
Ostro服务
Base 基本库
Linux 内核
Hardware硬件

图 4.14　OstroLinux 操作系统结构组成框图

- 编程接口：编程接口是 Ostro 提供给应用程序开发者使用，用于开发各种各样的物联网应用程序。当前，Ostro 提供了多种多样的编程接口，供程序员根据自己的喜好和特定应用场景进行调用。
- 物联网协同框架：Ostro 内置了对 IoTivity 的支持。IoTivity 是一个开源的软件框架，用于无缝地支持设备到设备的互联，以及人与设备的简便互联。IoTivity 主要是为了满足物联网开发的需要，构建物联网的生态系统，使得设备和设备之间可以安全可靠地连接。而 IoTivity 通过提供一系列框架和服务来加速设备的互联应用开发。IoTivity 项目由 Open Interconnect Consortium（OIC）组织赞助，相当于是 OIC 标准的一个参考实现。

- Ostro 服务：主要是指系统级的一些进程或线程，这些进程或线程负责管理网络连接，加载必要的支撑服务，以及提供进程间通信（IPC）支持等。在 Ostro 操作系统中，保留了大部分 Linux 操作系统所支持的 systemd 和 D-Bus 等。

4.4.5 发展趋势

操作系统是物联网时代的战略制高点，PC 和手机时代的操作系统"霸主"未必能在物联网时代延续。

物联网（IoT）是目前最新、最热的技术热点之一，也是信息化时代的重要发展节点。相对于互联网而言，物联网的本质在于"万物相连"。物联网是在互联网基础上延伸和扩展的网络，其用户端延伸和扩展到了任何物品与物品之间进行信息交换和通信，也就是物物相连。

尽管物联网的发展形态受到普遍看好和关注，但是"连接""区别""识别"沟通""操作"这五大问题一直如影随形，只有这些问题得到很好的解决和兼顾，才能继续应对安全性、易用性、低成本等问题。在互联网"人与人"之间的信息交换和共享基础上，进一步扩展实现"物与物""人与物"之间的信息交换和共享。

在这样的大背景下，物联网操作系统与传统的个人计算机操作系统和智能手机类操作系统不同，它的发展趋势具有以下特点：

- 内核尺寸伸缩性及整体架构的可扩展性。物联网的发展即将进入一个小的爆发期，所以面对一轮轮的技术革新甚至换代时，整体架构的灵活性和可扩展性决定了一个企业的商业命脉。同时，为了适应不同应用场景下的技术要求，内核尺寸的伸缩性也是需要面对的问题。

- 内核的实时性。对于非抢占式调度方式的内核，很难满足关键性动作的实时性要求，比如常见的中断响应和多任务调度等情况下，对操作系统的实时性便有了更高的要求，特别是对于大多数的物联网应用而言，有意义的响应时间决定了市场的接受度。

- 高可靠性。在物联网的应用环境下，面对海量节点，设备一经投入使用，就很难再去维护。所以平均无故障运行时间和在一些严苛环境下的性能表现就显得尤为重要。而在一向很注重信息安全的机密机构中，其数据安全性引发了业内关于开源机制、VMM 机制等的广泛讨论。

- 低功耗。由于物联网的应用场景和网络节点的数量增多，低功耗是一个非常关键的指标。所以在整体架构设计的时候，就需要加入一些休眠模式、节能模式和降频模式等逻辑判断，以延长续航能力。

- 物联网研发系统。在最低层的硬件平台上，有物联网操作系统内核和外围功能模块，加上集成开发环境，这些子系统之间相互配合，共同组成一个完整的、面向各种物联网应用场景的软件基础平台，一起支撑了物联网的具体应用。物联网研发系统平台抽象描述如图 4.15 所示。

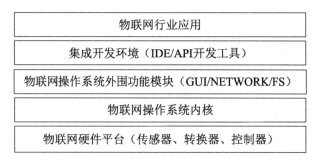

图 4.15　物联网研发系统平台抽象描述

具体地说，物联网操作系统除具备传统操作系统的设备资源管理功能外，还具备下列功能：

- 外部存储。支持硬盘、USB stick、Flash 和 ROM 等常用存储设备，以便在网络连接中断的情况下，起到临时存储数据的作用。
- 对物联网常用的无线通信功能要内置支持。在公共网络、近场通信、桌面网络接口之间，能够相互转换，能够把从一种协议获取到的数据报文，转换成为另外一种协议的报文发送出去。除此之外，还应支持短信息的接收和发送、语音通信、视频通信等功能。
- 网络功能。物联网操作系统必须支持完善的 TCP/IP 协议栈，包括对 IPv4 和 IPv6 的同时支持。TCP/IP 协议栈在应用到物联网的时候，面临许多问题和挑战，需要对 TCP/IP 协议栈做一番优化和改造。
- 支持完善的 GUI 功能。图形用户界面一般应用于物联网的智能终端中，完成用户和设备的交互。GUI 应该定义一个完整的框架，以方便图形功能的扩展。同时应该实现常用的用户界面元素：文本框、按钮和列表等。

4.5　小　　结

本章介绍了通用计算机操作系统、嵌入式操作系统、手机操作系统，以及物联网操作系统的概念、功能拓扑结构。重点介绍了物联网操作系统的架构、特点、内核、组件和集成开发环境等基础知识，并展望了物联网操作系统的发展趋势，虽然不会像手机操作系统那样收敛，也不会像现在这样发散。由于物联网硬件技术的复杂性，会延缓收敛时间，但收敛的趋势是不变的。

4.6 习　　题

1．PC 操作系统有哪些？具备什么特点？
2．手机操作系统有哪些？具备什么特点？
3．Andriod 操作系统的发展历程对物联网操作系统有什么启示？
4．物联网操作系统的特点是什么？

第 5 章 物联网操作系统

物联网操作系统（The Internet of Things Operating System，IoT OS），是由嵌入式操作系统（Embedded Operating System，EOS）和实时操作系统（Real Time Operating System，RTOS）演变而来。

物联网设备的 RTOS 需要处理数据时没有缓冲延迟。RTOS 的功能包括：能够实现多任务处理，能够调度和优先处理任务，能够管理资源在多个任务之间的共享。这种操作系统通常用于比较复杂的航空、工业和医疗物联网设备中。物联网操作系统需要的功能齐全，但不复杂，对资源的要求比较低，功耗比较低。这些简约的操作系统有开源操作系统，也有商用操作系统。物联网操作系统体现了可支持一切设备的操作：从卫星、联网冰箱，一直到嵌入在手表和衣服中的可穿戴式智能设备。

5.1 微软物联网操作系统

微软的嵌入式操作系统名为 Windows 10 for IoT。它有 3 个子操作系统，可以视要求而选用。第 1 个是 Windows 10 for IoT Mobile，支持 ARM 架构；第 2 个是 Windows 10 for IoT Core，支持 Raspberry Pi 和英特尔凌动；第 3 个是功能完备的 Windows 10 Enterprise，仅限于运行单一应用程序。

虽然 Windows 10 for IoT 在用户群和开发者经验方面落后于其他许多物联网操作系统，但那些习惯于使用 Visual Studio 和 Azure 物联网服务，针对 Windows 从事开发工作的人，依然会被整套的 Windows 10 for IoT 方案吸引过去。

微软子公司系列 WindRiver 的 VxWorks 是如今最流行的商用 ROTS。它提供了一款可靠的操作系统，又具有高度的灵活性。VxWorks 还提供了许多安全功能，这些功能对需要它们的物联网项目来说至关重要。VxWorks 在工业、医疗和航空等领域的名气很大，因为它是少数几家满足必要认证要求的 RTOS 厂商之一。

5.2 谷歌物联网操作系统

谷歌提出了 Project IoT 物联网计划，并且发布了 Brillo 操作系统。Brillo 操作系统是一个物联网底层操作系统。

5.2.1　谷歌 Brillo

Brillo 源于 Android 系统，是 Android 底层的一个细化项目，并且得到了 Android 的全部支持，例如蓝牙与 Wi-Fi 等技术在功耗很低的前提下，安全性也很高，优势在于任何设备制造商都可以直接使用。

面向基于 Android 的嵌入式操作系统的开发平台，很适合在编写 Android 应用程序方面有扎实的技术背景的开发者。Brillo 使用一种名为 Weave 的通信协议，这意味着智能设备没必要非得将嵌入式安卓作为其操作系统，它们只要能够使用 Weave 进行通信就可以。这为一大批厂商将 Weave 集成到物联网产品当中敞开了大门，最终让这些产品能够与 Brillo 兼容。

在谷歌发布 Brillo 后的一年里，这款基于 Android 的轻量级发行版日益受到嵌入式板卡厂商的追捧，比如英特尔 Edison 和 Dragonboard 410c，甚至得到一些计算机模块制造商的追捧。Brillo 的未来与谷歌的 Weave 通信协议密切相关，它需要这种协议。Weave 为 Brillo 带来了发现、配置和验证等功能，Brillo 可以在只有 32MB 内存和 128MB 闪存的设备上运行。

Brillo 物联网操作系统的功能和架构如图 5.1 所示。这是谷歌发布的专门面向物联网应用的操作系统，也是在业界比较有影响力的操作系统。

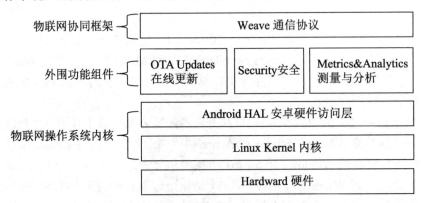

图 5.1　Brillo 物联网操作系统的功能架构图

由图 5.1 可见，Brillo 与 Android 一样，仍然使用 Linux 内核作为其操作系统内核。这样 Linux 在物联网领域应用的一些弊端，就被完整地继承到了 Brillo 中。比如，Linux 内核对运行内存的要求较高，同时 Linux 还需要 CPU 硬件支持 MMU（内存管理单元）功能等。这样就间接导致 Brillo 的运行内存要求较高，按照官方说法，要至少 32MB 内存，同时要求 CPU 支持 MMU 功能。这样大量的低端 CPU 或 MCU，比如 STM32 系列，就无法运行 Brillo，因为这些 CPU 的片上内存一般不超过 1MB，同时一般不提供 MMU 功能。

由于这些原因，大大限制了 Brillo 的应用范围。

在 Linux 内核之上，Brillo 保留了 Android 操作系统里面的一个硬件访问层（Hardware Access Layer，HAL）。这个层次的主要功能就是对底层的硬件进行统一的抽象，以更加友好一致的方式提供给应用程序访问。从功能上说，这一层软件并无明显的价值，但是其简化了对硬件的操作，给程序开发带来了较大的便利。按照一般的软件分层规则，这一层软件属于操作系统内核的一部分，因为它并没有提供额外的附加功能，在代码量上，与内核相比，也非常少，在某些情况下甚至可以忽略掉。因此，HAL 应该与操作系统内核放在一起。但是谷歌为了区分 HAL 这一层软件是来源于 Android 系统，而不是 Linux，因此把它单独列出来了。

图 5.1 再往上一层，就是支撑操作系统运行的一些辅助功能组件了。主要有在线更新（OTA Updates），安全相关的一些组件和机制，以及在线数据分析和性能测量等。在线更新机制，可以使运行 Brillo 操作系统的物联网设备在运行过程中就可以更新软件，而不用中断运行。这个特性是非常有价值的，Brillo 是一个复杂的系统，其版本更迭和补丁发布非常频繁。如果不提供在线更新功能，每发布一个新的版本和补丁，都需要现场更新物联网设备，显然是不可操作的。因此谷歌设计了这个特性来支撑在线实时软件更新功能。只要与 Brillo 的后台服务器连接上，Brillo 会自动检查更新并安排更新，而不会影响设备的正常运行。安全机制则提供了设备认证和数据加密等功能，这是任何网络信息流解决方案必须要提供的机制。在线性能统计和分析功能，可以帮助用户实时查看和分析设备状态、性能、消息数量等数据，为设备维护人员提供一个基础的管理平台。开发者可以根据需要，选择启用或关闭这些外围辅助功能。

图 5.1 最上的层就是 Weave 框架了。Brillo 操作系统内嵌了对 Weave 的支持，把 Weave 作为支撑物联网应用的主要功能模块。但是 Weave 并没有把 Brillo 作为唯一的底层操作系统，反而一直强调"跨平台，可移植"等特性。可见，在谷歌内部，Weave 要更强势一些，Brillo 的定位或者价值仍然存疑。

从架构上看，Brillo 是完全符合物联网操作系统参考架构的。比如 Linux 内核和 Android HAL 组合到一起，对应物联网操作系统内核这一层。在线升级、安全机制、性能测量和数据分析等这些辅助功能组件，对应于外围功能组件这一层；Weave 则对应于物联网协同框架这一层。

需要说明的是，在谷歌提供的官方架构图中，Weave 模块是与 OTAUpdates 等外围辅助模块位于同一个层次，这样无法反映出 Weave 和 Brillo 之间的关系。Weave 是依赖于 Brillo 操作系统而运行的，Weave 又不属于 Brillo 操作系统的范畴。因此应该把 Weave 放在 Brillo 上面，既体现了依赖逻辑，又体现了这两者相互独立的关系。

5.2.2　谷歌 Android Things

Android Things 是谷歌推出的物联网操作系统，是 Brillo 操作系统的更新版本，作为

Android 系统的一个分支版本，类似于可穿戴和智能手表用的 Android Wear（Android Wear 也是一种物联网操作系统）。

Android Things 使用 Weave 的通信协议，实现设备与云端相连，并且与谷歌助手等服务交互。

Android Things 面向所有 Java 开发者，不管开发者有没有移动开发经验。该操作系统能够支持一系列物联网设备的计算平台，其中包括英特尔 Edison 平台，NXP 公司的 Pico 平台，以及树莓派 3。

Android Things 的特点如下：

- 系统不开放：封闭系统。手机 Android 能改框架层和操作系统，Android Things 不能改。不存在"定制 ROM"这一说法。不能改驱动层（Kernel），不能改框架层（Framework），要改什么，只能在用户区里面用 Java 修改 OEM Application。
- 硬件不兼容：高通、Intel、MTK、瑞芯微、树莓派等主流硬件厂家，都开发出了各自的 CPU 模块和开发板，各厂家接口互不兼容。
- App 不开放：不允许用户自己私自安装 App 了。厂商开发者把 App 发给谷歌，谷歌审核打包后放到自己的服务器上，设备自动去谷歌那里下载和更新，无须用户自己动手。

专门为物联网 IoT 增加了以下功能：

- 增加了 Cloud IoT Core，Weave 物联网通信协议。
- 增加了 Tensor Flow 人工智能和机器学习引擎。
- 增加了谷歌自己的远场语音降噪算法。

总之，Android Things 系统精简了，使设备更安全了，其操作系统驱动不能更改，相应的硬件设计简单了，增加了很多物联网的软件模块，用户不能随便装第三方 App 了。

1. Android Things环境搭建

硬件准备：

- Raspberry Pi 3（树莓派）；
- 内存卡（至少 8GB）；
- 读卡器；
- HDMI 线，连接显示器输出系统和应用界面；
- USB 线+电源适配器（5V / 2A）——给树莓派供电；
- 路由器，通过网络调试应用程序；
- 网线，连接树莓派和路由器。

软件准备：

- Android Things 系统镜像文件；
- Windows 下烧录系统工具 Win32DiskImage 密码 13xj；
- Android Studio（2.2 以上版本）IDE；

- 应用模板和实例，官方实例。

2. 安装Android Things系统

安装树莓派的系统如图 5.2 所示，下载好适配树莓派的系统镜像文件，然后把读卡器和内存卡插到计算机上，在 Windows 上用 Win32DiskImage 工具选择系统镜像路径文件（见标注 1），然后选好可移动设备（见标注 2），单击 Write 按钮（见标注 3）就可以，写入之前会提示格式化内存卡，因此要保存好自己的文件。

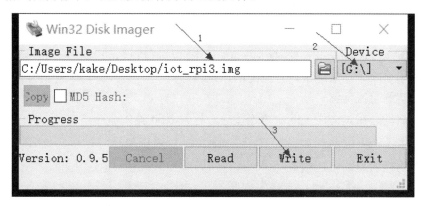

图 5.2　安装树莓派操作系统

3. 启动系统

给树莓派插上烧录好系统的内存卡，插上网线，插上 HDMI 线连接显示器，显示器记得调成 HDMI 信号源模式。最后插上电源就可以启动。如果烧录系统没什么问题，将会出现如图 5.3 所示界面。

图 5.3　Android things 物联网操作系统启动界面

树莓派官方显示界面都一样，只是版本号的区别，如果网线插好的话，能看到以太网分配的 IP 地址，调试程序的时候需要使用 IP 地址远程调试下载 Android Things 应用。

4. 配置开发环境

（1）安装 Android Studio。
① 新建项目或者导入项目时进度条一直不能结束，导致项目不能正常被配置。

解决办法是 C 盘目录 C:\Users\用户\.gradle\wrapper\dists\gradle-3.3-all\55g****w9\里应该放有 gradle 的工具包。从上层目录可以看出来需要 gradle-3.3 这个版本。可以从网上搜索 gradle-3.3-all.zip，然后下载后放到该目录里。

② 正确导入应用模板之后，可能项目原来的 gradle 版本低，所以软件提示是否把项目的 gradle 配置升级为最新的，确定之后，后面应用就可以正常编译和安装。

③ Android Studio 自带了最新的 SDK，但是后面使用的应用模板可能需要其他版本，所以在正确导入项目模板之后，按照 console 里提示安装即可。

（2）配置 adb 工具的环境变量。

Android Studio 安装时，除了应用安装目录外，还有一个 sdk 目录，把这个路径添加到 Path 系统环境 D:\Android\sdk\platform-tools 中，以确保在 cmd 命令行里使用 adb 命令有效。后面要用 adb 命令来连接树莓派中的系统。

（3）配置树莓派网络。

树莓派启动之后，先用 adb 命令连接它。打开 cmd 输入命令：

```
adb connect 树莓派 IP:5555                    //调试端口是 5555，返回值：1
```

如果有这样的返回就连接成功了。

```
connected to 树莓派 IP:5555。返回值：1
```

连接成功之后，确保编译下载应用时可以找到设备。

如果希望树莓派通过 Wi-Fi 连接路由器，可以省掉网线，可以在 adb 连接上设备之后输入以下命令：

```
adb shell am startservice -n com.google.Wi-Fisetup/.Wi-FiSetupService
-a Wi-FiSetupService.Connect -e ssid Wi-Fi 名称 -e passphrase
Wi-Fi 密码   XXXX   返回值：1
```

这样以后每次启动系统之后就可以不用网线了，系统会自动连接 Wi-Fi，以方便应用调试下载。

5．Android Things应用

（1）导入应用模板。

Android Studio 导入有很多种，如图 5.4 是用了 GitHub 导入的界面。

从 GitHub 上导入第一个应用实例 new-project-template，把这个地址填到 GitHub 导入窗口里就可以了。等待项目下载完成之后就会自己展开项目目录结构。

（2）编译下载。

单击开发环境上面那个绿色的 run 图标，如果上述操作都成功的话，会执行编译和下载。下载的时候显示调试设备，确定之后等一会儿就可以看到树莓派连接的显示器上显示出了第一个应用。

图 5.4　Android Studio 应用模板导入界面

5.3　ARM 物联网操作系统

ARM 也开发了自己的开源嵌入式操作系统 mbed OS，如图 5.5 所示。由于它是由 ARM 开发的，所以 ARM 是唯一支持的架构。话虽如此，预计该操作系统会在智能家居和可穿戴式设备这两个物联网细分市场大放异彩。这款操作系统有别于其他的嵌入式操作系统，原因在于它是单线程，而不是多线程。ARM 表示，如果要求操作系统能够在尺寸最小、功耗最低的设备上运行，那么非 mbed OS 莫属。

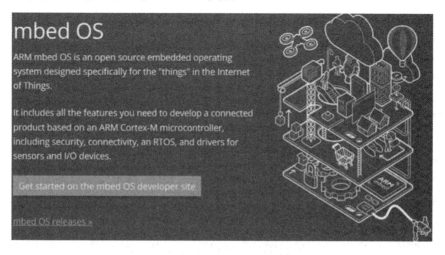

图 5.5　ARM 物联网操作系统引导界面

mbed OS 操作系统专门为运行 ARM 处理器的物联网设备而设计。它包含了 C++网络应用程序，同时 ARM 公司也会提供其他开发工具和相关的设备服务器。

默认情况下，mbed OS 是事件驱动的单线程架构，而非多线程（实时操作系统）环境。这确保了它可以扩展到尺寸最小、成本最低且功耗最低的物联网设备上。ARM 在移动设备端有着强大的市场占有率，所以该款操作系统的实力和前景不可小觑。

Mbed OS 针对小巧、电池供电的物联网端点而设计，这些端点在 Cortex-M MCU 上运行，可能只有 8KB 内存，已出现在 BBC Micro:bit SBC 上。虽然最初是半定制，只有单线程，缺少确定性功能，但现在它是开源的，采用了 Apache 2.0 许可证，提供了多线程和实时操作系统支持。Mbed OS 在设计之初心系无线通信，后来又增添了线程支持。该操作系统可通过 Mbed Device Connector 安全地提取数据的云服务，该项目发布了可穿戴式设备参考设计。

下面以 ARM 公司 mbed 物联网平台为例，说明物联网操作系统在设备安全和通信安全方面的设计。

- 设备安全：根据 Cortex 的 M3 和 M4 系列硬件支持的内存保护单元（MPU），利用 mbed 提供的 uvisor 功能实现设备安全；能够创建和强制实施独立的安全域；通过分隔系统的敏感部分，保护启动流程和调试会话，确保固件更新的安全安装，还可阻止恶意或错误代码升级权限和泄露秘密。
- 通信安全：mbed 支持传输层安全（TLS）协议。TLS 及相关的 Datagram TLS（DTLS）协议是标准协议，用于保护互联网通信安全，已被证实能够防止窃听、篡改和伪造消息。mbed TLS 库提供了一组可单独使用和编译的加密组件，可根据需要配置头文件加入或排除这些组件。mbed 还提供了构建于加密组件上的中央 SSL/TLS 模块，以及为 SSL 和 TLS 提供完整协议实施的抽象层和支持组件。

5.4　华为物联网操作系统 Huawei LiteOS

Huawei LiteOS 是华为面向 IoT 领域构建的统一物联网操作系统和中间件软件平台，具有轻量级（内核小于 10KB）、低功耗、互联互通和安全等关键能力。Huawei LiteOS 目前主要应用于智能家居、穿戴式设备、车联网、智能抄表和工业互联网等 IoT 领域的智能硬件上，还可以和 LiteOS 生态圈内的硬件互联互通，提高用户体验，如图 5.6 所示。

Liteos 操作系统具有能耗最低、尺寸小和响应快等特点，也建立了开源社区，能够支持的芯片有海思的 PLC 芯片 HCT3911、媒体芯片 3798M/C、IPCamera 芯片 Hi3516A，以及 LTE-M 芯片等。2015 年 5 月份在华为网络大会上，华为发布了敏捷网络 3.0，其中主要包括了最轻量级的物联网操作系统 LiteOS、敏捷控制器、敏捷物联网关三部分。LiteOS 号称只有 10KB 大小的内核来进行部署。华为物联网操作系统关键技术及总体结构如图 5.7 所示。

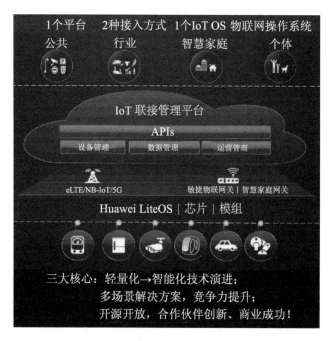

图 5.6　华为物联网操作系统战略定位

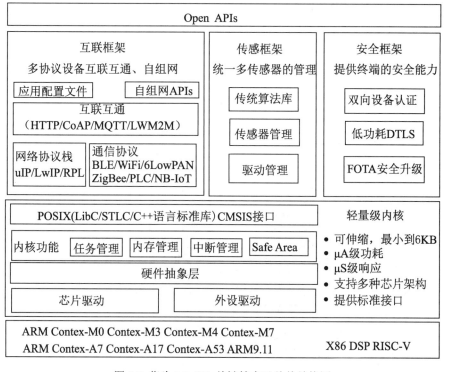

图 5.7　华为 LiteOS 关键技术及总体结构图

华为的 LiteOS 确实是一种非常精简的操作系统实施方法。LiteOS 应用广泛，从基于 MCU 的设备，到与 Android 兼容的应用程序处理系统，不一而足。这款可定制的操作系统拥有诸多功能，比如零配置、自动发现、自动联网、快速启动和实时操作，它提供广泛的无线支持，包括 LTE 和网状网络。LiteOS 随华为的敏捷物联网解决方案交付，它驱动窄带物联网（NB-IoT）解决方案。华为公司身为中国物联网技术尤其是 NB-IoT 的"先驱"，在物联网操作系统上也大有作为。其发布的基于 Linux 的 LiteOS 是目前世界上最轻量级的物联网操作系统，其系统体积轻巧到 10KB 级，具备零配置、自组网、跨平台的能力，可广泛应用于智能家居、可穿戴设备、车联网和工业等领域，如图 5.8 所示。

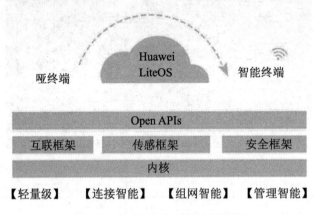

图 5.8　物联网操作系统应用范围

Huawei LiteOS 云端解决方案如图 5.9 所示。

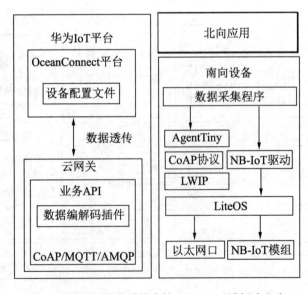

图 5.9　物联网操作系统支持 NB-IoT 云端解决方案

Huawei LiteOS 云端解决方案支持华为 IoT 联接管理平台 OceanConnect，也可以接入第三方平台，通过集成 AgentTiny 自动接入。

在 Huawei LiteOS 云端方案中，南向设备 Huawei LiteOS 内核作为物联网操作系统内核，在此基础上集成了云端通信协议，屏蔽了复杂的服务器通信过程，并且结合华为 IoT 平台开放 API（北向应用），能快速打造适合用户需求的云端产品

- 北向应用：即应用程序，调用平台 API 接口，完成设备注册、数据展示和设备控制等功能。
- 设备配置 Profile 文件：上传到 IoT 平台之上的设备描述文件。
- 编解码插件：上传到 IoT 平台之上的编解码上传数据和下发命令的程序接口。
- 南向设备：基于 LiteOS 的数据处理设备，调用 AgentTiny 提供的接口实现与云平台的数据交互，或者实现 NB-IoT 模组与平台进行数据交互。

5.5　中兴物联网操作系统

物联网（IoT）是新一代信息技术的重要组成部分，也是信息化时代的重要发展阶段。简而言之，物联网就是物物相连的互联网。这里包含两层意思：
- 第一，物联网的外部链接仍然是互联网，是在互联网基础上延伸和扩展的网络。
- 第二，其用户端延伸和扩展到了任何物品与物品之间，进行信息交换和通信，也就是物物相息。

我们从物联网面临的主要问题出发，分析物联网操作系统的特点和属性。

1. 物联网操作系统的特征

物联网连接的设备不再局限于传统的手机等设备，更多的智能硬件、感知设备即将或正在被部署，这其中包含海量的传感器等资源严重受限设备。这类设备具备以下典型特点：
- CPU 频率在兆赫兹级别。
- RAM/Flash 资源在千比特级别。
- 电池供电。
- 长生命周期。

针对资源受限设备的特点，开源组织和芯片厂家都在努力推出物联网应用的开源操作系统，主要包括：FreeRTOS、Contiki、RIOT、Wind River Helix 和 ARM mbed 等。

资源受限设备的功能通常并不复杂，厂商、开发者使用芯片厂商提供的操作系统就能完成设备和应用开发，这种模式在以前的部署中问题不大，厂商只需考虑与自有平台对接，

无须与其他厂商设备互联互通，设备升级更新不频繁。但在目前物联网设备激增的情况下，该模式已经不适应时代需求：

- 快速升级：设备硬件升级意味着移植、适配等烦琐的工作，也意味着成本的增加和较长的上市周期。

- 互联互通：不同的应用场景在网络连接、互联互通上对应不同的方案，网络协议栈异常复杂，最好的解决方式是提供操作系统平台支撑。

- 系统安全：随着更多设备的联网，协同效应也就越明显，但是系统整体安全风险也越大。任何一个存在安全漏洞的设备，都是系统潜在的入侵点，亟需一个具有安全机制的操作系统平台。

- 设备管理：物联网设备，具有部署数量众多、部署地理位置分散的显著特点，迫切需要通用的设备管理平台服务，为物联网设备提供远程部署、配置、信息收集和升级等功能。

- 应用开发与调试：传统的物联网应用开发都是使用芯片厂家提供的开发工具包，而物联网不限定接入设备的厂家，因此不便于开发和调试。随着基础物联网平台的不断发展，高效的物联网应用开发和调试环境将会成为用户的急迫需求。

综上所述，在物联网飞速发展和水平化转型的大背景下，运行在资源受限设备之上的操作系统内涵也将不断丰富，例如硬件抽象、安全、协议连接、互联互通、设备管理等。

具体来说，物联网操作系统除具备传统操作系统的设备资源管理功能外，还具备下列功能：

- 屏蔽物联网碎片化的特征，提供统一的编程接口。
- 物联网生态环境培育。
- 降低物联网应用开发的成本和时间。
- 为物联网统一管理奠定基础。

物联网架构正在由原来的垂直沙漏模型向水平模型转化，从水平化角度看，其发展趋势是更重视设备管理和设备连接性，不再拘泥于特定操作系统的功能。如 Wind River 和 ARM 都将物联网平台定位在提供连接性和设备管理上。中兴通信物联网操作系统采用水平化分层架构模式，如图 5.10 所示。

该架构最下层是目前支持的硬件微控制单元（MCU），即 ARM 的 Cortex-M 系列；在其上是嵌入式内核；内核之上是中间层，它由安全模块、设备管理、设备连接发现及其协议栈组成。安全模块包括设备安全和网络通信安全。设备管理目前主要是基于 LWM2M 协议，实现对物联网设备的管理。网络部分支持以太网和 Wi-Fi 通信，主要协议栈有 IPv4/IPv6、6LoWPAN 等。设备的发现和互联基于 Alljoyn 协议实现。中间层之上为应用接口层，为用户提供 C++/C 接口，便于应用开发及其他应用库的实现；最上层则是应用程序和其他应用库。

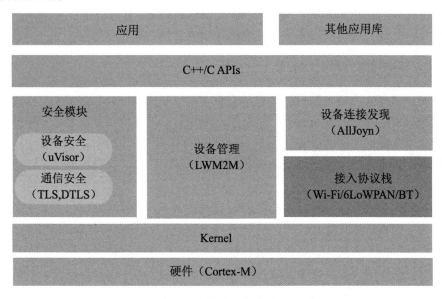

图 5.10　中兴通信物联网操作系统逻辑框架

2．物联网操作系统安全机制

物联网连接处理的目标物主要有物、网络和数据。相较于以文本为主要处理目标的互联网，物联网对于安全性的要求高很多，主要包括：

- 机器与感知节点的本地安全问题；
- 感知网络的传输与信息安全问题；
- 核心网络的传输与信息安全问题；
- 物联网业务的安全问题。

3．中兴通信物联网操作系统特征

中兴通信对物联网操作系统的定义是：轻量级的操作系统，具备开源特征，方便第三方进行开发，并具备远程的云调试和开发能力，可以进行远程调试和版本升级，并灵活适配各种类型的物联网终端。具体特征包括：

- 连接：操作系统集成常见的网络协议栈（TCP/IP、ZigBee、蓝牙、Wi-Fi 等）。
- 远程管控和简易配置：操作系统集成设备管理协议（典型的是 LWM2M），使得通过管理平台，可以对不同厂商的智能硬件设备进行统一的管理。
- 沟通和互操作：操作系统通过集成设备互联互通框架（AllJoyn 精简核心库），能够在物和物之间进行沟通和互操作；云端的管理和操作使得物与物、物和人之间的互联互通不再是障碍。

- 在线开发调试：通过中兴 CDSP 云平台（Cloud Development & Support Platform），支持物联网操作系统软件的在线开发、编译和调试，还可以通过 CDSP 云平台对终端设备在线升级；实现多种厂商终端设备的支持。

4．中兴物联网操作系统的功能

传统软件的运行依赖于操作系统提供的资源管理和抽象应用程序接口（API）功能。

物联网平台需要管理来自不同厂商的物联网设备，对这些设备资源进行抽象，提供管理资源的能力，提供北向 API 给不同垂直领域的应用。

物联网平台管理的是整个系统的资源，涉及终端、连接、网关和通用平台，包括以下几部分：

- 终端操作系统，以及连接到网关/平台的 SDK。
- 网关，提供连接性管理。
- 物联网平台，对接入设备资源进行管理、抽象，提供 API。

物联网操作系统应提供完整的连接和设备管理功能，而不仅仅限于某一个网元。连接管理提供终端之间的互联互通，以及终端与平台之间的连接服务；设备管理提供终端的部署、配置、信息收集和升级等全生命周期管理服务。

终端上的软件分为 Client OS 和 Client SDK。Client SDK 可以移植到第三方操作系统之上，使之具备接入物联网系统框架的能力。中兴通信物联网操作系统功能模块模块如图 5.11 所示。

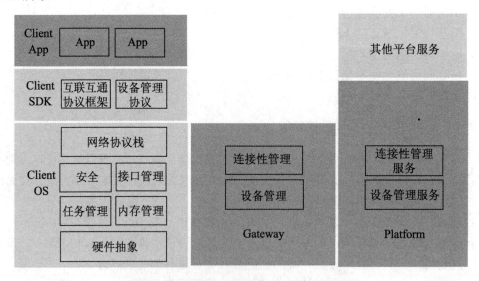

图 5.11　中兴通信物联网操作系统功能模块

5.6　庆科物联网操作系统 MICO

2014 年 7 月 22 日，上海庆科（MXCHIP）信息技术有限公司（以下简称上海庆科）携手阿里物联平台在沪发布了由上海庆科研发的中国首款物联网操作系统 MICO，如图 5.12 所示。

图 5.12　庆科公司物联网操作系统发布

MICO（Micro-controller based Internet Connectivity Operatingsystem，基于微控制器的互联网接入操作系统）是一个面向智能硬件设计、运行在微控制器（MCU）上的高可靠、可移植的操作系统和中间件开发平台，如图 5.13 所示。MICO 作为针对微控制器（MCU）的物联网应用操作系统（OS），并不是一个简单的实时操作系统（RTOS），而是一个包含大量中间件的软件组件包，它可支持广泛的 MCU，上海庆科拥有的完整 Wi-Fi 连接解决方案，可通过内建的云端接入协议，以及丰富的中间件和调试工具，支持快速开发智能硬件产品。该系统包括了底层的芯片驱动、无线网络协议、射频控制技术、安全、应用框架等模块，同时提供阿里物联平台、移动 App 支持，以及生产测试等一系列解决方案和 SDK。这使得"软制造"创业者可以简化底层的投入，真正实现产品的网络化和智能化，并快速量产。

MICO 系统具有以下特点和优势：

- 高能效：该平台上 CPU 的利用率极高，为智能硬件提供了多线程实施操作方案。
- 实时性：精确的时间控制，可以实现硬件端、移动端、云端的实时交互和状态更新。
- 灵活性：可运行在多种 MCU 平台上，用户可以针对应用方向和喜好选择嵌入式硬件平台。
- 连通性：拥有完整的解决方案，包括简易的无线网络配置，智能硬件的初次设置，超快速无线网络接入，本地设备、服务的发现，异常处理，身份认证，以及安全交互等。

- 云服务：提供完整的接入框架和应用范例，支持国内外典型的云计算平台，如阿里云。
- 低功耗：先进的动态功耗管理技术，可根据当前的应用负载，采用自适应的功耗控制策略。
- 安全性：完整的网络安全算法，保证云端数据的安全可靠。
- 易用性：提供面向物联网的应用程序框架及移动端应用范例，包括对 AppleHomeKit 及中国闪联协议的支持。
- 稳定性：历经 10 年国内外 800 多家客户的测试和验证，是一个已被证明了的稳定、可靠的物联网操作系统。

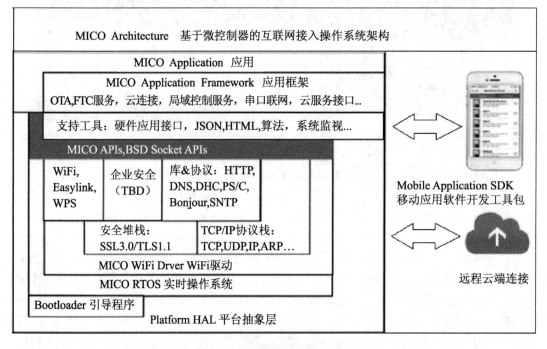

图 5.13　庆科物联网操作系统结构

MICO 作为独立的系统，拥有开放架构，它并不依赖于微控制器（MCU）型号，同时具有硬件抽象层（HAL）。此外，固件的应用开放接口已实现多种应用层协议：海尔、美的、AO、Apple MFi、HomeKit、Siri 语音控制等。MICO 在提供完整智能产品解决方案的基础上，充分利用阿里物联平台稳定可靠的基础架构和服务平台，可快速实现智能产品的云端可靠接入和有效管理。

与传统硬件的开发流程相比，由于涉及 App 开发设计、云端方案、联网硬件方案，以及教育用户、培育市场等环节，使得智能硬件开发过程更为复杂和冗长。在这一背景下，上海庆科着重提供物联网生态环境培育，降低物联网应用开发的成本和时间，为物联网系统的良性发展奠定基础。

MICO TM 的产业生态系统包括开发环境、应用范畴和行业应用。列举如下：

- 以 32 位微控制器为基础，支持 Eclipes、IAR、KEIL 等编译环境。
- 支持 ST、Atmel、NXP、Freescale 和 Microchip 系列主流厂商。
- 支持 Broadcom Wi-Fi 低功耗射频技术。
- 支持 Apple Homekit、阿里智能云、京东智能云。
- 定位于智能家电、照明、医疗、安防、娱乐行业。

作为此次 MICOTM 发布的协助者，阿里物联平台拥有强大的营销资源、云计算能力、大数据能力、安全保障能力及技术资源，能够帮助智能硬件降低生产成本，提供营销渠道和系统服务，这也是上海庆科与阿里物联平台成为平台级合作伙伴的原因。采用庆科MICOTM 与阿里物联平台之后，开发者可以降低 50% 以上的工作量。

相关数据显示，2020 年物联网市场价值将达到 1.1 万亿美元，MICOTM 的诞生将为迅速崛起的国内物联网市场搭建起一盏"领航灯"，让物联网在各个领域的发展前景更加光明。

MICO 物联网操作系统主要有四个主要要素：微控制器、操作系统、互联网接入、安全。

1. 微控制器

MICO 物联网操作系统是运行于微控制器（MCU）上的嵌入式实时操作系统（Embedded RTOS）。我们日常所用电子产品一般都会有微控制器和处理器。微控制器与处理器有什么不同？下面从应用上做个简单的比较了解，如图 5.14 所示。

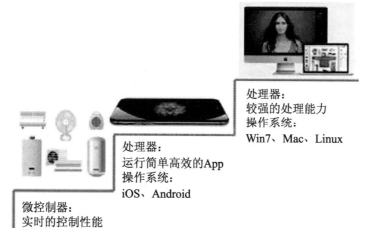

图 5.14　微控制器概念

一般传统电子产品作为单品独立运行，无法进行联网交互操作，如何让这些电子产品也能连接上网，正是物联网技术要解决的事情。物联网和可穿戴设备等新兴产业的发展，促进了微控制器和处理器的发展。处理器越来越轻量化、便携化；微控制器处理性能越来越高，如图 5.15 所示。

例如，ARM 公司发布的 Cortex-M7 产品，其主频最低是 200MHz，未来最高可达400MHz，主要面向高端嵌入式市场，包括马达控制、工业自动化、高级音频、图像处理、联网车载应用物联网和穿戴式设备等应用领域；Intel 公司针对物联网和可穿戴领域推出了主频为 400MHz 的 Quark 处理器，支持 Yocto Linux、VxWorks 等操作系统。微控制器和处理器相向发展，在物联网、可穿戴等新兴产业领域里交融，如图 5.16 所示。

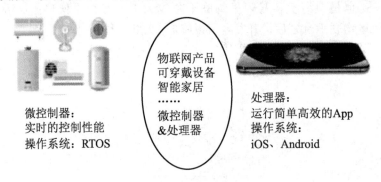

图 5.15　微控制器应用于物联网产品研发

图 5.16　微控制器和处理器向物联网产业交融渗透

微控制器和处理器在市场中各有优势，微控制器性能的提升及其低功耗特性，可以较低的成本满足一些高端嵌入式应用需求；处理器可以继续发挥原有的一些资源优势，拓展和延伸了应用范围。物联网领域的产品是基于微控制器的应用，为创新产品以低成本接入互联网提供了解决方案。

发展往往是从创新开始的。新兴的市场为 MICO 物联网操作系统的应用带来了新的发展空间。

操作系统要在不同内核和指令集的微控制器上运行，需要进行相关的移植工作。MICO

物联网操作系统为开发者移植到基于市场主流的微控制器。目前，MICO 操作系统支持的微控制器厂家如图 5.17 所示。

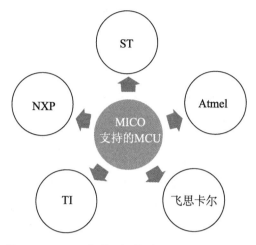

图 5.17　MICO 物联网操作系统支持的微处理器

2．操作系统

嵌入式微控制器为什么需要操作系统？早期的微控制器程序容量好多都是 4KB 或 8KB，功能简单，一般直接用汇编语言或 C 语言开发，没有必要去跑一个嵌入式操作系统。嵌入式微控制器性能的提升，物联网连接需求的发展，中间件或组件的增多，以及工程项目复杂度的提高，都需要一个操作系统来管理 MCU 资源，分配调度任务，调用系统功能，使开发者仅需关心自己的应用即可。

基于微控制器的 MICO 物联网操作系统不仅仅是一个简单的嵌入式实时操作系统（RTOS），而且还包含了大量中间件或组件，提供互联网接入的支持。

市场上也出现了不少关于物联网的操作系统，下面列出了市场上一些主流的操作系统，如图 5.18 所示。

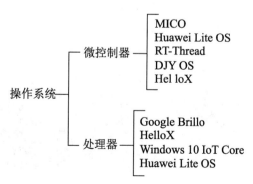

图 5.18　市场上一些主流的操作系统

从一些公开的信息来看，华为 LiteOS 和 HelloX 采用了跨芯片架构，使得其既可以在处理器上运行，又可以在微控制器上运行。谷歌 Brillo 和 Windows 10 IoT 则会在处理器上运行。目前 MICO 还不支持在处器上运行，这也跟其市场定位有关，其专注于嵌入式 MCU 市场应用。

一个嵌入式物联网操作系统需要具备那些要素？笔者列出了下面几点，如图 5.19 所示。

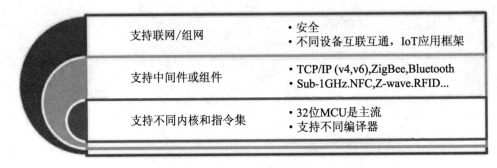

图 5.19　物联网基础要素

联网、兼容不同协议是物联网操作系统的内在需求，也是物联网核心的价值。操作系统提供基础的系统服务，而且不少的操作系统也都是开源免费的。通过操作系统来盈利较难，提供基于操作系统安全可靠的中间件/组件或协议栈则是非常有商业价值的。

由于半导体技术的进步，微控制器性价比越来越高，价格越来越便宜，价值正从下面向上转移，如图 5.20 所示，当所有"物"连接成网，基础设施建设好以后，人们得到的将会是信息和服务。物联网的发展，不仅仅是将 "物"连上了网，而且也会连接出一些新的商业模式。

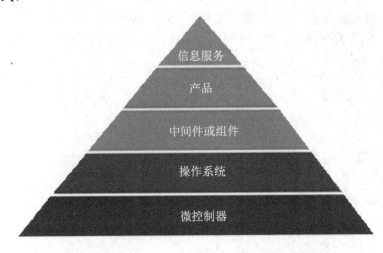

图 5.20　物联网系统商业价值从微处理器向信息服务转移

物联网的发展催生了许多做模块的公司，连接上网变得简单了。如果能将中间件/组件或者协议栈，都移植、运行于一些主要的操作系统上，那么对于开发者来说会更加方便，对物联网开发也是一个促进。中间件的概念如图 5.21 所示。基于 ARM Cortex-M 系列产品的厂家众多，统一的内核和指令集也为实时操作系统（RTOS）移植和兼容提供了方便的基础。"万物并育而不相害，大道并行而不相悖"。

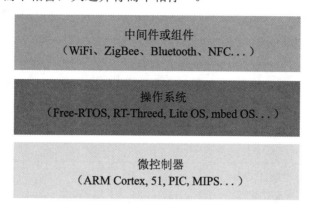

图 5.21　微控制器加载操作系统和中间件

3．互联网接入

从庆科公司无线模块的产品来看，还是以 Wi-Fi 模块为主，Wi-Fi 也是互联网接入较为方便的入口。MXCHIP 在 Wi-Fi 开发和应用上有了多年的经验积累。MiCO 也在支持和发展一些中间件，如 Wi-Fi、ZigBee、TCP/IP、Bluetooth 和 NFC 等。

MICO 物联网操作系统互联网接入示意图如图 5.22 所示。

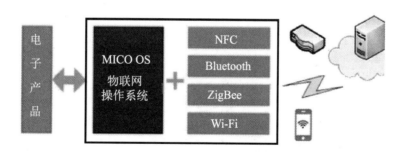

图 5.22　MICO 物联网操作系统互联网接入示意图

4．物联网开发

微控制器的开发离不开编程语言，从早期的机器语言到现在的 C 语言，而 C 语言已是开发者主要的开发语言了，如图 5.23 所示。无论是那种语言，最后都是需要编译器将其翻译成机器语言，下载到微控制器里才能运行。

机器语言 → 汇编语言 → C语言

图 5.23　物联网开发编程语言变迁

　　编程技术总是在不断地向前发展，半导体公司总是想方设法让开发者越来越简便地使用产品，而开发者总是追求敏捷高效地进行产品的开发和创造。MICO 以 C/C++为主，并支持 Java 和脚本语言 Lua 等。

　　ST 公司的 STM32Cube 软件，让工程师开发越来越简单，开发软件集成了最基础、最基本的功能固件，包括 STM32 使用的各种中间件或固件，开发者只需要点下鼠标就可以生成需要的工程文件，方便了开发者的开发。Arduino 则是面向电子爱好者的电子原型平台，降低了开发者的门槛，不需要了解深入的原理和驱动，使用简单的高级语言就可以开发出一些创意的产品。如果说 Arduino 是面向电子爱好者的话，那么基于 Scratch 的 Arduino 编程环境-S4A 则是面向青少年的编程工具，其编程更简单，不同层次的开发环境如图 5.24 所示。

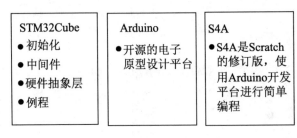

STM32Cube	Arduino	S4A
●初始化 ●中间件 ●硬件抽象层 ●例程	●开源的电子原型设计平台	●S4A是Scratch的修订版，使用Arduino开发平台进行简单编程

图 5.24　不同层次的开发环境

　　传统的电子产品开发都是基于单品的开发，需要深入了解微控制器结构原理。而在物联网时代，物联网的开发已不再是单品的开发，是一个系统产品的开发，也是一个模块化"组装"，是将不同的产品连接在一起实现一个物联网的应用。

　　有句话说：不重复制造轮子。模块化的产品是物联网开发的"轮子"，语言是协议。从物联网产品开发的角色来看，可以分为开发者、使用者和创造者，如图 5.25 所示。

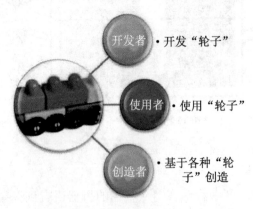

开发者 ·开发"轮子"

使用者 ·使用"轮子"

创造者 ·基于各种"轮子"创造

图 5.25　物联网产业中创造者、开发者、使用者的关系

　　MICO 提供了无线模块及基于无线模块的应用和接口,为工程师提供了丰富的"轮子"或"材料",让工程师开发更加简单高效。

　　MICOKit 开发套件提供了一个开箱即用的智能硬件解决方案,使用户的产品可以快速、安全地连接至云服务平台和手机端。其套件包括 MICOKit 开发板和快速连接到云平台的演示应用程序,使用智能手机或平板电脑就能进行安全控制和操作,如图 5.26 所示。

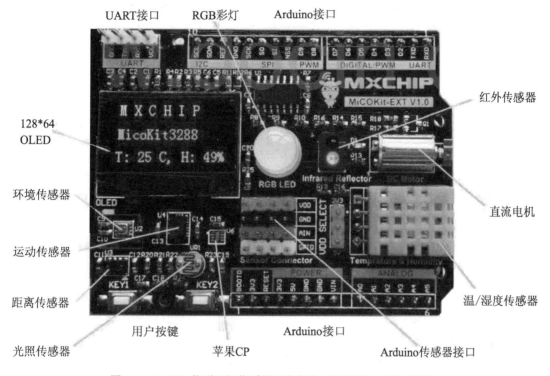

图 5.26　MICO 物联网操作系统开发套件(开发板)功能示意图

5．开放的生态

　　物联网的开发不再是一个简单的产品开发,涉及手机和云服务等方方面面。MICO 物联网操作系统正在建立一个开放的生态,为开发者提供全面的支持,如图 5.27 所示。

MICO	手机App	云服务平台
●嵌入式实时操作系统中间件或组件: ●Wi-Fi/BLE/ZigBee	●手机App开发包 ●Easylink专利	●阿里、微信、京东、微软等 ●安全连接

图 5.27　MICO 物联网操作系统的生态

为推进 MICO 的发展，MXCHIP 专门开设了 mico.io 论坛，加强与开发者的交流互动。除此之外，MXCHIP 还与国内一些知名论坛合作（如阿莫论坛、正点原子论坛、CSDN 社区、21ic 论坛、电子发烧友论坛等）合作，与一些高等院校合作推进物联网教育，培养物联网复合型人才，为创客们提供一些技术支持及项目孵化。

生态系统一般是指自然界中生物与环境之间的关系，现常用于商业环境中，称之为"商业生态系统"。商业生态系统中，企业、组织或参与者之间相互依存、共生、共荣。

物联网时代，不仅仅是产品的连接，连接的也是一种新的商业模式。ARM 公司建立了社区化的生态系统，尤其是 mbed.org，改变了之前 MCU 各自为核、相互竞争的态势，将不同公司、不同产品的资源整合到了一起，产品有竞争也有合作。Intel 通过"硬享公社"并通过互联网的形式提供快速、便捷且能满足中小企业和创客需要的服务支持，覆盖"创意—原型—产品—销售"各个环节，形成闭环从而实现一站式服务。

物联网的开发已不再是一个单品开发，而是系统化的产品开发，需要开放与协作。物联网是一个创新共享的时代，资源的共享为创新提供了一个平台。相应地，物联网时代的竞争不再是单品的竞争，而是商业生态系统的竞争。

5.7　小　　结

随着物联网设备的日益激增及设备复杂度越来越高，物联网在连接和设备管理方面面临巨大的挑战。这就需要以水平化的思维方式，构建更加卓越的操作系统平台，将物联网推向新的高峰。物联网操作系统是物联网发展的助推器，是物联网时代的战略制高点，PC 操作系统和手机操作系统未必能在物联网时代延续霸业。操作系统产业的规律是：当垄断已经形成，后来者就很难颠覆，只有等待下一次产业浪潮。

5.8　习　　题

1. 简述 Brillo 物联网操作系统的功能架构。
2. 简述华为 LiteOS 关键技术及总体结构。
3. 简述 MICO 物联网操作系统的生态环境。

第 6 章　嵌入式 Linux 操作系统

说到物联网应用的操作系统，不得不提 Linux，因为 Linux 系统是目前物联网设备中应用最广泛的操作系统。本章将详细阐述基于 Linux 的物联网操作系统。

6.1　uClinux 简介

uClinux 表示 micro-control Linux，即"微控制器领域中的 Linux 系统"。uClinux 系统是 Lineo 公司的主打产品，同时也是开放源码的嵌入式 Linux 操作系统的典范之作。

Linux 是一个很受欢迎的操作系统，与 UNIX 系统兼容，开放源代码。它原本被设计为桌面系统，现在广泛应用于服务器领域。而更大的影响在于它正被逐渐应用于嵌入式设备中。

uClinux 是一款优秀的嵌入式 Linux 版本，它秉承了标准 Linux 的优良特性，经过各方面的小型化改造，形成了一个高度优化的、代码紧凑的嵌入式 Linux 操作系统。虽然它的体积很小，却仍然保留了 Linux 的大多数优点：稳定、良好的移植性、优秀的网络功能、对各种文件系统完备的支持和标准丰富的 API。uClinux 专为嵌入式系统做了许多小型化的工作，目前已支持多款 CPU。其编译后目标文件可控制在几百 KB 数量级，并已经被成功地移植到了很多平台上。

uClinux 从 Linux 2.0/2.4 内核派生而来，沿袭了 Linux 的绝大部分特性。它专门针对没有 MMU（内存管理单元）的 CPU，并且为嵌入式系统做了许多小型化的工作。它通常用于具有很少内存或 Flash 的嵌入式操作系统。在 GNU 通用许可证的保证下，运行 uClinux 操作系统的用户可以使用几乎所有的 Linux API 函数。由于经过了裁剪和优化，uClinux 形成了一个高度优化、代码紧凑的嵌入式 Linux。uClinux 与 Linux 在兼容性方面表现都很出色，uClinux 除了不能实现 fork 外，其余 uClinux 的 API 函数与标准 Linux 完全相同。

1. 标准Linux的小型化方法

- 重新编译内核：Linux 内核采用模块化的设计，即很多功能块可以独立地加上或卸下，开发人员在设计内核时把这些内核模块作为可选项，可以在编译系统内核时指定。因此一种较通用的做法是对 Linux 内核重新编译，在编译时仔细地选择嵌入式设备所需要的功能支持模块，同时删除不需要的功能。通过对内核的重新配置，可以使系统运行所需要的内核显著减小，从而缩减资源使用量。

- 制作 root 文件系统映像：Linux 系统在启动时必须加载根（root）文件系统，因此剪裁系统同时包括 root file system 的剪裁。在 x86 系统下，Linux 可以在 DOS 下使用 Loadlin 文件加载启动。

2．uClinux的小型化方法

- uClinux 的内核加载方式：uClinux 的内核有两种可选的运行方式，即可以在 Flash 上直接运行，也可以加载到内存中运行。这种做法可以减少内存需要。
- Flash 运行方式：把内核的可执行映像烧写到 Flash 上，系统启动时从 Flash 的某个地址开始逐句执行。这种方法是很多嵌入式系统采用的方法。
- 内核加载方式：把内核的压缩文件存放在 Flash 上，系统启动时读取压缩文件在内存里解压，然后开始执行。这种方式相对复杂一些，但是运行速度更快（RAM 的存取速率要比 Flash 高）。这种方式是标准 Linux 系统采用的启动方式。启动界面如图 6.1 所示。

图 6.1　uClinux 启动介面

- uClinux 的根（root）文件系统：uClinux 系统采用 Romfs 文件系统，这种文件系统相对于一般的 ext2 文件系统要求更少的空间。空间的节约来自于两个方面：首先，内核支持 Romfs 文件系统比支持 ext2 文件系统需要更少的代码；其次，Romfs 文件系统相对简单，在建立文件系统超级块（superblock）时需要更少的存储空间。Romfs 文件系统不支持动态擦写保存，对于系统需要动态保存的数据要采用虚拟 RAM 盘的方法进行处理（RAM 盘将采用 ext2 文件系统）。

- uClinux 的应用程序库：uClinux 小型化的另一个做法是重写了应用程序库，相对于越来越大且越来越全的 glibc 库，uClibc 对 libc 做了精简。uClinux 对用户程序采用静态连接的形式，这种做法会使应用程序变大，但是基于内存管理的问题不得不这样做，同时这种做法也更接近于嵌入式系统的做法。

3．uClinux的不足之处

- 文档的不足：与 Linux 及其他自由软件类似，uClinux 的文档十分不足，如缺乏组织和一致的文档、热门技术和分类文档众多而杂乱无章、非热点部分文档缺失甚至没有文档。对于开发人员而言，往往要深入程序的源代码找寻有用的资料。
- Bug 问题：uClinux 与硬件平台直接相关。对于有商业公司赞助的硬件平台，其相关代码和 Bug 更新较快，编译和执行都十分顺利。但对于非商业支持的硬件平台，其内核和应用程序代码得不到及时更新和排错。这种现象在内核源代码树中还不是十分普遍，但在 uClinux 自带的应用程序库中却经常发生编译错误，往往是增加了一个应用程序或改变了运行库后便导致无法编译。这就需要开发者投入足够的时间和精力进行排错和修改，从而导致开发进度的延误。

与 Linux 一样，uClinux 本身并不支持实时性应用，但通过实时性的修改（RTLinux 或 RTAI），可以提供基于内核空间和用户空间的硬实时和软实时的系统调用。

4．嵌入式操作系统uClinux的应用开发

下面通过一个具体实例来描述如何将应用程序添加到 uClinux 中，主要的标准方法有如下几点：

- 编写自己的源程序代码和相应的 Makefile 文件。uClinux/Linux 的应用程序通常放在 OS HOME/user 目录下，在该目录下创建一个 XDQ 目录，且在该目录下创建源文件 xdq.c 及其相应的 Makefile 文件。
- 修改 uClinux—Samsung/config/config.ink 件。在该文件合适的位置增加如下内容：

```
mainmenu_ opTIon next comment
comment 'xdq'
bool 'xdq' CONFIG_ USER_ XDQ_XDQ
endmenu
```

目的是在 Make menuconfig 时，uCLinux 会提示是否需要编译这个新的应用程序。

- 修改 uClinux—Samsung/user/Makefile 件。在该文件合适的位置增加下面一句：

```
dir-$(CONFIG_USER-XDQ-XDQ)+=xdq
```

加上这句代码后，如果在 Make menuconfig 时选择这个新应用程序，编译时就会编译这个新的应用程序。

修改工作完成后要进行内核的编译工作，按照编译 uClinux 内核的步骤进行操作就可以了。

值得注意的一点是，在第一步 Make menuconfig 进行内核配置的时候，在 Target Platform SelecTIon 中要选中 Customize Vendor/User SetTIngs fNEW。选中了该选项后，与最初配置内核过程不同的是，在 Make menuconfig 的最后会出现一个对话框，在此可以进行用户应用程序的配置。在该对话框里出现的文字是在 config.in 文件中添加的文字，选中要编译的应用程序所在路径后就会出现另一个对话框，在其中选中要编译的文件名，然后保存好内核配置后退出。生成的可执行文件在 romfs/bin 目录下。

5. uClinux的开发环境

GNU 开发套件作为通用的 Linux 开源套件，包括一系列的开发调试工具。主要组件有：

- GCC：编译器，可以做成交叉编译的形式，即在宿主机上开发编译目标上可运行的二进制文件。
- Binutils：一些辅助工具，包括 objdump（可以反编译二进制文件），as（汇编编译器），ld（连接器）等。
- GDB：调试器，可使用多种交叉调试方式，如 gdb-bdm（背景调试工具）和 gdbserver（使用以太网络调试）。
- uClinux 的打印终端。通常情况下 uClinux 的默认终端是串口，内核在启动时所有的信息都打印到串口终端（使用 printk 函数打印），同时也可以通过串口终端与系统交互。

uClinux 在启动时启动了 Telnetd（远程登录服务），操作者可以远程登录系统，从而控制系统的运行。至于是否启动远程登录服务，可以通过烧写 Romfs 文件系统时由用户来决定。

6. 交叉编译调试工具

如要支持一种新的处理器，必须具备一些编译和汇编工具，使用这些工具可以形成可运行于这种处理器的二进制文件。对于内核使用的编译工具和应用程序使用的有所不同。在解释不同点之前，需要对 GCC 连接做一些说明。

- .ld（linkdescription）文件：指出连接时内存映像格式的文件。
- crt0.S：应用程序编译连接时需要的启动文件，主要是初始化应用程序栈。
- pic：即 position independence code，与位置无关的二进制格式文件，在程序段中必须包括 reloc 段，从而使代码加载时可以进行重新定位。

内核编译连接时，使用 ucsimm.ld 文件形成可执行文件映像，所形成的代码段既可以使用间接寻址方式（即使用 reloc 段进行寻址），也可以使用绝对寻址方式。这样可以给编译器更多的优化空间。因为内核可能使用绝对寻址，所以内核加载到的内存地址空间必须与 ld 文件中给定的内存空间完全相同。

应用程序的连接与内核连接方式不同，应用程序由内核加载。由于应用程序的 ld 文件给出的内存空间与应用程序实际被加载的内存位置可能不同，这样在应用程序加载的过程中需要重新定位，即对 reloc 段进行修正，使得程序进行间接寻址时不至于出错。

综上所述，至少需要两套编译连接工具。

7．可执行文件格式

下面先对一些名词作一些说明：

- coff（common object file format）：一种通用的对象文件格式。
- elf（excutive linked file）：一种为 Linux 系统所采用的通用文件格式，支持动态连接。
- flat：elf 格式有很大的文件头，flat 文件对文件头和一些段信息做了简化。

uClinux 系统使用 flat 可执行文件格式，GCC 编译器不能直接形成 flat 格式，但是可以形成 coff 或 elf 格式的可执行文件，这两种文件需要使用 coff2flt 或 elf2flt 工具进行格式转化，形成 flat 文件。

当用户执行一个应用时，内核的执行文件加载器将对 flat 文件进行进一步处理，主要是对 reloc 段进行修正。

需要 reloc 段的根本原因是，程序在连接时，连接器所假定的程序运行空间与实际程序加载到的内存空间不同。假如有这样一条指令：

```
jsr app_start;
```

这一条指令采用直接寻址，跳转到 app_start 地址处执行，连接程序将在编译完成时计算出 app_start 的实际地址（设若实际地址为 0x10000），这个实际地址是根据 ld 文件计算出来（因为连接器假定该程序将被加载到由 ld 文件指明的内存空间）的。实际上，由于内存分配的关系，操作系统在加载时无法保证程序将按 ld 文件加载。如果这时程序仍然跳转到绝对地址 0x10000 处执行，通常情况下，这是不正确的。解决办法是增加一个存储空间，用于存储 app_start 的实际地址。若使用变量 addr 表示这个存储空间，则以上这句程序将改为：

```
movl addr, a0;
jsr (a0);
```

增加的变量 addr 将在数据段中占用一个 4 字节的空间，连接器将 app_start 的绝对地址存储到该变量。在可执行文件加载时，可执行文件加载器根据程序将要加载的内存空间计算出 app_start 在内存中的实际位置，写入 addr 变量。系统在实际处理时不需要知道这个变量的确切存储位置（也不可能知道），系统只要对整个 reloc 段进行处理就可以了（reloc 段有标识，系统可以读出来）。处理很简单，只需要对 reloc 段中存储的值统一加上一个偏置（如果加载的空间比预想的靠前，实际上是减去一个偏移量）。偏置由实际的物理地址起始值同 ld 文件指定的地址起始值相减计算得出。

这种 reloc 的方式部分是由 uClinux 的内存分配问题引起的。

8．针对实时性的解决方案

uClinux 本身并没有关注实时问题，它并不是为了 Linux 的实时性而提出的。另外有一种 Linux--Rt-linux 关注实时问题。Rt-linux 执行管理器把普通 Linux 的内核当成一个任务运行，同时还管理了实时进程。而非实时进程则交给普通 Linux 内核去处理。这种方法已经应用于很多操作系统中，用于增强操作系统的实时性，包括一些商用版 UNIX 系统和 WindowsNT 等。这种方法的优点之一是实现简单，且能容易检验实时性；优点之二是由于非实时进程运行于标准 Linux 系统，因此同其他 Linux 商用版本之间保持了很大的兼容性；优点之三是可以支持硬件实时时钟的应用。uClinux 可以使用 Rt-linux 的 patch，从而增强 uClinux 的实时性，使得 uClinux 可以应用于工业控制、进程控制等一些实时要求较高的应用中。

9. uClinux的内存管理

应该说，uClinux 同标准 Linux 的最大区别就在于内存管理，同时也由于 uClinux 的内存管理引发了一些标准 Linux 所不会出现的问题。

10. 标准Linux使用的虚拟存储器技术

标准 Linux 使用虚拟存储器技术，这种技术用于提供比计算机系统中实际使用的物理内存大得多的内存空间，让使用者感觉好像程序可以使用非常大的内存空间，从而使编程人员在写程序时不用考虑计算机中的物理内存的实际容量。

为了支持虚拟存储管理器的管理，Linux 系统采用分页（paging）的方式来载入进程。所谓分页，是指把实际的存储器分割为相同大小的段，例如每个段 1024 个字节，这样 1024 个字节大小的段便称为一个页面（page）。

虚拟存储器由存储器管理机制及一个大容量的快速硬盘存储器所支持。它的实现基于局部性原理，当一个程序在运行之前没有必要全部装入内存，而是仅将那些当前要运行的部分页面或段装入内存运行（copy-on-write）即可，其余暂时留在硬盘上。程序运行时如果所要访问的页（段）已存在，则程序继续运行，如果发现页（段）不存在，操作系统将产生一个页错误（page fault），这个错误导致操作系统把需要运行的部分加载到内存中。必要时，操作系统还可以把不需要的内存页（段）交换到磁盘上。利用这样的方式管理存储器，便可把一个进程所需要用到的存储器以化整为零的方式，视需求分批载入，而核心程序则凭借属于每个页面的页码来完成寻址各个存储器区段的工作。

标准 Linux 是针对有内存管理单元（MMU）的处理器设计的。在这种处理器上，虚拟地址被送到内存管理单元，把虚拟地址映射为物理地址。

通过赋予每个任务不同的虚拟地址↔物理地址转换映射，来支持不同任务之间的保护。地址转换函数在每一个任务中定义，在一个任务中的虚拟地址空间映射到物理内存的一个部分，而另一个任务的虚拟地址空间映射到物理存储器中的另外区域。计算机的存储管理单元（MMU）一般由一组寄存器来标识当前运行的进程的转换表。在当前进程将 CPU 放弃而给另一个进程时（一次上下文切换），内核通过指向新进程地址转换表的指针加载这些寄存器。MMU 寄存器是有特权的，只能在内核态才能访问。这就保证了一个进程只能访问自己用户空间内的地址，而不会访问和修改其他进程的空间。当可执行文件被加载时，加载器根据默认的 ld 文件，把程序加载到虚拟内存的一个空间，因为这个原因，实际上很多程序的虚拟地址空间是相同的，但是由于转换函数不同，所以实际所处的内存区域也不同。而对于多进程管理，当处理器进行进程切换并执行一个新任务时，一个重要部分就是为新任务切换任务转换表。Linux 系统的内存管理至少实现了以下功能：

- 运行比内存还要大的程序。理想情况下应该可以运行任意大小的程序。
- 可以运行只加载了部分的程序，缩短程序启动的时间。
- 可以使多个程序同时驻留在内存中，提高 CPU 的利用率。
- 可以运行重定位程序。即程序可以放置于内存中的任何一处，而且可以在执行过程中移动。
- 写机器无关的代码。程序不必事先约定机器的配置情况。
- 减轻程序员分配和管理内存资源的负担。
- 可以进行共享。如果两个进程运行同一个程序，它们应该可以共享程序代码的同一个副本。
- 提供内存保护。进程不能以非授权方式访问或修改页面，内核保护单个进程的数据和代码，以防止其他进程修改它们；否则，用户程序可能会偶然（或恶意）地破坏内核或其他用户程序。

虚拟存储系统并不是没有代价。内存管理需要地址转换表和其他一些数据结构，留给程序的内存减少了；地址转换增加了每一条指令的执行时间，而对于有额外内存操作的指令会延时更严重；当进程访问不在内存的页面时，系统会发生失效，系统处理该失效，并将页面加载到内存中，这需要非常耗时间的磁盘 I/O 操作。总之内存管理活动占用了相当一部分 CPU 时间（在较忙的系统中大约占 10％）。

11．uClinux针对NOMMU的特殊处理

对于 uClinux 来说，其设计是针对没有 MMU 的处理器，即 uClinux 不能使用处理器的虚拟内存管理技术（应该说这种不带有 MMU 的处理器在嵌入式设备中相当普遍）。uClinux 仍然采用存储器的分页管理，系统在启动时将实际存储器进行分页，在加载应用程序时程序分页加载。但是由于没有 MMU 管理，所以实际上 uClinux 采用了实存储器管理策略（real memeory management）。这一点影响了系统工作的很多方面。

uClinux 系统对于内存的访问是直接的（它对地址的访问不需要经过 MMU，而是直接送到地址线上输出），所有程序中访问的地址都是实际的物理地址。操作系统对内存空间没有保护（实际上这是很多嵌入式系统的特点），各个进程实际上共享一个运行空间（没有独立的地址转换表）。

一个进程在执行前，系统必须为进程分配足够的连续地址空间，然后全部载入主存储器的连续空间中。与之相对应的是，标准 Linux 系统在分配内存时，没有必要保证实际物理存储空间是连续的，而只要保证虚存地址空间连续就可以了。另一方面，程序加载地址

与预期（ld 文件中指出的）通常不同，这样 relocation 过程就是必须的。此外，磁盘交换空间也是无法使用的，系统执行时如果缺少内存将无法通过磁盘交换来得到改善。

uClinux 对内存管理减少的同时就给开发人员提出了更高的要求。如果从易用性这一点来说，uClinux 的内存管理是一种倒退，退回到了 UNIX 早期或是 Dos 系统时代。开发人员不得不参与系统的内存管理。从编译内核开始，开发人员必须告诉系统这块开发板到底拥有多少的内存，从而系统将在启动的初始化阶段对内存进行分页，并且标记已使用的和未使用的内存。系统将在运行应用时使用这些分页内存。

由于应用程序加载时必须分配连续的地址空间，而针对不同硬件平台的可一次成块（连续地址）分配内存大小的限制是不同的（目前针对 ez328 处理器的 uClinux 是 128KB，而针对 coldfire 处理器的系统内存则无此限制），所以开发人员在开发应用程序时，必须考虑内存的分配情况并关注应用程序需要运行的空间大小。另外，由于采用实存储器管理策略，用户程序同内核及其他用户程序在同一个地址空间，程序开发时要保证不侵犯其他程序的地址空间，以使程序不至于破坏系统的正常工作，或导致其他程序的运行异常。

从内存的访问角度来看，开发人员的权利增大了（开发人员在编程时可以访问任意的地址空间），但与此同时系统的安全性也大为下降。此外，系统对多进程的管理将有很大的变化，这一点将在 uClinux 的多进程管理中说明。

虽然 uClinux 的内存管理与标准 Linux 系统相比功能相差很多，但应该说这是嵌入式设备的选择。在嵌入式设备中，由于成本等敏感因素的影响，普遍采用不带有 MMU 的处理器，这决定了系统没有足够的硬件支持来实现虚拟存储管理技术。从嵌入式设备实现的功能来看，嵌入式设备通常在某一特定的环境下运行，只要实现特定的功能即可，而且其功能相对简单，内存管理的要求完全可以由开发人员考虑。

12．标准Linux系统的进程和线程

- 进程：是一个运行程序并为其提供执行环境的实体，它包括一个地址空间和至少一个控制点，进程在这个地址空间上执行单一指令序列。进程地址空间包括可以访问或引用的内存单元的集合，进程控制点通过一个称为程序计数器（Program Counter，PC）的硬件寄存器来控制和跟踪进程指令序列。
- fork：系统中的分叉函数。返回值为：若成功调用一次，就返回两个值，子进程返回 0，父进程返回子进程标记；否则，出错返回-1。

由于进程为执行程序的环境，因此在执行程序前必须建立这个能"跑"序的环境。Linux 系统提供系统调用复制现行进程的内容，以产生新的进程，调用 fork 的进程称为父进程；而所产生的新进程则称为子进程。子进程会承袭父进程的一切特性，但是它有自己的数据段。也就是说，尽管子进程改变了所属的变量，却不会影响到父进程的变量值。

父进程和子进程共享一个程序段，但是各自拥有自己的堆栈、数据段、用户空间及进程控制块。换言之，两个进程执行的程序代码是一样的，但是都有自己的程序计数器与私人数据。

当内核收到 fork 请求时，会先查核 3 件事：首先检查存储器是否足够用；其次检查进程表是否仍有空缺；最后则是看用户是否建立了太多的子进程。如果上述 3 个条件满足，那么操作系统会给子进程一个进程识别码，并且设定 CPU 时间，接着设定与父进程共享的段，同时将父进程的 inode（索引节点，用来存放档案及目录的基本信息，包含时间、档名、使用者及群组等）复制一份给子进程，最终子进程会返回数值 0 以表示它是子进程。至于父进程，会等待子进程的执行结束，或与子进程各做各的事情。

- exec 系统调用：该系统调用提供一个进程去执行另一个进程的能力，exec 系统调用是采用覆盖旧进程存储器内容的方式，所以原来程序的堆栈、数据段与程序段都会被修改，只有用户区维持不变。

Vfork 函数会产生一个新的子进程，但是 vfork 创建的子进程与父进程共享数据段，而且由 vfork 函数创建的子进程将先于父进程运行。

- vfork 系统调用：由于在使用 fork 时，内核会将父进程复制一份给子进程，但是这样的做法相当浪费时间，因为大多数的情形是程序在调用 fork 后就立即调用 exec，这样刚复制的进程区域又会立即被新的数据覆盖。因此 Linux 系统提供一个系统调用 vfork，vfork 假定系统在调用完成 vfork 后会马上执行 exec，因此 vfork 不会复制一份父进程的页面，只是初始化私有的数据结构并准备足够的分页表。这样，在 vfork 调用完成后，父进程和子进程事实上是共享同一块存储器的（在子进程调用 exec 或 exit 之前），因此子进程可以更改父进程的数据及堆栈信息，vfork 系统调用完成后，父进程进入睡眠，直到子进程执行 exec。当子进程执行 exec 时，由于 exec 要使用被执行程序的数据，代码将覆盖子进程的存储区域，这样将产生写保护错误（do_wp_page，这个时候子进程写的实际上是父进程的存储区域），这个错误会导致内核为子进程重新分配存储空间。当子进程正确开始执行后，将唤醒父进程，使得父进程继续执行。

13．uClinux的多进程处理

uClinux 没有 MMU 管理存储器，在实现多个进程时（fork 调用生成子进程）需要实现数据保护。

uClinux 的 fork 和 vfork 的关系：uClinux 的 fork 等于 vfork。实际上 uClinux 的多进程管理通过 vfork 来实现。这意味着 uClinux 系统 fork 调用完成后，要么子进程代替父进程执行（此时父进程已经 sleep），直到子进程调用 exit 退出；要么调用 exec 执行一个新的进程，这个时候将产生可执行文件的加载，即使这个进程只是父进程的复制，这个过程也不能避免。当子进程执行 exit 或 exec 后，子进程使用 wakeup 把父进程唤醒，使父进程继续执行。

uClinux 的这种多进程实现机制同它的内存管理紧密相关。uClinux 针对 NOMMU 处理器开发，所以被迫使用一种 flat 方式的内存管理模式，启动新的应用程序时系统必须为应用程序分配存储空间，并立即把应用程序加载到内存中。缺少了 MMU 的内存重映射机

制，uClinux 必须在可执行文件加载阶段对可执行文件 reloc 处理，使得程序执行时能够直接使用物理内存。

6.2 RTLinux 简介

传统的 Linux 在内核基础上经过缩减可以移植到嵌入式操作系统上，后来很多商业公司和开源组织对 Linux 系统进行了一番改造，使其更加适用于嵌入式系统和物联网应用的需求，就是将其修改为实时操作系统。

RTLinux（Real-Time Linux）是基于 Linux 内核修改的一种实时操作系统。它是由新墨西哥矿业及科技学院的 V. Yodaiken 开发的。现在已被专注嵌入式操作系统的 WindRiver 公司所收购。

在 Linux 系统基础上发展起来的面向物联网应用的系统项目非常多，Linux 碎片化的情形也比较严重。至于哪个版本的 Linux 系统会成为主流，取决于后续物联网应用的发展趋势、应用场景，以及支持整个生态的开发资源建立。

到目前为止，RTLinux 已经成功地应用于航天飞机的空间数据采集、科学仪器测控和电影特技图像处理等领域，在电信、工业自动化和航空航天等实时领域也有成熟应用。随着信息技术的飞速发展，实时系统已经渗透到日常生活的各个层面，包括传统的数控领域、军事、制造业和通信业，甚至连潜力巨大的信息家电、媒体广播系统和数字影像设备领域都对实时性提出了愈来愈高的要求。

RTLinux 的开发者并没有针对实时操作系统的特性而重写 Linux 内核，因为这样做的工作量非常大，而且要保证兼容性也非常困难。他们将 Linux 的内核代码做了一些修改，将 Linux 本身的任务及 Linux 内核本身作为一个优先级很低的任务，而实时任务作为优先级最高的任务。即在实时任务存在的情况下运行实时任务，否则，运行 Linux 本身的任务。RTLinux 能够创建精确运行的符合 POSIX.1b 标准的实时进程；并且作为一种遵循 GPL v2 协议的开放软件，可以在 GPL v2 协议许可范围内自由、免费地使用、修改和再发生。

RTLinux 是 Linux 在实时性方面的扩展，采用已获得专利的双核技术：一个微型的 RTLinux 内核把原始的 Linux 内核作为它在空闲时的一个线程来运行。这开启了在两个不同的内核层面上（实时的 RTLinux 内核和常用的非实时的 Linux 内核），运行不同程序的新方式。原始的 Linux 内核通过 RTLinux 内核访问硬件。这样，所有硬件实际上都是由 RTLinux 来进行管理的。有两种不同的 RTLinux 版本：RTLinux/Free（或者 RTLinux/Open）和 RTLinux/Pro。RTLinux/Pro 是一个由 FSMLabs 开发的完全商业版本的实时 Linux，RTLinux/Free 是一个由社区开发的开源版本。

RTLinux 的设计思想是：应用硬件的实时约束将实时程序分割成短小、简单的部分，较大部分承担较复杂的任务。根据这一原则，将应用程序分为硬件实时部分和程序两个部分。硬件实时部分被作为实时任务来执行，并从外部设备复制数据到一个叫做实时

（RTFIFO）的特殊 I/O 端口，程序主要部分作为标准 Linux 进程来执行。它将从 RTFIFO 中读取数据，然后显示并存储到文件中，实时部分将被写入内核。设计实时 FIFO 是为了使实时任务在读和写数据时不被阻塞。

RTLinux 通过对标准 Linux 内核进行改造，将 Linux 内核工作环境作了一些改变。如图 6.2 所示，在 Linux 进程和硬件中断之间，本来由 Linux 内核完全控制，在 Linux 内核和硬件中断的地方加上了一个 RTLinux 内核的控制。Linux 的控制信号都要先交给 RTLinux 内核进行处理。在 RTLinux 内核中实现了一个虚拟中断机制，Linux 本身永远不能屏蔽中断，它发出的中断屏蔽信号和打开中断信号都被修改成向 RTLinux 发送一个信号。如在 Linux 里面使用 SI 和 CLI 宏指令，让 RTLinux 里面的某些标记做了修改。也就是说，将所有的中断分成 Linux 中断和实时中断两类，如果 RTLinux 内核接收到的中断信号是普通 Linux 中断，那么就设置一个标志位；如果是实时中断，就继续向硬件发出中断。在 RTLinux 中执行 STI 将中断打开之后，那些设置了标志位的 Linux 中断就继续执行。因此，CLI 并不能禁止 RTLinux 内核的运行，却可以用来中断 Linux。Linux 不能中断自己，而 RTLinux 可以。

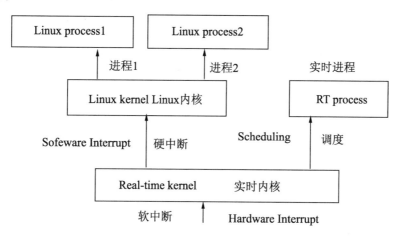

图 6.2　RTLinux 对 Linux 内核的改变

这里体现了 RTLinux 设计过程中的原则：在实时模块中的工作量尽量少，如果能在 Linux 中完成而不影响实时性能的话，就尽量在 Linux 中完成。因此，RTLinux 内核可以尽量做得简单。在 RTLinux 内核中，不应该等待资源，也不需要使用共享旋转锁。实时任务和 Linux 进程之间的通信也是非阻塞的，从来不用等待进队列和出队列的数据。RTLinux 将系统和设备的初始化交给了 Linux 来完成，对动态资源的申请和分配也交给了 Linux。

RTLinux 使用静态分配的内存来完成硬件实时任务，因为在没有内存资源的时候，被阻塞的线程是不可能具有实时能力的。

RTlinux 是源代码开放的具有硬实时特性的多任务操作系统，是通过底层对 Linux 实施改造的产物。通过在 Linux 内核与硬件中断之间增加可抢先的实时内核，把标准的 Linux 内核作为实时内核的一个进程与用户进程一起调度，标准的 Linux 内核的优先级最低，可以被实时进程抢断。正常的 Linux 进程仍可以在 Linux 内核上运行，这样既可以使用标准分时操作系统，即 Linux 的各种服务，又能提供低延时的实时环境。

1．RTLinux的特点

在 Linux 操作系统中，调度算法（基于最大吞吐量准则）、设备驱动、不可中断的系统调用、中断屏蔽及虚拟内存的使用等因素，都会导致系统在时间上的不可预测性，决定了 Linux 操作系统不能处理硬实时任务。RTLinux 为避免这些问题，在 Linux 内核与硬件之间增加了一个虚拟层（通常称作虚拟机），构筑了一个小的、时间上可预测的、与 Linux 内核分开的实时内核，使得在其中运行的实时进程满足硬实时性。并且 RTLinux 和 Linux 构成了一个完备的整体，能够完成既包括实时部分又包括非实时部分的复杂任务。

通过前面的介绍我们知道，RTLinux 有两种中断，即硬中断和软中断。软中断是常规 Linux 内核中断，其优点在于可无限制地使用 Linux 内核调用。硬中断是安装实时 Linux 的前提。依赖于不同的系统，实时 Linux 下硬中断的延迟是 15μs。RTLinux 的体系结构如图 6.3 所示。

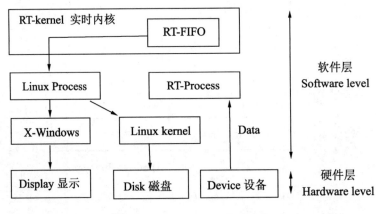

图 6.3　RTLinux 的体系结构

2．硬实时的实现

从图 6.3 中可以看出，RTLinux 拥有两个内核。

RTLinux 将标准 Linux 内核作为简单实时操作系统（RTOS、子内核）里优先权最低的线程来运行，从而避开了 Linux 内核性能的问题。这就意味着有两组单独的 API，一个用于 Linux 环境，另一个用于实时环境。此外，为保证实时进程与非实时 Linux 进程不顺序进行数据交换，RTLinux 引入了 RT-FIFO 队列。RT-FIFO 被 Linux 视为字符设备，最多可达 150 个，分别命名为/dev/rtf0，/dev/rtf1…/dev/rtf63。最大的 RT-FIFO 数量在系统内核编译时设定。

如图 6.4 所示为 RTLinux 操作系统所用的 RT-FIFO 结构图。

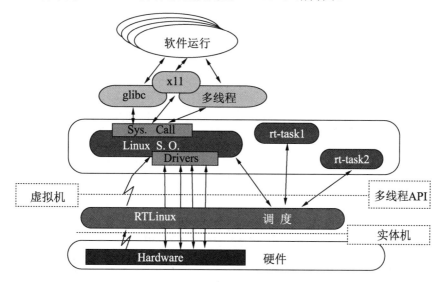

图 6.4 RT-FIFO 结构图

RTLinux 程序运行于用户空间和内核态两个空间中。RTLinux 提供了应用程序接口，借助这些 API 函数将实时处理部分编写成内核模块，并装载到 RTLinux 内核中，运行于 RTLinux 的内核态中。非实时部分的应用程序则在 Linux 下的用户空间中执行。这样可以发挥 Linux 对网络和数据库强大的支持功能。

3．软实时的实现

RTLinux 通过一个高效、可抢先的实时调度核心来全面接管中断，并把 Linux 作为此实时核心的一个优先级最低的进程来运行。当有实时任务需要处理时，RTLinux 运行实时任务；当无实时任务时，RTLinux 运行 Linux 的非实时进程。

RTLinux 在默认的情况下采用优先级的调度策略，即系统调度器根据各个实时任务的优先级来确定执行的先后次序。优先级高的先执行，优先级低的后执行，这样就保证了实时进程的迅速调度。同时，RTLinux 也支持其他的调度策略，如最短时限最先调度（EDP）、确定周期调度（RM）（周期段的实时任务具有高的优先级）。RTLinux 将任务调度器本身设计成一个可装载的内核模块，用户可以根据自己的实际需要，编写适合自己的调度算法。RTLinux 操作系统结构如图 6.5 所示。

对于一个操作系统而言，精确的定时机制虽然可以提高任务调度器的效率，但会增加 CPU 处理定时中断的时间开销。RTLinux 对时间精度和时钟中断处理的时间开销进行了折中考虑。不是像 Linux 那样将 8254 定时器设计成 10ms 产生一次定时中断的固定模式，而是将定时器芯片设置为终端计时中断方式。根据最近的进程时间需要，不断调整定时器的定时间隔，不仅可以获得高定时精度，同时中断处理的开销又最小。

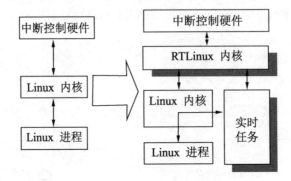

图 6.5　RTLinux 系统结构图

6.3　Ostro Linux 简介

自从英特尔公司推出 Joule 计算模块（运行在最新的四核凌动 T5700 片上系统上）后，这款基于 Yocto Project 的发行版一举成名。Ostro Linux 符合 IoTivity（IoTivity 是英特尔和三星主导开发的一个开源项目，目的是建立统一的物联网设备标准）连接标准。IoTivity 框架如图 6.6 所示。它支持众多的无线技术，还提供一种传感器框架；非常注重物联网安全，提供操作系统、设备、应用程序和数据等层面的保护，包括加密和 MAC。该发行版包含在无外设版本和媒体（XT）版本中。

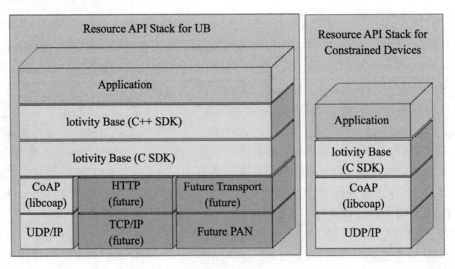

图 6.6　英特尔和三星构建的 IoTivity 框架

在 IoTivity 框架中，底层通信基于 UDP，CoAP 是 IETF 为 Constrained device 制定的通信标准，包含了两层：message 和 req/rsp。message 层定义了数据传输的格式，并且针对 UDP 传输的不可靠性，加入了安全传输的机制；req/rsp 层为 RESTful 框架提供链路支撑。

Ostro OS 是针对连接和嵌入式设备开发而进行优化的 Linux 发行版，是一套基于 Linux 并且为物联网智能设备量身定制的开源操作系统，可以支持蓝牙、NFC、Wi-Fi 等连接方式，并且可以支持多种如 IoTivity 的设备对设备互联互通标准。

Ostro 项目是由英特尔公司主导创建的一个开源物联网操作系统项目，它的目的是开发一个针对物联网应用的专门的操作系统，这个操作系统的名字也叫做 Ostro。它是基于 Linux 内核进行裁剪，并针对物联网领域的智能设备进行定制，专门应用于物联网的操作系统。

Ostro 操作系统可以被安装在 USB 存储杆或者 SD 卡上，可以直接启动物联网硬件设备。当然，物联网应用开发者也可以根据自己的需要对 Ostro 进行二次裁剪，自定义一个符合自身应用场景的全新内核。这个特征完全符合物联网操作系统的要求。

可以基于 Yocto 工具链进行编译开发和裁剪。如图 6.7 所示为 Ostro 物联网操作系统的整体架构。

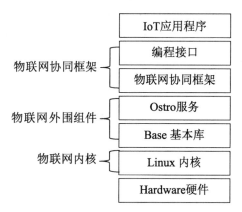

图 6.7　英特尔物联网操作系统 Ostro 层次结构框图

Ostro 操作系统的主要特征包括可裁剪、安全、丰富的开发环境，以及面向物联网的丰富组件和服务支持等，具体如下：

- 基于 Linux 操作系统进行裁剪，专门用于 IoT 领域；
- 支持 Intel 的 Quark 和 Intel Atom 处理器；支持 VirtualBox 虚拟机；
- 支持 Node.JS、Python、Java 和 C/C++等语言进行应用程序开发；
- 支持符合 OCF 标准的设备发现机制，开发者可通过 RestFUL API，对设备状态进行查询；
- 支持符合 OCF 标准的 JavaScript API；

- 安全特性，比如可信启动、应用程序内存隔离、权限管理，以及 OS 镜像完整性验证等机制；
- 丰富的通信技术支持，包括 Bluetooth/BLE，Wi-Fi，6LowPAN，以及 CAN bus 等。

下面按照 Ostro 层次结构框图从上往下的顺序，对 Ostro 的各个层次做简要阐述。

1. IoT应用程序

IoT 应用程序层次包含了所有使用 Ostro 编程接口所开发的物联网应用程序。当前的 Ostro 版本并没有开发任何特定的应用程序实例，仅仅提供了如何开发应用程序的指导及一些简单的代码片段。随着 Ostro 的发展，或许会有针对特定典型场景的物联网应用程序，比如智慧家庭应用程序被纳入到这个层次中发布。

2. 编程接口

编程接口是 Ostro 提供给应用程序开发者使用的，用于开发各种各样的物联网应用程序。当前来说，Ostro 提供了多种多样的编程接口供开发者根据自己的喜好和特定应用场景进行调用。主要有：

- Java 和 Python 编程接口。物联网应用程序开发者可以采用 Python 和 Java 语言，开发特定的应用程序。Ostro 提供了常用的支持类库。
- Node.JS 编程接口。Ostro 提供了 Node.JS 的运行支持，以及特定的一些 JavaScript API（以 Node.JS 模块方式提供）。这些 Java Script API 涵盖了相对广泛的物联网应用场景，比如包含了开放连接基金会（OCF）定义的 API 接口。这样就非常便于物联网应用程序开发者直接使用这些 API，调用 IoTivity 等协同框架的功能。
- Soletta 编程接口。Soletta 是一个开源的物联网应用程序开发框架，它提供了一些常用的物联网应用开发库，便于程序员方便、快速地开发物联网应用程序。Soletta 是一种编程框架，可以采用传统的 C 语言进行应用程序开发，也可以采用一种叫做"基于流的编程语言"（Flow-based Programming）进行物联网应用的开发。

总之，Ostra 提供了相对丰富的编程框架，供应用开发者选择。

3. 物联网协同框架

Ostro 内置了对 IoTivity 的支持。IoTivity 是一个开源的软件框架，用于无缝地支持设备到设备的互联，以及人与设备的简便互联。其主要是为了满足物联网开发的需要，构建物联网的生态系统，使得设备和设备之间可以安全可靠地连接。而 IoTivity 通过提供一系列框架和服务来加速设备的互联应用开发。该项目由 Open Interconnect Consortium（OIC）组织赞助，相当于是 OIC 标准的一个参考实现。

4. Ostro服务

Ostro 服务主要是指系统级的一些进程或线程，这些进程或线程负责管理网络连接，加载必要的支撑服务，以及提供进程间通信（IPC）支持等。在 Ostro 操作系统中，保留了大部分 Linux 操作系统所支持的 systemd、D-Bus 等。

除此之外，在线软件更新也是 Ostro 提供的基本服务之一。这是专门为物联网应用所提供的一个基本服务，可以快速地完成物联网设备的软件更新，而且只需要最小的软件下载量，并且只需要重新启动必要的物联网设备即可，而不需要重新启动所有的物联网设备。

在线软件更新是确保物联网可管理、可维护的核心机制，通过物联网操作系统与后端云平台的协同，使得物联网设备的软件始终保持在最新和最安全的状态。

5．Ostro的基本库

Ostro 的基本库包括随 Linux 内核一起发行的最基本运行库，比如最常用的 C 运行库等。当然，Ostro 可以根据需要，动态地扩展基本库的范围。

6．Linux内核

Ostro 的内核就是通用的 Linux 内核，它包括最基本的驱动程序支持、硬件适配支持、网络支持、文件系统及设备管理机制等。为了适应物联网的应用，Ostro 对 Linux 内核做了一些微调，使得内核可以支持更多的传感器（Sensor），能够支持更多的连接类型，比如蓝牙、Wi-Fi、ZigBee 等。

但是由于 Linux 内核本身的复杂性和不可分割性，使得 Ostro 物联网操作系统很难具备其应该具备的高度伸缩性要求。

从上面的分析中可以看出，Ostro 操作系统与我们定义的物联网操作系统分层模型基本上是对应的。

6.4　HelloX 物联网操作系统

作为物联网操作系统，HelloX 始终聚焦物联网领域的应用，为物联网量身定制了一套最优的系统软件解决方案。

物联网并不是孤立存在的，而是需要 AI 平台、大数据平台、物联网设备管理平台等一系列后端平台的支撑，共同组成一个面向物与物互联和协同的数字神经系统。HelloX 的目标，就是构筑这样一套数字神经系统。

HelloX 定位为物联网操作系统，当前选定物联网网关为应用场景进行深入开发。物联网网关功能复杂，其功能和模型也尚未形成共识，有巨大的挖掘空间。当前 HelloX 的软件，已可以实现完整的家庭网关（物联网网关功能包括家庭宽带接入）功能，后续我们将制作一款专门的硬件用于搭载 HelloX 物联网操作系统。

6.4.1 HelloX 物联网操作系统框架分析

HelloX 是由国内操作系统爱好者开发的完全开源的物联网操作系统，如图 6.8 所示为 HelloX 的整体架构。

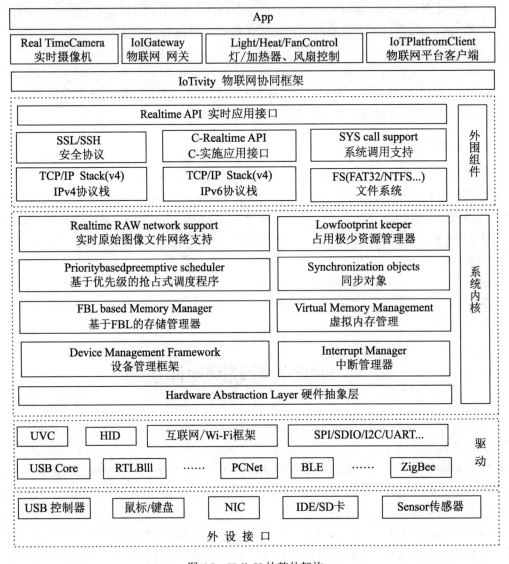

图 6.8　HelloX 的整体架构

从整体架构上可以看出，HelloX 操作系统也符合物联网操作系统的分层结构。图 6.8 中最下方是驱动程序层，实现了大多数常见硬件的驱动支持，包括 USB、以太网、SPI/UART

等。严格地说，驱动程序层应该属于内核的一部分。在 HelloX 的实现中，为了突出 HelloX 丰富的驱动支持的特点，把驱动程序单独拿出来作为一个层次进行展示。

在驱动层之上，是内核层。内存管理、任务调度等机制，都是在内核中实现的。与其他物联网操作系统基于 Linux 内核定制的思路不同，HelloX 的内核是根据物联网的特征，完全全新开发的。内核中各模块之间是松耦合的，可以根据需要，灵活地裁剪或者增加任何内核模块，这样就确保了内核的可伸缩性，能够满足多种多样的碎片化硬件需求。也可以根据需要，替换内核中的默认模块或者算法，比如可以采用自定义的任务调度算法，替换内核中默认的基于优先级轮询的调度算法。也可以采用更加实时的内存分配算法（比如固定尺寸链表法），来替换内核中默认的空闲链表内存分配算法等。对于 MMU 的支持，HelloX 也是作为可选模块来实现的，裁掉了 MMU 功能，不会对系统中的其他模块产生任何功能上的影响（但是内存保护和虚拟内存等机制就不能使用了）。

在内核层之上是外围组件层。HelloX 提供了包括网络、文件系统和系统调用等在内的多种多样的外围组件，供物联网应用程序开发者调用。

目前的 HelloX，移植 IoTivity 物联网协同框架作为自己的协同框架。未来根据需要，HelloX 会开发出更加灵活的物联网协同框架与 HelloX 捆绑使用。

以上介绍的这些基本组件和功能，可以基于 HelloX 操作系统实现广泛的物联网应用，比如家庭网关、智能摄像头、智慧家庭中的家电设备、抄表和 e-Health 等。目前 HelloX 已经实现了同多个物联网云平台的对接和集成。

HelloX 开发团队经过了近半年的努力后，正式开发出了 HelloX V1.83 测试版本。经相对充分的测试和验证之后，正式发布。其相关代码已全部上传到了 GitHub 上（github.com/hellox-project/HelloX_OS），对 HelloX 感兴趣的读者可以下载测试和试用，并进一步反馈问题。

6.4.2　HelloX 主要功能

HelloX V1.83 版本主要对下列特性进行了支持和优化：

完整支持多 CPU 功能。HelloX V1.83 支持 SMP（对称多处理）功能，可在安装有多个 CPU 或者在多核 CPU 上运行，充分发挥多 CPU 的并行计算能力。当前版本默认支持 32 个 CPU（或 CPU 核），在任何少于 32 个 CPU 的计算机上都可以正常运行。如果计算机的 CPU 数量多于 32 个，可以通过修改宏定义并重新编译来支持 CPU 正常运行。

HelloX 对先前版本 V1.82 的网络功能有较大幅度的优化。比如，对 TCP 校验和算法进行了性能提升，对网络地址转换（NAT）的查表方法做了改进，由线性链表修改为完整的 RADIX 树的方式，可大大提升查表效率。同时，通过把 IP 协议栈的多个线程（比如 PPPOE 客户端线程、DHCP 服务器线程、IP 转发线程和网络控制管理线程等）同时调度到多个 CPU 上，充分发挥多核 CPU 的性能，大大提升了转发和处理效率。

增加了更加丰富和完整的调试与诊断手段，包括日志输出功能、异常情况下的调试信息输出功能，以及内存申请跟踪等功能。当前的内核已经很少出现异常情况。出现异常情况时，通过分析上述输出的信息，可以快速定位问题。

HelloX V1.83 编译后的可执行文件大小，包括内核、网络功能、用户命令行界面、文件系统和各类驱动程序等，在 560KB 左右，比 V1.82 编译后的镜像稍大一些，但仍算比较小的，可满足大多数嵌入式硬件的要求。

而 JerryScript 等程序，则以外部可执行文件的方式存在，可以存放在外部存储介质如 USB stick 或者 SD card 上，按需加载和卸载。

HelloX V1.82 的核心功能是网络，而 V1.83 的最核心功能是多 CPU 支持。主要表现在下列几点：

- 支持 ACPI（Advanced Configure Power Interface）功能，HelloX 在启动的时候，会按照 ACPI 规范，搜索内存中的配置数据表格，通过分析这些表格，得到系统配置的 CPU 数量、CPU 核心连接的拓扑结构、内存数量等信息，进而建立一张处理器拓扑结构表格。在 HelloX 的命令行界面中，用 sysinfo 命令可以查看建立的 CPU 连接拓扑。对于每一个检测到的 CPU（processor），HelloX 都会记录在案，并加以管理和使用。

- 支持 spin lock，处理器间中断（IPI）等 CPU 间的同步通信机制，确保不同 CPU 之间有效通信，协调运作，形成一个多核心分布式的计算系统。当前的 spin lock 机制，采用共享全局变量加原子操作指令方式实现，大部分操作系统都是以这种方式实现的。为了进一步提升性能，后续将基于链表方式实现 spin lock，这对当前的代码是透明的。对于 IPI（Inter-Processor Interrupt），HelloX 采用 APIC（Advanced Programming Interrupt Controller）来控制实现。IPI 可用于完成即时调度、TLB 刷新等功能。

HelloX V1.83 的锁粒度（主要是 spin lock）是对象级的，即每个内核对象，比如内核线程、同步对象（Mutex/Semaphore/Mailbox 等），都有自己的 spin lock。这与子系统级的 spin lock 不同。在子系统级 spin lock 的实现中，每个子系统有一个共享的锁，所有属于该子系统的对象共享这个 spin lock。这样会导致明显的效率下降，因为一旦一个子系统的对象占有子系统锁，那么同一个子系统的其他对象则无法同时获得该 spin lock，只能等待。HelloX V1.83 则没有该问题，因为其 spin lock 是对象级的。对象级 spin lock 也有其不足，那就是容易产生死锁（dead lock），因为锁的粒度很小，很多代码片段需要同时获得多个对象锁，在编程时需要仔细排列获取锁的顺序。一旦操作顺序排列不仔细，很容易产生死锁。在 HelloX V1.83 的开发过程中，曾产生多次死锁。为了检测死锁，HelloX 实现了"死锁超时等待机制"，在等待一个 spin lock 的时候，如果超出了预设的最大等待时间，则引发系统告警，便于代码调试。

基于多 CPU 架构，对 HelloX 的网络子系统进行了全面的优化。比如调整线程的调度优先级、引入批量发送机制，合理地组合相关线程到单个 CPU，最终达到了理想的网络吞吐效果。后续版本将进一步对网络子系统进行优化，以达到线速支持 10G bps 的转发级别。

与以前版本的原则一致，在 HelloX V1.83 版本的开发过程中，坚持"稳定可靠，不留问题死角，可直接应用"为原则，所有代码都经过了详细、深入的内部测试。在开发过程中，通过编写仿真高压程序分布到每个 CPU 上，这些程序之间通过 mailbox、semaphore、mutex 和 message queue 等方式频繁交互（5ms 交互一次），同时定义多个定时器，来测试多核功能，整体表现符合预期。

在所有代码集成完成的时候，又沿用了 HelloX V1.82 版本的实际测试用例，用一台笔记本电脑加一个无线 AP，搭建了一个家庭宽带路由器，并连续使用了将近一个星期，体验与普通路由器没有任何差别。测试期间，HelloX 路由器连接了 20 台左右的终端，包括智能手机、笔记本电脑、Pad、儿童手表、家用无线打印机、电视机，以及小米智能台灯等设备，所有设备的网络状态都正常。

在测试过程中，随着越来越多的物联网设备接入到 HelloX 网关，越来越能体会到物联网操作系统的真实价值，越来越能感受到物联网网关的重要性。设想一下，物联网网关可以看到所有物联网设备的通信模式，包括报文的平均长度、发送间隔、带宽、时间分布、MAC 地址和通信协议类型等信息。通过这些信息，即使不对 IP 报文做深度分析，也可以通过大数据或者 AI 技术识别设备类型和设备能力，从而有目的地与物联网设备进行协同。单个物联网网关，是一个本地网络的控制中心，而所有的物联网网关组成的大网络，则是整个世界的控制中心。HelloX 将聚焦物联网网关方向，做深入的技术耕耘，为人类建立安全、可靠、智能的物联网数字中心而努力。

HelloX 后续会针对新的网络发展比如 5G 等，对网络功能做进一步的增强，同时也会进一步引入业界先进的网络架构和新技术，比如 SDN（软件定义网络），以及新的网络安全技术，打造一个兼容现有的路由器功能，同时面向物联网应用的软件平台，这个软件平台完全开源，并始终保持安全、高效和灵活等特点。

6.4.3　HelloX 的开发方向

作为物联网操作系统，HelloX 将始终聚焦物联网领域的应用，为物联网量身定制一套最优的系统软件解决方案。我们认为，只有一个内核的支撑是远远不够的。物联网和智能硬件的有效发展和壮大，需要更多技术的支持，比如人工智能、分布式计算、机器学习等。但一个稳定可靠和可扩展的物联网操作系统，是这些技术最好的生存土壤。

同时我们认为，物联网中的一个关键组件将会是物联网接入网关。不论是哪种应用场景，物联网网关将是物联网世界连接用户或者真实世界的最核心角色。因此，后续 HelloX 会首先瞄准这一个物联网应用场景，进行深入耕耘。物联网网关首先是一个更安全和高效的宽带接入网关，同时具备支撑物联网应用的能力。

俗语有云："难事必做于易，大事必做于细"。HelloX 操作系统当前的主要应用目标定位于物联网网关，但是要真正做出特色，做出价值，还是要从一些具体的功能入手。HelloX 的下一个版本将在下列功能领域进行进一步增强和开发：

1．操作系统内核

物联网网关与现有的宽带接入网关不同。现有的宽带接入网关，强调的是网络处理和转发能力，只是作为一个路由器存在，其计算能力非常有限。但是到了物联网时代，网关的功能将在需求驱动下，功能和处理能力将呈指数级增强。首先，边缘计算能力（Edge Computing）会被加入物联网网关中，负责网关所辖区域内的计算任务，比如 AI 建模和训练、复杂的逻辑推断、庞大的树或者图遍历（大于 1 万个节点）等。同时，边缘网关还将面对不同厂商、不同功能的物联网终端设备，每个设备都可能有自己独立的处理任务。

为了适应这种情况，需要对 HelloX 的内核做进一步优化，甚至重构。比如，当前 HelloX 内核支持多核 CPU 的数量上限是 32 个，后续要支持多 CPU 的数量达到上百个级别。同时通过高效的通信技术，多个 HelloX 系统组成集群，形成密集的本地计算能力，应对物联网和人工智能/区块链的需求。对内存管理算法和机制，也有非常大的优化空间。现在是基于空闲链表算法来管理内存，在内存块数量急剧上升（达到十万级别）的时候，分配和释放效率都会出现下降。

另外一个值得关注的方向，就是 HelloX 云化部署。通过把 HelloX 部署在云上（VM 内），可以构筑更加高效和安全的云计算环境，为应用提供更加高效、实时、安全和可靠的计算环境。

总之，HelloX 操作系统的目标是，下一个版本的 HelloX 的内核的并发效率、实时性、简洁性和安全性等，将超越 Linux 和大多数操作系统。

2．为5G作准备（Ready for 5G）

随着信息技术的发展，5G 将会替代目前广泛部署的 3G/4G 网络，成为通信的主流。与 3G/4G 主要面向个人用户（2C）不同，5G 提供 Embb、uRLLC、mMTC 等不同类型的通信支持，同时面向个人和行业应用（2B）。5G 不仅仅对运营商网络是一个全新的技术，同时对芯片、终端、软件、网络和数据中心等都提出了新的要求。举例来说，5G 支持的网络切片技术（Network Slicing），对传统的 TCP/IP 协议栈提出了新的要求，因为在切片环境下，一个终端可能会同时获得多个 IP 地址，而且这多个 IP 地址还可能是重叠的。这样就要求 IP 协议栈支持多实例（Multiple Instance），这多个协议栈实例再与不同的 5G 应用（或者多个虚拟终端）绑定，实现真正的差异化通信服务。

HelloX 的体系架构满足了这种需求，后续版本将开发一个闭源的面向 5G 的网络通信子系统。闭源的目的是保证安全，而且只是对部分最核心的代码闭源，HelloX 内核、设备驱动等代码仍然按照原有方式开源。

3．构筑面向未来的网络协议栈

未来，HelloX 开发团队将对 HelloX 的网络协议栈做进一步增强和重构，开发一个业界独创、面向未来的网络协议栈。主要包括下列方面：

同时支持 IPv6 和 IPv4 协议，能够按照用户的需求，同时高效处理这两种 IP 协议。研发团队要设计一种全新的协议架构，设计一套通用的数据结构，同时为 IPv4 和 IPv6 两种协议所用，而不是像现在的大多数实现一样，IPv4 和 IPv6 相互隔离，没有交互。

进一步增强网络的安全性，充分吸收新的网络架构和技术如 SDN 等，以做到最大限度的安全保障。未来的网络安全，十分重要。一个自主和全新的网络架构，可以甩掉长期积累的包袱，轻装上阵，满足未来网络和信息系统的需要。

支撑网络的基础算法和数据结构有创新，满足未来网络的性能需要。比如融合 IPv4 和 IPv6 的路由查找算法，以及网络报文 DPI 深度解析算法等，以期达到业界顶尖水平。

总之，下一个版本的 HelloX 的定位是，其网络协议栈的安全、效率和架构等方面，将达到业界顶尖的水平。

4．基于JavaScript，构筑一套全新的物联网开发框架

目前有很多物联网开发框架，比如 IoTivity，三星主导的 IoT.js 等，这些框架都是基于企业开发框架衍生或者设计的，并不能很好地适应物联网的本质特征，无法对物联网的发展起到助推作用。

HelloX 研发团队计划，基于 JavaScript 语言，构筑一套全新的、分三个层级的物联网开发框架。通过充分的抽象和模型建立，形成一套基础的物联网模型库。基于这一套基础模型库，进一步派生出二级面向具体行业的模型库，可以称为 Tier 2 模型库。基于 Tier 2 模型库，进一步派生出某个行业内的物联网模型。这样某个行业内的具体应用，就可以快速和直接地引用这些行业特定模型，或者对这些模型进行派生和扩展，快速高效地开发出独立于运行硬件和运行软件环境的物联网应用。

HelloX 研发团队基于已有 HelloX 的代码和成果，以及前期探索的基础上，进一步开发和优化 HelloX 操作系统。相信在不久的将来，必然能够开发出面向未来的基础软件平台和核心软件部件，有效促进物联网和信息化的发展，进一步提升人们的生活水准，为人类的发展做出贡献。

6.4.4　HelloX 用于智慧家庭

智慧家庭是物联网的一个分支应用，是一个被广泛认同的巨大 IT 市场空间。目前市场上已经有很多针对智慧家庭的产品或解决方案，但与移动互联网不同，智慧家庭至今尚未形成一个完整的生态系统。究其原因，在于不同的智慧家庭参与者对智慧家庭的理解不同。有的人认为智慧家庭就是"智慧控制"，远程控制家里的灯光、开关、窗帘、空调等，而有的人又认为智慧家庭应该更具"娱乐色彩"，像一个私人电影院，于是"N 屏互动"等解决方案又充斥市场。还有的人认为智慧家庭就是"三网合一"，这种观点在运营商领域大行其道，于是推出了一系列的 triple-play 业务。要从"理论上"实现 triple-play，需要在 IP 网络上实现组播（multi-case）/QoS 分级等功能，工程难度相当大，是运营商网络中

的"形象工程"，不但没有任何效果，而且还使设备商和运营商叫苦连连。

总体说来，智慧家庭市场还处于一个"混沌状态"，没有统一的准则，没有统一的认识，没有统一的参考，参与者都在摸索，处于"盘古开天"之前的阶段。随着时间的推移，宇宙规则会逐渐建立起来。这些规则明晰之后，宇宙自然由"混沌"状态演化出来，变得井然有序，于是万物产生。智慧家庭也一样，因为缺少基本的东西，比如原则、秩序、平台，所以才处于一种相对"混沌"的状态。为了促进这个行业的发展，行业的参与者们必须试图建立能够支配行业的规则和秩序，以及基础平台。这个过程可能会很漫长，会有挫折，但却是必须要经历的阶段，一个寻求共识的阶段。这个阶段过去了，相信智慧家庭行业就会明朗起来。

本节描述的这个智慧家庭平台框架是一个实验性项目，也是试图建立智慧家庭秩序或平台的努力之一。建立规则和平台的过程，是一个充满偶然和随机的过程，需要所有热爱物联网行业的人或组织去尝试。

智慧家庭平台架构是基于物联网操作系统的。具体来说是基于 HelloX，是一个物联网操作系统和平台的总称，因此这个智慧家庭的框架也被称为"HelloX 智慧家庭框架"。整体架构如图 6.9 所示。

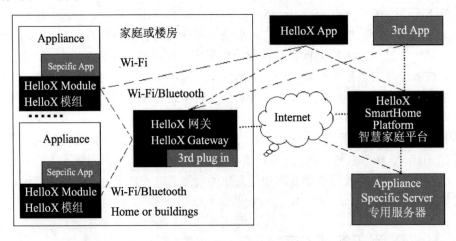

图 6.9　HelloX 智慧家庭框架

图 6.9 所示的框架看起来比较复杂，实际上非常容易理解。图中模组有两部分，首先是 HelloX 智慧家庭框架所包含的组件。其次是第三方家电厂商/App 开发者根据 HelloX 提供的 API 定制开发的模组。

在任意家电（Appliance）内部，都有一个 HelloX 模组，这个模组由软件（HelloX 操作系统）和对应的硬件组成。其中硬件非常简单，就是通用的嵌入式处理器（比如 Cortex-M3 系列 CPU），以及用于通信的组件，比如 Wi-Fi 芯片、蓝牙芯片等。软件是开源的，硬件也是开源和标准化的，家电厂商可以自行设计硬件，或者购买标准模组。软件遵循 BSD 协议，可以直接修改和定制使用。HelloX 操作系统内置对整个智慧家庭框架的支持，比如，它会自动与 HelloX 网关（Gateway）建立连接，自动从设备相关的服务器（Appliance SpecificServer）上下载家电的配置等。

HelloX Gateway 则是具备家庭路由器功能的定制路由器，里面包含了对 HelloX 操作系统和整个智慧家庭框架的支持。其主要作用就是自动扫描家里新安装的家电，然后自动把家电增加到智慧家庭 App（智能手机 App）和智慧家庭云平台（HelloX SmartHome Platform）中。这样达到的效果是，只要用户把支持 HelloX 的家电放在家里，用户手机上的 App 就会自动呈现出对应的操作选项，不需要任何安装和配置，完全自动化。

除此之外，HelloX Gateway 还具备蓝牙或红外代理功能。有些家电鉴于成本因素，可能只支持蓝牙或红外通信。传统方式下，要对这些家电进行操作，必须配置一个独立的遥控器对家电进行控制。HelloX Gateway 可提供更加灵活的解决方案，它提供蓝牙/红外通信接口（API），家电厂商可以编写一个插件（plug in），安装在 Gateway 上，由这个插件来具体控制家电。用户的手机 App 则通过网络与 Gateway 通信，进而控制蓝牙/红外家电。

当然，HelloX Gateway 还具备通信优化、本地存储、智能计算等功能。智慧家庭的本质，既不是"智慧控制"，也不是"N 屏互动"和 triple-play，而是能够根据用户需求，统一整合家庭内所有智能设备的一个解决方案，其功能无法实现预定义，而是通过后期的应用程序来扩展智慧家庭功能，这与智能手机的模式类似。而 HelloX Gateway，则是承载具体智慧家庭应用的节点。

如果原有的家庭网关支持蓝牙和 Wi-Fi 等功能，且支持软件在线升级，那么可直接下载 HelloX Gateway 软件，即可实现智慧家庭功能。否则，需要重新购买一台 HelloXGateway，或者购买一台 HelloXGateway Bridge。后者是一个小盒子，直接插在电源上，利用原有的家庭网络，提供 HelloX 网关功能，不提供传统路由器的上网接入功能。

至于后端的 HelloX SmartHome Platform 和 HelloX App，则不用多做介绍，几乎任何一个移动互联网应用都具备这两个组件。但对于 HelloX App，有一点需要强调，就是不论有多少家电，只需要安装一个 HelloX App 即可完成所有家电的管理，而不是像现在一样，每买一台家电，都需要安装一个独立的 App 进行管理。HelloX 智慧家庭框架的优势如下：

- 完全自动化，家电即插即用，无须配置。不论是哪个厂商的家电，也不论是哪种家电，只要支持 HelloX，在用户把家电拉回家里插上电源后，用户的手机 App 上会自动添加对该家电的操作菜单。前提是您家中安装了 HelloX Gateway，或者 HelloX Gateway Bridge。

- 家电厂商不受任何约束。HelloX 只定义一个框架，以及底层的通信支持和家庭自动化支持，具体的功能，家电厂商可以通过开放 API 编程实现。这种实现不仅仅是家电层面的定制，还包括 HelloX Gateway 上的插件开发定制，以及 HelloX App 的插件开发和定制。比如厂商 A 的智能电视机比厂商 B 的智能电视机功能多，那么不必担心，通过定制 HelloX Gateway 的 plug in，定制手机 App 的功能扩展，可以充分展现这种优势。

- 家电厂商成本低廉。软件完全开源免费，随意定制，且大部分家电功能代码预先实现。硬件也完全标准化且开源，可根据自己的前期设计和供应链随意更改。当然，最主要的是提供技术支持服务，帮助家电厂商轻松实现家电智能化。
- 功能高度扩展，可以通过下载不同的应用 App 到 HelloX Gateway 上（或者到云平台上），可实现任何想要的功能。比如，在电视机被关闭的时候，自动打开卧室灯，在浴池中自动放水……任何想要的功能，都可以通过编程解决。

HelloX 实践项目正按开源的方式有序运作。其中，HelloX 操作系统和模组已经开发完毕，正在最后的调试阶段；HelloX Gateway 的样机也已设计完成，处于生产阶段；云平台和手机 App 正处于开发阶段。待这些组件都齐备之后，HelloX 项目实践者将以"志愿者合伙"方式进行推广和市场验证。如果被广泛认可，HelloX 项目实践者会组建"非功利性公司"来真正产品化这一套框架。具体的商业模式也很清晰，销售 HelloX 模组、HelloXGateway 和技术支持服务，当然这种销售会充分体现"非功利性"的原则，即完全开放成本组成，利润保持能支撑企业的日常运作即可。

HelloX 智慧家庭框架包括 HelloX 物联网操作系统的目标不是盈利，而是推动行业的良性发展，推动"智慧中国"理念的落地，为实现中华民族伟大复兴的"中国梦"而努力。因此所有的源代码、设计理念和设计文档都是公开的。

6.5　FreeRTOS 操作系统简介

FreeRTOS 是一个迷你的实时操作系统内核，功能包括：任务管理、时间管理、信号量、消息队列、内存管理、记录功能、软件定时器和协程等，可基本满足较小系统的需要。如图 6.10 所示为 FreeRTOS 的 Logo。

由于 RTOS 需占用一定的系统资源，尤其是存储（RAM）资源，只有 μC/OS-II、embOS、salvo、FreeRTOS 等少数实

图 6.10　FreeRTOS 标识

时操作系统能在小内存（RAM）单片机上运行。相对于 μC/OS-II、embOS 等商业操作系统，FreeRTOS 操作系统是完全免费的操作系统，具有源码公开、可移植、可裁剪和调度策略灵活的特点，可以方便地移植到各种单片机上运行。

FreeRTOS 操作系统是完全开源的操作系统，该操作系统已经在数百万设备上部署，号称是"市场上领先的嵌入式实时操作系统"，能够为微控制器和微处理器提供很好的解决方案。

FreeRTOS 在嵌入式开发平台中可以与 Linux 相匹敌，它特别适用于开发物联网终端设备。FreeRTOS 缺少 Linux 功能，比如设备驱动程序、用户账户以及高级的网络和内存管理。然而，它占用的资源比 Linux 少得多，更不用说与 VxWorks 这样的主流实时操作系统相比了，它还提供开源 GPL 许可证。FreeRTOS 可以在内存小于 0.5KB，ROM 为 5～

10KB 的设备上运行，不过其与 TCP/IP 架构结合使用也很常见，这种场景下它需要 24KB 内存和 60KB 闪存。

　　FreeRTOS 任务可选择是否共享堆栈，并且没有任务数量限制，多个任务可以分配相同的优先权。相同优先级任务的轮转调度，同时可设成可抢夺内核或不可抢夺内核。

　　FreeRTOS 的移植主要需要改写 3 个文件：portmacro．H、port．c 和 port．asm。

　　早期的嵌入式开发没有嵌入式操作系统的概念，直接操作裸机，在裸机上写程序，比如用 51 单片机基本就没有操作系统的概念。通常把程序分为两部分：前台系统和后台系统。简单的小系统通常是前后台系统，这样的程序包括一个死循环和若干个中断服务程序：应用程序是一个无限循环，循环中调用 API 函数完成所需的操作，这个大循环就叫做后台系统；中断服务程序用于处理系统的异步事件，也就是前台系统。前台是中断级，后台是任务级。裸机软件工作过程如图 6.11 所示。

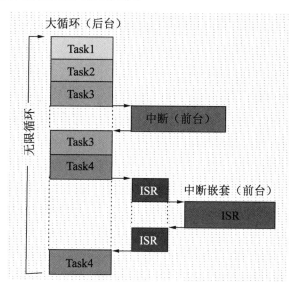

图 6.11　裸机软件工作过程

　　比如现在我在运行 Task3，突然又想马上运行 Task1，该怎么办？前后台程序会让后面的任务执行之后，再去执行 Task1，这样实时性会受到影响。如果是裸机，要实现也可以，使用中断来实现，可是这样会让程序结构变得复杂，因为想什么时候跳过就跳过，想什么时候执行就执行，所以固定的中断触发方式虽然也可以实现一些简单的跳转功能，但是当程序复杂之后，这样的裸机程序难以阅读和维护。这样在有操作系统的任务调度之后，就会让系统响应更具有实时性。

　　RTOS（Real Time Open System，实时操作系统），强调的是实时性。实时操作系统又分为硬实时操作系统和软实时操作系统。硬实时操作系统要求在规定的时间内必须完成操作，不允许超时，在软实时操作系统里面处理过程超时的后果就没有那么严格。在实时操作系统中，我们可以把要实现的功能划分为多个任务，每个任务负责实现其中的一部分，每个任务都是一个很简单的程序，通常是一个死循环。

RTOS 操作系统的核心内容在于实时内核。

RTOS 的内核负责管理所有的任务，内核决定了运行哪个任务，何时停止当前任务切换到其他任务，这个是内核的多任务管理能力。多任务管理给人的感觉就好像芯片有多个 CPU，实现了 CPU 资源的最大化利用，有助于实现程序的模块化开发，实现复杂的实时应用。

可剥夺内核，顾名思义就是可以剥夺其他任务的 CPU 使用权，它总是运行就绪任务中的优先级最高的那个任务。内核可剥夺型软件运行原理如图 6.12 所示。

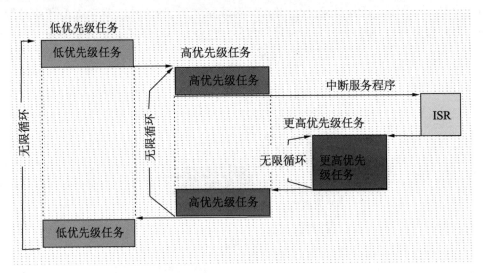

图 6.12　内核可剥夺型软件运行过程

FreeRTOS 是一个可裁剪、可剥夺型的多任务内核，而且没有任务数限制，其提供了实时操作系统所需的所有功能，包括资源管理、同步、任务通信等。FreeRTOS 是用 C 语言和汇编语言来写的，其中绝大部分都是用 C 语言编写的，只有极少数与处理器密切相关的部分代码才是用汇编语言写的。FreeRTOS 结构简洁，可读性很强，最主要的是非常适合初次接触嵌入式实时操作系统的学生、嵌入式系统开发人员和爱好者学习。为什么需要学习这个操作系统，主要原因有以下几点：

- 因为 FreeRTOS 开源、免费，完全可以免费用于商业产品，开放源码更便于学习操作系统原理，从全局掌握 FreeRTOS 运行机理，以及对操作系统进行深度裁剪以适应自己的硬件。
- FreeRTOS 是很多第三方组件指定系统。
- FreeRTOS 普及度较高，占有率约 22%，有大量开发者在使用，并保持高速增长趋势。据 2011 年至 2017 年的 EEtimes 杂志嵌入式系统市场报告显示，FreeRTOS 在 RTOS 内核使用榜和 RTOS 内核计划使用排行榜上都名列前茅。更多的人使用

FreeRTOS，可以及时发现 BUG，增强稳定性。

- SafeRTOS 便是基于 FreeRTOS 而来，前者是经过安全认证的 RTOS，因此对于 FreeRTOS 的安全性也比较有信心。
- 简单。FreeRTOS 内核只有 3 个.c 文件，全部围绕着任务调度，没有任何其他干扰，便于理解和学习。而且，FreeRTOS 根本不需要其他繁多的功能，只要任务调度就够了。
- 文档齐全，在 FreeRTOS 官方网站上，可以找到所有需要的资料。

FreeRTOS 学习方法建议如下：

- 多练，不要只看书，或者只看资料。一定要实际动手写代码练习，多在开发板上练习。
- 在学习的过程中难免会遇到看不懂的地方，先学会怎么调用 FreeRTOS 的 API 函数。等以后有时间了再回过头来重新学习。
- 对 C 语言的要求，需要了解指针、结构体、数据结构中的链表等。
- 学习的资料来源主要是 FreeRTOS 的官方网站（www.freertos.org）和源代码。FreeRTOS 的创始人 RichardBarry 编写了大量的移植代码和配套文档，沿着 Richard Barry 铺好的路前进，没什么是困难的。

随着物联网的发展，未来的嵌入式产品必然更为复杂、连接性更强，需要更丰富的用户界面。

6.6　Tiny OS 操作系统简介

Tiny OS 的出现是伯克利大学（UCBerkeley）和英特尔（IntelResearch）合作实验室的杰作，用来嵌入智能微尘当中，之后慢慢演变成了一个国际合作项目，即现在的 Tiny OS 联盟。

Tiny OS 是开放源代码的操作系统，专为嵌入式无线传感网络设计，操作系统基于构件（component-based）的架构使得快速的更新成为可能，而这又减小了受传感网络存储器限制的代码长度。Tiny OS 是一个具备较高专业性，专门为低功耗无线设备设计的操作系统，主要应用于传感器网络、普适计算、个人局域网、智能家居和智能测量等领域。

Tiny OS 是专为物联网而生的操作系统，在物联网的世界里，一个智能终端节点的存储空间往往不足 100KB，那么如何在这么小的空间里高效稳定地运行多进程、多任务的程序呢？Tiny OS 的诞生为人们提供了一个完美的解决方案。它设计之初的目的是制作一个专属嵌入式无线传感器网络（Wireless Sensor Network，WSN）的操作系统。

6.6.1　Tiny OS 特点

相对于主流操作系统成百上千 MB 的庞大体积来说，Tiny OS 显得十分小巧，只需要几 KB 的内存空间和几十 KB 的编码空间就可以运行起来，而且功耗较低，特别适合传感器这种受内存、功耗限制的设备。

Tiny OS 本身提供了一系列的组件，包括：网络协议、分布式服务器、传感器驱动及数据识别工具等，使用者可以通过简单方便的编制程序将多个组件连接起来，用来获取和处理传感器的数据并通过无线信号来传输信息。

Tiny OS 在构建无线传感器网络时，通过一个基地控制台控制各个传感器子节点，聚集和处理各子节点采集到的信息。Tiny OS 只要在控制台发出管理信息，然后由各个节点通过无线网络互相传递，最后达到协同一致的目的。

Tiny OS 的特性决定了其在传感器网络中的广泛应用，由于良好的可扩展性和足够小的代码尺寸，Tiny OS 在物联网的应用领域中也占有非常重要的地位。Tiny OS 作为一个专业性非常强的操作系统，主要有如下几个特点：

1. 拥有专属的编程语言

Tiny OS 应用程序都是用 NesC 编写，其中 NesC 是标准 C 语言的扩展，在语法上和标准 C 语言没有区别，它的应用背景是传感器网络这样的嵌入式系统，这类系统的特点是内存有限，且存在任务和中断两类操作，它的编译器一般都是放在 Tiny OS 的源码工具路径下。

2. 开放源代码

所有源码都免费公开，用户可以访问官方网站 www.tinyos.net 下载相应的源代码，它由全世界 Tiny OS 的爱好者共同维护，版本实时更新。

3. 基于组件的软件工程建构

Tiny OS 提供一系列可重用的组件，一个应用程序可以通过连接配置文件（A Wiring Specification）将各种组件连接起来，以完成它所需要的功能。

4. 通过Task和Events来管理并发进程

Tasks，一般用在对于时间要求不是很高的应用中，且 Tasks 之间是平等的，即在执行时是按顺序先后进行的，而不能互相占先执行。一般为了减少 Tasks 的运行时间，要求每一个 Task 都很短小，使系统的负担较轻。Tasks 支持网络协议的替换。

Events，一般用在对时间要求很严格的应用中，而且它可以占先优于 Tasks 和其他 Events 执行，它可以被一个操作的完成或是来自外部环境的事件触发，在 Tiny OS 中一般由硬件中断处理来驱动事件。

5. 支持网络协议组件的替换

除了默认的协议之外，还提供其他协议供用户替换，并且支持客户自定义协议，这对于通信协议分析来说，非常适用于通信协议的研究工作。

6. 代码短小精悍

Tiny OS 的程序采用的是模块化设计，所以它的程序核心往往都很小，一般来说核心代码和数据大概在 400Bytes 左右；能够突破传感器存储资源少的限制，这能够让 Tiny OS 有效地运行在无线传感器网络上并去执行相应的管理工作。

6.6.2　Tiny OS 组成

Tiny OS 的构件包括网络协议、分布式服务器、传感器驱动及数据识别工具。其良好的电源管理源于事件驱动执行模型，该模型也允许时序安排具有灵活性。

Tiny OS 操作系统、库和程序服务程序是用 NesC 写的。关于 NesC 语言的特点总结如下：

- NesC 是一种开发组件式结构程序的语言。
- NesC 是一种 C 语法风格的语言，但是支持 Tiny OS 的并发模型，以及组织、命名和连接组件成为健壮的嵌入式网络系统的机制。
- NesC 应用程序是由有良好定义的双向接口的组件构建的。
- NesC 定义了一个基于任务和硬件事件处理的并发模型，并能在编译时检测数据流组件。

Tiny OS 规范如下：

- 应用程序由一个或多个组件连接而成。
- 一个组件可以提供或使用接口。
- 组件中 Command 接口由组件本身实现。
- 组件中 Event 接口由调用者实现。
- 接口是双向的，调用 Command 接口必须实现其 Event 接口。

1．Tiny OS实现

- modules：包含应用程序代码和实现接口。
- configurations：配置模块，通过接口向模块提供者配置连接参数。每个 NesC 应用程序都有一个顶级 configuration 模块。

2．Tiny OS模型

- Tiny OS 只能运行单个由所需的系统模块和自定义模块构成的应用程序。
- 两个线程。
- 任务一次运行完成，非抢占式。

3．Tiny OS硬件事件处理

- 处理硬件中断。

- 一次运行完成，抢占式。
- 用于硬件中断处理的 Command 和 Event 必须用 async 关键字声明。

4．Tiny OS使用NesC编程注意事项

NesC 是对 C 语言的扩展，为体现 Tiny OS 的结构化概念和执行模型而设计。Tiny OS 是为传感器网络节点而设计的事件驱动操作系统，是用 NesC 重新编写的。

- NesC 要避免任务排他性访问共享数据。
- NesC 要避免所有共享数据访问都通过原子语句。
- NesC 在编译过程中要检测数据流，有可能误报，可以用 norace 关键字声明不检测，但对其使用应格外小心。

6.6.3　Tiny OS 运行机理

1．基于组件结构Componented-Based Architecture

Tiny OS 提供一系列可重用的组件，一个应用程序可以通过连接配置文件将各种组件连接起来，以完成它所需要的功能。

2．事件驱动结构Event-Driven Architecture

Tiny OS 的应用程序都是基于事件驱动模式的，采用事件触发唤醒传感器工作。

3．任务、事件并发模式Tasks And Events Concurrency Model

并发执行模式：Tiny OS 将代码分为同步代码和异步代码。同步代码仅由任务（Tasks）来执行，异步代码可由任务和事件（Events，如硬件中断事件、程序中断事件）二者之一来触发执行。

4．分段操作Split-Phase Operations

在 Tiny OS 中由于 Tasks 之间不能互相占先执行，所以 Tiny OS 没有提供任何阻塞操作，为了让一个耗时较长的操作尽快完成，一般来说都是将对这个操作的需求和这个操作的完成分开实现，以便获得较高的执行效率。

6.6.4　Tiny OS 开发环境

若要进行 Tiny OS 的开发研究，要先安装 Tiny OS 的开发环境，由于 NesC 的编译器 ncc 只能运行在 UNIX 环境下，Tiny OS 开发环境有 3 种安装方式：

- 独立启动的 Linux。官方提供 rpm 包和 deb 包，一般建议使用 Ubuntu 9.04 或 RHEL5。

- Windows+Cygwin。Cygwin 是一个软件集合，支持用于各种版本的 Microsoft Windows 上，运行 UNIX 类系统，ncc 可以运行在 Cygwin 上，使用这种方式的人最多。
- VMware+Xubuntu。在 TinyOS.net 上下载一个包含完整 Tiny OS 开发环境的 Xubuntu 虚拟机镜像文件，只要在 PC 上安装好 VMwareplayer 即可使用。这个方式最快捷，但由于是虚拟机的方式，所以编译速度比较慢。

不论是哪种方式安装，流程基本都是一样的：

（1）安装 JDK 1.6，用于 WSN 基站或 WSN 网关与 PC 机的交互。

（2）安装 Cygwin，仅当使用上述第二种安装方式时才需要安装。

（3）安装平台交叉编译器，用于将 C 代码交叉编译成使终端设备可以运行的二进制文件，一般来说有 AVR、MSP430、8051、ARM 这 4 种类型。

（4）安装 NesC 编译工具，Tiny OS 都是基于 NesC 语言写的，所以需要 NesC 编译工具将其编译成 C 代码，编译后的 C 代码就可以交给平台交叉编译工具了。

（5）建立源码文件夹，形成 Tiny OS 源码树，所有的 Tiny OS 源代码都在这里，可以通过 Git 或 CVS 方式进行版本管理。

（6）安装 Graphvizvisualization 工具，Tiny OS 开发环境包含 nesdoc 工具，该工具可以自动生成可视化的模块关系图表，帮助开发人员观看源代码。nesdoc 工具依赖于 Graphvizvisualization。

（7）设置环境变量，主要是将各个工具的路径添加到 Shell 环境变量中。

6.6.5　Tiny OS 开发过程

Tiny OS 的编译+下载过程可以分成如下 4 个阶段：

（1）使用 NesC 编写程序源代码，源代码的后缀为*.nc，可以用各种支持 C 高亮的编写器，这里笔者推荐使用 Notepad++。

（2）将*.nc 的源代码通过 NesC 编译器 ncc 编译成标准 C 文件，这里要注意的是，ncc 编译器只能将*.nc 文件编译成 C 代码，并不能直接生成二进制代码，所以在安装开发环境时，必须根据自己的开发平台选择对应的交叉编译工具。

（3）使用与硬件平台相关的 C 交叉编译工具将标准 C 文件编译成可执行的二进制文件，如果用的硬件平台是 CC2430 芯片，它的核心 CPU 是 8051，那么就可以使用各种 8051 的 C 编译器，例如 Keil 或 IAR。

（4）通过编程器将二进制可执行文件下载到硬件平台上，如果用的是 CC2430 芯片，对应的编程器是 SmartRF04FlashProgrammer。

Tiny OS 的调试是比较麻烦的，因为调试工具都不支持 NesC 语法，只能先调试 NesC 编译生成的 C 文件，然后根据 C 代码中的注释语句反查 NesC 源码。

6.6.6 Tiny OS 开发平台

国内目前可以购买到的 Tiny OS 开发平台主要有两种，一种是 Crossbow 公司的 WSN 开发套件，另一种是亿道电子的 XSBase-WSN 开发套件。

Crossbow 本身就是 Tiny OS 联盟的成员之一，其所有产品都可以在 Tiny OS 源码的 Platform 目录下可以找到，可以算得上是 Tiny OS 技术商用化的代表。在国内也有一家 Crossbow 代理，其开发平台的做工非常不错，产品覆盖面也比较广。

亿道电子的 XSBase-WSN 套件是笔者目前正在使用的开发平台，它使用的是较先进的 CC2430 芯片，同时支持 Tiny OS 和 Z-stack 两种开发方式，硬件移植得也非常稳定，所有的 Tiny OS 测试用例都能正常运行，而且还带了大量的中文教材、使用手册和实验用例，所以作为 WSN 的验证开发平台性价比更高。其中值得一提的是，该产品搭建了一整套的解决方案框架，实现了异构网络之间的互联互通，可以在任何地方通过 GPRS 手机上网，访问节点上的物理数据，开发者可以迅速地在这个框架下做二次开发。

6.6.7 Tiny OS 的研究项目

目前有多个采用 Tiny OS 进行的研究项目，如 UCLA（加州大学洛杉矶分校）的 ShahinFarshchi 在进行一项以 Tiny OS 为基础的无线神经接口研究。这样的系统在 100Hz/通道的采样频率下可传感、放大、传输神经信号，系统小巧、成本低、重量轻、功率小。系统要求一个接收器接收、解调、显示传输的神经信号，在每秒 8bit 的采样率下，系统的速度可达 5600kb/s。该速度可保证 8 个 EEG 通道，或 1 个速度为 5.6KB/s 采样通道的可靠传输。研究者目前的奋斗目标是提高该基于 Tiny OS 的传感网络的数据传输速度，设计与被测对象连接的前端神经放大电路。

- 飞思卡尔（Freescale）正在其 ZigBee 开发板上测试 Tiny OS 和 TinyDB。
- 波士顿大学的 WeiLi 将其用于传感网络的控制和优化。
- BrilliantTechnology 将其用于无线传感网络进行网络结构健壮监测。
- Tiny OS 用于能源领域中的石油和气体监控，用于传感网络的控制和优化。
- Tiny OS 用于无线传感网络进行健康监测等。

Tiny OS 开源操作系统采用 BSD 许可证，非常小巧，支持低功耗，MCU 目标设备可以"只有几 KB 内存和数十 KB 代码空间"，是为低端 MCU 和无线电芯片设计的。

6.7　RIOT OS 操作系统简介

RIOT 意思为 The friendly Operating System for the Internet of Things，即友好的物联网操作系统。

RIOT 官方的口号是：if your tiny IoT device can't run Linux, use RIOT（如果你的资源受限，设备运行不了 Linux 操作系统，就用 RIOT）。

RIOT 是面向开发者的、开源的、适合物联网的操作系统。它的背后没有某个公司的支持，完全是由社区驱动。RIOT OS 是一种开源社区项目，自从 2008 年就启动了，其致力于开发者友好、资源友好、物联网友好，关键的功能包括 C/C++支持、多线程、能量效率、部分遵守 POSIX 标准等。RIOT 能够在众多平台上运行，包括嵌入式设备、PC、传感器等。

RIOT OS 拥有易于使用的 API。该操作系统因用电量和资源需求方面能够做到高效而闻名。RIOS 的硬件要求是 1.5KB 内存和 5KB 闪存，要求几乎与 Tiny OS 一样低。不过，它也提供了诸多功能，比如多线程、动态内存管理、硬件抽象、部分的 POSIX（Portable Operating System Interface of UNIX）可移植操作系统接口标准兼容和 C++支持，这些功能在 Linux 中很常见，而在轻量级实时操作系统中却是不常见的功能。其他功能包括：低中断延迟（约 40 个时钟周期）、基于优先级的调度等。其可以在 Linux 下进行开发，使用原生移植版，部署到嵌入式设备中。

RIOT OS 的一些特性如下：

- 标准的 C/C++编程。
- 标准的 GCC 编译环境。
- 可以运行在 8 位、16 位和 32 位的嵌入式系统上。
- 部分的 POSIX 接口标准兼容（以后的目标是全兼容）。
- 支持在 Linux/UNIX 的虚拟机上运行。
- 实时性，快速的中断响应（~50 clock cycles）。
- 微内核，组件都可以动态加载，并且通过 Message 来实现服务。
- 极小开销的多线程支持（< 25 bytes per thread）。
- 丰富的网络支持：6LoWPAN，IPv6，RPL，CoAP and CBOR。
- 高精度的定时器。
- 丰富的工具（System shell, SHA-256, Bloom filters……）。

RIOT 架构框图如图 6.13 所示。

RIOT 的 CPU 的 IP 驱动基本都有一套统一接口，但是没有任何抽象层，被放在源代码的 cpu\\periph 中。这意味着在做新的平台支持时，需要注意驱动的接口要和 API 文档里的一致，比如 ADC 的 adc_init 和 adc_read 函数。板级驱动的源代码则放在 drivers\下，比如 NXP 的 MMA8541，利用 I2C 统一接口来访问。

由于是微内核（microkernel）的实现，所有的系统服务包括时钟、网络协议栈、网络服务等，都是通过创建独立的线程来实现。在线程中都有 event_loop 来接收服务请求，处理并发送服务结果。RIOT 中最关键的是 GNRC（Generic network stack）网络协议栈，它实现了从 MAC 层一直到传输层的各种协议，如 6LowPan、IPv4/v6、RPL、TCP/UDP。并且这些不同的协议栈之间通过 netapi 统一接口开放给用户。对于应用层来说，GNRC 提供了 conn 和 socket 两种 API。在安全方面，802.15.4 这层似乎没有加入 AES 的支持，只提供 tinyDTLS 在应用层给用户使用。由于 RIOT 的 POSIX 的部分兼容性，以及提供 BSD socket 的接口，很多应用都可以方便地移植过来，在 pkg/ 下能找到例如 libcoap 和 openwsn 这样的应用。

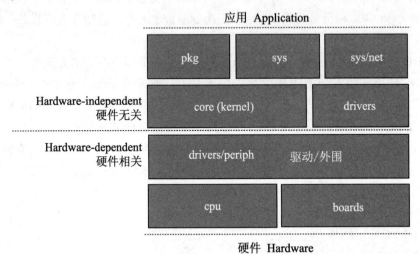

图 6.13　RIOT OS 架构框图

RIOT OS 最早是由柏林自由大学开发的，目前完全由社区维护。

总之，RIOT OS 是一个很有想法的微内核，加上开发环境对于之前熟悉 Linux 的开发者来讲很友好，应该是个潜力股。

RIOT 物联网操作系统是嵌入式系统中最好用、生态最好的 Linux OS。空间小于 1.5KB，支持芯片多。RIOT 的官网提供了一个强大的功能，即函数、文件、名称查找功能。可以通过 RIOT 提供的例程去学习，是一个很好的学习方法，例程里面包含了数据联网层的无线通信、UDP 无线通信、RPL、border routers，以及 COAP 协议等功能。

RIOT 是一个纯 C 语言编写的操作系统，确实是很好用的操作系统。

1. 开发环境

在 Ubuntu 环境中，下载交叉编译环境：https://launchpad.net/gcc-arm-embedded/ +download，选择下载 Linux 版本的，解压后，将路径加入到 PATH 变量中即可使用。

然后切换目录：

```
cd RIOT/examples/hello-world
```

直接 make 即可编译，生成了伟大的 hello world 应用。

说明：如果碰到：fatal error:sys/cdefs.h: No such file or directory|，执行如下命令：

```
apt install libc6-dev-i386
```

2．文件结构

重要的文件夹分别是 board、core、cpu、dist、doc、drivers、examples、pkg、sys 和 tests 等。下面对一些文件夹进行详细介绍。

（1）core 文件夹

core 文件夹中包含了 RIOT 的内核文件，包含了 RIOT 中的线程管理、消息管理、关键数据结构，以及一些格式定义等；包含了 RIOT 中 main 函数线程的创建和空闲线程的创建。

（2）board 和 cpu 文件夹

board 文件夹中包含了 RIOT 支持的硬件平台，其中包括 ARM 的和 TI 的等。board 文件夹的主要作用是把硬件平台编译需要的文件联系起来，这样硬件平台才能够编译。cpu 文件夹中包含了每个硬件平台的基础底层驱动文件。cpu 文件夹在前期的编程中会频繁地使用到，例如 cc2538。

（3）drivers 文件夹

drivers 文件夹和它的命令一样，提供了一些其他外设的驱动，比如 enc28j60 和 dht11 等。同时该文件夹中还包含了硬件平台底层驱动的头文件。

（4）sys 和 net 文件夹

sys 是非常重要的文件夹，包含了 RIOT 系统运行的代码。cpu 文件夹中的文件是底层的，而 sys 中的应用是高层的。

而 sys 文件夹下的 net 文件夹中包含了 RIOT 网络部分的文件，包括数据链路层的文件、网络层的文件、传输层的文件和应用层的文件，可以找到 sixlowpan、udp、RPL、border routers 等功能。RIOT 提供了强大的 gnrc 模块，在无线传输方面使用异常简便。

（5）examples 文件夹

examples 文件夹里提供了经典的例程，只要掌握了这几个例程的功能，RIOT 的大部分功能就掌握了。推荐学习顺序：hello-world，default，gnrc_networking，gnrc_border_router，microcoap_server，posix_sockets。

（6）tests 文件夹

tests 文件夹中提供了各个功能的详细测试程序。RIOT 里面包含的功能基本都可以在这里面找到测试的实例，而且这些功能基本支持所有的硬件平台。

（7）pkg、dist 和 doc 文件夹

pkg 文件夹里面提供了一些外部库驱动，比如 libcoap 和 openwsn 等库驱动。

dist 文件夹里提供了一些工具，doc 文件夹里提供了一些文档，这些内容官网中都有提供。

（8）复位函数文件夹

复位之后的第一个函数路径为\RIOT\cpu\cortexm_common\vectors_cortexm.c，在这个路径中找到函数 voidreset_handler_default(void)，这个函数是复位后第一个运行的函数，读者可以自行查看该函数具体完成了哪些功能。值得注意的是 kernel_init 函数，位于路径\RIOT\core\kernel_init.c 下，在这个函数里面创建了两个线程，一个空闲线程，另一个 main函数线程。

3．Makefile解读

Makefile 中，APPLICATION 的含义是工程的名称，可以在这里选择自己想定义的名称。"BOARD ?="的意思是选择的硬件平台，可以改成 cc2538dk。或者编译的时候直接指定参数，例如：makeBOARD=cc2538dk。然后会在 bin 文件夹中，找到 cc2538dk 文件夹，其中包含一个 bin 文件，可以通过软件工具烧写到开发板上或者自制的硬件板中。

4．参考

- RIOT 操作系统的源代码网址为 https://github.com/RIOT-OS/RIOT。
- RIOT 操作系统官网的网址为 https://riot-os.org/#nutshell。
- 关于代码下载的网页为 https://github.com/RIOT-OS/RIOT。
- RIOT 的官网提供了函数、文件、名称查找功能，网址是 http://www.riot-os.org/api/index.html。

RIOT OS 与几个物联网操作系统的性能对比如表 6.1 所示。

表 6.1   几个物联网操作系统比较

OS	Min RAM	MinROM	C Support	C++ Support	Multi-Threading	MCUw/o MMU	Modula-rity	Real-Time
Contiki	<2KB	<30KB	●	×	●	√	●	●
Tiny OS	<1KB	<4KB	×	×	●	√	×	×
Linux	~1MB	~1MB	√	√	√	×	●	●
RIOT	~1.5KB	~5KB	√	√	√	√	√	√

注：√表示完全支持；●表示部分支持；×表示不支持。

6.8 小   结

本章介绍了国内外十余种物联网操作系统的特点、大小、功能结构图、应用范畴，以及开源与否等内容，并介绍了计算机操作系统、手机操作系统和物联网操作系统的基本概念。

6.9　习　　题

1. 简述 uClinux 操作系统的内存管理功能。
2. 简述 RTLinux 的体系结构。
3. 简述英特尔物联网操作系统 Ostro 的层次结构。
4. 简述 HelloX 物联网操作系统的架构。
5. 资源受限的嵌入式实时操作系统安装物联网操作系统有哪些约束？

第 7 章 物联网 Zephyr 操作系统

Zephyr 项目是一个采用 Apache 2.0 协议许可，Linux 基金会托管的协作项目。它为所有资源受限设备（低功耗、小内存微处理器设备）构建了物联网（嵌入式、小型、可扩展、实时）操作系统（RTOS），支持多种硬件架构及多种开发板，主要专注于基于 MCU，使用蓝牙/BLE 和 802.15.4 协议栈（比如 6LoWPAN）的设备。Zephyr 可以在小至 8 KB 内存的系统上运行。关于 Zephyr 的更多资料，可扫描如图 7.1 所示的二维码获取。

Zephyr 支持 ARM 系列下的近 30 块开发板，支持各系列 MCU 共 45 块开发板，几乎囊括了所有的物联网相关网络协议，可裁剪、灵活配置，功能强大，Zephyr 操作系统将来也会如 Linux 一样普及。

图 7.1 获取更多 Zephyr 资料的二维码

在 Zephyr 开发周期中，安全加密检查采用安全验证、模糊和渗透测试、代码审查、静态代码分析、威胁审查等方法，以防止代码中的漏洞。

Zephyr 支持 Bluetooth、Bluetooth Low Energy、Wi-Fi、802.15.4、6LoWPAN、CoAP、

IPv4、IPv6、NFC 等通信标准与网络协议。

7.1 Zephyr 操作系统概述

Zephyr 项目是一个开源合作项目,联合业内领先企业构建了针对资源受限设备进行优化的最佳小型可扩展实时操作系统(RTOS)。

Zephyr 内核源自 Wind River VxWorks 的商用 VxWorks 微内核配置文件(Microkernel Profile)。微内核配置文件(Microkernel Profile)已经发展了 20 多年,RTOS 已被用于多种商业应用,包括卫星、军事指挥和控制通信、雷达、电信和图像处理等。

Zephyr 是针对连接资源受限设备的最佳开源 RTOS,并且安全性较高。

Zephyr 项目的初创成员有:英特尔公司(包括收购的 Altera Corporation 和 Wind River)、恩智浦半导体公司(包括并购的 Freescale)、Synopsys 公司、Linaro 公司、Runtime.io、Nordic 半导体公司和 oticon 公司。

Zephyr 项目将会在互联、嵌入式设备市场中产生重大影响。Zephyr 社区通过提供可扩展、可定制、安全且开源的操作系统,来满足互联设备开发不断演变的需求,以推动 Zephyr 项目不断创新。

Zephyr 项目能够满足行业对开源 RTOS 日益增长的需求,这种 RTOS 符合当今资源受限的安全物联网设备的需求。

7.1.1 Zephyr 特色

Zephyr 的特色如下:
- 单地址空间:将特定于应用程序的代码与定制的内核代码组合在一起,以创建一个在系统硬件上加载并执行的唯一机器码(image)。应用程序代码和内核代码都在单地址空间中执行。
- 高度可配置:灵活的模块化,仅保留所需的功能模块,并指定模块的数量和大小。
- 交叉结构:支持多种电路板、不同的 CPU 架构和开发工具。Zephyr 已经募集了许多 SoC 的支持,包括开发平台和底层驱动。
- 资源定义:允许在编译时定义系统资源,从而减少代码量并提高程序性能,以应用于资源受限的嵌入式单片机系统中。
- 错误检查:提供最小运行时间出错检查,以减少代码大小并提高性能。Zephyr 提供了一个可选的错误检查模块,帮助开发者在应用程序开发过程中进行软件调试。
- 存储保护:实现可配置体系结构特定的堆栈溢出保护。在 x86、ARC 和 ARM 架构的微处理器上,利用内核对象和设备驱动程序权限跟踪,在用户空间和内存领域中使用线程隔离方法达到线程及内存保护目的。

- 网络协议：支持多种网络协议栈。网络支持 LwM2M、BSD 套接字、低功耗蓝牙 BLE 和 BLE 控制器，支持 Windows API、OpenThread 函数和自组网安全设计，可连接百余种产品。
- 开发环境：用命令行 CMake 构建开发环境，运行在流行的（Linux、MacOS 和 Windows）操作系统上，构建并运行 Zephyr，支持开发和测试。
- 服务套件：Zephyr 操作系统为软件开发提供了许多熟悉的服务。
  - ➤ 多线程服务：可以用于以优先级为基础非抢占式的线程，以及以优先级为基础抢占式、可选时间片轮询的任务，包括 pthreads 兼容的 API 支持。
  - ➤ 中断服务：可以在编译和程序运行时处理中断程序。
  - ➤ 内存分配服务：动态地分配内存块。
  - ➤ 同步服务：为线程间的二进制信号（Semaphore）、计数信号、互斥信号提供同步服务。
  - ➤ 数据传递服务：为线程间的基本消息队列、增强的消息队列和字节流提供数据传输服务。
  - ➤ 电源管理服务：空闲状态和闲置硬件模块电源低耗管理。
  - ➤ 文件服务：支持 Newtron Flash（NFFS）和 FATFS，FCB（Flash 循环缓冲区）用于内存受限的应用项目，增强的文件系统用于日志记录和系统参数配置。
  - ➤ 测试服务：Ztest 是覆盖测试基础套件，用于添加功能和更新程序时的集成测试和验证。

7.1.2　支持的微处理器类型

Zephyr 操作系统支持的微处理器类型如下：
- ARM；
- x86；
- ARC；
- NIOS II；
- XTENSA；
- Native POSIX；
- RISCV32；
- EPS32（乐鑫）。

7.1.3　支持的通信标准和网络协议

Zephyr 操作系统支持的通信标准和网络协议如下：
- Bluetooth 5.0 compliant；

- Bluetooth Low Energy（BLE）；
- Generic Access Profile (GAP)；
- GATT (Generic Attribute Profile)；
- Pairing；
- IPSP/6LoWPAN for IPv6 connectivity over Bluetooth LE；
- Basic Bluetooth BR/EDR (Classic)；
- IPv6/IPv4；
- Dual stack support；
- UDP/TCP；
- BSD Sockets API；
- HTTP/MQTT/CoAP；
- LWM2M；
- RPL/DNS；
- Network Management API；
- Multiple Network Technologies；
- Minimal Copy Network Buffer Management；
- IEEE 802.15.4（ZigBee、WirelessHART、MiWi 和 Thread）；
- IEEE802. 11a/b/g（Wi-Fi）；
- SLIP（IP over serial line）。

未来，Zephyr 操作系统会扩展更多通信和网络支持。

7.1.4　内核版本迭代历程

2017 年 3 月，Zephyr 推出了 V1.7.0 内核版本，Zephyr V1.7.0 内核版本继续对统一的内核进行细化，简化 Zephyr 的整个架构和编程接口。新版本将继续支持 V1.5.0 或更早版本发布的超微内核和微内核遗留 API，这也将是最后一个支持该功能的版本。V1.7.0 版本主要升级内容包括：

- 引入了一个新的原生 IP 堆栈，用以替换原有的 uIP 堆栈，新 IP 协议栈的实现维持原有的功能，添加新的功能，便于未来改进。
- 增加了对 RISC V 和 Xtensa 架构的支持，一共可以支持 6 种微处理器架构：即 X86 架构、ARC 架构、ARM 架构、NIOS II 架构、RISC V 架构和 Xtensa 架构。
- 引进 Device Tree 机制，配置各个平台特定的设备信息。
- 基于 ARM 平台最先使用 Device Tree,记录信息包括 flash/sram 的基础地址和 UART 设备。
- 使用 Device Tree 的平台包括 NXP Kinetis 平台、ARM Beetle、TI CC3200 LaunchXL，以及 STML32L476 平台。

2017 年 6 月，Zephyr 又推出了 V1.8.0 内核版本。对比 V1.7.0 版本，V1.8.0 版本主要更新了以下几点：

- Tickless 内核，BT 5.0 功能。
- 生态系统：支持通过第三方工具 Tracing 和 Debugging。
- 改进的 Build 和 Debug。
- 第三方编译器支持，Xtensa GCC 支持。
- 改进的 Build on Mac / Windows。
- MMU / MPU：初步支持（WIP）。
- 扩展设备支持。

2017 年 9 月，Zephyr 又推出了 V1.9.0 内核版本。Zephyr V1.9.0 内核版本专门为物联网应用做了优化，是一款小型化、可扩展、支持多架构、高安全性的 RTOS。新版本所支持的开发板数量持续稳定增长，同时连接性和安全性也做了新的完善。主要升级内容如下：

- 支持蓝牙 5.0，蓝牙认证合格的蓝牙 BLE 控制器，低功耗蓝牙 BLE Mesh。
- 支持 LwM2M，Pthreads 兼容 API。
- BSD 插座兼容 API，允许使用众所周知的跨平台 API 编写和移植简单的网络应用程序。
- 设备树支持扩展到更多架构。
- 改进测试套件，增加覆盖面。
- 支持堆栈前哨 Stack Sentinel。
- 增加了对 SecureShield MPU 的 ARC EM Starter 套件的支持（具有 MPU 的 ARC EM7D）。
- 支持更多开发板，如 Atmel SAM4S Xplained、Olimex STM32-E407、STM32-P405、STM32F412Nucleo、STM32F429I-DISC1、TI SensorTag，以及 VBLUno51/ VBLUno52 开发板。
- MMU / MPU 在原有的基础上进行线程隔离工作，开发者可在低权限条件下运行应用程序，以及只访问自身的数据或明确共享的数据，敏感的应用程序数据可以受到保护。同时，系统的稳健性增强，编程漏洞难以被恶意利用。

2017 年 12 月，Zephyr 推出了 V1.10.0 内核版本。Zephyr V1.10.0 内核版本的构建工具从原来的 Kbuild 迁移到跨平台的 CMake，使应用程序开发人员更容易在不同开发环境的不同平台上进行开发。V1.10.0 版本的主要升级内容如下：

- 针对用户空间做了更多的内存保护。
- 系统构建从原来的 Kbuild 切换到跨平台的 CMake。
- 支持 Newtron Flash 文件系统（NFFS）。
- 与 MCUBOOT 引导加载程序集成。
- 增加测试程序的覆盖范围，并将大部分测试示例迁移到 ztest 目录下。
- 增加更多的 SoC、开发板，以及传感器与驱动的程序支持。

- 改进了 nRF52 系列 SoC 的电源管理。
- 添加了 LWM2M 多分片网络数据包支持。
- 新的 CoAP 库实现，支持更长的网络数据包。
- 添加了 mDNS（组播 DNS）支持。
- 改进了 IEEE 802.15.4、TCP、RPL、ARP、DNS 和 LWM2M 等稳定性。
- 改进蓝牙、蓝牙 Mesh 稳定性。
- 支持 BLE 控制器中的 PA / LNA 放大器。

2018 年 3 月，Zephyr 又推出了 V1.11.0 内核版本，主要升级内容如下：

- 增加了对原生的 Microsoft Windows 开发环境的支持。很多嵌入式开发者依赖并信任 Microsoft Windows，选择其作为自身的操作系统。Zephyr 在过去的几个版本中开始建立对 Windows 的支持，V1.11.0 版本是第一个完全在微软平台上构建的版本。
- 通过 CMake 构建系统和 Python 脚本语言。为确保与本地开发工具无缝交互，V1.11.0 版本通过 CMake 构建系统和 Python 脚本语言，交付一个可扩展的、面向未来的、完全跨平台的开发系统。
- 引入了一种新的连接技术 Thread 协议。将流行的 OpenThread 集成到 Zephyr 中，以便用户使用熟悉的 Zephyr 网络 API 无缝地与 Thread 网络交互，并可重复使用现有的 802.15.4 驱动程序。
- 使用蓝牙低功耗设备进行空中固件升级（OTADFU）。V1.11.0 版本将一个新框架与一个大家熟悉的 MCUboot 加载程序集成起来以支持 MCUmgr，以便 Zephyr 图像通过 BLE 连接发送和编程，并添加一个管理层，可以访问文件系统并远程检索内核统计信息。
- 支持架构更新。对称多处理技术可用于 Tensilica Xtensa 构架，允许程序内核同时在多个 CPU 内核上运行。同时，可以在 ARM 架构和 ARC 架构上支持线程内存保护，以前其只能用于 x86 架构。

2018 年 6 月 Zephyr 推出了 V1.12.0 内核版本。主要升级内容如下：

- 通过集成 openmp 的不对称多处理（AMP）。
- 包括 Mesh 在内的 Bluetooth Low Energy 的持久存储支持。
- 802.1q 以太网上的虚拟局域网（VLAN）流量。
- 支持多个并发文件系统设备，如 partitions 和 FS types。
- 以太网网络管理界面，基于每个连接的网络流量优先级，支持以太网统计计数器。
- 在本地 POSIX 端口上支持 TAP 网络设备。
- 命令行 Zephyr 工具 west。
- SPI 从属支持。
- 运行时非易失性配置数据存储系统（设置）。

7.2 Zephyr 系统内核

微内核（Micro-kernel）是提供操作系统核心功能的内核的精简版本，它设计成在很小的内存空间内增加移植性，提供模块化设计，以使用户安装不同的接口，是一种能够提供必要服务的操作系统内核。其中这些必要的服务包括任务、线程、交互进程通信（Inter Process Communication，IPC），以及内存管理等。所有服务（包括设备驱动）在用户模式下运行，而处理这些服务同处理其他的任何程序一样，每个服务在自己的地址空间运行。所以这些服务彼此之间都受到了保护。

纳内核（Nano-kernel，超微内核），对微内核进行更进一步的缩减，对硬件进行了抽象，为更高级别的操作系统提供优先权，支持实时性，克服了微内核结构消息传递机制效率低下的缺点。

Zephyr 纳内核是性能卓越的、带有内核基本特征的多线程执行环境。纳内核是小内存系统（内核本身只需 2KB 内存空间）或单一多线程需求系统（如中断请求处理、单一的空闲任务）的理想选择，这类系统包括嵌入式传感器设备、环境传感器、简单的可穿戴 LED 和仓库存货标记。

Zephyr 微内核在纳内核的基础上加入了更加强大的内核功能。微内核适用于大内存（50～900KB）、多通信设备（例如 Wi-Fi 和低功耗蓝牙）、多数据处理任务的系统，这些系统包括健康可穿戴设备、智能手表及 loT 无线网关。

Zephyr 内核支持一系列目标系统，这些目标系统被叫做 borad（开发板）。每个 board 都有自己系列的硬件设备和功能。对于一个给定的 board，都有一个或多个 board 配置文件。board 配置文件用于告诉内核如何使用 board 上的设备。利用开发板（board）和它的配置文件，使相似的应用目标系统只开发一个应用程序成为可能，并且减少了原本的工作量。Zephyr 操作系统框架如图 7.2 所示。

应用程序镜像文件是一个控制硬件系统，可运行在仿真系统 QEMU 之下的二进制文件。它既包含应用程序代码，又包含 Zephyr 内核代码。应用程序代码和内核代码被编译成单一的、链接在一起的二进制文件。

镜像文件被加载到目标系统上后，就控制了整个系统进行初始化，然后作为系统唯一的程序一直运行。应用程序代码和内核代码都在共享地址空间以特权代码的方式运行。

Zephyr 的编译系统负责将用户提供的一系列文件编译生成镜像文件。应用程序由相关代码、内核配置文件和 Makefile 共同组成。内核配置文件的作用是让编译系统生成一个量身定制的应用程序，该程序能够最大程度地利用系统资源。

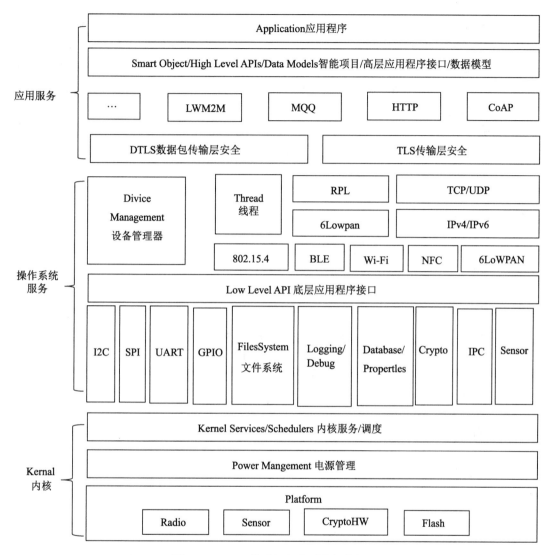

图 7.2　Zephyr 物联网操作系统架构框图

7.2.1　多线程功能

Zephyr 内核支持下述 3 种类型的上下文多线程处理。

- 任务上下文：是抢占式的线程，通常用于运行冗长、复杂的处理。任务调度以优先级为基础，高优先级任务的执行能够抢占低优先级任务的执行。内核同样支持时间片轮转调度，优先级相同的任务可轮流执行，因而不会存在任务独占 CPU 的风险。

- 线程上下文：线程是轻量级的、不支持抢占的线程，一般用于设备驱动和其他比较重要的任务。线程调度以优先级为基础，高优先级的线程先于低优先级的线程被执行。被调度的线程将持续执行，直到自身运行阻塞操作才停止运行。线程上下文的优先级高于任务上下文，因而任务上下文只有在无剩余的线程可被调度的时候才能获得执行时间。
- 中断上下文：是一种特殊的内核上下文，用于执行中断服务操作。中断上下文的优先级高于其他所有上下文，因而只有当没有可执行的中断服务操作时，任务和线程才能被执行。

7.2.2　中断服务功能

Zephyr 内核支持硬件中断处理和软件中断处理，也被称做 ISRs 服务（Interrupt Service Routines）。中断处理的优先级高于任务和线程处理，因而任何 ISR 在任何需要被执行的时候都能抢占正在被调度的任务或线程。内核同样支持中断嵌套处理，高优先级的 ISR 能够中断低优先级的 ISR 的执行。

Zephyr 纳内核仅支持一些 IRQs（Interrupt Sources）的 ISRs，例如硬件定时器器件和系统控制台器件。所有其他的 IRQs 的 ISRs 由设备驱动程序或者应用程序提供。每个 ISR 在程序编译时被内核注册，也可以在内核运行时动态地注册。Zephyr 支持的 ISRs 既可以用 C 语言编写，也可以用汇编语言编写。

当 ISRs 不能及时完成中断时，内核的同步和数据传输机制将会舍弃线程或者任务余下的处理操作。

7.2.3　时钟和定时器功能

内核时钟以持续时间可配置的节拍为时间单位。64 位的系统时钟将会在内核开始执行时计量节拍的数量。

Zephyr 也支持高分辨率的硬件时钟，可用于测量区间精度持续时间。

Zephyr 内核允许线程运行以系统时钟为基础的操作。该操作可通过调用 Zephyr 内核的 API 或者使用定时器实现。

Zephyr 内核还支持使用定时器溢出功能，运行任务以时间限定为基础，此外 Zephyr 内核的定时器还具备周期期限模式功能。

7.2.4　同步功能

Zephyr 内核提供的对象保证不同的上下文同步运行。

微内核提供的对象类型如下（适用于任务，对线程和 ISRs 而言功能将会有所限制）：
- 信号量：微内核的信号量是累加信号量，用于标记可使用的特定资源单元的数量。

- 事件：是一个二进制的信号量，用于标记资源是否可用。
  - 互斥量：可加锁，用于优先级倒置保护。互斥量与二进制的信号量类似，但包含额外的逻辑，保证只能让相关资源的拥有者释放它，从而让持有高优先级的线程加速执行。

7.2.5　数据传输功能

Zephyr 提供的对象可以保证不同上下文之间的数据传输。

微内核提供的对象类型如下（适用于任务，对线程和 ISRs 而言功能将会有所限制）：

- FIFO：微内核的 FIFO 遵循队列机制，允许任务以异步先进先出的方式交换固定大小的数据。
- 邮箱：遵循队列机制，允许任务以同步先进先出的方式交换可变大小的数据。邮箱也支持异步传输，允许任务使用相同的邮箱同步或非同步交换信件。
- 管道：遵循队列机制，允许一个任务给另一个任务发送一组字节数据流。支持同步和异步数据交换。
- 栈区：遵循队列机制，允许上下文以异步先进先出的方式交换 32 位大小数据。

7.2.6　内存动态分配功能

Zephyr 内核要求所有的资源在编译时进行定义，因而提供的内存动态分配功能有限。这种支持可用来替换标准 C 库的 malloc 和 free 函数，尽管存在一些区别。

微内核提供两种类型的对象，帮助任务动态分配内存块。这些类型的对象不适用于线程和 ISRs。

- 内存图：是一个支持动态分配、释放单一固定大小内存块的内存区。一个应用程序可以拥有多个内存图，内存图块的大小和容量可以单独配置。
- 内存池：是一个支持动态分配、释放多个固定大小内存块的内存区。当应用程序需要不同的块大小时，该方式可以更有效地使用内存。一个应用程序可以拥有多个内存池，内存池块的大小和容量可以单独配置。

7.2.7　公共和私有内核对象

内核的对象，例如信号量、信箱和任务，可以被定义成公共对象或者私有对象。

- 公共对象：可以被应用程序的所有部分访问。任何包含 zephyr.h 头文件的代码均可以通过关联对象名称的方式和该对象进行信息交互。
- 私有对象：只能被应用程序中的特定部分使用，例如单个设备驱动或者子系统。对象名只对定义该对象的文件代码可见。除非定义该对象的代码采用额外的步骤向其他文件共享该对象名。

除了定义方式和对象名的可见性不同外，公共对象和私有对象在调用相同的 APIs 时，所运行的结果完全一致。

大部分情况下，根据方便性来决定微内核使用公共对象还是私有对象。例如，在定义用于处理多客户需求服务型的子系统时，通常采用公共对象。

7.2.8　微内核服务器功能

微内核使用特殊的线程函数_k_server 执行大部分关于微内核对象的操作。当任务调用与微内核对象类型相关联的 API（例如 task_fifo_put 函数）时，相关联的操作并没有立即被执行。取而代之的是下述步骤：

（1）该任务开始新建命令包，包含需要被传送至指定操作的输入参数；

（2）该任务对内核服务器命令栈区中的命令包进行排序，内核开始抢占任务并调度微内核服务器。

（3）微内核服务器将命令包从命令栈区移出队列并执行指定操作，该操作所有的输出参数（例如返回代码）都被保存在命令栈区中。

（4）操作完成后，微内核服务区尝试从当前空的命令栈区中获取命令包，并进入阻塞状态，随后内核开始调度需求任务。

（5）该任务获得命令包的输出参数，确定操作的运行结果。某些情况下，实际步骤可能与上述步骤不同。

尽管这种间接执行方式看起来效率有点低，但是存在下述诸多优势：

- 微内核服务器执行的操作不会存在紊乱情况，所有操作通常不会被其他任务或者线程抢占，线程可连续地执行。这就意味着微内核服务器在执行任何系统微内核对象时不需要采用额外的步骤阻止其他上下文的干扰。
- 微内核操作对中断潜在因数的影响最小；中断从来不会因阻止紊乱状态而自锁。
- 通过创建额外的命令包并对它们在命令栈区中排序，微内核服务器能够很容易地将复杂的操作分解成两个或者多个简单操作。
- 系统内存占用量减少；使用微内核任务的对象只需要为第一步提供栈空间，而不是执行该操作的所有步骤。

7.2.9　C++支持的应用

Zephyr 内核当前只提供满足内核自身运行需求、字符操作和显示需求的标准 C 库子集。需要扩展 C 库的应用程序时，只能通过扩展已有的库或者替换库的方式实现。

Zephyr 内核支持同时使用 C 和 C++编写的应用程序。但是，应用程序在使用 C++时，必须配置内核，支持 C++并选择正确的编译器。

编译系统以文件后缀为基础选择 C++编译器，以.cxx 和.cpp 为后缀的文件名例如 myCplusplusApp.cpp。

Zephyr 内核当前只提供部分 C++子集的功能，不支持的功能有：使用 new 和 delete 操作动态管理对象；RTTI；异常；静态全局变量销毁。支持的功能有：继承；虚拟函数；虚拟表；静态全局变量构造函数。

静态全局构造函数在驱动初始化后 main 函数之前，完成初始化功能。因而，应用程序代码只能有限制地使用 C++。

7.2.10　Zephyr 源代码结构

Zephyr 源码提供下述顶级目录结构，每个顶级目录可能包括多级子目录。

- arch 文件夹：用于存放特定处理器架构的 Zephyr 内核和芯片平台源码。每个处理器架构文件夹均包含多个子目录，包括特定架构 Zephyr 内核源码、Zephyr 内核包含的私用 APIs 文件、特定平台芯片源码。
- boards 文件夹：用于存放与开发板相关的源代码和配置文件。
- doc 文件夹：用于存放与 Zephyr 相关的文件和工具。
- drivers 文件夹：用于存放设备驱动源码。
- include 文件夹：用于存放除了在 lib 文件夹定义的其他公共 APIs 包含的文件。
- kernel 文件夹：用于存放 Zephyr 微内核源码。
- lib 文件夹：用于存放库源码，包括最小的标准 C 库。
- misc 文件夹：用于存放各种源码文件。
- net 文件夹：用于存放网络通信源码，包括蓝牙协议栈和网络通信协议栈。
- samples 文件夹：用于存放 Zephyr 内核、蓝牙协议栈、网络通信协议栈示例应用程序。
- tests 文件夹：用于存放内核功能的测试代码和参照基准。
- scripts 文件夹：用于存放编译和测试 Zephyr 应用程序的各种各样的程序和其他文件。

7.3　在 Linux 上搭建 Zephyr 开发环境

Zephyr 支持 Linux、Mac OS 和 Windows 8.1 操作系统。本节将介绍在 Linux 环境上搭建 Zephyr 物联网操作系统开发环境的相关知识。

7.3.1　下载源代码

Zephyr 的代码托管在 Linux 基金会的后台服务器 Girret 上，支持使用 git 进行匿名复制。输入下面的命令可以匿名复制该仓库：

```
git clone https://gerrit.zephyrproject.org/r/zephyr zephyr-project
```

如果开发者准备贡献开发代码，需要要创建一个 Linux 基金会账户，登录网站 https://www.zephyrproject.org/，可参考申请账户的步骤。

7.3.2　安装需要的包和依赖文件

使用 apt-get 或者 dnf 命令进行安装。

在 Ubuntu 中安装需要的包：

```
sudo apt-get install git make gcc gcc-multilib g++ libc6-dev-i386 \
g++-multilib
```

在 Fedora 中安装需要的包：

```
sudo dnf group install "Development Tools"
sudo dnf install git make gcc glib-devel.i686 glib2-devel.i686 \
glibc-static libstdc++-static glibc-devel.i686
```

7.3.3　安装 Zephyr SDK

Zephyr SDK 包含编译所支持架构需要的工具和交叉编译器。此外，它还包含主机开发环境的工具，比如定制的 QEMU 和主机的编译器。SDK 支持下列结构：

- IA-32；
- ARM；
- ARC。

按照下列步骤在 Linux 主机上安装 SDK。

（1）下载最新的 SDK 自解压二进制文件。

访问 Zephyr SDK archive，找到并下载最新版本。也可以选择使用命令下载指定的版本。将下述命令中的（version）替换成要下载的版本的版本号：

```
wget https://nexus.zephyrproject.org/content/repositories/releases/org/
zephyrproject/zephyr-sdk/(version)-i686/zephyr-sdk-(version)-i686-setup.run
```

（2）运行该二进制文件：

```
chmod +x zephyr-sdk-(version)-i686-setup.run./zephyr-sdk-(version)-i686-
setup.run
```

如果将 SDK 安装在 home 目录下，不需要使用 sudo。

（3）按照屏幕上的安装指令进行安装。工具链的默认安装路径是/opt/zephyr-sdk/。如果安装在默认路径，需要使用 sudo。推荐将 SDK 安装到 home 目录下，而不是系统目录下。

（4）要使用 Zephyr SDK，需要使用下列命令设置环境变量：

```
export ZEPHYR_GCC_VARIANT=zephyr
export ZEPHYR_SDK_INSTALL_DIR=(sdk installation directory)
```

如果在新会话中也使用这个工具链，可以将上面两个命令写入文件$HOME/.zephyrrc中。直接使用下列命令即可：

```
cat < ~/.zephyrrc
export ZEPHYR_GCC_VARIANT=zephyr
export ZEPHYR_SDK_INSTALL_DIR=/opt/zephyr-sdk
EOF
```

在 Zephyr 操作系统环境下进行软件开发，需用以下 3 个命令：

- compile：在编译、语法检查，检查没有错误后，将它们生成相应的二进制文件（obj），将程序源文件编译成目标文件 obj。
- build：是指 compile 和 link 一起做。link 是将 obj 文件链接起来，并检查它们是否具备真正可执行的条件。如果检查通过，则将 obj 文件链接为 exe 或 dll 文件。build 就是创建新程序，常见于程序排错、编辑或更新后重新创建新程序，其中包含 Compile 过程。
- make：根据硬件环境重新编译代码，在 Linux 系统里编译内核或者程序安装。

总体来说，Compile 是 Make 和 Build 的基础。

7.3.4　编译、运行应用程序

以实现简单的 Hello World 程序，示范一个 Zephyr 应用程序的开发过程。

在不同的主机操作系统中，创建和编译 Zephyr 应用程序的过程是一样的，但是不同操作系统的命令略有差别。本节使用的命令是 Linux 开发环境中的命令。

按照下面的命令可以编译应用程序。

（1）导出并设置环境变量，在末尾行输入：

```
export ZEPHYR_GCC_VARIANT=zephyr
export ZEPHYR_SDK_INSTALL_DIR= (sdk installation directory)
```

（2）进入工程主目录：

```
cd zephyr-project
```

（3）使用 Source 命令执行环境变量设置文件，使设置工程的环境变量生效。

```
source zephyr-env.sh
```

（4）编译 Hello World 例程：

```
cd samples/hello_world/microkernel
make
```

make 命令将会使用应用程序的 Makefile 中定义的默认设置来编译 hello_world 程序。可以使用变量 BOARD 来为其他开发板编译程序，例如：

```
make BOARD=arduino_101
```

关于所支持的更多开发板，请读者参考 http://docs.zephyrproject.org/boards/boards.html。此外，也可以使用下面的命令查看所有支持的开发板：

```
make help
```

例程位于 samples 目录下。程序编译完后，在应用程序根目录的 outdir 子目录下可以看到生成的所有文件。

编译系统生成的 ELF 文件的默认名称是 zephyr.elf。可以在应用程序的配置文件中重新定义该名字。编译系统根据所使用的硬件和平台，将生成不同的文件名称。

7.3.5 应用程序仿真测试与运行

为了在开发环境中进行快速测试，可以使用仿真器 QEMU。QEMU 支持 ARM Coretx-M3 和 x86 两种架构。在使用 make 命令编译时，指定目标为 QEMU 就能在编译完成后自动调用 QEMU。

运行 x86 的应用程序，输入命令：

```
make BOARD=qemu_x86 qemu
```

运行 cortex_m3 的应用程序，输入命令：

```
make BOARD=qemu_cortex_m3 ARCH=arm qemu
```

QEMU 只支持部分开发板和平台。当为一个指定的目标平台开发应用程序时，请在实际的硬件上测试程序，而不要仅依赖于 QEMU 仿真环境。

可以在下列 Linux 发行版上运行的 Zephyr 应用程序：

- Ubuntu 14.04 LTS 64-bit；
- Fedora 22 64-bit。

7.4 在 Windows 上搭建 Zephyr 开发环境

本节将介绍如何在 Windows 环境下搭建开发环境并创建 Zephyr 应用，以及在 Windows 7/8.1/10 环境下创建 Zephyr Hello World 示范程序。

1．更新操作系统

搭建 Zephyr 开发环境之前，确认更新、运行了 Windows 最新版本。

2．安装需要的包和依赖文件

在微软的 Windows 上有 3 种不同的 Zephyr 开发方法。第一个是 Windows 原生的，而另外两个则需要仿真层，这降低了构建应用程序时间，但不是最优的方法。建议使用 Windows 命令提示符来安装必要的软件包和依赖文件。

3．用Windows命令搭建Zephyr 开发环境

在 Microsoft Windows 上安装依赖文件最简单的方法是使用 Chocolatey 包装管理器（Chocolatey website）。如果喜欢手动安装，那么需要从各自的网站上下载所需的软件包。

注意：本例中有多个 set 语句，为了避免每次重复输入这些 set 语句，可以把多个 set 语句存入.cmd 文件中，并在每次打开命令提示符时用.com 文件代替它们运行。

（1）如果开发者的计算机在企业防火墙的后面，需要指定一个代理来访问 Internet 资源：

```
set HTTP_PROXY=http://user:password@proxy.mycompany.com:1234
set HTTPS_PROXY=http://user:password@proxy.mycompany.com:1234
```

（2）按照（Chocolatey website）网站的安装说明（Chocolatey install）安装包管理器。

（3）在管理员模式（Administrator）下打开命令行（cmd.exe）。

（4）为了在确认时避免禁用，向所有命令添加-y：

```
choco feature enable -n allowGlobalConfirmation
```

（5）安装 Cmake：

```
choco install cmake --installargs 'ADD_CMAKE_TO_PATH=System'
```

（6）安装其他工具：

```
choco install git python ninja dtc-msys2 gperf doxygen.install
```

（7）关闭 Windows 命令行。

（8）在普通用户模式下打开命令行（cmd.exe）。

（9）用 git 命令复制一个 Zephyr 资源副本到计算机 home 目录下：

```
cd %userprofile%
git clone https://github.com/zephyrproject-rtos/zephyr.git
```

（10）安装 Python 模块：

```
cd %userprofile%\zephyr
pip3 install -r scripts/requirements.txt
```

注意：尽管 pip 安装包在用户目录里用-user 标识了出来，但在安装的 Python 模块里，命令行很难找到 pip3 命令。

构建的 Zephyr 开发系统可以与安装在计算机系统中的工具链一起工作。在下一个步骤中，将介绍如何安装工具链，来构建 x86 和 ARM 应用程序。

4. 安装交叉编译工具链（**TOOLCHAIN**）

- 对于 x86，从"英特尔开发人员专区"中下载并安装 ISSM 工具链，用 Web 浏览器下载工具链文件 tar.gz 可以用 7-Zip 或类似工具将其解压到目标文件夹下。
- 注意：Arduino 101 开发板仅支持 Intel Quark 微控制器。
- 对于 ARM，从 ARM 开发者网站安装 GNU ARM Embedded（安装到 C:\gnuarmemb 下）。

5. 设置环境变量

为安装的工具和 Zephyr 开发环境用命令行方式设置环境变量：

对于 x86：

```
set ZEPHYR_TOOLCHAIN_VARIANT=issm
set ISSM_INSTALLATION_PATH=c:\issm0-toolchain-windows-2017-01-25
```

对于 ARM：

```
set ZEPHYR_TOOLCHAIN_VARIANT=gnuarmemb
set GNUARMEMB_TOOLCHAIN_PATH=c:\gnuarmemb
```

在未来的会话中使用新的工具链时，可以用相同方法在这个文件中设置环境变量 userprofile%\zephyrrc.cmd。运行 zephyr-env.cmd 文件设置 ZEPHYR_BASE 环境变量。

```
zephyr-env.cmd
```

注意：在之前的 Zephyr 版本中，ZEPHYR_TOOLCHAIN_VARIANT 环境变量曾经被称为 ZEPHYR_GCC_VARIANT。

6. 构建样本程序

最后，通过构建 Hello World 样本程序，检验是否成功搭建了 Zephyr 开发系统。

- 针对 Intel Quark (x86-based) Arduino 101 开发板创建应用程序：

```
cd %ZEPHYR_BASE%\samples\hello_world
mkdir build & cd build
# 用 cmake 命令配置基于 Ninja 编译系统
cmake -GNinja -DBOARD=arduino_101 ..
# 在生成的编译系统上运行 Ninja
ninja
```

- 针对基于 ARM 的 Nordic nRF52 开发包创建应用程序：

```
cd %ZEPHYR_BASE%\samples\hello_world
mkdir build & cd build
# 用 cmake 命令配置基于 Ninja 编译系统
cmake -GNinja -DBOARD=nrf52_pca10040 ..
#在生成的编译系统上运行 Ninja
ninja
```

这些步骤能检查出建立 Zephyr 开发环境中所有工具链设置是否正确。

7.5　用 MSYS2 搭建 Zephyr 开发环境

MSYS2 是集成了 pacman 和 MinGW-w64 的 Cygwin（是一个在 windows 平台上运行的类 UNIX 模拟环境）升级版，提供了 bash shell 等 Linux 环境、版本控制软件（git/hg），以及 MinGW-w64 工具链和移植了 Arch Linux 的软件包管理系统。

1. 用MSYS2搭建Zephyr开发环境

用 MSYS2 搭建 Zephyr 开发环境，可以按照下面的步骤来设置：

下载 MSYS2 并安装。在安装最后会出现 Run MSYS2 now 对话框。安装完成后启动 MSYS2，安装更新数据库包和内核系统包。可能会提示终止 MSYS2 而不返回 shell，可以再一次检查更新。如果这样提示了，就关闭 MSYS2 MSYS shell 桌面 App，然后运行一次 MSYS2 完成更新。从桌面的"开始"菜单弹出 MSYS2 MSYS shell 桌面 App。

注意：确保开始标识为 MSYS2 MSYS shell，不是 MSYS2 MinGW shell。如果在现有的 Windows 环境变量中植入 MSYS2，需要创建一个 Windows 环境变量：

```
so::MSYS2_PATH_TYPE=inherit.
```

注意：可能会有多个 export 语句，把它们放在~/.bash_profile 文件的底部。

（1）如果在企业防火墙的后面，需要指定一个代理来访问 internet 资源。

```
export http_proxy=http://proxy.mycompany.com:123
export https_proxy=$http_proxy
```

（2）创建 Zephyr，要求更新 MSYS2 软件包，安装依赖文件（可能需要重启 MSYS2 shell）。

```
pacman -Syu
pacman -S git cmake make gcc dtc diffutils ncurses-devel python3 gperf
```

（3）编译 Ninja，并安装它（在 MSYS2 中，软件包中 Ninja 需要安装，仅在 MSYS2 的版本 1.8.2-1 和 1.8.2-3 中包含这个软件包，其他版本不包含 Ninja 软件包）：

```
git clone git://github.com/ninja-build/ninja.git && cd ninja
git checkout release
./configure.py --bootstrap
cp ninja.exe /usr/bin/
```

（4）从 MSYS2 shell 内用 git 工具复制一个 Zephyr 副本到 home 目录下。

```
cd ~
git clone --config core.autocrlf=false https://github.com/zephyrproject-
rtos/zephyr.git
```

（5）安装 pip 和 Python 模块。

```
curl -O 'https://bootstrap.pypa.io/get-pip.py'
./get-pip.py
```

```
rm get-pip.py
cd ~/zephyr  # or to the folder where you cloned the zephyr repo
pip install --user -r scripts/requirements.txt
```

现在用安装在系统中的工具链构建 Zephyr 应用系统，下面用工具链来构建 x86 和 ARM 应用程序。

2. 安装交叉编译工具链

对于 x86，需安装 2017 Windows ISSM 工具链，用 Web 浏览器在"英特尔开发人员专区"中下载工具链文件 tar.gz。需要解压这个压缩文件，在 MSYS2 MSYS 控制台安装 tar，并解压工具链文档。

```
pacman -S tar
tar -zxvf /c/Users/myusername/Downloads/issm-toolchain-windows-2017-01-
15.tar.gz -C /c
```

用下载的路径代替.tar.gz 的路径名称。

⌂注意：ISSM 工具链仅支持 Intel Quark 微控制器，比如 Arduino 101 开发板。

对于 ARM，从 ARM 开发者网站安装 GNU ARM Embedded（安装到 C:\gnuarmemb 下）。

3. 设置环境变量

在 MSYS 控制台上，为安装的工具链和 Zephyr 开发环境设置环境变量。
对于 x86：

```
export ZEPHYR_TOOLCHAIN_VARIANT=issm
export ISSM_INSTALLATION_PATH=/c/issm0-toolchain-windows-2017-01-25
```

对于 ARM：

```
export ZEPHYR_TOOLCHAIN_VARIANT=gnuarmemb
export GNUARMEMB_TOOLCHAIN_PATH=/c/gnuarmemb
```

对于以上这两种情况，运行提供的脚本，用以设置 zephyr 项目的特定变量。

```
unset ZEPHYR_SDK_INSTALL_DIR
cd <zephyr git clone location>
source zephyr-env.sh
```

4. 创建示范程序

最后，为 Intel Quark（x86-based）Arduino 101 开发板，创建一个 Hello World 示范程序，验证是否成功搭建了。

```
cd %ZEPHYR_BASE%\samples\hello_world
mkdir build & cd build
# Use cmake to configure a Ninja-based build system:
cmake -GNinja -DBOARD=arduino_101 ..
# Now run ninja on the generated build system:
ninja
```

为基于 ARM Nordic nRF52 开发包创建应用程序，验证开发环境搭建得是否完善。

```
cd %ZEPHYR_BASE%\samples\hello_world
mkdir build & cd build
# Use cmake to configure a Ninja-based build system:
cmake -GNinja -DBOARD=nrf52_pca10040 ..
# Now run ninja on the generated build system:
ninja
```

为验证搭建的 Zephyr 开发环境，必须检查所有的设置是否正确。

7.6　应用程序开发

在本节中，我们假设应用程序的目录是 home/app，build 的目录是 home/app/build。在 linux/ macos 上，home 与~等价，而在 Windows 上则是%userprofile%。

7.6.1　概述

Zephyr 的应用程序开发是基于 CMake，是以应用程序为中心基于 Zephyr 内核源代码来启动应用程序。应用程序控制 Zephyr 内核的配置和代码开发过程，并将它们编译成单个二进制文件。

Zephyr 的基本目录文件包含 Zephyr 自己的源代码、内核配置选项和构建管理。app 目录中的文件将 Zephyr 与应用程序连接起来。目录中包含所有专用文件，如配置选项和源代码。简单的 app 目录中有以下内容：

```
<home>/app
├── CMakeLists.txt
├── prj.conf
└── src
    └── main.c
```

针对这些文件，说明如下：
- CMakeLists.txt：文件列表，该文件告诉 Zephyr 开发系统，在哪里可以找到其他支持和依赖文件，并将 app 目录与 Zephyr 的 CMake 开发系统链接起来。这个链接提供了 Zephyr 开发系统的支持功能，比如选定开发板的内核配置文件，能够在仿真或真实的硬件上运行、调试编译后的二进制文件。
- prj.conf：是内核配置文件（Kernel configuration files），一个应用程序通常需要提供一个配置文件（prj.conf），它为一个（或多个）内核配置选项指定配置参数。这些应用程序设置与开发板的设置合并，产生了内核配置文件。
- man.c：是应用程序源代码文件（Application source code files），应用项目通常需要一个（或多个）应用程序文件，用 C 或汇编语言编写。这些文件通常位于名为 src 的子目录中。

一旦应用程序已经定义，开发者能用 CMake 创建工程文件，从托管的文件夹编译和连接它们。这就是众所周知的 build 目录。应用项目模块总是在构建的目录中生成。

🔔注意：开发者自己必须创建目录，从这个目录里调用 CMake。

7.6.2　创建应用程序目录 app

下面建立一个新的应用程序目录。

（1）在工作计算机上，除 Zephyr 目录之外，建立应用程序目录，通常创建在用户 home 目录之下。

例如，在 UNIX shell 中导航定位到开发者需要的位置，输入：

```
mkdir app
```

建议将应用程序源码放置到 src 目录中。这样容易区分工程文件与源代码。

继续输入：

```
cd app
mkdir src
```

（2）在应用工程目录中，建立一个空文件 CMakeLists.txt，添加样板代码，设置最小的 CMake 版本，并引入 Zephyr 开发系统：

```
cmake_minimum_required(VERSION 3.8.2)
include($ENV{ZEPHYR_BASE}/cmake/app/boilerplate.cmake NO_POLICY_SCOPE)
project(NONE)
```

🔔注意：cmake_minimum_required 是从 boilerplate.cmake 中调用的，老版本 Cmake 中不包含 cmake_minimum required，要使用最新的 CMake 版本。

（3）将应用工程源代码放置在 src 子目录下。比如，假设建立的文件名为 src/main.c。

（4）在 app 目录的 CMakeLists.txt 文件中添加源代码文件中。例如，在 CMakeLists.txt 文件中添加随后的一行 src/main.c：

```
target_sources(app PRIVATE src/main.c)
```

应用程序源码文件通常添加到应用程序的 src 目录里。如果文件数量很多，开发者可以在 src 目录里创建一个子目录。

（5）配置特性参数用于应用程序。通常在 app 目录下建立一个 prj.conf 文件，用 Zephyr's Kconfig 配置系统使能（或无效）这些配置参数。在 Zephyr 开发系统覆盖的设备树中任选应用程序所需的配置。可以从现有的样本开始参数配置。

（6）应用程序名称不能使用内核保留字。

用 Zephyr 开发系统创建应用工程（build project），源码样本显示在 CMakeLists.txt 文件中。下面配置 Zephyr 开发系统的重要变量。

- ZEPHYR_BASE：设置 Zephyr 基目录，这通常是一个环境变量，由（Linux/Mac OS）zephyr-env.sh 脚本设置（或手动在 Windows 上配置）。
- BOARD：为应用程序选择适配的开发板，用于默认配置。可以在环境变量中定义开发板，也可以在应用程序的文件中或者在 cmake 命令行中指明开发板。
- CONF_FILE：声明一个（或多个）配置文件的名称，多个文件名可以由单个空格或单个分号分隔，每个文件都包含了默认的配置参数。和开发板一样，可以在环境变量中定义，也可以在应用程序的 CMakeLists.txt 列表中定义，或者在 cmake 命令行中指明。
- DTC_OVERLAY_FILE：声明一个（或多个）系统覆盖的设备树文件的名称。每个文件包括默认的 DT 参数。与 CONF_FILE 一样，可以在环境变量中定义，也可以在应用程序的 CMakeLists.txt 列表中定义，或者在 cmake 命令行中指明。

Zephyr 开发系统编译、连接应用程序的所有模块到一个应用程序的映像文件中，映像文件（image）可用于仿真和在真实硬件中运行。

在基于 Linux 或 Mac OS 系统的开发环境下，可以选择 Make 和 Ninja 生成器，在 Windows 系统下需要使用 Ninja 生成器。为简单、方便，本章中始终使用 Ninja 生成器。

7.6.3　创建应用程序子目录 build

（1）导航到应用目录<home>/app。

（2）输入下列命令构建应用项目的 Zephyr.elf 映像文件，为开发板配置应用程序文件 CMakeLists.txt。

```
mkdir build
cd build
cmake -GNinja ..
ninja
```

（3）如果需要，可以使用 CONF_FILE 参数指定应用项目设置。这些设置将覆盖应用项目的.config 文件（或其默认的.conf 文件）中的设置。例如：

```
# On Linux/macOS
export CONF_FILE=prj.alternate.conf
# On Windows
set CONF_FILE=prj.alternate.conf

cmake -GNinja ..
ninja
```

（4）如果需要，在应用项目的 CMakeLists.txt 文件中，用环境变量 BOARD 定义开发板，为应用项目不同的开发板生成不同的工程（project）文件。

当创建应用工程（项目）时，CONF_FILE 和 BOARD 参数必须指定。

用 Ninja 生成器创建 build 目录如下：

```
<home>/app/build
├── build.ninja
├── CMakeCache.txt
├── CMakeFiles
├── cmake_install.cmake
├── rules.ninja
└── zephyr
```

在 build 目录中值得注意下列文件。

- build.ninja：创建应用程序时被调用。
- zephyr 目录：生成应用项目的工作程序，用于存储生成文件。运行 Ninja 之后，随后输出文件将写入 zephyr 子目录下。
- .config：设置配置参数，用于构建应用程序。
- 各种 object 文件（.o 或.a 后缀）：含有编译核与应用代码。
- zephyr.elf: 应用代码和系统内核最终组合成的二进制文件。其他二进制格式也支持，比如.hex 与.bin。

7.6.4 重构应用程序

应用程序的需求变化、配置参数改变、开发板更替时都需要项目重构。频繁项目重构，会使应用开发过程复杂，调试困难。比较好的方法是仅重构测试项目变化的主要源文件、CMakeLists.txt、或配置设置文件。

（1）打开计算机，导航到目录<home>/app/build 下。

（2）输入下面的命令，删除应用程序生成文件，除了.config 文件，因为它含有当前程序的开发板配置信息。

```
ninja clean
```

（3）输入以下命令删除所有生成的文件，包括含有当前开发板配置信息的.config 文件。

```
ninja pristine
```

- 按照以上步骤重构（build）应用工程项目。

7.6.5 运行应用程序

一个应用程序的映像文件，能在真实硬件和仿真器上运行。

1. 在开发板上运行

Zephyr 支持的大多数开发板都允许使用 CMake flash 来创建和编译二进制文件，将二进制文件复制到开发板的 Flash 上运行。按照下面的说明，在开发板硬件上运行一个应用程序：

（1）按照创建（build）应用程序的描述，创建（build）一个新的程序。

（2）确认开发板与主机已用 USB 接口相连。

（3）在 build 目录<home>/app/build 下运行控制台指令，从开发板 Flash 上通过 ninja flash 命令运行编译过的 Zephyr 二进制文件。

（4）Zephyr 开发系统集成了主板支持文件，使用特定硬件工具将 Zephyr 二进制文件刷新到硬件 Flash 上，然后运行它。

（5）每运行一次 ninja flash 命令，应用程序就重构一次，Flash 刷新一遍。

在开发板支持不完整的情况下，Zephyr 开发系统可能存在不通过闪存（Flash）刷新的情况。如果收到关于 Flash 不可用的错误消息，可参考开发板文档，了解如何使用和添加 Flash 的信息。

注意：当在 Linux 上开发应用程序时，通常需要安装指定开发板 udev 规则，激活 USB 器件作为一个"非根（root）用户"使其访问开发板。如果 Flash 刷新失败，可阅读开发板 Flash 的相关文献。

2. 在仿真器上运行

内核内置仿真器 QEMU（仅在 Linux/Mac OS 上，目前在 Windows 上不支持）允许在实际的目标硬件上（或代替）加载、运行、测试项目。按照以下指示运行一个应用程序，通过 QEMU 仿真。

（1）在一个 QEMU 仿真开发板上构建应用程序。例如，设置开发板变量到：

- qemu_x86 在基于 x86 开发板上运行程序仿真。
- qemu_cortex_m3 在基于 ARM Cortex M3 开发板上运行仿真。

（2）从<home>/app/build 目录运行控制台命令，写入 Flash 编译文件，并在仿真器 QEMU 上运行 ninja run 命令。

（3）按 Ctrl+A+X 键停止仿真。

（4）应用程序仿真运行停止，终端控制台提示符重新显示。

（5）每当执行一次 run 命令时，应用程序就会被重新构建（build）并再次运行。

7.6.6　开发板定制

如果开发板或平台还没有得到 Zephyr 的支持，可以将开发板定义添加到应用程序中，并构建这个开发板，而不必将其添加到 Zephyr 支持的开发板树中。

不在 Zephyr 支持范围的开发板，可以使用类似于开发板树的维护方式，通过这种开发板的树结构维护，使新的开发板进入支持树结构，获得 Zephyr 支持后，完成初始化开发工作。

添加定制开发板到应用程序的目录结构中：

```
boards/
CMakeLists.txt
prj.conf
README.rst
src/
```

boards 目录中有新定制的开发板：

```
.
├── boards
│   └── x86
│       └── my_custom_board
│           ├── doc
│           │   └── img
│           └── support
└── src
```

使用适当的架构名称为文件夹命名（例如 x86、arm 等）。

my_custom_board 在 boards 目录下。文献在 doc/目录下，支持文件在 support/目录下，需要递交到 Zephyr。

对于任何 Zephyr 支持的开发板，my_custom_board 内容必须有相同的引导行，并提供下列文件：

```
my_custom_board_defconfig
my_custom_board.dts
my_custom_board.yaml
board.cmake
board.h
CMakeLists.txt
doc/
dts.fixup
Kconfig.board
Kconfig.defconfig
pinmux.c
support/
```

一旦定制的开发板替代了指定位置的开发板，就可以用 CMake 命令的 DBOARD_ROOT 参数来构建应用程序，从而将应用程序定位到这个定制开发板中。

```
cmake -DBOARD=<board name> -DBOARD_ROOT=<path to boards> ..
```

这将使用定制板配置的参数，并生成 Zephyr 二进制文件到应用程序目录中。也可以在应用程序的 CMakeLists.txt 文件中，定义 BOARD_ROOT 变量。

7.6.7　用 QEMU 调试程序

本节将用 QEMU 仿真工具快速调试应用项目，用快捷方法指定环境变量、配置参数，快速建立起调试环境。

运行 QEMU 是调试应用程序的简单方法，在 Zephyr 开发系统，可以使用 GNU Debugger 调试器并通过 QEMU 设置局域 GDB 服务。

调试程序时，需要可执行、可连接格式的（ELF）二进制映像文件。开发系统在 build 目录里生成这个映像文件。默认文件名为 Zephyr.elf，这个名称可用 Kconfig 选项修改。

用 TCP 端口号 1234 打开一个 GDB 服务实体。这个端口号可以改变，以更好地适应开发系统。

运行 QEMU，观察到 gdb connection 之后，开始执行任意一行应用代码，进行调试实验。

```
qemu -s -S <image>
```

设置 QEMU 的监听端口号为 1234，等待 GDB 与它连接。

Qemu 命令后边的选项含义如下：

- -S：启动时 CPU 不工作，必须在屏幕上输入 C 才可以。
- –s：是-gdb tcp::1234 的速记符，在 TCP 端口 1234 打开 GDB 服务。

在一个应用程序的 build 目录下运行下面的命令，用 QEMU 调试应用程序，开始 GDB 服务，等待远程连接。

```
ninja debugserver
```

开发系统启动 QEMU 事件，在启动时暂停 CPU 并用 GDB 服务实体侦听 TCP 端口 1234。

每次运行时，用局域 GDB 服务配置.gdbinit 初始化 GDB 实体，在这个实例中，初始化文件指向 GDB 服务实体。它在本地主机的 TCP 端口 1234 配置了远程目标连接。在内核根目录的初始化设置作为参考示范。

.gdbinit 文件含有下列行：

```
target remote localhost:1234
dir ZEPHYR_BASE
```

注意：用 ZEPHYR_BASE 代替当前内核的 root 目录。

在同一目录选择 gdbinit 文件，执行应用项目的调试。这个命令包括--tui 选项，用于激活终端用户接口。用 gdb 命令连接到 GDB 服务，这个命令从.elf 二进制文件中加载符号表。在本例中，.elf 二进制文件与 zephyr.elf 文件名称一致。

```
.../path/to/gdb --tui zephyr.elf
```

注意：在开发系统中的 GDB 服务可能不支持--tui 选项，应确保 GDB 与已经使用的工具链在二进制文件方面一致。

如果不用.gdbinit 文件，可以用 GDB 内部命令连接 TCP 端口号 1234 的远程 GDB 服务上。

```
(gdb) target remote localhost:1234
```

最后，用数据显示调试器(ddd).连接到 GDB 服务，这个命令从.elf 二进制文件中加载符号表，在这个实例中，二进制文件就是 zephyr.elf。

Zephyr 开发系统在默认状态下 ddd 命令没有安装。例如，在 Ubuntu 系统可用 sudo apt-get install ddd 命令安装 ddd，然后开始调试。

```
ddd --gdb --debugger "gdb zephyr.elf"
```

两个执行 GDB 的命令有些变化，它依赖预开发者的工具链与交叉编译工具。

7.6.8 用 Eclipse 调试程序

CMake 生成程序描述文件能够导入 Eclipse 集成开发环境（IDE）进行程序调试。

在 Eclipse 中，pyOCD、Segger J-Link 和 OpenOCD 调试工具的插件（GNU MCU Eclipseplug-ins）提供了调试 ARM 程序的一个机制。

1．建立Eclipse开发环境

（1）下载安装 Eclipse IDE for C/C++ Developers。

（2）在 Eclipse 中，安装 GNU MCU Eclipse 插件。通过菜单 Window→Eclipse Marketplace... 搜索 GNU MCU Eclipse，并在匹配的结果上单击 Install 按钮。

（3）打开菜单 Window→Preferences 导航到 MCU 上，设置配置路径 GlobalpyOCDPath。

2．应用程序调试

下面示范在 Windows 操作系统下，Eclipse 开发环境下用 pyOCD 怎样调试一个 Zephyr 应用程序。假设已经安装了 GCC ARM 嵌入式工具链和 pyOCD，生成并导入程序到 EclipseIDE 环境中。

（1）在命令行，配置环境变量用于 GCC ARM 嵌入式编译器。

（2）导航到 Zephyr 文件夹外边，创建目录。

```
# On Windows                          //在 Windows 系统
cd %userprofile%                      //导航的用户目录
```

⚠️注意：如果 build 目录是 source 目录的子目录，通常在 Zephyr 和 CMake 中会给出警告："build 目录是 source 目录的子目录"，这在 Eclipse 中是不支持的。因此强烈建议 build 目录与 source 目录是平级的关系。

（3）用 CMake 配置程序，用 Ninja 构建程序。

由-G"Eclipse CDT4 - Ninja"指定的参数配置 CMake 生成器，生成一个项目描述文件，通常将其添加进 build 文件夹中。

```
# On Windows
mkdir build && cd build
 cmake-G"Eclipse CDT4-Ninja"-DBOARD=frdm_k64f %ZEPHYR_BASE%\samples\
 synchronization
ninja
```

（4）在 Eclipse IDE 环境下导入生成的程序：打开菜单 File→Import...，选择选项 Existing Projects into Workspace，浏览项目的 build 目录，选择 Select root directory:在程序列表中检

出被测程序，然后单击 Finish 按钮。

3．建立调试器配置

（1）打开菜单 Run→Debug Configurations。

（2）选择 GDB PyOCD Debugging，单击 New 按钮，然后配置下面的选项。

在主要选项中：

```
Project: NONE@build
C/C++ Application: zephyr/zephyr.elf
```

在调试器选项中：

① pyOCD 设置如下：

```
Executable path: $pyocd_path\$pyocd_executable
Uncheck "Allocate console for semihosting"
```

② 开发板设置如下：

```
Bus speed: 8000000 Hz
Uncheck "Enable semihosting"
```

③ GDB 客户端设置如下：

```
Executable path: C:\gcc-arm-none-eabi-6_2017-q2-update\bin\arm-none-eabi-
gdb.exe。
```

在 SVD 路径选项中配置如下：

文件路径: <zephyr base>\ext\hal\nxp\mcux\devices\MK64F12\MK64F12.xml，该路径提供了 SOC 存储器-寄存器地址和 bit 位域，映射到了调试器。

（3）单击 Debug 按钮，开始调试项目。

7.6.9　CMake 工具

CMake（Cross Platform Make）是一个跨平台的安装和编译工具，CMake 和 UNIX 上常见的 make 系统是分开的，而且更为高阶。CMake 可以编译源代码、制作程序库、产生适配器（wrapper），还可以用任意的顺序构建执行文件。CMake 支持 in-place 构建（二进制文件和源代码在同一个目录树中）和 out-of-place 构建（二进制文件在别的目录里），因此可以很容易从同一个源代码目录树中构建出多个二进制文件。CMake 也支持静态与动态程序库的构建。

CMake 是用来与 Zephyr 内核一起构建应用程序的。CMake 构建过程是在两个阶段完成的。第一个阶段叫做配置。在配置过程中，执行 CMakeLists.txt 脚本文件。完成配置后，CMake 有一个 Zephyr 构建的内部模型并生成脚本文件，它们均来自于主平台。

CMake 支持为多个构建系统生成脚本文件，但是只有 Ninja 和 Make 是由 Zephyr 测试和支持的。在配置之后，通过执行生成的构建脚本文件，开始构建阶段。这些构建脚本文件可以重新编译应用程序，在大多数代码更改之后、构建之前必须再次执行配置步骤。构建脚本可以检测其中的一些情况并自动重新配置，但是有些情况必须手动完成。

Zephyr 使用 CMake 的 "目标" 概念来组织构建进程。目标可以是可执行文件、库和生成文件。对于应用程序开发人员来说，库是最重要的。所有 Zephyr 构建的源代码，甚至是应用程序代码都要进入库。

目标库有源代码，通过 build CMakeLists.txt 文件添加。像这样：

```
target_sources(app PRIVATE src/main.c)
```

在上面的 CMakeLists.txt 文件中，存在一个名为 app 的现有库目标被配置，并且包含源文件 src/main.c。关键字 PRIVATE 表明，正在修改的内部结构库是将要构建的。

使用关键字 PUBLIC 将会修改其他库与 app 链接并构建这个库。在这种情况下，使用 PUBLIC 关键字将导致库之间与 app 链接关系的变换，这种变化也包括源文件 src/main.c，这些变化是我们所不期望的。然而，当修改目标库的 include 路径时，PUBLIC 关键字是有用的。

7.6.10　CMakeLists.txt 文件

每一个应用项目必须有一个 CMakeLists.txt 文件。这个文件是开发者建立应用项目的进入点或顶层文件。最终的映像文件 zephyr.elf 含有应用代码和内核库。

本节将介绍在 CMakeLists.txt 文件中开发者能做哪些工作，要确保按以下顺序进行。

（1）如果仅为一块开发板建立应用程序，那么在应用程序新的一行添加这个开发板的名字。例如：

```
set(BOARD qemu_x86)
```

关于更多的开发板信息，可以参考 Zephyr 开发板的支持文档。

Zephyr 开发系统会顺序检查开发板的列表（当这块开发板被检测到时，CMake 将停止寻找，不再继续检查下面的开发板列表）。对以前使用过的开发板，CMake 将决定其优先级最高。这可以确保开发者不会使用系统不支持的开发板构建应用程序。

CMake 命令行-DBOARD=YOUR_BOARD 用于指定开发板。如果环境变量设置了BOARD，那么这个开发板就可用了。

最终，如果 CMakeLists.txt 文件中设置了 BOARD，则应用程序将会用到这块开发板。

（2）如果使用配置文件，而不是通常使用的 prj.conf 文件，则需要添加 CONF_FILE变量行，多个配置文件之间用空格分开。CMake 列表（list）能够用于配置框架文件，能够避免在同一空间设置 CONF_FILE 变量，例如：

```
set(CONF_FILE "fragment_file1.conf")
list(APPEND CONF_FILE "fragment_file2.conf")
```

（3）如果开发者的应用程序用了设备树以外的覆盖文件，而不是使用的<board>.overlay文件，则需要添加一行 DTC_OVERLAY_FILE 变量设置这些文件。

（4）如果开发者的应用程序有自己的内核配置选项，要在 Kconfig 文件添加一行设置来定义它们。

（5）如果开发者的应用程序有自己独特的配置选项，可以在开发系统中设置不同的依赖文件。

例如，在同一个目录中有一个名为 kconfig 的文件，在应用程序的 CMakeLists.txt 列表文件中添加以下行：

```
set(KCONFIG_ROOT ${CMAKE_CURRENT_SOURCE_DIR}/Kconfig)
```

像这样来组建 Kconfig 文件：

```
mainmenu "Your Application Name"
# Your application configuration options go here
source "$ZEPHYR_BASE/Kconfig.zephyr"
```

注意：环境变量在 source 语句是直接的，不必定义 option env="ZEPHYR_BASE"。如果使用这样的符号，它必须具有与环境变量相同的名称。

（6）在应用程序新行中添加 Zephyr 开发系统集成的强制性开发板文件，在任一行后添加如下内容：

```
include($ENV{ZEPHYR_BASE}/cmake/app/boilerplate.cmake NO_POLICY_SCOPE)
project(NONE)
```

（7）添加应用程序源文件到 app 目标库。例如：

```
target_sources(app PRIVATE src/main.c)
```

下面是一个简单的 CMakeList.txt 文件。

```
set(BOARD qemu_x86)
include($ENV{ZEPHYR_BASE}/cmake/app/boilerplate.cmake NO_POLICY_SCOPE)
project(NONE)
target_sources(app PRIVATE src/main.c)
```

7.6.11　CMakeCache.txt 文件

CMake 使用 CMakeCache.txt 文件存储关键字或字符串，该文件也可用于存储运行参数，包括编译选项、build 选项和依赖库文件的路径等参数。当 CMake 运行在一个空 build 文件夹中时，就会创建这个缓存文件。

应用程序的初始配置是通过合并 3 个源配置文件来实现的。

（1）开发板配置文件存储在 Zephyr 基目录下：boards/ARCHITECTURE/BOARD/BOARD_defconfig。

（2）任何 CMakeCache 条目，都带有 CONFIG_前缀。

（3）存在一个或多个初始配置文件。

应用程序的特定配置文件，可用下列任一方法指定。最简单的方法是只有一个 prj.conf 文件。

- 如果 CONF_FILE 设置进 CMakeLists.txt 文件中，或者存在于 CMakeCache 变量中，指定的配置文件合并后作为应用程序的设置。

除此之外，应用程序能定义 CMake 命令、宏、函数，称为 set_conf_file 文件。这个文件被调时，用于设置 CONF_FILE 变量。

- 若 prj_BOARD.conf 文件存在于应用程序目录中，BOARD 参数如果是早先设置的，则是合法可用的。
- 如果 prj.conf 文件存在于应用目录中，那么它的设置参数是合法可用的。

如果没有指定的配置，就会采用它们的默认值，并在 Kconfig 文件中给出参数值。组合的配置文件、参数存在于 build 目录的 zephyr/.config 中。早期的 zephyr/.config 是不断更新的，在开发过程中可合并使用，也能用默认配置参数覆盖。

有关 Zephyr 的 Kconfig 配置方案的更多信息，以及可用内核配置选项的信息，包括选项之间的相互依赖关系，可以在交互式配置界面中查看，在重写默认配置部分中进行了解释。Kconfig 配置方案将拥有最新的依赖关系，并且还显示了哪些依赖项目前不满足项目开发的需求。

要查看配置接口中一个选项的依赖关系，对于每一个不满意的依赖项可以用 / 和 ? 按钮跳转，以检查它的依赖项。

依赖库、依赖项、依赖文件和依赖包介绍如下。

- 依赖库：从编程角度出发，库是指封装了各种功能的函数，用户在编写新程序时，无须重新开发相关的功能。依赖库就是指调用一个动态库 A 时，A 又需要调用的动态库 B，则 B 是 A 的依赖库。
- 依赖项：就是设定项目所依赖的项目，A 项目引用了 B 和 C 项目，那么 A 依赖于 B 和 C。B 和 C 是 A 的依赖项。依赖项决定具体生成解决方案时项目编译的顺序（一般一个解决方案会有很多项目组成）。通常来说，依赖项取决于这个项目引用的组件和项目，系统可以自己决定。依赖项的作用就是让系统知道开发者的项目 A 依赖于项目 B，也就是说，项目 B 会在项目 A 之前编译（因为依赖的关系，所以系统认为应该先有项目 B，这样才能有项目 A）。
- 依赖文件：一般指可执行文件（程序）的依赖性，比如做一个大软件，主程序太大会拖慢速度。例如，Windows 系统的解决方案是把一些命令放到 dll 文件里，那么主程序用这些命令就要依赖这个 dll 文件。在 Linux 系统里，思路类似，方法不一样。总之，就是一个文件需要另一个或者一些文件才能正常执行。这些文件就称为依赖文件。
- 依赖包：Linux 依赖包里面主要是软件控制信息和安装内容，包括软件信息和依赖关系。Linux 之所以复杂是因为比较开放，所以相对于依赖关系就复杂一些。

7.6.12　编辑配置文件

本节将介绍编辑 Zephyr 配置文件.conf 的方法。

（1）在配置界面新的一行添加配置项。

（2）把选项值设为 y，布尔选项有效。

```
CONFIG_SOME_BOOL=y
```

（3）如果不设置布尔配置选项，可以添加以下一行（包括前导符号#）：

```
# CONFIG_SOME_BOOL is not set
```

配置值可以是整数或字符串。例如：

```
CONFIG_SOME_INT=42
CONFIG_SOME_STRING="the best value ever"
```

确保每一个条目和选项不含有空格。

后边跟随这一行的注释：

```
# This is a comment.
```

例如，设置 CONFIG_PRINTK 到 y ：

```
# Enable printk for debugging
CONFIG_PRINTK=y
```

覆盖默认设置，人机交互式配置接口用于对配置进行临时更改，这在开发过程中的使用是很方便的。

🔔注意：在应用程序 build 目录下手动编辑 zephyr/.config 文件，也能改变配置参数。使用配置接口修改配置参数更安全，因为它能正确地处理配置与符号之间的依赖关系。

如上面所述，为了使设置不变，应该将其设置为.conf 文件。交互式配置界面的步骤如下：

（1）在应用程序目录下创建一个 build 子目录，用 CMake 命令生成 build 文件。

```
# On Linux/macOS
cd ~/app
# On Windows
cd %userprofile%\app

mkdir build && cd build
cmake -GNinja ..
```

（2）在 build 目录（<home>/app/build）下运行下列命令，开始配置界面：

```
ninja menuconfig
```

配置界面如图 7.3 所示。

将配置符号更改为其所需值的方法如下：

（1）使用箭头键来浏览菜单。

（2）进入子菜单并选择，用→键进入下一选项，按 Esc 键返回上一级菜单。

（3）按 Space（空格）键切换符号值。布尔量在[ ]中显示，数字量、配置符号在（）中显示。

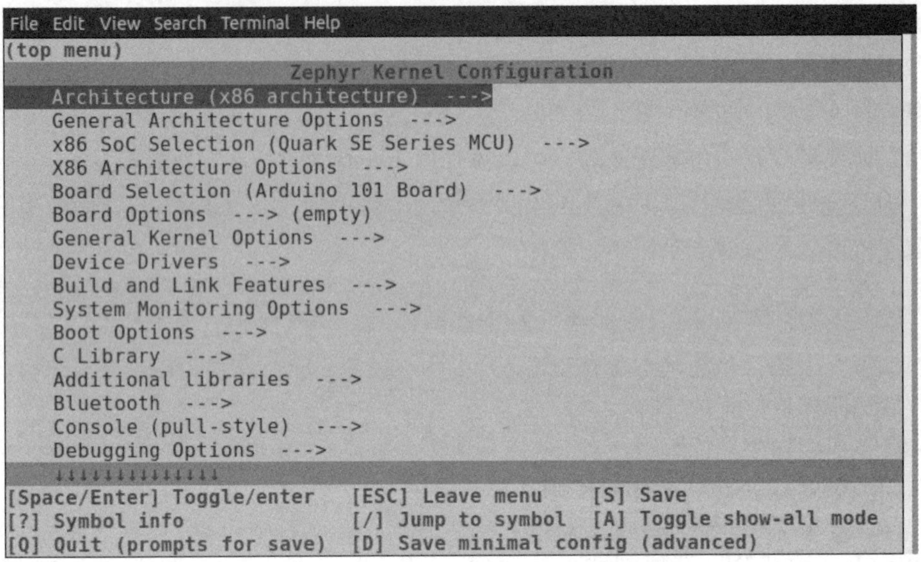

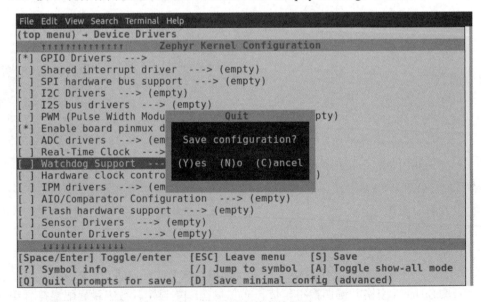

图 7.3 Zephyr 内核配置界面

注意：也可以用 Y 键或 N 键来设置布尔量的值。

（4）按？键显示当前所选符号的信息，按 Esc 或 Q 键从信息显示状态返回菜单状态。

（5）应用程序的内核选项配置完成后，按 Q 键存储并退出对话框，如图 7.4 所示。

（6）按 Y 键保存内核选项配置到默认文件名（zephyr/.config）的文件中。

图 7.4 配置文件存储界面

注意：在 build 应用程序过程中使用的配置文件总是 zephyr/.config。如果想要用另一个保存的配置文件，请将其复制到 zephyr/.config 下并确保备份了原始配置文件。

在菜单树中找到一个符号并导航到它可能不方便。可以直接输入一个符号并按/键，这样就导出了下面的对话框，也可以通过名称搜索符号和跳转来达到，如图 7.5 所示。

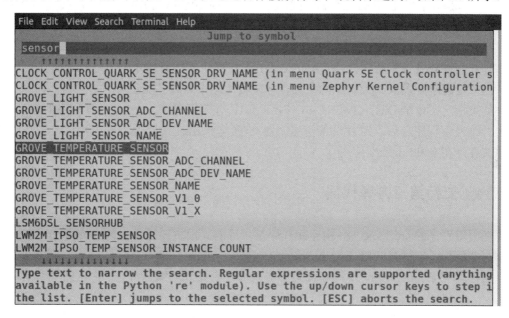

图 7.5　符号搜索界面

如果跳到一个目前还不可见的符号（例如，不满意的依赖关系），需要启用显示模式。在显示模式中，所有的符号都显示出来了，包括当前不可见的符号。如果要禁用显示模式，可按 A 键实现。

7.6.13　更新设备树序列

正如 Zephyr 的设备树中所描述的那样，Zephyr 使用设备树来描述它的应用程序所运行的硬件载体类型。本节将介绍如何使用叠加文件修改应用程序的设备树，以便适应新的硬件设备不断进入。

覆盖文件通常具有扩展后缀.overlay，含设备树的文件片段，添加或修改到 Zephyr 应用程序时使用的设备树序列中。如要添加一个覆盖文件，可将 CMake 变量 DTC_OVERLAY_FILE 设置为覆盖文件的空白列表中。

Zephyr 开发系统通过创建的设备树在其 C 预处理程序上运行，包括以下内容：

- 用 Kconfig 配置选项。
- 开发板设备树源文件，该文件默认路径在 boards/<ARCHITECTURE>/<BOARD>/

<BOARD>.dts 下。

- 若新设备加入，新设备文件默认路径在 dts/common/common.dts 下。
- 新设备驱动文件由 CMake 变量 DTC_OVERLAY_FILE 提供。Zephyr 确定的 DTC_OVERLAY_FILE 如下：
  - ➢ 在应用程序 CMakeLists.txt 中给出 DTC_OVERLAY_FILE 任意值。通过 CMake 变量缓存或 CMake 命令行优先给出这个值。
  - ➢ 下一步检查环境变量 DTC_OVERLAY_FILE。开发者用 CMake 设置这个值。
  - ➢ 如果新设备驱动文件 BOARD.overlay 在应用文件目录中，不在默认目录下，通过配置开发板 BOARD 的参数，才能使用这个新设备驱动文件。

如果指定了多个 DTC_OVERLAY_FILE 文件，它们都将包括在 C 处理程序的序列中。在运行预处理程序之后，运行设备树编译器 DTC，然后在预处理程序中输出，最终的设备树文件是在 build 系统中使用。

7.6.14　支持第三方库代码

在应用程序的 src 目录之外构建库代码是可行的。很重要的一点是，应用程序和库代码都与应用程序二进制接口（Application Binary Interface，ABI）兼容。在大多数架构中，编译器标志控制 ABI 目标，使得库代码和应用程序有共同的编译标志，它有助于库粘合代码访问 Zephyr 内核头文件。

为了使集成第三方组件变得更容易，Zephyr 开发系统定义了 CMake 函数，这些函数提供了 Zephyr 编译器访问的选项。这些函数记录和定义在 $ZEPHYR_BASE/cmake/extensions.cmake 中，其命名遵守 zephyr_get_<type>_<format>格式。下面的变量通常需要导出到第三方开发系统中。

- CMAKE_C_COMPILER 和 CMAKE_AR；
- ARCH 和 BOARD，以及几个变量，就能确定 Zephyr 的内核版本。

在 Zephyr 操作系统文件路径下的文件 samples/application_development/external_lib 是一个示例程序，演示了 Zephyr 开发系统的特性。

7.7　小　　结

Zephyr 是非常小巧的物联网操作系统，支持众多的处理器类型和开发板类型。Zephyr 物联网操作系统采用 C 语言编程，编程、调试、配置、编译和下载十分方便，是一款方便、好用的开发工具。

7.8　习　　题

1．Zephyr 操作系统有什么特色？

2．Zephyr 操作系统有多大？

3．怎样在 Zephyr 中添加一个新的开发板？

4．尝试搭建一套 Zephyr 操作系统的开发调试环境。

第8章　嵌入式 Ubuntu 操作系统

　　Ubuntu 是目前最流行的 Linux 版本。Ubuntu Core 旨在将 Ubuntu 带向物联网世界。它可以运行在微软 Azure、谷歌计算引擎、亚马逊弹性云计算服务平台上，也可以运行在诸如 BeagleBone Black 和树莓派等硬件上。

　　Ubuntu 是一个广泛应用于个人电脑、云计算及所有智能物联网设备的开源操作系统。无论是构建私有云还是公共云，Ubuntu 都会提供所有必要的基础架构软件、工具和服务。

　　Ubuntu 提供了学校、组织、家庭或企业所需的基本应用程序，如办公套件、浏览器、电子邮件和多媒体应用程序。Ubuntu 软件中心还提供了数千个游戏和应用程序。

　　用于智能物联网的操作系统，从智能家居设备到无人机、机器人和工业系统，Ubuntu Core 拥有超高的安全性应用程序商店和可靠的事务性更新。Ubuntu 使开发变得简单，并且 snap 安装包使得 Ubuntu Core 对于分布广泛的设备来说既安全又可靠。

　　Ubuntu Core 提供了一个易于更新和升级的软件平台，让厂商们可以轻易打造差异化的设备，通过软件升级让产品使用寿命期不断延伸，持续创造收入。它几乎可以支持任何类型和规模的设备，并提供全面型操作系统所具有的出色安全性和可扩展性。

- Ubuntu Core 为应用和用户提供更快、更可靠、更强大的安全保障。
- Ubuntu Core 软件本身进行原子级事务性更新，为了实现简单的维护和升级，这些更新可根据需要恢复原状。
- Ubuntu Core 将操作系统和应用程序文件分离开并作为一组独特的只读映像存在，从而确保能够轻松安全地为单个设备添加多个应用和功能。
- Ubuntu Core 提供全新的、更简单的应用程序打包系统，更便于开发者构建和维护应用。

　　Ubuntu Kylin：优麒麟是基于 Ubuntu 的一款官方衍生版。 它是一款专门为中国市场打造的免费操作系统，而且它已经被录入中国政府采购条例名单中。它包括 Ubuntu 用户期待的各种功能，并配有必备的中文软件及程序。

　　Snappy Ubuntu Core：Ubuntu Core 的这个嵌入式版本又叫带 Snaps 的 Ubuntu Core，它利用了 Snap 软件包机制——Canonical 将其作为一种通用 Linux 软件包格式分拆出来，让单一的二进制软件包能够在"任何 Linux 桌面、服务器、云或设备上"运行。Snaps 让 Snappy Ubuntu Core 能够提供事务回滚、安全更新、云支持和应用程序商店平台。Snappy 只需要

600MHz 处理器和 128MB 内存，但还需要 4GB 闪存。它可以在 Pi 及其他的嵌入式板卡上运行，出现在众多设备上，包括 Erle-Copter 无人机、戴尔 Edge 网关、Nextcloud Box 和 LimeSDR。

Ubuntu 非常希望让 Linux 继续成为让物联网更智能和可扩展的核心。Snappy Ubuntu Core 是面向智能设备的全新平台，承诺可以运行存储在本地或者依赖于云端的相同软件。

8.1　准备 Ubuntu 文件

（1）安装盘下载地址为 http://releases.ubuntu.com/16.04/，可以用硬盘启动，也可以刻成光盘来启动。进入后找到蓝色链接后单击下载，如 ubuntu-16.04-desktop-amd64.iso，32 位 CPU 可以下载 i386 的版本，其中 desktop 是桌面版，server 是服务器版，torrent 是 BT 下载。

其他下载地址为：
- 中科大源 http://mirrors.ustc.edu.cn/ubuntu-releases/16.04/；
- 阿里云开源镜像站 http://mirrors.aliyun.com/ubuntu-releases/16.04/；
- 兰州大学开源镜像站 http://mirror.lzu.edu.cn/ubuntu-releases/16.04/；
- 北京理工大学开源 http://mirror.bit.edu.cn/ubuntu-releases/16.04/；
- 浙江大学 http://mirrors.zju.edu.cn/ubuntu-releases/16.04/。

（2）用光盘/U 盘/硬盘启动后稍等，系统自动运行，耐心等待系统启动。

（3）之后就进入 Ubuntu 桌面，如图 8.1 所示，这就是试用的 live cd 桌面，桌面左上边有两个图标，右上角是"关机"按钮。

（4）对于硬盘安装，单击左上角的圆圈按钮，稍等，在旁边出来的文本框中输入字母 ter 然后单击出来的"终端"图标，如果出现中文，单击输入条上的"中"变成"英"，然后将其拖放到一边即可，如图 8.2 所示。

（5）输入命令 sudo umount -l /isodevice 然后回车，如果没什么提示就表示安装成功了，然后可以关闭终端，如图 8.3 所示。

从硬盘安装 Linux 一般将 iso 文件放在某个分区，然后把该分区挂载到/isodevice 目录下，再挂载目录下的 iso 文件进行安装。安装时需要对硬盘进行分区操作，而此时硬盘分区已被挂载，设备忙，必须先 umount。普通的 umount 会因为 iso 在使用不能卸载，所以用-l 参数。

（6）单击右上角的网络图标，取消选择"启用网络"，断开网络，如图 8.4 所示。

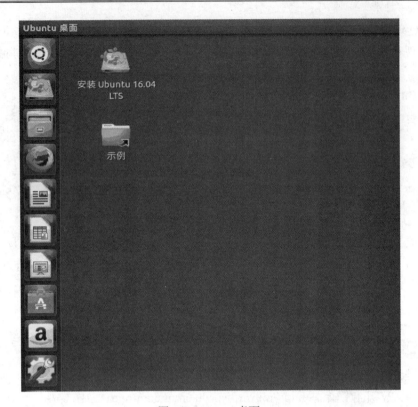

图 8.1　Ubuntu 桌面

图 8.2　硬盘安装界面

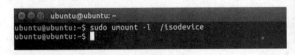

图 8.3　硬盘安装 Ubuntu　　　　　　图 8.4　硬盘安装 Ubuntu 设置

8.2　安装 Ubuntu 系统

（1）双击桌面上的"安装 Ubuntu16.04 LTS"图标，稍等片刻后会出来一个"欢迎"面板，检查一下左侧栏，需要选中"中文（简体）"，如果没选，就选中它，然后单击右下角的"继续"按钮，如图 8.5 所示。

图 8.5　选择安装语言

（2）这一步是检查准备情况，要求磁盘空间足够，不要连接网络。一般不选择更新和第三方软件两个选项，直接单击"继续"按钮，如图 8.6 所示。

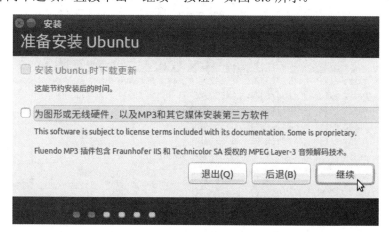

图 8.6　准备安装 Ubuntu

（3）这一步是询问安装到哪个分区，选择最下面的"其他选项"单选按钮，单击"继续"按钮，如图 8.7 所示。

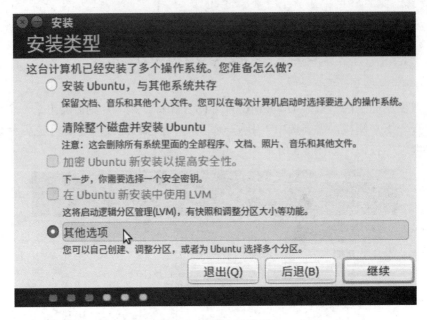

图 8.7　选择安装类型

（4）接下来是磁盘分区情况，这里是安装到之前 12.10 的 Ext4 分区上，如图 8.8 所示。

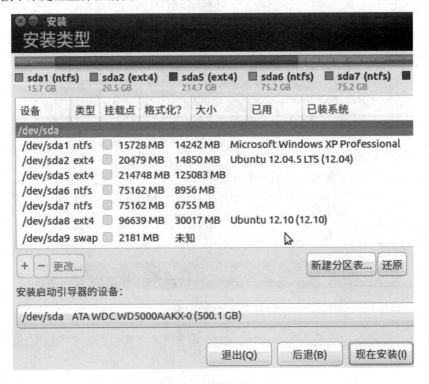

图 8.8　选择安装分区

（5）单击选中计划要安装的分区，也可以根据分区类型和大小来确定。单击下边的"更改"按钮，可以更改要安装的分区如图 8.9 所示。

图 8.9　更改安装分区

（6）在弹出来的对话框中，设定用于分区的格式 Ext4，选择"格式化此分区"复选框，单击"挂载点"右边的下三角按钮，选择"/"，单击"确定"按钮。注意，格式化会删除分区上的所有文件，要提前备份重要数据，如图 8.10 所示。

（7）单击"确定"弹出提示框，单击"继续"按钮回到分区面板。检查一下分区是否编辑好了，如果还有 /home 分区，按原来的设置即可，一般不勾选"格式化"，只需提前清理里面的配置文件，如图 8.11 所示。

图 8.10　编辑安装分区

　　GNU GRUB 和 GRUB 是 GRand Unified Bootloader 的缩写，它是一个多重操作系统启动管理器。如图 8.12 是安装 grub 引导器的选项，UEFI 安装不用修改，可参阅 UEFI Windows 7 或 Windows 8 硬盘安装 Ubuntu 的方法，如果是传统 mbr 方式安装，可以选择安装到"/"（挂载点）所在分区，然后用 Windows 来引导 Ubuntu，可参阅用 EasyBCD 在 Windows 7/Windows 8 硬盘安装 Ubuntu。

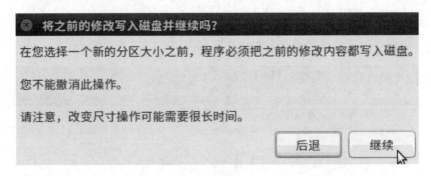

图 8.11　提示框

（8）检查无误后，单击"现在安装"按钮，如果提示没有交换空间，单击"继续"按钮，这是用于休眠的，大小跟内存的分区相同。如果内存大于 2GB，可以不用管这个选项。

图 8.12　安装 grub 引导器的选项

（9）之后会弹出对话框，询问安装地区，单击"继续"按钮即可。修改地区可能会产生时差问题。这时已经开始安装了。

（10）接下来是键盘布局，选"汉语"选项，继续单击"前进"按钮继续，如图 8.13 所示。

（11）接下来是设置用户名（小写字母）和密码等信息，从上到下依次输入即可。之后单击"继续"按钮，如图 8.14 所示。

图 8.13 选择安装汉语

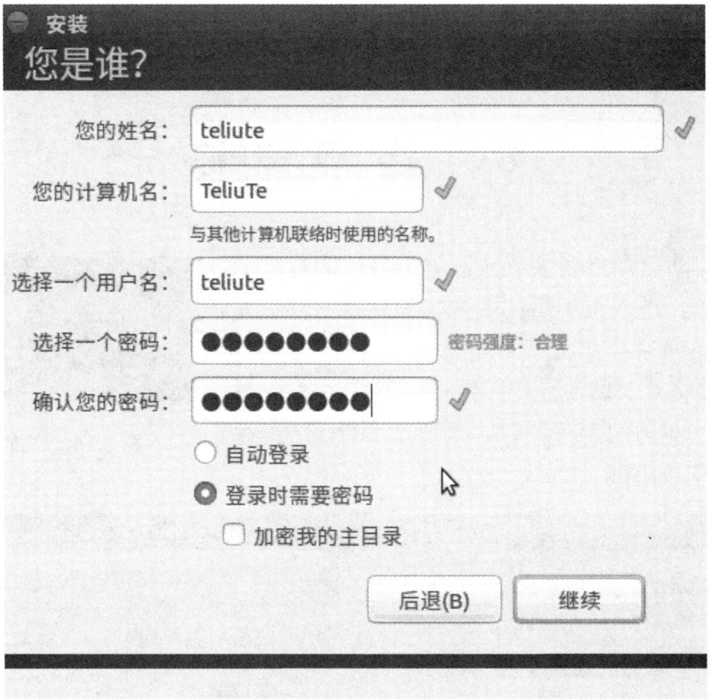

图 8.14 设置登录信息

（12）接着继续安装，可以看一下系统的介绍。

（13）耐心等待安装完成，之后会弹出一个对话框，单击"现在重启"按钮完成安装。按电源键也可以调出关机对话框，如图 8.15 所示。

（14）如果是通过光盘安装的，会弹出取出光盘提示，按回车键重新启动计算机，安装完成。

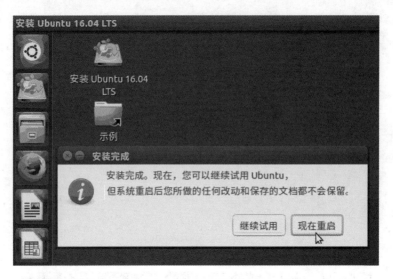

图 8.15　Ubuntu 安装完成

8.3　连 网 资 源

（1）重新启动后弹出登录界面，单击自己的用户名，输入密码后回车，进入系统后如图 8.16 所示。

（2）进入桌面后会弹出"不完整语言支持"的提示对话框，先不要将其关闭，将其拖到一边，后面要用（如果关闭了，单击左边的齿轮图标，选择"系统设置→语言支持"选项），如图 8.17 所示。

图 8.16　Ubuntu 登录界面

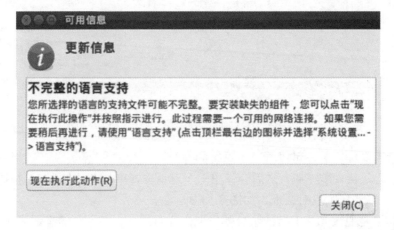

图 8.17　Ubuntu 可用信息界面

（3）先连网，单击屏幕右上角的网络图标，选择"编辑连接"选项，如图 8.18 所示。

（4）如果是局域网连网，在"网络连接"对话框里选中里面的 Wired connection1 选项，单击右边的"编辑"按钮，如图 8.19 所示。

（5）在弹出的图 8.20 所示的对话框里，选择"IPv4 设置"标签，在下面的"方法"下拉列表框中选择"手动"选项，再单击"添加"按钮。在"地址"文本框里依次输入 IP 地址、子

图 8.18　设置网络连接

网掩码、网关，然后在"DNS 服务器"中输入 DNS 服务器地址，检查无误后，单击右下角的"保存"按钮，在下一步的认证窗口中输入自己的密码。

图 8.19　网络连接界面

图 8.20　联网设置

回到原来的对话框中单击"关闭"按钮，稍等一会就可以上网了，也可以重新启动计算机。

（6）Ubuntu 的默认源是美国，因此下载特别慢，需要将源更换为国内源。连接好网络后先进行软件更新（换源），在快速启动栏中单击系统设置按钮，在弹出的窗口中单击"软件和更新"图标，如图 8.21 所示。

图 8.21　软件更新（换源）

（7）在弹出来的软件源面板下边，单击"中国的服务器"下拉列表，选择"其他站点"，如图 8.22 所示。

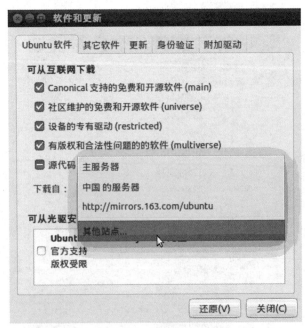

图 8.22　软件更新资源

（8）在调出来的服务器列表中，选择 163 或 cn99 的站点都可以，然后单击右下角的"选择服务器"按钮返回，如图 8.23 所示。

图 8.23　选择下载服务器界面

（9）关闭窗口后，弹出身份验证对话框，输入自己的登录密码后单击"授权"按钮，如果弹出更新提示，单击"重新载入"按钮，等待认证完成即可，如图 8.24 所示。

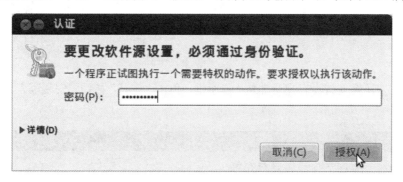

图 8.24　密码登录

8.4　更　新　系　统

（1）回到最开始的"不完整的语言支持"对话框，单击"现在执行此动作"按钮，如果找不着该对话框了，就单击右上角的齿轮图标，然后选择"系统设置→语言支持"选项。

（2）如果弹出"没有可用的语言信息"提示框，单击"更新"按钮，如图 8.25 所示。

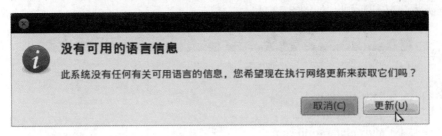

图 8.25　更新界面

（3）弹出缓存更新对话框，等待更新完成，单击"详情"可以查看进度，如图 8.26 所示。

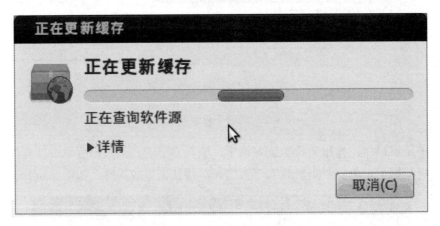

图 8.26　更新缓存进程

（4）弹出"语言支持没有完全安装"提示框，单击"安装"按钮，安装语言包，如图 8.27 所示。

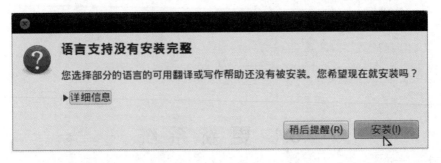

图 8.27　安装语言包

（5）待语言包安装完成后，单击"关闭"按钮关闭对话框，如图 8.28 所示。版本 16.04

默认安装的输入法是 fcitx，单击右上角的齿轮图标，选择"注销"或重启系统就可以使用了。

图 8.28　语言包安装完成界面

8.5　目 录 结 构

以下为 Ubuntu 目录的主要结构，只需了解一下它们都包含哪些文件即可，不需要记忆。

/　根目录

├boot/　（启动文件。所有与系统启动有关的文件都保存在这里）

│　└grub/　（Grub 引导器相关的文件）

├dev/　（设备文件）

├proc/　（内核与进程镜像）

├mnt/　（临时挂载）

├media/　（挂载媒体设备）

├root/　（root 用户的$HOME 目录）

```
├home/
│ ├user/  （普通用户的$HOME 目录）
│ └.../
├bin/  （系统程序）
├sbin/  （管理员系统程序）
├lib/  （系统程序库文件）
├etc/  （系统程序和大部分应用程序的全局配置文件）
│ ├init.d/  （SystemV 风格的启动脚本）
│ ├rcX.d/  （启动脚本的链接，定义运行级别）
│ ├network/  （网络配置文件）
│ ├X11/  （图形界面配置文件）
├usr/
│ ├bin/  （应用程序）
│ ├sbin/  （管理员应用程序）
│ ├lib/  （应用程序库文件）
│ ├share/  （应用程序资源文件）
│ ├src/  （应用程序源代码）
│ ├local/
│ │ ├soft/  （用户程序）
│ │ └.../  （通常使用单独文件夹）
│ ├X11R6/  （图形界面系统）
├var/  （动态数据）
├temp/  （临时文件）
├lost+found/  （磁盘修复文件）
```

8.6 启 动 流 程

Linux 系统主要通过以下步骤启动：

（1）读取 MBR 的信息，启动 Boot Manager。

Windows 使用 NTLDR 作为 BootManager，如果系统中安装多个版本的 Windows，就需要在 NTLDR 中选择要进入的系统。

Linux 通常使用功能强大、配置灵活的 GRUB 作为 Boot Manager。

（2）加载系统内核，启动 init 进程。

init 进程是 Linux 的根进程，所有的系统进程都是它的子进程。

（3）init 进程读取/etc/inittab 文件中的信息，并进入预设的运行级别，按顺序运行该级别对应文件夹下的脚本。脚本通常以 start 参数启动，并指向一个系统中的程序。

通常情况下，/etc/rcS.d/目录下的启动脚本首先被执行，然后是/etc/rcN.d/目录。例如设定的运行级别为 3，那么它对应的启动目录为/etc/rc3.d/。

（4）根据/etc/rcS.d/文件夹中对应的脚本启动 Xwindow 服务器 xorg。Xwindow 为 Linux 下的图形用户界面系统。

（5）启动登录管理器，等待用户登录。Ubuntu 系统默认使用 GDM 作为登录管理器，在登录管理器界面中输入用户名和密码后，便可以登录系统。

（6）更改运行级别。在/etc/inittab 文件中找到如下内容：

```
# The default runlevel.
id:2:initdefault:
```

这一行中的数字 2 为系统的运行级别，默认的运行级别涵义是：0 为关机，1 为单用户维护模式，2~5 为多用户模式，6 为重启。

8.7　编程环境

本节阐述 Ubuntu 环境下的程序开发，在程序编写之前，要搭建软件开发环境，包括编辑器、编译器、仿真器和下载器等。安装编译器、编辑器是搭建编程环境最基本的工作之一。本节将介绍工具安装、环境变量设置、验证工具使用方面的内容。

8.7.1　安装编辑器

安装好 Ubuntu 之后，第一件事就是更新服务器列表来下载最新的软件：

```
sudo apt-get update
```

然后安装 vim 编辑器：

```
sudo apt-get install vim
```

接下来就是搭建 Java 语言和 C 语言等开发环境。

8.7.2　下载并安装 JDK

Java 开发包下载如图 8.29 所示。

选择下载目录为/opt/software。下载完成后进行安装。

（1）打开终端，进入到该目录下：

```
cd /opt/software
```

（2）解压压缩包：

```
tar -zxvf jdk-8u111-linux-x64.tar.gz
```

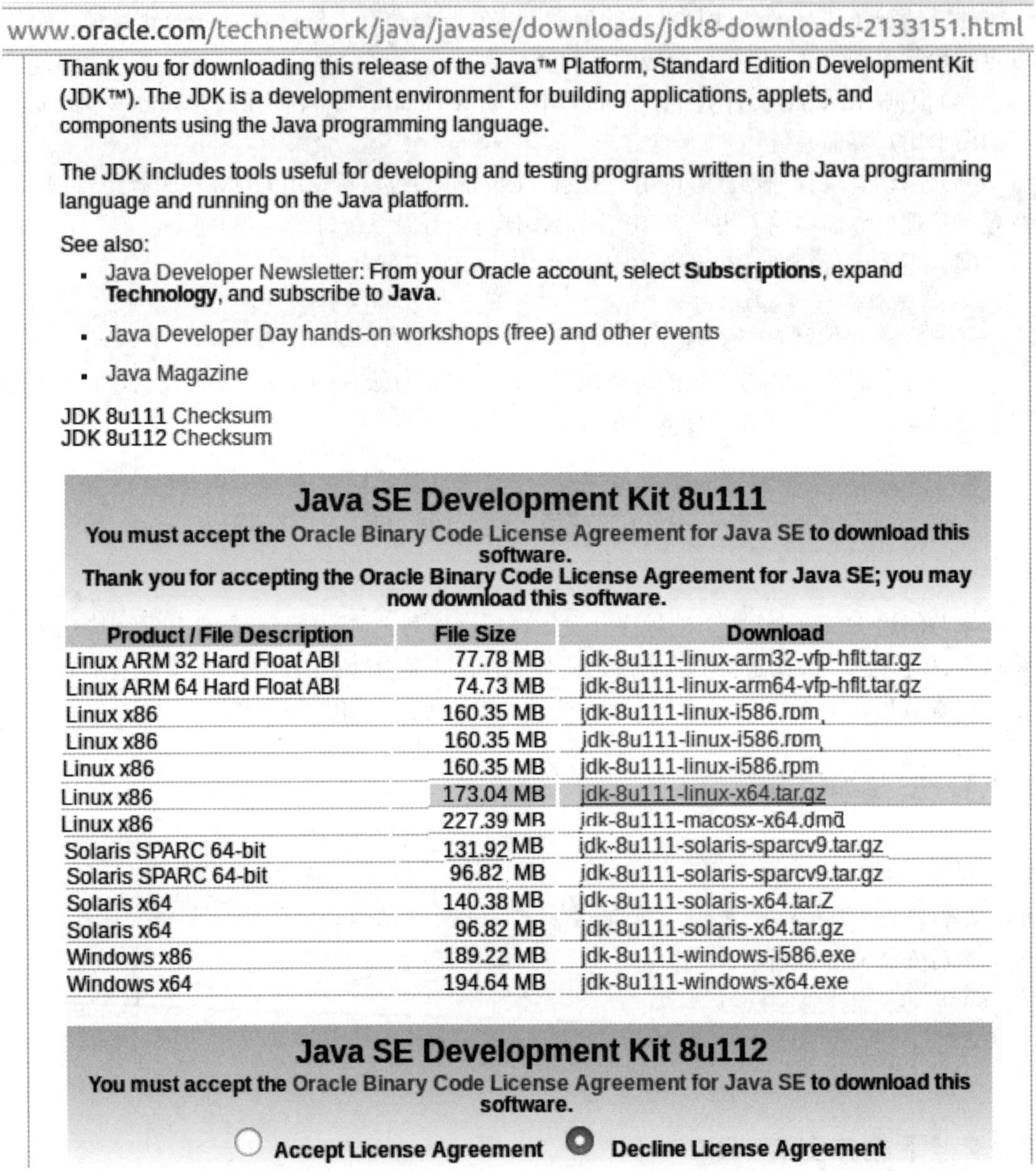

www.oracle.com/technetwork/java/javase/downloads/jdk8-downloads-2133151.html

Thank you for downloading this release of the Java™ Platform, Standard Edition Development Kit (JDK™). The JDK is a development environment for building applications, applets, and components using the Java programming language.

The JDK includes tools useful for developing and testing programs written in the Java programming language and running on the Java platform.

See also:

- Java Developer Newsletter: From your Oracle account, select **Subscriptions**, expand **Technology**, and subscribe to **Java**.

- Java Developer Day hands-on workshops (free) and other events

- Java Magazine

JDK 8u111 Checksum
JDK 8u112 Checksum

Java SE Development Kit 8u111

You must accept the Oracle Binary Code License Agreement for Java SE **to download this software.**
Thank you for accepting the Oracle Binary Code License Agreement for Java SE; you may now download this software.

Product / File Description	File Size	Download
Linux ARM 32 Hard Float ABI	77.78 MB	jdk-8u111-linux-arm32-vfp-hflt.tar.gz
Linux ARM 64 Hard Float ABI	74.73 MB	jdk-8u111-linux-arm64-vfp-hflt.tar.gz
Linux x86	160.35 MB	jdk-8u111-linux-i586.rom
Linux x86	160.35 MB	jdk-8u111-linux-i586.rom
Linux x86	160.35 MB	jdk-8u111-linux-i586.rpm
Linux x86	173.04 MB	jdk-8u111-linux-x64.tar.gz
Linux x86	227.39 MB	jdk-8u111-macosx-x64.dmd
Solaris SPARC 64-bit	131.92 MB	jdk-8u111-solaris-sparcv9.tar.gz
Solaris SPARC 64-bit	96.82 MB	jdk-8u111-solaris-sparcv9.tar.gz
Solaris x64	140.38 MB	jdk-8u111-solaris-x64.tar.Z
Solaris x64	96.82 MB	jdk-8u111-solaris-x64.tar.gz
Windows x86	189.22 MB	jdk-8u111-windows-i586.exe
Windows x64	194.64 MB	jdk-8u111-windows-x64.exe

Java SE Development Kit 8u112

You must accept the Oracle Binary Code License Agreement for Java SE **to download this software.**

○ **Accept License Agreement**　　● **Decline License Agreement**

图 8.29　Java 开发包下载

（3）配置环境变量。

① 进入 profile 所在的目录，并打开 profile 文件，路径为 sudo vim/etc/profile，输入

```
:~$ sudo vim /etc/profile
```

② 进入目录，如图 8.30 所示为刚打开文件时的状态。

```
 1 # /etc/profile: system-wide .profile file for the Bourne shell (sh(1))
 2 # and Bourne compatible shells (bash(1), ksh(1), ash(1), ...).
 3
 4 if [ "$PS1" ]; then
 5   if [ "$BASH" ] && [ "$BASH" != "/bin/sh" ]; then
 6     # The file bash.bashrc already sets the default PS1.
 7     # PS1='\h:\w\$ '
 8     if [ -f /etc/bash.bashrc ]; then
 9       . /etc/bash.bashrc
10     fi
11   else
12     if [ "`id -u`" -eq 0 ]; then
13       PS1='# '
14     else
15       PS1='$ '
16     fi
17   fi
18 fi
19
20 if [ -d /etc/profile.d ]; then
21   for i in /etc/profile.d/*.sh; do
22     if [ -r $i ]; then
23       . $i
"/etc/profile" 36L, 787C                                    4,1
```

图 8.30　打开配置文件

回车后输入 i 进入 vim 的编辑模式（和 Windows 里面用记事本打开一样，只是需要输入 i 才能由命令行进入编辑状态），此时显示"插入"两个字，如图 8.31 所示。

```
 1 # /etc/profile: system-wide .profile file for the Bourne shell (sh(1))
 2 # and Bourne compatible shells (bash(1), ksh(1), ash(1), ...).
 3
 4 if [ "$PS1" ]; then
 5   if [ "$BASH" ] && [ "$BASH" != "/bin/sh" ]; then
 6     # The file bash.bashrc already sets the default PS1.
 7     # PS1='\h:\w\$ '
 8     if [ -f /etc/bash.bashrc ]; then
 9       . /etc/bash.bashrc
10     fi
11   else
12     if [ "`id -u`" -eq 0 ]; then
13       PS1='# '
14     else
15       PS1='$ '
16     fi
17   fi
18 fi
19
20 if [ -d /etc/profile.d ]; then
21   for i in /etc/profile.d/*.sh; do
22     if [ -r $i ]; then
23       . $i
24 插入 --                                                   4,1
```

图 8.31　vim 插入状态

③ 将光标移动文件末尾，配置环境变量，即在文件末尾加上以下几句：

```
export JAVA_HOME=/opt/software/java/jdk1.8.0_111
export JRE_HOME=/opt/software/java/jdk1.8.0_111/jre
export CLASSPATH=.:$JAVA_HOME/lib:$JRE_HOME/lib
export PATH=$JAVA_HOME/bin:$JRE_HOME/bin
```

④ 按键盘上的 Esc 键退出编辑状态，输入 wq 回车，即退出 vim 编辑器并保存修改内容。

⑤ 使配置生效，输入

```
source /etc/profile
```

⑥ 输入以下命令验证是否安装成功，成功后将显示 jdk 的版本号。

```
javac -version
```

8.7.3　Ubuntu 开发环境的配置

（1）获取 root 权限，在终端中输入命令：

```
sudo passwd root
```

将会提示让你输入 ROOT 账号的密码。

- Enter new UNIX password：在这输入你的密码；
- Retype new UNIX password：确定你输入的密码；
- passwd: password updated successfully（密码更新成功）。

（2）更改 root 密码：

```
sudo passwd
```

如果要再次禁用 root 账号，那么可以执行命令：

```
sudo passwd -l root
```

更新到 16.10 版本，执行命令：

```
sudo apt update
sudo update-manager -c -d
```

状态栏显示网速，执行命令：

```
sudo add-apt-repository ppa:fossfreedom/indicator-sysmonitor
sudo apt-get update
sudo apt-get install indicator-sysmonitor
```

（3）打开软件，执行命令：

```
indicator-sysmonitor &
advanced 输入 N{net} M{mem}   并设置开机自启
```

（4）联网，执行命令：

```
sudo apt-get install python
sudo apt-get install python-pip
sudo pip install shadowsocks
```

```
sudo sslocal -c shawdowsocks.json -d start
设置代理→手动模式 →把第一个http去掉→设置sock 127.0.0.1 端口 1080
```

（5）终端联网，执行命令：

```
sudo apt-get install polipo
sudo vim /etc/polipo/config
proxy:socksParentProxy = "localhost:1080"
socksProxyType = socks5
export http_proxy=http://localhost:8123
```

（6）测试 ip，执行命令：

```
curl ip.gs
```

（7）Git 代理，执行命令：

```
git config --global http.proxy 'socks5://127.0.0.1:1080'
git config --global https.proxy 'socks5://127.0.0.1:1080'
```

（8）配置 jdk 环境变量，执行命令：

```
sudo vim /etc/profile
export JAVA_HOME=/opt/jdk1.8.0_111/
export CLASSPATH=.:JAVA_HOME/lib:JAVA_HOME/jre/lib:$CLASSPATH
export PATH=JAVA_HOME/bin:JAVA_HOME/jre/bin:$PATH
```

如果 source 不成功，则需要重启电脑。

8.7.4　Ubuntu 添加或删除源

（1）添加 PPA 源的命令为：

```
sudo add-apt-repository ppa:user/ppa-name
```

添加好后更新：

```
sudo apt-get update
```

（2）删除命令格式：

```
sudo add-apt-repository -r ppa:user/ppa-name
```

例如：

```
java
sudo add-apt-repository -r ppa:eugenesan/
```

或者进入 software&updates 中，进行删除。然后进入/etc/apt/sources.list.d 目录，将相应 ppa 源的保存文件删除。最后同样更新一下。

（3）在终端修改和替换源的方法。

打开终端，输入命令：

```
sudo gedit /etc/apt/sources.list
```

在终端必须小心一些，在这之前要做一下备份，需要在网上搜索一下适合的 Ubuntu 版本的源，直接添加也可以。

然后更新：

```
sudo get-apt update
```

8.7.5　安装 Eclipse

Eclipse 是一个开放源代码的、基于 Java 的可扩展开发平台。就 Eclipse 下载版本身而言，它只是一个框架和一组服务，用于通过插件组件构建开发环境。Eclipse 附带了一个标准的插件集，包括 Java 开发工具（Java Development Tools，JDT）。Eclipse 还包括插件开发环境（Plug-in Development Environment，PDE），这个组件主要针对希望扩展 Eclipse 的软件开发人员，允许他们构建与 Eclipse 环境无缝集成的工具。由于 Eclipse 中的每样东西都是插件，对于给 Eclipse 提供插件，以及给用户提供一致和统一的集成开发环境而言，所有工具和开发人员都具有同等的发挥场所。

Eclipse 是一个开放源代码的软件开发项目，是高度集成的开发工具，提供一个全功能的、具有商业品质的工业平台。它主要由 Eclipse 项目、Eclipse 工具项目和 Eclipse 技术项目组成，具体包括四个组成部分，分别是 Eclipse Platform、JDT、CDT 和 PDE。JDT 支持 Java 开发，CDT 支持 C 开发，PDE 用来支持插件开发，Eclipse Platform 则是一个开放的可扩展 IDE，提供了一个通用的开发平台。

Eclipse 软件特色：

- NLS string hover 有一个 Open in Properties File 动作 。
- 在 Caller 模式下，调用层级（Call Hierarchy）在上下文菜单中有一个 Expand With Constructors 动作。
- 当开发者在编辑器中输入程序的时候，编辑器会更新其结构。
- 有一个新的 toString 产生器。
- 为可覆盖方法增加了一个 Open Implementation 链接，可以直接打开其实现。
- 编辑器与执行环境一致。
- Debug 视图现在提供了 breadcrumb（面包屑），显示了活动的 debug 上下文。
- 可运行的 JAR 文件输出向导还可以把所需的类库打包进一个要输出的可运行 JAR 文件，或打包进与紧挨着该 JAR 的一个目录中。

在官网下载 download 的那里，选择下载 Linux 版本。下载目录和 jdk 在同一目录下。

（1）进入目录：

```
cd /opt/software
```

（2）解压：

```
tar -zxvf eclipse........
```

🔔注意：省略号部分是完整名称，如记不住也没关系，按 Tab 键就自动补全了。

（3）输入 ./eclipse，运行成功，如图 8.32 所示。

如果常用的话就将其固定在启动栏（任务栏）上，将 Eclipse 图标放在 Windows 桌面，使用时单击其图标即可运行。

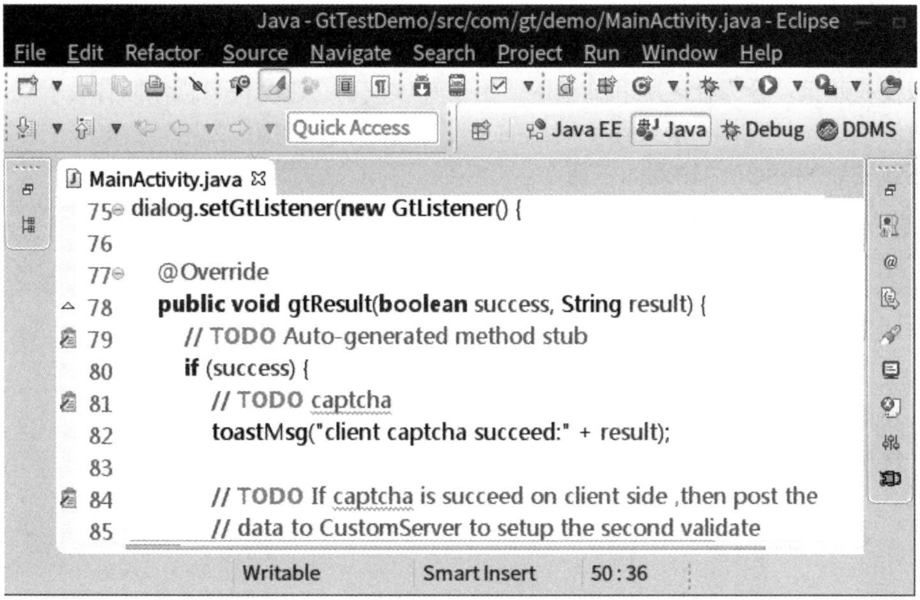

图 8.32　编程界面

8.7.6　安装 MySQL

数据库（Database）是按照数据结构来组织、存储和管理数据的仓库，每个数据库都有一个或多个不同的 API 用于创建、访问、管理、搜索和复制所保存的数据。

我们也可以将数据存储在文件中，但是在文件中读写数据的速度相对较慢。所以，现在我们使用关系型数据库管理系统（RDBMS）来存储和管理这些数据。所谓的关系型数据库，是建立在关系模型基础上的数据库，借助于集合代数等数学概念和方法来处理数据库中的数据。

关系数据库管理系统（Relational Database Management System，RDBMS）的特点如下：

- 数据以表格的形式出现；
- 每行为各种记录的名称；
- 每列为记录名称所对应的数据域；
- 许多的行和列组成一张表单；
- 若干的表单组成 database。

MySQL 是一个关系型数据库管理系统，由瑞典 MySQL AB 公司开发，目前属于 Oracle 旗下产品。MySQL 是最流行的关系型数据库管理系统之一，在 Web 应用方面，MySQL

是最好的关系数据库管理系统应用软件。

MySQL 是一种关系数据库管理系统，关系数据库将数据保存在不同的表中，而不是将所有数据放在一个大仓库内，这样就增加了速度并提高了灵活性。

MySQL 所使用的 SQL 语言是用于访问数据库的最常用标准化语言。MySQL 软件采用了双授权政策，分为社区版和商业版，由于其体积小、速度快、总体拥有成本低，尤其是开放源码这一特点，一般中小型网站的开发都选择 MySQL 作为网站数据库。

下载安装 MySQL，输入如下命令：

```
sudo apt-get install mysql-server            //安装服务器
sudo apt-get install mysql-client            //安装客户端
sudo apt-get install libmysqlclient-dev      //安装客户端设备
```

启动、停止、重启 MySQL，分别在终端输入命令：

- 使用 service 启动命令：service mysql start；
- 使用 service 停止命令：service mysql stop；
- 使用 service 重启命令：service mysql restart。

8.7.7　安装 build-essential

在 Linux 操作系统上开发程序，光有 GCC 是不行的，还需要一个 build-essential 软件包，作用是提供编译程序所需软件包的列表信息。也就是说编译程序有了这个软件包，它才知道头文件在哪里，库函数在哪里，还会下载依赖的软件包最后才组成一个开发环境。

默认情况下，Ubuntu 并没有提供 C/C++的编译环境，因此需要手动安装。

如果单独安装 GCC 及 G++比较麻烦，幸运的是，为了能够编译 Ubuntu 的内核，Ubuntu 提供了一个 build-essential 软件包。

查看该软件包的依赖关系，可以看到以下内容：

$ apt-cache depends build-essential

build-essential

依赖：libc6-dev

依赖：GCC

依赖：G++

依赖：make

依赖：dpkg-dev

也就是说，安装了该软件包，编译 C/C++所需要的软件包也会被安装。因此如果想在 Ubuntu 中编译 C/C++程序，只需要安装该软件包就可以了。

build-essential 安装方法：

```
sudo apt-get install build-essential
```

安装后笔者测试了一下没有问题。

在桌面新建一个 C 语言文件 first.c：

```
cd 桌面
vim first.c
```

输入 i 后进行编辑，输入以下代码：

```
#include<stdio.h>
int main(){
printf("hello ubuntu");
return 0;
}
```

按 Esc 退出编辑模式，输入:wq 回车并保存退出。

输入下面一句进行编译：

```
gcc first.c -o first
```

再输入：

```
./first
```

8.7.8　安装 Tomcat

Tomcat 服务器是一个免费的开源 Web 应用服务器，也是 Apache 软件基金会（Apache Software Foundation）Jakarta 项目中的一个核心项目。它早期的名称为 catalina，后来由 Apache、Sun（已被 Oracle 公司收购）和其他一些公司及个人共同开发而成，并更名为 Tomcat。Tomcat 是一个小型的轻量级应用服务器，在中小型系统和并发访问用户不是很多的场合下被普遍使用。因为 Tomcat 技术先进、性能稳定，成为了比较流行的 Web 应用服务器。目前，Tomcat 的最新版为 Tomcat 8.0.24 Released。

当在一台机器上配置好 Apache 服务器，可以利用它响应 HTML（标准通用标记语言下的一个应用）页面的访问请求。实际上 Tomcat 是 Apache 服务器的扩展，但它是独立运行的，所以当运行 Tomcat 时，实际上是作为一个与 Apache 独立的进程而单独运行的。

安装 Tomcat，首选需要从官网下载，请选择 tar.gz 后缀的 7.0.72 版下载，放在/opt/software 目录下即可。

（1）进入文件所在目录：

```
cd /opt/software DM
```

（2）解压：

```
tar -zxvf apache-tomcat-7.0.72 DM
```

（3）修改配置文件：

先到 apache-tomcat-7.0.72/bin 目录下，输入命令：

```
cd bin
```

然后打开 catalina.sh：

```
vim catalina.sh
```

再插入以下代码：

```
JAVA_HOME=/opt/software/java/jdk1.8.0_111
 JAVA_OPTS="-server -Xms512m
-Xmx1024m -XX:PermSize=600M
 -XX:MaxPermSize=600m
  -Dcom.sun.management.jmxremote"
```

按 Esc 键，输入:wq 保存并退出。

（4）修改端口，因为习惯了用 8080 端口，而默认是 8009 端口，因此需要修改一下。tomcat7/conf/server.xml 文件里的：

```
<Connector port="8009"
protocol="HTTP/1.1" connectionTimeout="20000" redirectPort="8443" />
```

将 port="8009"改为 port="8080"，保存。

（5）在 apache-tomcat-7.0.72/bin 运行：

```
sudo ./startup.sh                              //运行成功
```

（6）以服务方式启动 Tomcat。

① 在/etc/init.d 目录下新建文件，命名为 tomcat2. 对 tomcat 文件进行编辑，执行命令如下：

```
cd /etc/init.d/
vi tomcat                            //将下面的代码粘贴到 tomcat 文件中
#!/bin/bash
# description: Tomcat7 Start Stop Restart
# processname: tomcat7
# chkconfig: 234 20 80
JAVA_HOME=/opt/software/java/jdk1.8.0_111
export JAVA_HOME
PATH=$JAVA_HOME/bin:$PATH
export PATH
CATALINA_HOME=/usr/local/tomcat
case $1 in
start)
sh $CATALINA_HOME/bin/startup.sh
;;
stop)
sh $CATALINA_HOME/bin/shutdown.sh
;;
restart)
sh $CATALINA_HOME/bin/shutdown.sh
sh $CATALINA_HOME/bin/startup.sh
;;
esac
exit 0
```

② 按 Esc 键，输入:wq 保存并退出。

：wq

③ 设置 tomcat 的文件属性，把 tomcat 修改为可运行的文件，命令参考如下：

```
chmod a+x tomcat
```

④ 设置服务运行级别：

```
chkconfig --add tomcat
```

⑤ 服务就添加成功了，然后可以通过 chkconfig –list 命令查看一下，在服务列表里就会出现自定义的服务。

```
chkconfig --list
```

⑥ 测试：

```
service tomcat start
service tomcat stop
service tomcat restart
service tomcat status
```

8.7.9　安装 Android Studio（32Bit）

Android Studio 是谷歌推出一个 Android 集成开发工具，基于 IntelliJ IDEA.类似 Eclipse ADT，Android Studio 提供了集成的 Android 开发工具用于开发和调试。

相比 Eclipse，Android Studio IDE 有自己的特点：

对 UI 界面设计和编写代码有更好的支持，可以方便地调整设备上的多种分辨率。

同样支持 ProGuard 工具和应用签名。

目前版本的 Android Studio 不能在同一窗口中管理多个项目，每个项目都会打开一个新窗口。

支持 Gradle 自动化构建工具，但对于刚从 Eclipse 平台转移过来的开发者来说，还需要一段时间去学习和适应。

Android Studio 下载、安装、设置目录和代理的简单步骤如下：

（1）下载 Android Studio 和 sdk 文件。

（2）安装 Android Studio。

（3）打开 Android Studio 设置 sdk 目录。

（4）设置代理 mirrors.neusoft.edu.cn 80。

（5）设置软件 socks 代理 127.0.0.1 1080。

（6）下载 platfrome tools 版本 23.0.1 替换 32 位其他版本报错。

（7）设置项目的 jdk 为自己下载配置的 jdk。

（8）配置 adb 命令，在 sudo vim /etc/udev/rules.d/72-android.rules 下写入：

```
USBsystem=="usb",ENV{DEVTYPE}=="usb_device",MODE="0666"
```

随便写个大于/etc/udev/rules.d/目录配置文件数字即可。

用 Termux 连接 Android 手机的实验操作流程如下：

（1）在 Android 手机上下安装 Termux。

（2）在 Ubuntu 下 ssh-keygen 生成 key。

（3）把 Ubuntuid_rsa.pub 复制到 Termux 下的 authorized_keys，端口为 8022。

8.8　小　　结

Ubuntu 是目前最流行的 Linux 版本。本章介绍了 Ubuntu 操作系统在 Windows 环境下的安装、设置，以及嵌入式开发环境搭建的方法。

8.9　习　　题

1．Ubuntu 是什么样的操作系统？

2．嵌入式系统开发环境为什么需要 Ubuntu?

3．怎样在 Ubuntu 下做开发环境配置？

4．请总结归纳 Ubuntu 下安装开发工具的一般方法。

5．Ubuntu 联网设置的方法是什么？

第 9 章　路由器 OpenWrt 操作系统

　　OpenWrt 是一个高度模块化、高度自动化的轻量级嵌入式 Linux 系统，拥有强大的网络组件和扩展性，常常被用于工控设备、电话、小型机器人、智能家居、路由器及 VOIP 设备中。当前市场上很多智能路由器固件就是基于 OpenWrt 及其衍生版本的，OpenWrt 系统有很多的衍生版本，这些衍生版本又可以产生很多分支版本。同时，它还提供了 100 多个已编译好的软件，而且数量还在不断增加。OpenWrt 不同于其他许多用于路由器的发行版，它是一个功能齐全的、容易修改的路由器操作系统。

　　利用 OpenWrt 可以实现智能应用，比如单号多拨、绑定域名远程控制、挂载大容量硬盘、搭建 BT 下载机、搭建网络摄像头、Samba/DLNA 家庭 NAS 共享、私有云同步、FTP 服务、个人网站/服务器等。

　　OpenWrt 支持各种处理器架构，无论是对 ARM、X86、PowerPC 或者 MIPS 都有很好的支持。其多达 3000 多种软件包，囊括从工具链到内核和软件包，再到根文件系统整个体系，使用户只需简单的一个 make 命令即可方便快速地定制一个具有特定功能的嵌入式系统固件。

　　一般嵌入式 Linux 的开发过程，无论是 ARM、PowerPC 或 MIPS 的处理器，都必需经过以下开发过程：

　　（1）创建 Linux 交叉编译环境。

　　（2）建立 Bootloader。

　　（3）移植 Linux 内核。

　　（4）建立 Rootfs（根文件系统）。

　　（5）安装驱动程序。

　　（6）安装软件。

　　熟悉这些嵌入式 Linux 的基本开发流程后，可以不再局限于 MIPS 处理器和无线路由器，从而尝试在其他处理器或者非无线路由器的系统上移植嵌入式 Linux，定制适合自己的应用软件，并建立一个完整的嵌入式产品。

　　在智能路由器开发过程中，由于 OpenWrt 并不是官方发布的路由器固件，所以要使用的话有些困难，而且其基于 Linux，导致 OpenWrt 的入门门槛较高。主流路由器固件有 dd-wrt、tomato 和 OpenWrt 三类。

　　基于 Windows+虚拟机+Ubuntu 开发 OpenWrt 的开发环境示意图，如图 9.1 所示。

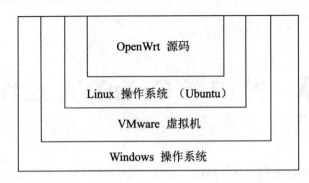

图 9.1　基于 Windows+虚拟机+Ubuntu 开发 OpenWrt 的开发环境示意图

OpenWrt 成功的秘诀在于：统一编译框架、统一配置接口（Unified Configuration Interface，UCI）、开放的软件包管理系统及其读写分区系统、系统总线 ubus 和进程管理模块 procd。

- 统一编译框架使得数千个软件以相同的方式进行编译，并且可以在几十个平台编译。每个软件模块按照相同的步骤进行代码下载、解压缩、打补丁、配置、编译及生成安装包。
- 统一配置接口使得数千个软件在几十个平台上以相同的方式来存取配置数据，配置以统一格式的文本文件进行管理。
- 开放的软件包管理系统和读写分区系统使得软件管理非常方便，并且能够方便地处理软件包的依赖关系。读写分区系统可以自由地安装软件，而不像大多数专有系统那样，需要全部重新编译才能安装新的软件。
- 系统总线 ubus：每个进程均可以注册到系统总线上进行消息传递，并且提供命令行工具来访问系统总线。
- 进程管理模块 procd：每一个进程交给 procd 来启动，并在意外退出之后再次调用。

以上这些功能并不是一次性设计出来的，而是随着时间的推进，根据用户和开发进展逐步发展起来的，每一种技术都有其独特的价值。

9.1　OpenWrt 开发环境基础

所谓的开发平台搭建，包括开发、编译、固件烧写、调试环境搭建。OpenWrt 开发环境除了具备一般的软件开发环境外，网络调试工具也是必备的，如文件传输工具、网络登录工具等。

9.1.1　OpenWrt 硬件需求

OpenWrt 的包管理提供了一个完全可写的文件系统，为应用程序供应商提供了选择和配置设备的能力，并允许自定义的设备，以适应任何应用程序。

对于开发人员，OpenWrt 使用框架来构建应用程序，无须建立一个完整的固件来支持；对于用户来说，这意味着其拥有完全定制的能力，可以用不同的方式使用该设备。OpenWrt SDK 简化了开发软件的工序。

对于物联网 OpenWrt 开发，最初的嵌入式设备是一个空白的系统，需要通过主机为它构建基本的软件系统，并烧写到设备中。另外，嵌入式设备的资源限制使其并不足以用来开发软件。所以需要用到交叉开发模式：在主机上编辑、编译软件，然后在目标板上运行、验证程序。

主机指 PC 机或目标板指嵌入式设备，不同资料中"目标板""开发板""单板"都是同一个意思。物联网 OpenWrt 开发时一般可以分为以下 3 步。

（1）在主机上编译 U-Boot，然后通过 SPI Flash 烧写器烧入开发板。

通过 SPI Flash 烧写器烧写程序的效率非常低，而且还需要取下 Flash 芯片，它适用于烧写空白开发板。为方便开发，通常选用具有串口传输、网络传输、烧写 Flash 功能的 U-Boot，它可以快速地从主机获取可执行代码，然后烧入开发板。大多数情况下，在开发板生产时，U-Boot 已经被厂商烧入到了 SPI Flash 中。在做 OpenWrt 开发时，一般不建议大家自己开发、重新烧写 U-Boot。

（2）在主机上编译 OpenWrt，通过 U-Boot 烧入开发板或直接启动。一个可以在开发板上运行的 OpenWrt 是进行后续开发的基础。

（3）在主机上编译各类应用程序，经过验证后烧入开发板。

烧写、启动 U-Boot 后，就可以通过 U-Boot 的各类选项来下载、烧写和运行程序了。启动 Linux 后，也是通过执行各种命令来启动应用程序的。怎么输入这些命令、查看命令运行的结果呢？一般通过串口进行输入、输出。所以在交叉开发模式中，主机与开发板通常需要两种连接，即串口和网络。

对于主机的要求是，一般的 PC 机就可以用来进行物联网 OpenWrt 开发，但应该满足以下要求：

- 有一个 USB 口；
- 支持网络；
- 至少 20GB 的硬盘。
- 因为要通过串口来操作 Linux，所以需要使用 USB-串口转换器。

对于开发板的要求，建议开发板用 32MB 的内存、8MB 的 Flash。

所谓的硬件开发环境搭建很简单，将主机与开发板通过串口线（直接用 Mini USB 线连接主机和开发板即可）、网线（接开发板上的任意网口）连接起来，将各类设备（传感器、被控设备）连接到开发板上去即可。

9.1.2 OpenWrt 文件结构和网络结构

OpenWrt 文件结构如图 9.2 所示。OpenWrt 的网络逻辑结构如图 9.3 所示。WAN、LAN、Wi-Fi 接口和微处理器之间的逻辑关系已经表达清晰，OpenWrt 操作系统加载在微处理器上，驱动、管理系统工作。

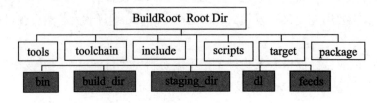

图 9.2　OpenWrt 文件结构

其中，第二行中的文件夹是在编译期间生成的。

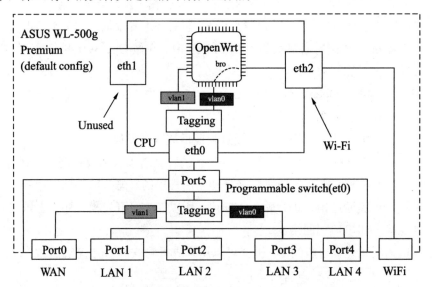

图 9.3　OpenWrt 网络结构

9.2　OpenWrt 常用命令

OpenWrt 的常用命令包括编辑命令和两种不同用途的查找命令，以及 man、tar 和 diff 命令等。熟悉这些指令，是进行 OpenWrt 开发所必需的。例如，使用这些命令可以进行程序编辑、功能验证、语法纠错排查等程序开发基础工作。

9.2.1　编辑命令 vi

vi 命令是字符终端下的一个文本编辑工具。对文本进行少量修改时它的功能堪比 Source Insigh。使用 vi 命令很方便，特别是在使用 SecureCRT 等工具远程登录 Linux 时。

vi 可以执行输出、删除、查找、替换、块操作等众多文本操作，它没有菜单，只有命令且命令繁多。在控制台中输入 vi 或 vi filename 就可以启动 vi，后者将打开或新建文件。它有 3 种基本工作模式：命令行模式、文本输入模式和末行模式。

1. 命令行模式

vi 一被启动，就处于命令行模式。另外，任何时候、任何模式下，只要按一下 Esc 键，即可使 vi 进入命令行模式。在命令行模式下，可以直接使用某些按键完成相应操作。

常用的命令如表 9.1 所示。

表 9.1　vi 中的常用命令

命令（按键）	作　　用	命令（按键）	作　　用
光标移动命令		光标移动命令	
Ctrl+f	向文件尾翻一屏	Ctrl+b	向文件首翻一屏
n+	光标下移 n 行（n 为数字）	n-	光标上移 n 行（n 为数字）
0（数字零）	光标移至当前行首	$	光标移至当前行尾
nG	光标移至第 n 行的行首（n 为数字）	:n	光标移至第 n 行的行首（n 为数字）
文本插入命令		文本插入命令	
i	在光标前开始插入文本	a	在光标后开始插入文本
o	在当前行之下新开一行	O	在当前行之上新开一行
u	撤销上次对文本的修改		
文本删除命令		文本删除命令	
d0	删至行首	d$ 或者 D	删至行尾
x	删除光标后的一个字符	X	删除光标前的一个字符
ndd	删除当前行及其后 n-1 行		
搜索及替换命令		搜索及替换命令	
/pattern	从光标开始处向文件尾搜索 pattern	?pattern	从光标开始处向文件首搜索 pattern
n	在同一方向重复上一次搜索命令	N	在反方向上重复上一次搜索命令
:s/p1/p2/g	将当前行中所有 p1 均用 p2 替代	:n1,n2s/p1/p2/g	将第 n1 至 n2 行中所有 p1 均用 p2 替代
:g/p1/s//p2/g	将文件中所有 p1 均用 p2 替换		
退出/保存命令		退出/保存命令	
:w	保存文件	:wq	保存文件并退出 vi
:q	退出 vi	:q!	退出 vi，但是不保存文件

🔔**说明：**

（1）"搜索及替换命令"中的 pattern、p1、p2 表示一个正则表达式，可以用来匹配某些字符串，比如"[0-9][0-9]"表示两位数。通常直接使用字符串，比如使用命令"/lib"在文件中查找"lib"字样。

（2）":"开头的命令是"末行模式"中的用法，这里是为了方便读者参考才放在一起。

2．文本输入模式

在命令模式下输入表 9.1 中的文本插入命令时，就会进入文本输入模式。在该模式下，用户输入的任何字符都被 vi 当做文件内容保存起来，并在屏幕上显示。在文本输入过程中，按 Esc 键即可回到命令模式。

3．末行模式

在 vi 中，命令通常只包含几个按键，要想输入更长的命令，要进入"末行模式"。在命令模式下，用户按":"键即可进入末行模式，此时 vi 会在显示窗口的最后一行显示一个":"作为末行模式的提示符，等待用户输入命令。输入完成后回车，命令即会执行，然后 vi 自动回到命令模式。

末行模式下常用的命令请参考表 9.1。

9.2.2　查找命令 grep

在 Linux 下，常用 grep 命令列出含有某个字符串的文件，grep 命令的用法为：

```
grep [options] PATTERN [FILE...]
```

下面以几个例子介绍 grep 命令的常用格式。

（1）在内核目录下查找包含 request_irq 字样的文件：

```
$ cd /work/system/linux-2.6.22.6/
// *表示查找当前目录下的所有文件、目录，-R 表示递归查找子目录
$ grep "request_irq" * -R
```

（2）在内核的 kernel 目录下查找包含 request_irq 字样的文件：

```
$ cd /work/system/linux-2.6.22.6/
// kernel 表示在当前目录的 kernel 子目录下查找，-R 表示递归查找它的所有子目录
$ grep "request_irq" kernel -R
```

9.2.3　查找命令 find

常用 find 命令查找匹配给定文件名的文件，find 命令的用法为：

```
find [-H] [-L] [-P] [path...] [expression]
```

下面以几个例子介绍 find 命令的常用格式。

（1）在内核目录下查找文件名中包含 fb 字样的文件：

```
$ cd /work/system/linux-2.6.22.6/
$ find -name "*fb*"
```

（2）在内核的 drivers/net 目录下查找文件名中包含 fb 字样的文件：

```
$ cd /work/system/linux-2.6.22.6/
$ find drivers/net -name "*fb*"   // "drivers/net" 必须是 find 命令的第一个参数
```

依照 grep 和 find 命令的使用例子，基本可以满足在 Linux 下对代码、文件的查找工作。

9.2.4　在线手册查看命令 man

Linux 中包含种类繁多的在线手册，从各种命令、函数的使用，到一些配置文件设置等。可以使用 man 命令查看这些手册，比如执行 man grep 命令即可看到 grep 命令的使用方法。

man 命令的基本用法为：

```
man [section] name
```

其中的 section 被称为区号，当直接使用 man name 命令没有查到需要的手册时，可以指定区号。比如想查看 open 函数的用法，使用 man open 命令得到的却是一个名为 openvt 的程序的用法，这时可以使用 man 2 open 命令，表示要查看第 2 区（即系统调用）中的手册。

Linux 在线手册按照区号进行分类，如表 9.2 所示。

表 9.2　Linux 在线手册的区号及类别

区　号	类　别
1	命令，比如ls、grep、find等
2	系统调用，比如open、read、socket等
3	库调用，比如fopen、fread等
4	特殊文件，比如/dev/目录下的文件等
5	文件格式和惯例，比如/etc/passwd等
6	游戏
7	其他
8	系统管理命令，类似mount等只有系统管理员才能执行的命令
9	内核例程(这个区号基本没被使用)

启动 man 命令后，可以通过一些热键进行翻页等操作，如表 9.3 所示。

表9.3　man命令的热键

热　　键	作　　用
h	显示帮助信息
j	前进一行
k	后退一行
空格或f	向前翻页
b	向后翻页
g	跳转到手册的第一行
G	跳转到手册的最后一行
?string	向后搜索字符串string
/string	向前搜索字符串string
r	刷屏
q	退出

9.2.5　其他命令

1．tar命令

tar 命令具有打包、解包、压缩和解压缩等 4 种功能，在本书中使用的频率很高。常用的压缩和解压缩方式有两种：gzip 和 bzip2。一般而言，以 ".gz""z" 结尾的文件是用 gzip 方式进行压缩的，以 ".bz2" 结尾的文件是用 bzip2 方式进行压缩的，后缀名中有 tar 字样时表示这是一个文件包。

tar 命令有 5 个常用选项：

- c：表示创建，用来生成文件包；
- x：表示提取，从文件包中提取文件；
- z：使用 gzip 方式进行处理，它与 c 结合就表示压缩，与 x 结合就表示解压缩；
- j：使用 bzip2 方式进行处理，它与 c 结合就表示压缩，与 x 结合就表示解压缩；
- f：表示文件，后面接着一个文件名。

下面以例子说明 tar 命令的使用方法。

（1）将某个目录 dirA 整个地制作为压缩包：

```
$ tar czf dirA.tar.gz dirA
            // 将目录 dirA 压缩为文件包 dirA.tar.gz，以 gzip 方式进行压缩
```

```
$ tar cjf dirA.tar.bz2 dirA
            // 将目录 dirA 压缩为文件包 dirA.tar.bz2，以 bzip2 方式进行压缩
```

（2）将某个压缩包文件 dirA.tar.gz 解压：

```
$ tar xzf dirA.tar.gz    // 在当前目录下解开 dirA.tar.gz，先使用 gzip 方式解压缩，
```

```
                          然后解包
$ tar xjf dirA.tar.bz2        // 在当前目录下解开 dirA.tar.bzip2，先使用 bzip2
                              方式解压缩，然后解包
$ tar xzf dirA.tar.gz   -C <dir>      // 将 dirA.tar.gz 解开到<dir>目录下
```

2．diff命令

diff 命令常用来比较文件、目录，也可以用来制作补丁文件。所谓"补丁文件"，就是"修改后的文件"与"原始文件"的差别。

diff 命令常用的选项如下：

- -u，表示在比较结果中输出上下文中一些相同的行，这有利于人工定位；
- -r，表示递归比较各个子目录下的文件；
- -N，将不存在的文件当作空文件；
- -w，忽略对空格的比较；
- -B，忽略对空行的比较。

例如：假设 linux-2.6.22.6 目录中是原始的内核，linux-2.6.22.6_ok 目录中是修改过的内核，可以使用以下命令制作补丁文件 linux-2.6.22.6_ok.diff（原始目录在前，修改过的目录在后）：

```
$ diff -urNwB linux-2.6.22.6 linux-2.6.22.6_ok > linux-2.6.22.6_ok.diff
```

由于 linux-2.6.22.6 是标准的代码，可以从网上自由下载，要发布 linux-2.6.22.6_ok 中所做的修改时，只需要提供补丁文件 linux-2.6.22.6_ok.diff（该文件通常很小）。

3．patch命令

patch 命令被用来打补丁，就是依据补丁文件来修改原始文件。比如对上面的例子，可以使用以下命令将补丁文件 linux-2.6.22.6_ok.diff 应用到原始目录 linux-2.6.22.6 下（假设 linux-2.6.22.6_ok.diff 和 linux-2.6.22.6 位于同一个目录下）。

```
$ cd linux-2.6.22.6
$ patch -p1 < ../ linux-2.6.22.6_ok.diff
```

patch 命令中最重要的选项是-pn：补丁文件中指明了要修改的文件的路径，-pn 表示忽略路径中第 n 个斜线之前的目录。假设 linux-2.6.22.6_ok.diff 中有如下几行：

```
diff -urNwB linux-2.6.22.6/A/B/C.h linux-2.6.22.6_ok/A/B/C.h
--- linux-2.6.22.6/A/B/C.h 2007-08-31 02:21:01.000000000 -0400
+++ linux-2.6.22.6_ok/A/B/C.h  2007-09-20 18:11:46.000000000 -0400
```

使用上述命令打补丁时，patch 命令根据 linux-2.6.22.6/A/B/C.h 寻找源文件，-p1 表示忽略第 1 个斜线之前的目录，所以要修改的源文件是当前目录下的/A/B/C.h。

9.3　OpenWrt 常用工具

OpenWrt 是网络路由器开发的重要软件工具，在网络调试、路由器开发中，各种网络调试工具不断出现。本节将介绍几种在 OpenWrt 开发环境中常用的网络工具，包括 Feeds、Buildroot、FileZille 和 C-kermit 等，以及与 OpenWrt 相关的两个概念 feeds 和 buildroot。feeds 和 buildroot 也是 OpenWrt 引进的两种构建和编译代码的机制。

9.3.1　Feeds 简介

传统的 Linux 系统在安装或者编译某一个软件的时候，会检查其依赖库是否已安装，如果没有安装，则会报错、安装或编译退出。这种机制使得开发者在安装一个软件之前，不得不查找该软件所需的依赖库，并手动去安装这些软件，有时候碰到比较底层的软件时，嵌套式地安装依赖文件比较费时费力。Openwrt 通过引入 Feeds 机制，较好地解决了这个问题。

在 Openwrt 系统中，Feed 是一系列的软件包，这些软件包需要通过一个统一的接口地址进行访问。Feed 软件包中的软件可能分布在远程服务器上、在 svn 上、在本地文件系统中或者其他的地方，用户可以通过一种支持 Feed 机制的协议，通过同一个地址进行访问。

Openwrt 源码是较为纯净的系统，Feeds 提供了在编译固件时所需的许多额外扩展软件。Feeds 是 OpenWRT 环境所需要的软件包套件，它将一组软件封装成一个 Feeds，这样做的好处就是 OpenWrt 成为了模块化的软件，如果想研发路由器，就加载路由器相关的 Feeds，想研发读卡器就加载读卡器相关的 Feeds。比较重要的 Feeds 有：pacakges、LuCI、routing、telephony 和 management，这些都是默认的，可以通过修改 feeds.conf.default 文件进行配置。

如果编译之前没有下载好这些套件，而是选择在编译的时候在线下载、安装的话，那么一定要保证编译的时候是连网状态，否则会导致编译终端出现 No More Mirrors Download 的错误。为了避免其他的错误，要在连网状态下编译，由于编译的时间本来就比较长，如果再出现这些错误会比较麻烦。下载之前可以通过查看 feeds.conf.default 文件来查看和选择相应的软件包。下载时，使用命令：

```
./scripts/feeds update -a
```

然后安装 Feeds 包，安装之后，在 make menuconfig 时才能够对相关的配置进行修改：

```
./scripts/feeds install -a
```

如果更新了 Feeds 的配置文件，需要添加新的软件包用于生成系统，只需要重复执行操作：

```
./scripts/feeds update -a
./scripts/feeds install -a
```

将可使用的 Feeds 列表配置在 feeds.conf 或者是 feeds.conf.default 文件中，Feeds 列表中每一行由 3 个部分组成，即 Feeds 的方法、Feeds 的名字和 Feeds 的源。

以下是 feeds.conf.default 文件中的内容：

```
src-git packages https://github.com/openwrt/packages.git;for-15.05
src-git luci https://github.com/openwrt/luci.git;for-15.05
src-git routing https://github.com/openwrt-routing/packages.git;for-15.05
src-git telephony https://github.com/openwrt/telephony.git;for-15.05
src-git management https://github.com/openwrt-management/packages.git;
for-15.05
#src-git targets https://github.com/openwrt/targets.git
#src-git oldpackages http://git.openwrt.org/packages.git
#src-svn xwrt http://x-wrt.googlecode.com/svn/trunk/package
#src-svn phone svn://svn.openwrt.org/openwrt/feeds/phone
#src-svn efl svn://svn.openwrt.org/openwrt/feeds/efl
#src-svn xorg svn://svn.openwrt.org/openwrt/feeds/xorg
#src-svn desktop svn://svn.openwrt.org/openwrt/feeds/desktop
#src-svn xfce svn://svn.openwrt.org/openwrt/feeds/xfce
#src-svn lxde svn://svn.openwrt.org/openwrt/feeds/lxde
#src-link custom /usr/src/openwrt/custom-feed
Feeds 支持的命令功能如下：
src-bzr: 通过使用 bzr 从数据源的 pxiaath/URL 下载数据。
src-cpy: 从数据源 path 复制数据。
src-darcs: 使用 darcs 从数据源 path/URL 下载数据。
src-hg: 使用 hg 从数据源 path/URL 下载数据。
src-link: 创建一个数据源 path 的 symlink。
src-svn: 使用 svn 从数据源 path/URL 下载数据。
```

9.3.2　Buildroot 简介

Buildroot 是一个包含 Makefile 和修补程序的集合，它可以很容易地为目标构建交叉工具链（Cross-compilation tool chain）、根文件系统（root filesystem）、Linux 内核映像（kernelimage）。Buildroot 可以独立地实现其中的一个或几个功能。

Buildroot 对于嵌入式系统（Embedded systems）开发者有帮助。通常嵌入式系统使用的处理器不同于在 PC 上的 x86 架构的 CPU。嵌入式系统可以使用 IBM 公司的 PowerPC，可以是 RISC 指令的 MIPS（包括龙芯 II），也可以是 ARM 处理器等。

编译工具链（Compilation tool chain）是操作系统编译工具的集合。主要包括编译器（Compiler，比如 GCC）、汇编器（Assembler）和链接器（linker）二进制工具集（Binaryutils，在 Linux 系统中通常为 binutils），以及 C 标准类库（比如 GNU Libc、uClibc 或者 Dietlibc）。

用来做开发的计算机上安装的 OS 通常已经包含一个默认的编译工具链，通过它编译出来的程序可以在系统上运行。如果使用 PC，编译工具链工作在 x86 架构的处理器上，产生的程序也是在 x86 处理器上使用的。在大多数 Linux 系统中，交叉工具链采用 GNU libc(glibc)作为标准类库。这种编译工具链通常被称为主机编译工具链（Hostcompilation tool chain）"。用来做开发工作的计算机上"跑"的系统被称做主机系统（Hostsystem）。这个编译工具链由 Linux 发行版的操作系统自带，而 Buildroot 则与操作系统无关。

由于嵌入式系统的处理器通常与开发者主机的处理器不同，需要一个交叉编译工具链，这工具链运行在开发主机上，产生嵌入式目标主机（目标处理器）的可执行代码。比如开发主机系统采用 x86 处理器，嵌入式目标系统处理器是 ARM，普通的编译工具链在开发主机上只能产生 x86 处理器的执行代码，而交叉编译工具链则可以在开发主机上产生 ARM 处理器的可执行代码。

Buildroot 自动使用可能用到的工具（比如 busybox）构建根文件系统。与手动操作相比，更容易。

由于可以手动使用 GCC、binutils、uClibc 和其他工具进行编译，Buildroot 通过使用 Makefile 自动处理这些问题，而且还对任一个 GCC 和 binutils 版本都有补丁集合以使得它可以在大多数 Linux 版本中工作。

此外，Buildroot 里面提供了一个基础结构，用于再现构建内核交叉工具链和嵌入式根文件系统的过程。当需要补丁、更新或当其他人接手这个项目时，构建过程能够重现是很有用处的。

OpenWrt 的编译过程引入了 Buildroot 的机制，对于不同平台的 host 和 target 编译过程变得非常简单，Buildroot 是一个开源的项目，在 https://buildroot.org/ 上可以了解更多内容，OpenWrt 对 Buildroot 进行了很多修改。Buildroot 可以将嵌入式开发过程中遇到的几个关键节点一站式解决，包括：SDK，Toolchain、U-Boot、Kernel、Rootfs 和 Imagebuilder 等。

9.3.3 代码阅读与编辑工具 Source Insight

将 Linux 作为服务器来进行开发时（比如使用 VMware 运行 Linux，以提供虚拟编译环境，日常工作仍然在 Windows 操作系统中进行），可以使用 Windows 下的几款优秀工具提高工作效率。比如使用 Source Insight 阅读、编辑代码；使用 FileZilla 与 Linux 服务器、开发板进行文件传输；使用 SecureCRT 远程登录 Linux 进行各类操作。

Source Insight 是一款代码阅读、编辑工具，它内建了 C/C++、C#和 Java 等多种编程语言的分析器。Source Insight 会自动分析源代码，动态地生成、更新一个数据库，并通过丰富而有效的表现形式使得阅读、编辑代码非常方便、高效。比如它会将 C 语言中的全局变量和局部变量标上不同的颜色；将光标移到某个变量、函数上时，窗口下方会自动显示它们的定义；借助于不断更新的数据库，可以快速地找到函数的调用关系；编辑代码时，变量名、函数名会自动补全。

基于这些功能，在 Windows 环境下阅读 Linux 内核源码这类庞大的软件时，使用 Source Insight 有助于理清各类综错复杂的变量、函数之间的关系。

下面以 Linux 内核源码为例，介绍 Source Insight 的使用。

1. 创建一个 Source Insight 工程

启动 Source Insight 之后，默认的支持文件中没有以".S"结尾的汇编语言文件，选择菜单 Options→Document Options 命令，在弹出的对话框中，在 Document Type 下拉列表框中选择 C Source File 选项，在 File filter 文本框中添加"*.S"类型，如图 9.4 所示。

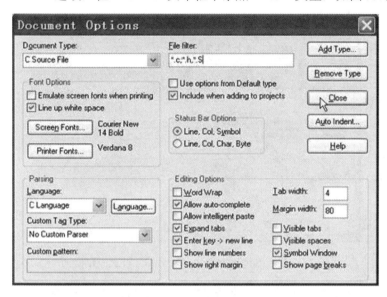

图 9.4　设置 Source Insight 支持的文件类型

然后选择菜单 Project→New Project 命令，开始建立一个新的工程，如图 9.5 所示。

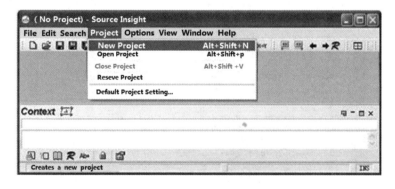

图 9.5　新建一个 Source Insight 工程

在弹出的对话框中，输入工程的名称和工程数据的存放位置。本例中，假设内核源码位置为 E:\kernel_projects\linux-2.6.22.6，将要建立的 Source Insight 工程命名为 linux 2.6.22.6，在 E:\kernel_projects\sc 目录下存放工程数据，然后单击 OK 按钮，如图 9.6 所示（如果 E:\kernel_projects\sc 目录不存在，会提示是否创建这个目录）。

接下来的步骤是指定源码的位置及添加源文件。按如图 9.7 所示设置指定内核源码位置后，单击 OK 按钮进入下一步。

在弹出的添加源文件的对话框中先单击 Add All 按钮，在弹出的对话框中选中 Include

top level sub-directories 复选框(表示将添加第一层子目录中的文件)和 Recursively add lower sub-directories 复选框(表示递归地加入底层的子目录，即加入所有子目录中的文件)；然后单击 OK 按钮开始加入内核的所有源文件，如图 9.8 所示。

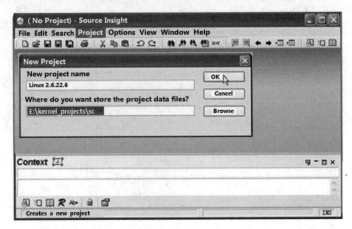

图 9.6　输入 Source Insight 工程名称并设置保存位置

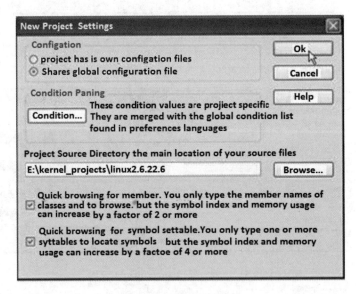

图 9.7　指定源码位置

　　实际上，由于内核支持多个架构的 CPU，以及多个型号的目标板，如果开发者只关心 S3C2410 和 S3C2440 目标板，可以在 Source Insight 工程中去除其他不相关的文件。可以单击菜单 Project→Add and Remove Project Files 命令，进入工程目录，选择某个目录后，单击 Remove Tree 按钮将整个目录下的文件从工程中移除。

　　这里要移除的目录如下，操作示例界面如图 9.9 所示。

● arch 目录下除 arm 外的所有子目录；

- arch/arm 目录下以 "mach-" 开头的目录（除 mach-s3c2410、mach-s3c2440 之外）；
- arch/arm 目录下以 "plat-" 开头的目录（除 plat-s3c24xx 之外）；
- include 目录下以 "asm-" 开头的目录（除 asm-arm、asm-generic 之外）；
- include/asm-arm 目录下以 "arch-" 开头的目录（除 arch-s3c2410 之外）。

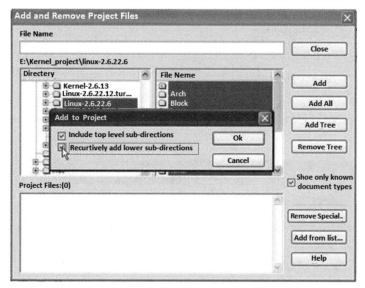

图 9.8　添加源文件

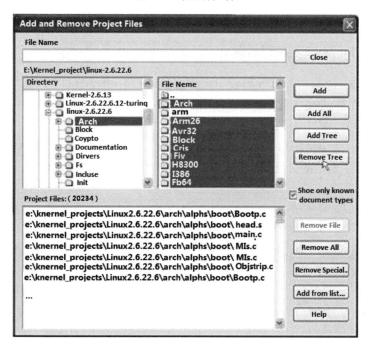

图 9.9　移除源文件

至此，Source Insight 工程创建完毕。

2. "同步"源文件

所谓"同步"源文件，就是在 Source Insight 工程中建立一个数据库，在其中保存有源文件中各变量和函数之间的关系，使得阅读、编辑代码时能快速地提供各种辅助信息（如以不同颜色显示不同类型的变量等）。

这个数据库会自动建立，但是对于比较庞大的源码工程，建议初次使用时手工建立数据库，这样可以使 Source Insight 工程很快地建立基于所有源码的、全面的关系图。

选择菜单 Project→Synchronize Files 命令，弹出如图 9.10 所示对话框，选中其中的 Force all files to be re-parsed 复选框（表示强制分析所有文件），然后单击 OK 按钮即可生成数据库。

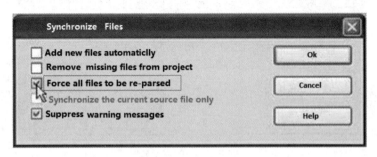

图 9.10 同步源文件

3. Source Insight工程使用示例

在 Source Insight 右边的文件列表中选择打开 s3c2410fb.c 文件，可以得到如图 9.11 所示的窗口，界面的中间是主窗口，可以在里面阅读、编辑代码；界面左边是 Symbol window（符号窗口），可以从中快速地找到当前文件中的变量、函数和宏定义等；界面下边是 Context window（上下文窗口），在主窗口中将光标放在某个变量、函数或宏上面时，在这个窗口中会显示它们的定义，比如在图 9.11 中，这个窗口中显示了 request_irq 函数的定义。

在主窗口中，按住 Ctrl 键的同时使用鼠标单击某个变量、函数或宏，就可以跳转到定义它们的位置；双击上下文窗口，也可以达到同样的效果。

同时按住 Alt 和 "，" 键可以令主窗口倒退到上一画面，同时按住 Alt 和 "." 键可以令主窗口前进到前一个画面。

在某个变量、函数或宏上右击，在弹出的快捷菜单中选择 Lookup References 命令，可以快速地在所有源文件中找到对它们的引用——这比搜索整个源码目录快多了。

Source Insight 还有很多使用技巧，以上只介绍了几种常用的技巧，读者在使用过程中可以通过各个菜单了解更多的使用技巧。

图 9.11 Source Insight 的使用界面

9.3.4 文件传输工具 FileZilla

FileZilla 是一款 SSH 客户端软件，安装、启动了 SSH 服务，就可以使用 FileZilla 在 Windows 与 Linux 之间进行文件传输。

1. 安装步骤

（1）双击打开 FileZilla 安装包，在弹出的对话框中单击 I Agree 按钮，如图 9.12 所示。

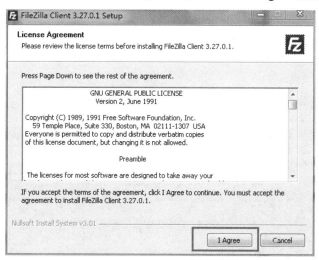

图 9.12 FileZilla 安装步骤 1

（2）在弹出的对话框中默认选择已勾选的选项，直接单击 Next 按钮进入下一步，如图 9.13 所示。

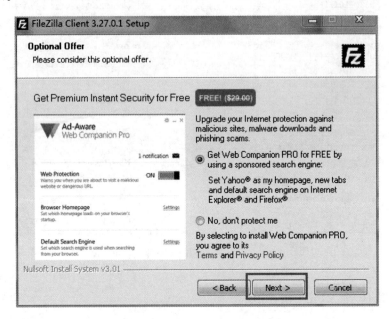

图 9.13　FileZilla 安装步骤 2

（3）在弹出的对话框中依旧默认选择已勾选的选项，单击 Next 按钮进入下一步，如图 9.14 所示。

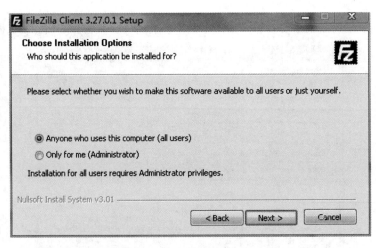

图 9.14　FileZilla 安装步骤 3

（4）在弹出的对话框中根据需要更改安装路径后，单击 Next 按钮进入下一步，如图 9.15 所示。

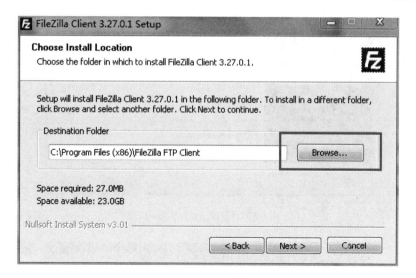

图 9.15　FileZilla 安装步骤 4

（5）在弹出的对话框中单击 Install 按钮开始安装，如图 9.16 所示。

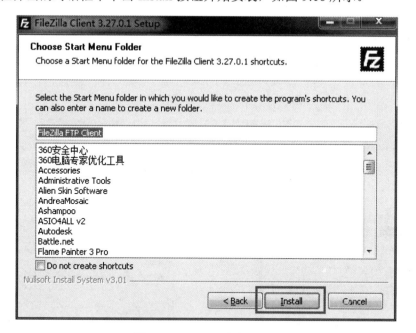

图 9.16　FileZilla 安装步骤 5

（6）稍等片刻后 FileZilla 即安装完毕，如图 9.17 所示。

2. 使用方法

（1）打开 FileZilla。在左上角单击小服务器图标新建站点，如图 9.18 所示。

图 9.17　FileZilla 安装步骤 6

图 9.18　新建站点

（2）单击左侧的"新站点"按钮，然后输入 IP，端口号默认不用输入，在"登录类型"中选择"正常"（如果 FTP 需要用户名和密码）并且输入 IP，然后点击连接按钮，如图 9.19 所示。

图 9.19　新建站点设置

（3）如果连接上了，那么就可以往 FTP 中传文件了。在图 9.20 所示窗口中，可以在左、右两边的小窗口中拖曳文件进行上传或下载。

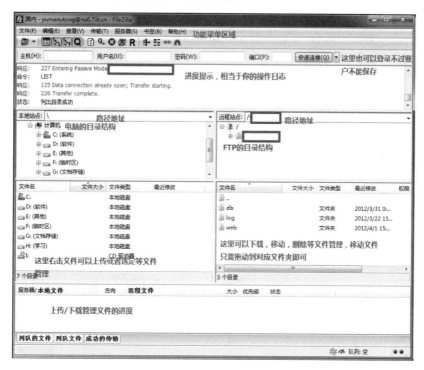

图 9.20　FileZilla 的使用界面

9.3.5　远程登录工具 SecureCRT

SecureCRT 支持多种协议，比如 SSH2、SSH1、Telnet 和 Serial 等。可以用它来连接 Linux 服务器，作为一个远程控制台进行各类操作；也可以用它来连接串口，操作目标板。

（1）安装、启动 SecureCRT 后，跳过初始设置界面。选择菜单 File→connect 命令，弹出如图 9.21 所示对话框，单击 New Session 按钮开始建立新的连接。

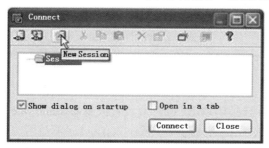

图 9.21　SecurtCRT 新建连接的界面

（2）在弹出的对话框中选择传输协议 SSH2 或 Serial，如图 9.22 所示。

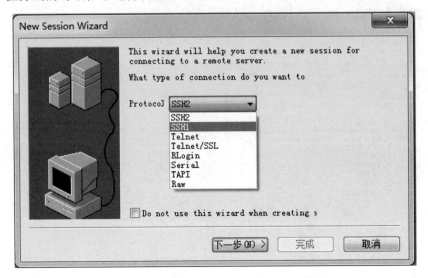

图 9.22　选择传输协议

（3）单击"下一步"按钮，进行更详细的设置。对于 SSH2 和 Serial 协议，请分别参考图 9.23 和图 9.24 进行设置。在图 9.23 中输入服务器 IP（Hostname）和用户名（Username）。

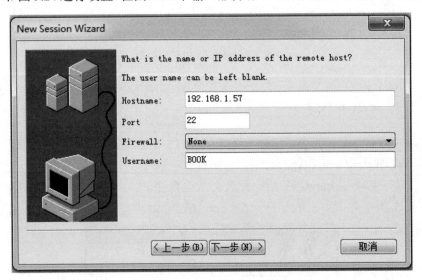

图 9.23　设置 SSH2 连接

在图 9.24 中设置为：选择串口 1(COM1)，设置波特率(Baud rate)为 115200、数据位(Data bits)为 8、不使用校验位(Parity)、停止位(Stop bits)为 1，不使用流控(Flow control)。

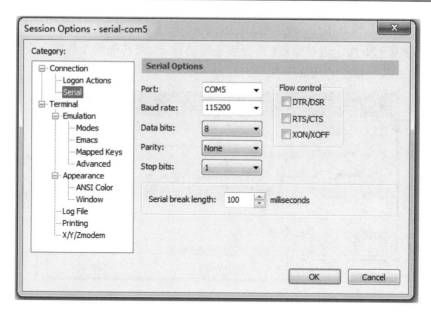

图 9.24　设置 Serial 连接

（4）按照图 9.23 和图 9.24 所示设置完成后，单击"下一步"按钮，在后续对话框中可以设置这个新建的连接的名字。当建立完新的连接后，可以看到如图 9.25 所示对话框，也可以通过选择菜单 File→connect 命令启动这个对话框。在里面双击某个连接，即可启动它。

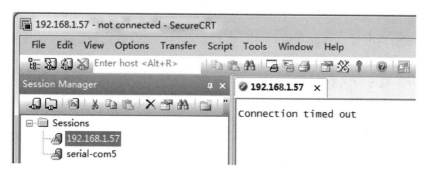

图 9.25　启动连接

9.3.6　TFTP 服务器软件 Tftpd32

Tftpd32 是一款轻便的 DHCP、TFTP、SNTP 和 Syslog 服务器软件，同时也是一款 TFTP 客户端软件。使用 U-Boot 时可以使用它的 TFTP 服务器功能将软件下载到目标板中（也可以使用 Linux 中的 NFS 服务代替）。

Tftpd32 可以从网址 http://tftpd32.jounin.net/tftpd32_download.html 中下载，它可以直接运行。参考图 9.26 所示进行设置：选择服务器的目录（要传输的文件放在这个目录中）、选择 IP 地址（对于有多个 IP 的系统而言，要从中选择一个）。

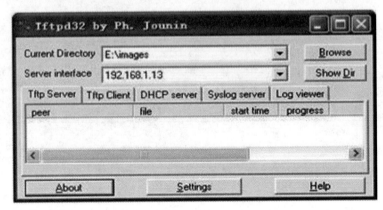

图 9.26　设置 Tftpd32 的 TFTP 服务

设置完毕后，以后 U-Boot 就可以通过 tftp 命令从 Windows 系统中获取文件了。

9.3.7　代码阅读和编辑工具 KScope

如果开发者直接在 Linux 环境下工作，可以使用本节介绍的几个工具和命令，并且它们是免费的。

KScope 的作用与 Source Insight 几乎一样，也是一款源代码阅读和编辑工具。KScope 使用 Cscope 作为源代码的分析引擎，可以为编码人员提供一些有价值的信息，特别适用于使用 C 语言编写的大型项目。

下面依次介绍 KScope 的安装和使用方法。

1．安装KScope

确保 Linux 能连上网络，然后使用以下命令进行安装，会得到一个 KScope 命令，并且在 Linux 桌面菜单 Applications→Programming 下会生成一个启动项 KScope：

```
$ sudo apt-get install kscope
```

要启动 KScope，可以在控制台中运行 kscope 命令，或者选择菜单 Applications→Programming→Kscope 命令。

2．建立KScope工程

建立 KScope 工程的步骤与建立 Source Insight 工程的步骤相似，也分为：设置工程名，指定工程数据的存放位置，设置支持的文件类型，指定源码的位置，添加、移除源文件，建立数据库等几步。

以内核源码为例,假设内核源码位置为/work/system/linux-2.6.22.6,将要建立的 KScope 工程名为 linux-2.6.22.6,在/work/kscope_projects/ linux-2.6.22.6 目录下存放工程数据。

(1)建立/work/kscope_projects/linux-2.6.22.6 目录,在控制台中执行以下命令:

```
$ mkdir -p /work/kscope_projects/ linux-2.6.22.6
```

(2)启动 KScope 后,选择菜单 Project→Create Project 命令,弹出如图 9.27 所示对话框。先在 Details 选项卡中分别填入工程名、工程数据的存放位置和源码的位置;然后在 File Types 选项卡中设置支持的文件类型为:*.c、*.h 和*.S;最后单击 Create 按钮,如图 9.28 所示。

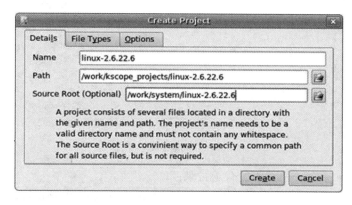

图 9.27 新建一个 KScope 工程

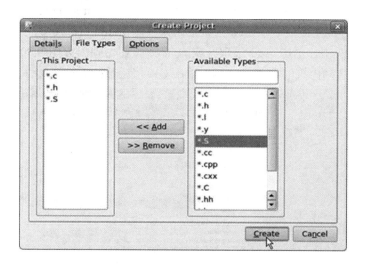

图 9.28 设置 KScope 工程支持的文件类型

图 9.28 所示的对话框,也可以通过选择菜单 Project→Add/Remove Files 命令来启动,然后在这个对话框中进行源文件的添加和移除。

（3）在图 9.29 中，Files、Directory、Tree 按钮分别表示添加、移除的操作以文件、目录（表示目录下的文件，不包括它的子目录）和整个目录树为单位。移除操作中的 Dircectory、Tree 按钮还没有实现，可以在左边的列表框中选择要去除的文件，然后点击 Selected 按钮。为了方便，不妨在建立工程之前先删除不需要的目录和文件，以本书为例，这些不需要的目录如下：

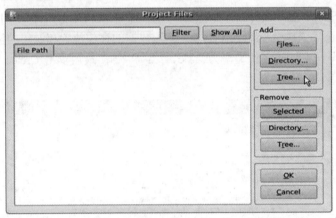

图 9.29　添加/移除源文件

- arch 目录下除 arm 以外的所有子目录；
- arch/arm 目录下以 mach-开头的目录（除了 mach-s3c2410 和 mach-s3c2440 之外）；
- arch/arm 目录下以 plat-开头的目录（除了 plat-s3c24xx 之外）；
- include 目录下以 asm-开头的目录（除了 asm-arm、asm-generic 之外）；
- include/asm-arm 目录下以 arch-开头的目录（除了 arch-s3c2410 之外）。

（4）在图 9.29 中，单击 Add 选项区域的 Tree 按钮，弹出如图 9.30 所示对话框。在 Folders 列表框中选择内核的根目录，然后单击 OK 按钮开始添加源文件。

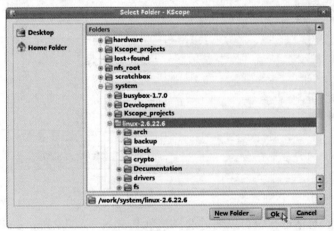

图 9.30　添加源文件目录树

（5）源文件添加完毕后，单击图 9.30 对话框中的 OK 按钮，KScope 即会自动生成数据库。至此，KScope 工程建立完毕。

3．KScope工程使用示例

在 KScope 右边的文件列表中选择打开 s3c2410fb.c 文件，如图 9.31 所示。它的中间是主窗口，可以在里面阅读和编辑代码；左边是 Tag List（Tag 列表），可以从中快速地找到当前文件中的变量、函数和宏定义等；下面是 Query Window（查询结果窗口），在主窗口中将光标放在某个变量、函数或宏上面，然后右击选择某些操作或者按住某些快捷键，会在这个窗口中显示这些操作的结果。

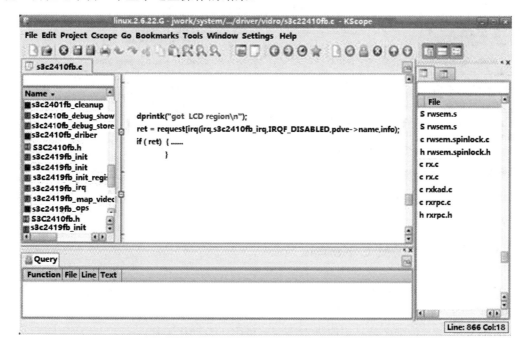

图 9.31　KScope 的使用界面

下面介绍一些简单的操作示例。

在主窗口中，单击某个函数，比如单击 s3c2410fb.c 中的 request_irq 字样，然后右击，将弹出一个快捷菜单，选择其中的 Cscope→Quick Defiinition 命令即可快速找到它的定义。将光标移到 request_irq 字样上，然后按下快捷键 Ctrl+"]"也可以达到同样的效果，如图 9.32 所示。

同时按住 Alt 和←（左箭头）键，可以令主窗口倒退到上一画面，同时按住 Alt 和→（右箭头）键，可以令主窗口前进到前一个画面。

KScope 还有很多使用技巧，以上只介绍了几种常用的技巧，读者在使用过程中可以通过各个菜单了解更多的使用技巧。

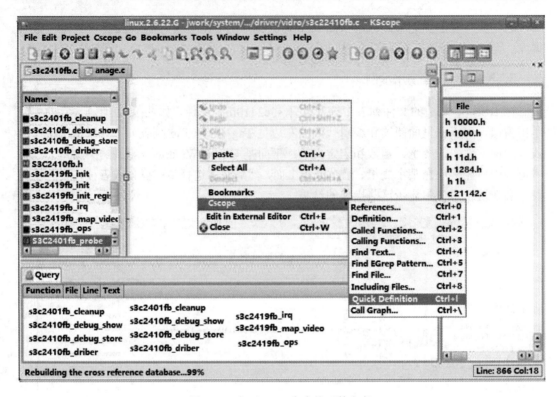

图 9.32　在 KScope 中查找函数定义

9.3.8　远程登录工具 C-Kermit

C-Kermit 是一款集成了网络通信和串口通信的工具，它有如下多种功能：

- 支持 Kermit 文件传输协议。
- 自定义了一种强大且易用的脚本语言，可用于自动化工作。
- 无论是网络通信还是串口通信，操作是一致的，并支持多种硬件和软件平台。
- 有安全认证、加密功能。
- 内建 FTP、HTTP 客户端功能及 SSH 接口。
- 支持字符集转换。

下面介绍在 Linux 环境下安装、使用 C-Kermit 的方法。

确保 Linux 能连上网络，然后使用以下命令进行安装：

```
$ sudo apt-get install ckermit
```

使用 Kermit 之前，先在/homt/book（假设用户名为 book）目录下创建一个名为.kermrc 的配置文件，内容如下：

```
set line /dev/ttyS0 set  speed  115200 set carrier-watch off
set handshake none set flow-control none robust
```

```
set file type bin set file name lit set rec pack 1000 set send pack 1000
set window 5
```

然后运行 "$ sudo kermit -c" 命令即可启动串口；要想关闭串口，同时按住 Ctrl 和 "\"
键，然后松开，再按 C 键，最后输入 exit 并回车。

在 Linux 中，可以使用 Kermit 连接串口以操作目标板。

9.4 在 Windows 上安装 VMware

在 Windows 操作系统下建立开发环境，一般要安装虚拟机，再安装 Ubuntu，最后安
装 OpenWrt。

虚拟机 VMware 安装方法有多种：将映像文件刻录成光盘后安装，或者通过网络安装
等。对于不熟悉 Linux 的读者，可以通过 VMware 虚拟机软件使用映像文件安装，这样可
以在 Windows 中使用 Linux。反过来也是可以的，安装 Linux 后，再使用 VMware 安装
Windows，这样就可以在 Linux 中同时使用 Windows 操作系统。

在 Windows 中通过 VMware 安装 Linux 时，建议单独使用一个分区来存放源码和编
译结果，这样可以避免当系统出错或重装时破坏研发成果。

（1）从 VMware 的官方网站 http://www.vmware.com 下载 VMware 工具后，开始安装。

（2）在 VMware 中建立一个虚拟机器。

要建立一个虚拟机器，需要指定硬盘、内存、网络。在 VMware 中可以使用实际的硬
盘，也可以使用文件来模拟硬盘。按照下面的操作步骤，就可以顺利建立虚拟机环境。

① 启动 VMware，如图 9.33 所示，在其中选 Create a New Virtual Machine 选项。

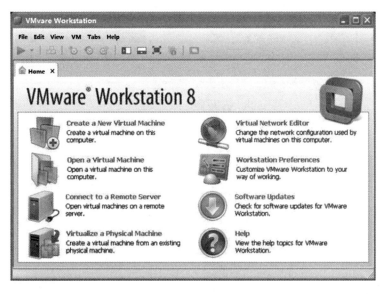

图 9.33 启动 VMware

② 在后续操作中使用默认选项，直到出现如图 9.34 所示对话框，在其中选择 Custom，即自己定制虚拟机器，单击 Next 按钮，进入下一步操作。

图 9.34　选择定制虚拟机

③ 在如图 9.35 所示对话框中选择虚拟机的格式，使用默认选项即可。单击 Next 按钮，在弹出的对话框中选择客户操作系统，这里选择 I will install the operating system later.单选按钮，如图 9.36 所示。

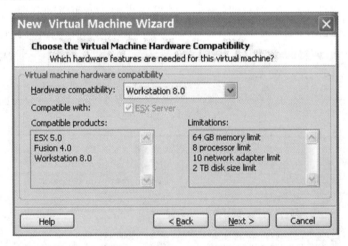

图 9.35　选择虚拟机的格式

④ 在 Windows 中使用 VMware 安装 Linux，Windows 被称为 Host Operatins System（主机操作系统），Linux 被称为 Gest Operatins System（客户操作系统）。这里选择 Linux 作为客户操作系统，版本为 Ubuntu，如图 9.37 所示，单击 Next 按钮，进入下一步操作。

图 9.36　选择客户操作系统

图 9.37　选择客户操作系统

⑤ 在弹出的对话框中设置虚拟机的名字及存储位置,如图 9.38 所示,单击 Next 按钮,进入下一步操作。

⑥ 在弹出的对话框中指定处理器个数(可以根据自己的实际情况设置), 如图 9.39 所示单击 Next 按钮,在弹出的对话框中指定虚拟机的内存容量,如图 9.40 所示,其中有推荐值及取值范围,单击 Next 按钮,进入下一步。

⑦ 在弹出的对话框中指定虚拟机的网络连接类型,一般使用桥接方式(bridge networking), 如图 9.41 所示,安装完华后可以再进行修改。单击 Next 按钮,进入下一步。

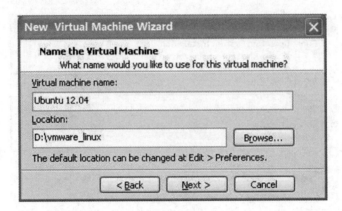

图 9.38　设置虚拟机的名字及存储位置

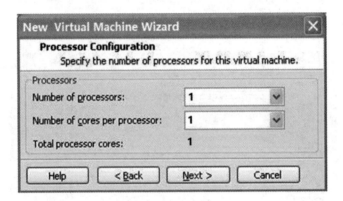

图 9.39　指定处理器个数

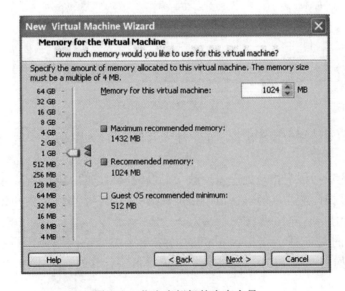

图 9.40　指定虚拟机的内存容量

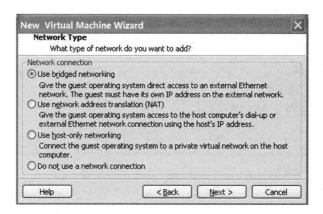

图 9.41　指定虚拟机的网络连接类型

⑧ 在弹出的对话框中选择 I/O Adapter，使用默认选项即可，如图 9.42 所示。单击 Next 按钮，进入下一步。

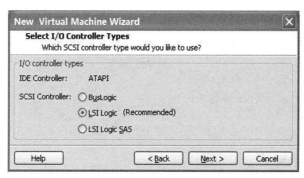

图 9.42　选择 I/O Adapter

⑨ 图 9.43 至图 9.46 的 4 个图都是用来创建虚拟硬盘的操作。在图 9.45 中，为了方便管理，建议选择 Store virtual disk as a single file。后面的几步操作按照图中所示进行相应选择即可。

图 9.43　选择创建新的虚拟硬盘

图 9.44　选择硬盘（使用默认类型）

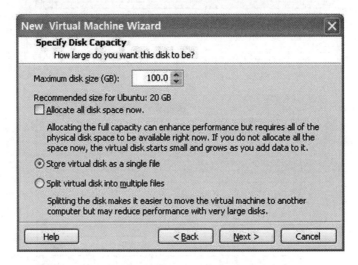

图 9.45　指定硬盘容量

⑩ 完成上述操作后，在 Windows 下将新建一个文件代表这个虚拟硬盘，如图 9.46
所示。

图 9.46　设置虚拟硬盘的名字

⑪ 单击"完成"按钮，现在已经创建了一个虚拟机器，如图 9.47 所示。

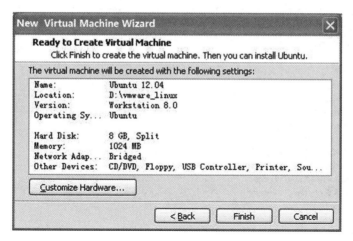

图 9.47　创建完成

9.5　在 VMware 上安装 Ubuntu

Ubuntu 的安装、设置、开启在第 8 章中已经讲过。本节介绍在虚拟机环境下针对 OpenWrt 的安装方法、网络服务设置步骤，以及必要的依赖文件。

Ubuntu 是一个很容易安装和使用的 Linux 发行版本。光盘映像文件的下载地址为 http://releases.ubuntu.com/。使用 Ubuntu 的光盘文件 ubuntu-12.04.1-desktop-i386.iso 文件进行安装的关键步骤下面讲解，其他步骤可以参看安装时给出的说明。

9.5.1　Ubuntu 安装步骤

（1）在虚拟机上使用光盘文件。

如图 9.48 所示，进入虚拟机的编辑界面，选中 CD/DVD，在右边的区域中，选择 Connnect at power on 复选框（表示开启虚拟机时就连接光盘）；然后选择 Use ISO image file 单选按钮，如果有实际的光盘，可以选择 Use physical drive 单选按钮。

（2）启动虚拟机。使用前面设置的光盘文件启动，这时候即可开始安装 Linux。

如图 9.49 所示，在虚拟机启动后，桌面有个名为 install Ubuntu 的图标，单击它进行安装。之后会出现图 9.50 所示对话框，保持默认设置，单击 Continue 按钮。当出现如图 9.51 所示的对话框时，选择 Erase disk and install Ubuntu 单选按钮。

注意：在 VMware 中，如果要将鼠标释放出来（回到 Windows 中），按 Ctrl+Alt 键即可。

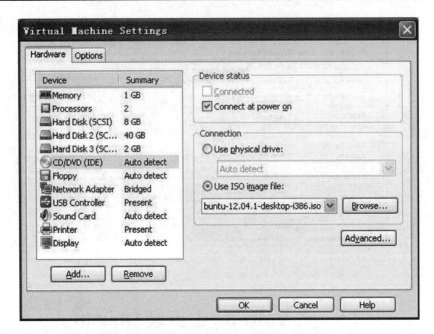

图 9.48　在虚拟机上使用光盘文件

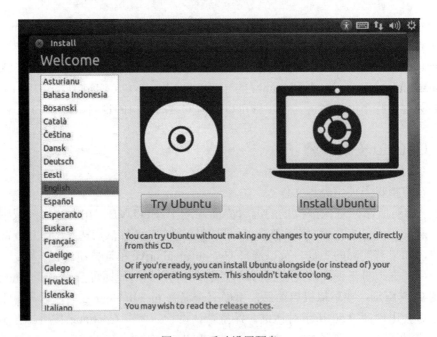

图 9.49　手动设置硬盘

（3）在弹出的对话框中单击 Install Now 按钮，如图 9.52 所示。

（4）然后在后续的操作中使用默认选项即可，安装程序会进行格式化虚拟硬盘等操作。当出现如图 9.53 所示的对话框时，在里面设置用户名及密码。

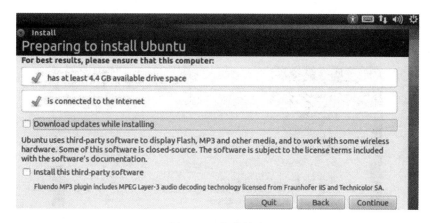

图 9.50　条件检查

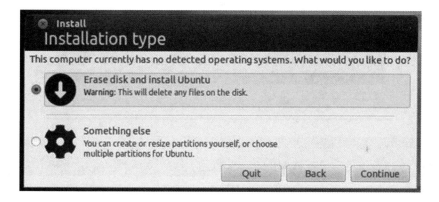

图 9.51　安装类型

图 9.52　准备分区

（5）之后开始安装系统。当安装完成时，会出现如图 9.54 所示提示框，这时候选择 VMware 的菜单 VM→Setting...命令，进入虚拟机的设置界面。在 CD-ROM 的设置对话框中去掉 Connnect at power on 选项。然后单击图 9.54 中的 Restart Now 按钮即可。如果不能重启，直接关闭 VMware 后再启动。

图 9.53 设置用户名和密码

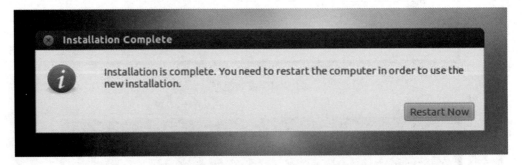

图 9.54 安装结束重启系统

9.5.2 Ubuntu 上安装、配置、启动 FTP 和 SSH 服务

本节讲解如何安装、配置、启动 FTP 和 SSH 这两个服务。如果不是通过远程登录 Linux，而是直接在 Linux 中进行开发，则 FTP 和 SSH 这两个服务不用开启。

1. 准备使用软件维护工具apt-get

Ubuntu 中没有安装 FTP、SSH 和 NFS 服务器软件，它提供了一个很方便的安装、升级和维护软件的工具 apt-get。但使用 apt-get，要保证 Linux 能连接上网络。

第一次使用 apt-get 安装程序之前，要先完成以下两件事：

（1）修改/etc/apt/sources.list，将其中注释掉的网址打开。

在安装 Ubuntu 12.04 的时候，如果网络无法使用，会自动将/etc/apt/sources.list 中的各项注释掉。比如需要将以下两行代码中开头的"#"号去掉：

```
#deb http://cn.archive.ubuntu.com/ubuntu/ gutsy main restricted
#deb-src http://cn.archive.ubuntu.com/ubuntu/ gutsy main restricted
……
```

（2）更新可用的程序列表，执行如下命令即可，它只是更新内部的数据库以确定有哪些程序已经安装，哪些程序没有安装，哪些数据库有新版本。apt-get 程序将使用这个数据库来确定怎样安装用户指定的程序，并找到和安装它所依赖的其他程序。

```
$ sudo apt-get update
```

🔔注意：由于/etc/apt/sources.list 属于 root 用户，而 Ubuntu 中屏蔽了 root 用户，要修改的话，需要使用 sudo 命令。比如可以使用 sudo vi /etc/apt/sources.list 命令修改，或者使用 sudo gedit &命令启动图形化的文本编辑器，通过编辑器进行修改。

2. 安装、配置、启动服务

首先说明，Ubuntu 中隐藏了 root 用户，就是说不能使用 root 用户登录，这样可以避免不小心使用 root 权限而导致系统崩溃。当需要使用 root 权限时，使用 sudo 命令，比如要修改/etc/exports 文件时，修改如下：

```
# sudo vi /etc/exports
```

现在可以使用 apt-get 来安装软件了，以下的安装、配置和启动方法在 Ubuntu 自带的帮助文档中都有说明。

（1）安装、配置、启动 FTP 服务。

执行以下命令安装，安装后即会自动运行：

```
$ sudo apt-get install vsftpd
```

修改 vsftpd 的配置文件/etc/vsftpd.conf，将下面几行代码中开头的"#"号去掉。

```
#local_enable=YES
#write_enable=YES
```

上面第一行代码表示是否允许本地用户登录，第二行代码表示是否允许上传文件。

代码修改完华之后，执行以下命令重启 FTP 服务：

```
$ sudo /etc/init.d/vsftpd restart
```

（2）安装、配置、启动 SSH 服务。

执行以下命令安装 SSH，安装后即会自动运行：

```
$ sudo apt-get install openssh-server
```

它的配置文件为/etc/ssh/sshd_config，使用默认配置即可。

9.6 在 Ubuntu 上安装 OpenWrt

OpenWrt 官方网站 http://wiki.OpenWrt.org/about/history 列出了 OpenWrt 的版本演变历史，如图 9.55 所示。从版本演变历史图中可以知道：

Attitude_adjustment 为目前最新的稳定版本。

主干版本 Trunk 是持续变化的一个版本，对于开发者来说，是一个让人"既爱又恨"的版本。一则是因为 Trunk 版本往往对新出的硬件是最早提供支持的，开发者可以针对新出的硬件做开发；二则是因为 Trunk 版本变化较大，往往上一个版本支持的路由产品，在下一个版本中可能由于 Bug 较多而被舍弃，给开发者造成了困扰。

需要特别指出的是，在国内也有一个团队在做基于 OpenWrt 的开源项目，其内部开发版本为 OpenWrt-DreamBox，有兴趣的读者可以参与，网址为 https://dev.OpenWrt.org.cn/wiki/WikiStart。

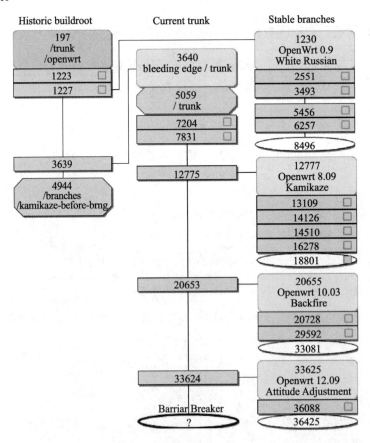

图 9.55　OpenWrt 历史版本记录

9.6.1　安装 open-vm-tools

值得注意的是，目前最新的版本 Ubuntu 16.04 对 VM-tool 的支持不是很好，所以建议虚拟机安装完 Ubuntu 之后，安装 open-vm-tools，这样才能实现在 Ubuntu 和 Windows 中复制、粘贴和移动文件，以及虚拟机中 Ubuntu 操作系统的最大化。安装 open-vm-tools 的命令如下：

```
sudo apt-get install open-vm-tools open-vm-tools-dev open-vm-tools-desktop
open-vm-tools-dkms
```

9.6.2　安装所需的依赖环境

开启 Ubuntu，在界面上选左上角的菜单"应用程序"→"附件"→"终端"，进入命令行，然后输入 sudo –sH（注意字母大小写），然后输入安装系统时设置的用户密码，就能切换到 root。切换到 root 是为了安装或升级部分必要的组件，有些组件需要 root 权限。

切换到 root 后，顺序输入：

```
apt-get install g++
apt-get install libncurses5-dev
apt-get install zlib1g-dev
apt-get install bison
apt-get install flex
apt-get install unzip
apt-get install autoconf
apt-get install gawk
apt-get install make
apt-get install gettext
apt-get install gcc
apt-get install binutils
apt-get install patch
apt-get install bzip2
apt-get install libz-dev
apt-get install asciidoc
apt-get install subversion
```

每一行回车后都会马上检测安装或升级相应的组件，这样更容易查看每一个组件的安装是否成功。其中的 asciidoc 组件需要下载 400 多 MB 文件，下载文件之前会提示本次要下载的文件大小，询问是否下载，按 Y 键然后回车开始下载。上述指令也可以集成为下面的形式，一次交付，逐个下载安装。

```
sudo apt-get install g++ libncurses5-dev zlib1g-dev bison flex unzip autoconf
gawk make gettext gcc binutils patch bzip2 libz-dev asciidoc subversion
sphinxsearch libtool sphinx-common
```

上述组件安装完成后，执行 Exit 命令退出 root。下一步是下载源码，以普通用户身份执行下面的下载源码命令。其实一开始安装组件的时候，可以在命令前加 sudo 来达到临时使用 root 身份，待任务执行完后又回到普通权限的目的。

至此，操作系统部分完全准备好了，建议用虚拟机的开发者先做一个快照，以备后面编译部分出了问题时可以恢复快照重新编译。磁盘"快照"是虚拟机磁盘文件（**VMDK**）在某个点即时的副本。系统崩溃或系统异常时，可以通过使用恢复到快照来保持磁盘文件系统和系统存储。当升级应用和服务器及给它们打补丁的时候，快照是为了不时之需。

9.6.3　OpenWrt 下载安装

下载 OpenWrt 源码分两种，一种是最新版本但不是最稳定的，也就是 Trunk 版，另一种是相对稳定的版本，即 Backfire 版。源码下载命令分别是：

（1）创建文件夹：

```
Mkdir OpenWrt
```

（2）导航到这个文件夹：

```
Cd OpenWrt
```

（3）Trunk 版下载命令：

```
svn co svn://svn.OpenWrt.org/OpenWrt/trunk/
```

（4）Backfire 下载命令：

```
svn co svn://svn.OpenWrt.org/OpenWrt/branches/backfire/
```

9.6.4　OpenWrt 的编译

1．嵌入式开发模型-交叉开发

在嵌入式开发过程中有宿主机和目标机角色之分：宿主机是执行编译、链接嵌入式软件的计算机；目标机是运行嵌入式软件的硬件平台，如图 9.56 所示。

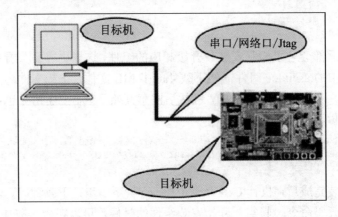

图 9.56　硬件开发环境搭建

2．Feeds机制应用

传统的 Linux 系统在安装或者编译某一个软件的时候，会检查其依赖库是否已安装，如果没有安装，则会报错，然后退出安装或编译。这种机制使得开发者在安装一个软件之前，不得不查找该软件所需的依赖库，并手动去安装这些软件，有时候碰到比较"娇贵"的软件时，嵌套式安装依赖文件，会使开发者觉得麻烦。

好在 OpenWrt 通过引入 Feeds 机制，较好地解决了这个问题。

这样做有什么好处呢？下载的 OpenWrt 源码是较为纯净的系统，Feeds 提供了在编译固件时所需的许多额外扩展软件，如图 9.57 所示。

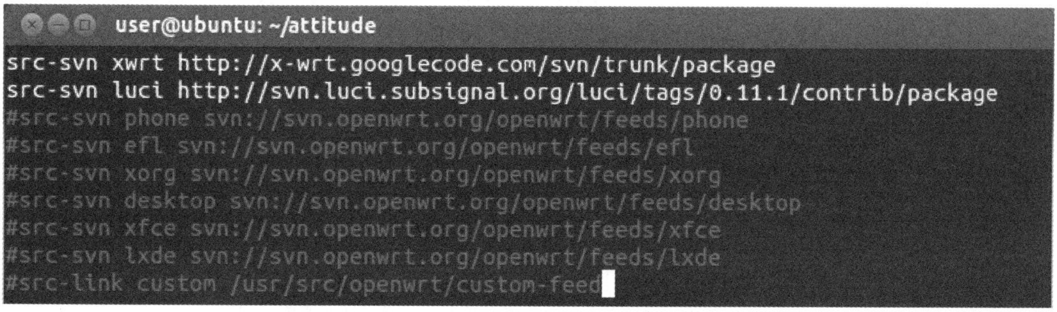

```
● ● ■   user@ubuntu: ~/attitude
src-svn xwrt http://x-wrt.googlecode.com/svn/trunk/package
src-svn luci http://svn.luci.subsignal.org/luci/tags/0.11.1/contrib/package
#src-svn phone svn://svn.openwrt.org/openwrt/feeds/phone
#src-svn efl svn://svn.openwrt.org/openwrt/feeds/efl
#src-svn xorg svn://svn.openwrt.org/openwrt/feeds/xorg
#src-svn desktop svn://svn.openwrt.org/openwrt/feeds/desktop
#src-svn xfce svn://svn.openwrt.org/openwrt/feeds/xfce
#src-svn lxde svn://svn.openwrt.org/openwrt/feeds/lxde
#src-link custom /usr/src/openwrt/custom-feed
```

图 9.57　Feeds 提供编译固件时所需的扩展软件

当我们下载了 OpenWrt 对应的源码之后，进行如下操作：

```
$ ./scripts/feeds update -a
$ ./scripts/feeds install -a
```

上述操作，就是从 Feeds 提供的接口地址将 OpenWrt 所需的一些扩展软件先行下载。OpenWrt 在编译的过程中，系统会根据 Makefile 自动去判断和下载软件的依赖库。

在 Makefile 文件中，设置了自动查找软件依赖文件。如果某个依赖文件在本地文件系统中不存在，那么系统就会根据 Feeds 所示的下载路径去下载对应的依赖文件。在首次编译的过程中，之所以耗时比后续编译的时间长，其中一个原因就是系统需要下载很多依赖文件。否则在 TC 编译 OpenWrt 的时候，会出现有些依赖文件所在的 URL 无法访问，从而报错。

通过 Cd Trunk 或者 Cd backfire 命令，分别导航到 Trunk 或 backfire 文件夹处，如果不是刚下载的代码，为了保持代码为最新状态，应该定期运行 Svn up 命令更新代码。更新软件包命令如下：

```
./scripts/feeds update -a
./scripts/feeds install -a
```

然后执行 make defconfig 命令，再执行 make menuconfig 命令，进入定制界面，可选只编译指定设备的固件，一定要注意选择符合自己的设备类型，然后可以指定是该类型下的具体哪一款设备。

配置完成后退出时记得要保存。如果修改源码，应该在此时进行修改，比如支持大容量 Flash 之类的修改，在 Ubuntu 图形界面中找到文件，双击打开后用文本编辑器修改后并保存。

3．make编译

执行 make 正式开始编译，首次编译必然是漫长的等待。如果是双核 CPU，使用 Make –j 2 命令可以加快速度。如是 4 核 CPU，可以使用 Make –j 4 命令。如果不加数字，默认不限制同时进行的任务数。

编译完成后会出现 bin 文件夹，得到编译结果。

9.6.5　OpenWrt 的固件烧写

1．路由器ROM烧写OpenWrt

（1）确定开发板可以被 OpenWrt 所支持（可以在 http://wiki.OpenWrt.org/toh/start 中查看支持的设备列表），然后在 http://downloads.OpenWrt.org/中下载编译好的 ROM。目前最新的 stable 版本是 attitude_adjustment(12.09)，下载的是 Trunk 版本。

（2）在 OpenWrt 官网找相应设备的 wiki 页面，查看烧写方法，一般是在路由器官方 Web 固件升级页面直接烧写（WNDR3800 Wiki 页面是 http://wiki.OpenWrt.org/toh/netgear/wndr3800）。

2．开发板烧写OpenWrt

（1）开发板与主机通过串口连接。

（2）把编译好的 bin 文件下载到开发板中。

针对不同的路由硬件环境，其烧写的方式不同。有些设备可以通过 Web 的方式进行升级，有些则没有提供相应的接口。有些设备可以通过 TFTP 的方式进行升级，而有些则不能。

3．原装官方系统烧写OpenWrt

（1）下载对应路由器型号的 OpenWrt 映像文件，笔者的设备是 Wndr3700 v1，因此固件为 OpenWrt-ar71xx-wndr3700-squashfs-factory.img。

（2）将 PC 通过无线网络与路由器连接。

（3）通过浏览器地址栏中输入 "192.168.1.1" 进入路由器的管理界面。

选择 "高级" → "管理" → "路由器升级" 选项，然后单击 "浏览" 按钮，从本地文件夹中找到 OpenWrt 固件，单击"上传"按钮。之后等待大概 4~5 分钟的时间，当电源灯变成绿色并且不再闪烁时，路由已经成功启动了。

（4）若成功烧写 OpenWrt，将 PC 与路由器通过网线直连的方式（将网线与路由器连接一端插入 4 个 LAN 口中的任意一个即可）连接。

将 PC 的本地网卡 IP 设置为"192.168.1.X"，X 可以为 2~254 中任意一个数字。

在浏览器地址栏中输入"192.168.1.1"，如果能进入 OpenWrt 欢迎界面，则成功烧写 OpenWrt。

4．通过TFTP的方式烧写原版官方固件

对于 Netgear Wndr3700 来说，该设备背面有一个红色圆孔 Restore Factory Settings，我们可以通过该按钮进行固件烧写操作。

进入 Restore Factory Settings 的步骤是这样的：

（1）关闭路由器。

（2）按住 Reset 键，打开路由器（Reset 键为红色圆孔，使用较细的笔尖或者牙签伸进该圆孔，按压住，在下一步完成前请勿松手）。该步骤是擦除 Flash，为后续 TFTP 传入数据做准备。

（3）直到 power 灯开始闪绿色，松开 Reset 键（大约 45 秒）。

首先在 Netgear 的官网上下载对应的固件版本，这里以 WNDR3700-V1.0.16.98.img 为例。

然后将该固件放入 C 盘或者 D 盘的根目录下，打开 cmd，进入对应的盘符分区（WNDR3700-v1.0.16.98.img 放在 D 盘根目录下），如图 9.58 所示。

图 9.58　选择 D 盘根目录

接下来进行如下操作：

- 使用 win+R 组合键，输入 cmd 进入 Windows Shell。
- 进入固件存放位置，这里将固件放在 D 盘根目录下，因此输入下面的命令，跳转到 D 盘下：

```
C:\Users\Administrater>D:
```

- 输入 TFTP 命令：tftp -i 192.168.1.1 put XXXX.img 上传固件；其中 XXXX.img 为固件的名称，如图 9.59 所示。等待大概 1~2 分钟后路由器会重启。然后进行联网配置操作。

```
Microsoft Windows [版本 6.1.7600]
版权所有 (c) 2009 Microsoft Corporation。保留所有权利。

C:\Users\Administrator>D:

D:\>tftp -i 192.168.1.1 put WNDR3700-V1.0.4.55.img
```

图 9.59　上传固件界面

9.7　OpenWrt 配置

本节将介绍 OpenWrt 固件编译、下载并写入到开发板后，为设备应用配置各类参数的方法。

9.7.1　初始配置

（1）路由器启动后，OpenWrt 启动界面如图 9.60 所示。有的型号没有安装 Wi-Fi 模块，需要先用网线连接到 LAN 口，本机 IP 配置为静态 192.168.1.x，再 Telnet 到 192.168.1.1，更改 root 密码，然后连入 SSH。

```
FL-MBP:~ fatlyz$ ssh root@192.168.7.1
root@192.168.7.1's password:
BusyBox v1.22.1 (2014-07-12 17:39:41 UTC) built-in shell (ash)
Enter 'help' for a list of built-in commands.

  _____                     _____        __
 |       |.-----.-----.-----.|  |  |  |.----.|  |_
 |   -   ||  _  |  -__|     ||  |  |  ||   _||   _|
 |_____||   __|_____|__|__||_____||__|  |____|
          |__| W I R E L E S S   F R E E D O M
 -----------------------------------------------------
 BARRIER BREAKER (Bleeding Edge, r41584)
 -----------------------------------------------------
  * 1/2 oz Galliano         Pour all ingredients into
  * 4 oz cold Coffee        an irish coffee mug filled
  * 1 1/2 oz Dark Rum       with crushed ice. Stir.
  * 2 tsp. Creme de Cacao
 -----------------------------------------------------
root@FC_R0:~#
```

图 9.60　OpenWrt 启动界面

（2）配置 WAN 口，让路由器连上 Internet，比如要配置 PPPoE：

```
uci set network.wan.proto=pppoe
uci set network.wan.username='yougotthisfromyour@isp.su'
```

```
uci set network.wan.password='yourpassword'
uci commit network
ifup wan
```

（3）安装 LuCI Web，管理界面如图 9.61 所示。设置在开机后自动启动：

```
opkg update
opkg install luci
/etc/init.d/uhttpd start
/etc/init.d/uhttpd enable
```

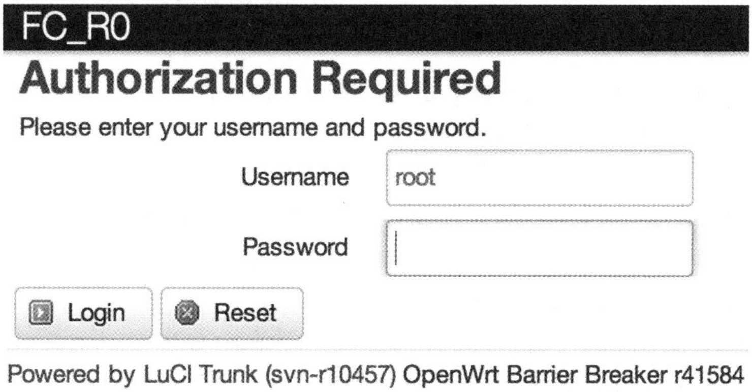

图 9.61　LuCI Web 管理界面

（4）在浏览器地址栏中输入 IP 地址（一般为 192.168.1.1），进入路由器管理页面，进行 Wi-Fi 等配置，如图 9.62 所示。

图 9.62　LuCI Web 网络配置界面

9.7.2　配置 DNS

DNS（Domain Name System，域名系统），是万维网上作为域名和 IP 地址相互映射的一个分布式数据库，能够使用户更方便地访问互联网，而不用去记住能够被机器直接读取的 IP 数串。DNS 协议运行在 UDP 协议之上，使用端口号 53。

  每个 IP 地址都可以有一个主机名，主机名由一个或多个字符串组成，字符串之间用小数点隔开。有了主机名，就不用死记硬背每台 IP 设备的 IP 地址了，只要记住有意义的主机名就行了。这就是 DNS 协议的功能。主机名到 IP 地址的映射有静态映射和动态映射两种方式。

  （1）静态映射。每台设备上都配置主机到 IP 地址的映射，各设备独立维护自己的映射表，而且只供本设备使用。

  （2）动态映射。建立一套域名解析系统（DNS），只在专门的 DNS 服务器上配置主机到 IP 地址的映射，网络上需要使用主机名通信的设备，首先需要到 DNS 服务器查询主机所对应的 IP 地址。

  通过主机名，最终得到该主机名对应的 IP 地址的过程叫做域名解析（或主机名解析）。DNS 配置步骤如下：

  ① 创建/etc/config/sec_resolv.conf：

```
vim /etc/config/sec_resolv.conf
```

  然后填入以下 DNS Servers：

```
nameserver 8.8.8.8
nameserver 8.8.4.4
nameserver 208.67.222.222
```

  ② 编辑/etc/config/dhcp：

```
vim /etc/config/dhcp
```

  找到 option resolvfile 选项，替换为：

```
option resolvfile '/etc/config/sec_resolv.conf'
```

9.7.3　配置 PPTP

  PPTP（Point to Point Tunneling Protocol，点对点隧道协议）是在 PPP 协议的基础上开发的一种新的增强型安全协议，支持多协议虚拟专用网（VPN），可以通过密码验证协议（PAP）、可扩展认证协议（EAP）等方法增强安全性。可以使远程用户通过拨入 ISP、通过直接连接 Internet 或其他网络安全地访问企业网络。默认端口号：1723。

  PPTP 是一种支持多协议虚拟专用网络的网络技术，它工作在第二层。通过该协议，远程用户能够通过 Microsoft Windows NT 工作站、Windows XP、Windows 2000 和 Windows 2003、Windows 7 操作系统，以及其他装有点对点协议的系统安全访问企业网络，并能拨号连入本地 ISP，通过 Internet 安全连接到企业网络。

  PPTP 协议假定在 PPTP 客户机和 PPTP 服务器之间有连通并且可用的 IP 网络。如果 PPTP 客户机本身已经是 IP 网络的组成部分，那么即可通过该 IP 网络与 PPTP 服务器取得连接；而如果 PPTP 客户机尚未连入网络，比如在 Internet 拨号用户的情形下，PPTP 客户机必须首先拨打 NAS 以建立 IP 连接。这里所说的 PPTP 客户机是指使用 PPTP 协议的 VPN 客户机，而 PPTP 服务器是指使用 PPTP 协议的 VPN 服务器。

PPTP 只能通过 PAC 和 PNS 来实施，其他系统没有必要知道 PPTP。拨号网络可与 PAC 连接而无须知道 PPTP。标准的 PPP 客户机软件可继续在隧道 PPP 链接上操作。

PPTP 使用 GRE 的扩展版本来传输用户 PPP 包。这为在 PAC 和 PNS 之间传输用户数据的隧道提供低层拥塞控制和流控制。这种机制允许高效使用隧道可用带宽并且避免了不必要的重发和缓冲区溢出。PPTP 没有规定特定的算法用于底层控制，但它定义了一些通信参数来支持这样的算法工作。

PPTP 控制连接数据包含一个 IP 报头，一个 TCP 报头和 PPTP 控制信息。

在使用 VPN 的时候可以使用 PPTP 协议，也可以使用 L2TP 协议，具体设置方法如下：

比如在 Windows XP 中，首先在"网络连接"窗口中右击某个 VPN 连接，在弹出的快捷菜单中选择"属性"命令。接着，在打开的"属性"窗口中选择"网络"选项卡，然后在"VPN 类型"中选择 PPTPVPN，最后单击"确定"按钮即可。

（1）安装 ppp-mod-pptp：

```
opkg updateopkg install ppp-mod-pptp
```

如果需要 LuCI 支持（推荐）：

```
opkg install luci-proto-ppp
```

（2）配置 VPN 接口，编辑/etc/config/network 文件，该文件应该已经有以下内容（如果没有，则需要插入以下内容），然后配置里面的 server、username 和 password 信息：

```
config 'interface' 'vpn'
option 'ifname'    'pptp-vpn'
option 'proto'     'pptp'
option 'username'  'vpnusername'
option 'password'  'vpnpassword'
option 'server'    'vpn.example.org or ipaddress'
option 'buffering' '1'
```

（3）进入 Network→Firewall，把 VPN 加入 wan zone，效果如图 9.63 所示。

图 9.63　VPN 设置界面

（4）进入 Network→ Interfaces，此时应该可以看到 VPN Interface 并可以连接，如图 9.64 所示。

图 9.64　LAN、VPN 和 WAN 接口概览

（5）此时在开发机上输入 traceroute www.google.com，能得到类似以下的结果：

```
FL-MBP: ~ fatlyz$ traceroute www.google.com
traceroute: Warning: www.google.com has multiple addresses; using 74.125.
239.113
traceroute to www.google.com (74.125.239.113), 64 hops max, 52 byte packets
 1  fc_r0.lan (192.168.7.1)  2.266 ms  0.999 ms  0.946 ms
 2  10.7.0.1 (10.7.0.1)  189.259 ms  187.813 ms  188.368 ms
 3  23.92.24.2 (23.92.24.2)  189.847 ms  190.489 ms  188.939 ms
 4  10ge7-6.core3.fmt2.he.net (65.49.10.217)  188.508 ms  192.216 ms  202.
863 ms
 5  10ge10-1.core1.sjc2.he.net (184.105.222.14)  195.695 ms  195.691 ms
284.242 ms
 6  72.14.219.161 (72.14.219.161)  189.196 ms  192.287 ms  193.220 ms
 7  216.239.49.170 (216.239.49.170)  192.496 ms  188.547 ms  189.881 ms
 8  66.249.95.29 (66.249.95.29)  190.125 ms  190.335 ms  190.026 ms
 9  nuq05s01-in-f17.1e100.net (74.125.239.113)  189.804 ms  190.556 ms
190.242 ms
```

可以看出，其中第二跳是 VPN 的网关，而 traceroute www.google.com 的第二跳应该也是同样的结果。这时开发的物联网设备和板卡，就可以连接到广域网进行互联网远程通信了。

9.7.4　配置 chnroutes

chnroutes 可以实现访问国内或国外的数据分流。在 OpenWrt 路由器上设置 chnroutes 步骤如下：

（1）到 chnroutes 项目的下载页面 http://chnroutes-dl.appspot.com/下载 linux.zip 文件并解压。

（2）把 ip-pre-up 重命名为 chnroutes.sh，然后打开编辑器，在 if [! -e /tmp/vpn_oldgw]; then 前插入以下代码，以避免 ppp 连接脚本重复执行导致重复添加路由表项：

```
if [ $OLDGW == 'x.x.x.x' ]; then    exit 0
fi
```

其中 x.x.x.x 是 VPN 的网关，可以在开发机连接上去之后查看一下网关地址。

（3）将 SSH 连接到路由器，执行以下命令：

```
cd /etc/config/
mkdir pptp-vpn
cd pptp-vpn
vim chnroutes.sh
```

在 vim 编辑器中把编辑好的 chnroutes.sh 粘贴进去（当然也可以通过 SSH 直接把 chnroutes.sh 文件传过去，或者上传到某个地方再通过 wget 下载）

执行以下命令，设置权限为可执行：

```
chmod a+x chnroutes.sh
```

（4）用 vim 编辑/lib/netifd/ppp-up 文件：

```
vim /lib/netifd/ppp-up
```

在 "[-d /etc/ppp/ip-up.d] && {" 这一行代码前插入以下内容，确保 ppp 连接脚本能够被执行：

```
sh /etc/config/pptp-vpn/chnroutes.sh
```

（5）重启路由，然后进入 LuCI 查看接口状态，等 WAN 和 VPN 都连接成功后，通过 SSH 远程登录，执行 route -n | head -n 10 命令，效果如下：

```
root@FC_R0:/etc/config# route -n | head -n 10
Kernel IP routing table
Destination     Gateway         Genmask         Flags Metric Ref    Use Iface
0.0.0.0         10.7.0.1        0.0.0.0         UG    0      0        0 pptp-vpn
1.0.1.0         58.111.43.1     255.255.255.0   UG    0      0        0 pppoe-wan
1.0.2.0         58.111.43.1     255.255.254.0   UG    0      0        0 pppoe-wan
1.0.8.0         58.111.43.1     255.255.248.0   UG    0      0        0 pppoe-wan
1.0.32.0        58.111.43.1     255.255.224.0   UG    0      0        0 pppoe-wan
1.1.0.0         58.111.43.1     255.255.255.0   UG    0      0        0 pppoe-wan
1.1.2.0         58.111.43.1     255.255.254.0   UG    0      0        0 pppoe-wan
1.1.4.0         58.111.43.1     255.255.252.0   UG    0      0        0 pppoe-wan
```

其中，Destination 为 0.0.0.0 的是默认路由，网关为 VPN 网关，意味着默认流量都经过 VPN，而以下的条目则把目的为国内的网段都指向了 ISP 提供的网关。至此 chnroutes 配置完毕。

9.7.5 配置 VPN

VPN 属于远程访问技术，简单地说，就是利用公用网络架设专用网络，进行加密通信。VPN 网关通过对数据包的加密和数据包目标地址的转换实现远程访问。

（1）通常情况下，VPN 网关采取双网卡结构，外网卡使用公网 IP 接入 Internet。

（2）网络 1（假定为公网 Internet）的终端 A 访问网络 2（假定为公司内网）的终端 B，其发出的访问数据包的目标地址为终端 B 的内部 IP 地址。

（3）网络 1 的 VPN 网关在接收到终端 A 发出的访问数据包时对其目标地址进行检查，如果目标地址属于网络 2 的地址，则将该数据包进行封装，封装的方式根据所采用的 VPN 技术不同而不同，同时 VPN 网关会构造一个新 VPN 数据包，并将封装后的原数据包作为 VPN 数据包的负载，VPN 数据包的目标地址为网络 2 的 VPN 网关的外部地址。

（4）网络 1 的 VPN 网关将 VPN 数据包发送到 Internet，由于 VPN 数据包的目标地址是网络 2 的 VPN 网关的外部地址，所以该数据包将被 Internet 中的路由正确地发送到网络 2 的 VPN 网关。

（5）网络 2 的 VPN 网关对接收到的数据包进行检查，如果发现该数据包是从网络 1 的 VPN 网关发出的，即可判定该数据包为 VPN 数据包，并对该数据包进行解包处理。解包的过程主要是先将 VPN 数据包的包头剥离，再将数据包反向处理还原成原始的数据包。

（6）网络 2 的 VPN 网关将还原后的原始数据包发送至目标终端 B，由于原始数据包的目标地址是终端 B 的 IP，所以该数据包能够被正确地发送到终端 B。在终端 B 看来，它收到的数据包就像从终端 A 直接发过来的一样。

（7）从终端 B 返回终端 A 的数据包处理过程和上述过程一样，这样两个网络内的终端就可以相互通信了。

在 VPN 网关对数据包进行处理时，有两个参数对于 VPN 通信十分重要：即原始数据包的目标地址（VPN 目标地址）和远程 VPN 网关地址。根据 VPN 目标地址，VPN 网关能够判断对哪些数据包进行 VPN 处理，对于不需要处理的数据包通常情况下可直接转发到上级路由；远程 VPN 网关地址则指定了处理后的 VPN 数据包发送的目标地址，即 VPN 隧道的另一端 VPN 网关地址。由于网络通信是双向的，在进行 VPN 通信时，隧道两端的 VPN 网关都必须知道 VPN 目标地址和与此对应的远端 VPN 网关地址。

根据不同的划分标准，VPN 可以按以下几个标准进行分类划分：

1. 按VPN的协议分类

VPN 的隧道协议主要有 3 种：PPTP、L2TP 和 IPSec，其中，PPTP 和 L2TP 协议工作在 OSI 模型的第二层，又称为二层隧道协议；IPSec 是第三层隧道协议。

2．按VPN的应用分类

远程接入 VPN：客户端到网关，使用公网作为骨干网，在设备之间传输 VPN 数据流量。

内联网 VPN：网关到网关，通过企业的网络架构连接来自同企业的资源。

外联网 VPN：与合作伙伴企业网构成 Extranet，将一个企业与另一个企业的资源进行连接。

3．按所用的设备类型进行分类

网络设备提供商针对不同客户的需求，开发出不同的 VPN 网络设备，主要为交换机、路由器和防火墙。

路由器式 VPN：部署较容易，只要**在路由器上添加 VPN 服务**即可。

交换机式 VPN：主要应用于连接用户较少的 VPN 网络。

防火墙式 VPN：是最常见的一种 VPN 的实现方式，许多厂商都提供这种配置类型。

4．按照实现原理划分

重叠 VPN：需要用户自己建立端节点之间的 VPN 链路，包括 GRE、L2TP 和 IPSec 等。

对等 VPN：网络运营商在主干网上完成 VPN 通道的建立，包括 MPLS 和 VPN 技术。

在路由器上添加 VPN 服务的步骤如下：

（1）创建/etc/config/pptp-vpn/status-check.sh。

```
vim /etc/config/pptp-vpn/status-check.sh
```

在 vim 中粘贴以下内容（此脚本检测 VPN 连接状态，并在断线后会断开 WAN 和 VPN 接口，10 秒后重新连接 WAN，并在 30 秒后重连 VPN）：

```
#!/bin/sh
if [ -f "/tmp/vpn_status_check.lock" ]
then
      exit 0
fi
VPN_CONN=`ifconfig | grep pptp-vpn`
if [ -z "$VPN_CONN" ]
then
      touch /tmp/vpn_status_check.lock
      echo WAN_VPN_RECONNECT at: >> /tmp/vpn_status_check_reconn.log
      date >> /tmp/vpn_status_check_reconn.log
      ifdown vpn
      ifdown wan
      sleep 10
      ifup wan
      sleep 30
      ifdown vpn
      sleep 10
      ifup vpn
      sleep 40
      rm /tmp/vpn_status_check.lock
```

```
else
       date > /tmp/vpn_status_check.log
fi
```

执行以下命令，设置权限为可执行：

```
chmod a+x /etc/config/pptp-vpn/status-check.sh
```

（2）进入 LuCI 的 System -> Scheduled Tasks，输入以下内容并保存：

```
*/1 * * * * /etc/config/pptp-vpn/status-check.sh
```

上面实际上是编辑了 cron 配置，cron 每分钟运行检测/重连脚本，然后重启 cron：

```
/etc/init.d/cron restart
```

（3）cron 重启后，查看/tmp 目录，应该能看到 vpn_oldgw 和 vpn_status_check.log 文件，查看 vpn_status_check.log 文件，可以看到最近一次检测 VPN 连接状态的时间。

```
root@FC_R0:/tmp# ls vpn*
vpn_oldgw    vpn_status_check.log
root@FC_R0:/tmp# cat vpn_status_check.log
Tue Jul 15 00:04:02 HKT 2014
root@FC_R0:/tmp#
```

在 LuCI 中断开 VPN 接口，接下来观察 WAN 和 VPN 的重连情况。

（4）输入 traceroute www.google.com，观察第二跳的地址：

```
FL-MBP:~ fatlyz$ traceroute www.google.com | head -n 3
traceroute: Warning: www.google.com has multiple addresses; using 74.125.
239.115
traceroute to www.google.com (74.125.239.115), 64 hops max, 52 byte packets
fc_r0.lan (192.168.7.1)  2.161 ms  0.912 ms  0.895 ms
10.7.0.1 (10.7.0.1)  193.747 ms  187.789 ms  289.744 ms
23.92.24.2 (23.92.24.2)  259.323 ms  354.625 ms  408.535 ms
```

输入 traceroute www.baidu.com，观察第二跳的地址：

```
FL-MBP:~ fatlyz$ traceroute www.baidu.com | head -n 3
traceroute to www.a.shifen.com (180.76.3.151), 64 hops max,  52 byte packets
fc_r0.lan (192.168.7.1)  1.190 ms  0.984 ms  0.731 ms
58.111.43.1 (58.111.43.1)  20.616 ms  38.822 ms  18.484 ms
183.56.35.133 (183.56.35.133)  20.056 ms  52.353 ms  87.841 ms
```

可以看出，已成功对国内外的目标地址进行了路由选择。

至此，OpenWrt 路由的基本配置、PPTP、VPN、chnroutes 和自动重连已经配置完成。

9.7.6　安装 LuCI

Lua 是一个小巧的脚本语言，很容易嵌入其他语言。轻量级 Lua 语言的官方版本只包括一个精简的核心和最基本的库。这使得 Lua 体积小、启动速度快，从而适合嵌入其他程序里。

UCI（Unified Configuration Interface，统一配置接口）是 OpenWrt 中为实现所有系统配置的一个统一接口。

LuCI 是 Lua 和 UCI 的合体，可以实现路由的网页配置界面。LuCI 作为 FFLuCI 诞生于 2008 年 3 月，目的是为 OpenWrt 固件从初始版本到第二版本实现快速配置接口。

LuCI 安装步骤如下：

1．OpenWrt源文件更新

（1）转到 OpenWrt 根目录。

（2）输入./scripts/feeds update，更新新版本。

（3）输入./scripts/feeds install -a -p luci，安装 LuCI。

（4）输入 make menuconfig。

（5）在"LuCI"菜单下找到所有的组件，为安装做准备。

2．OpenWrt安装包版本库

（1）添加一行代码到/etc/opkg.conf 文件中，即将 LuCI 添加到版本库中：

```
src luci http://downloads.openwrt/kamikaze/8.09.2/YOUR_ARCHITECTURE/
packages
```

（2）输入 opkg update 命令。

（3）安装 LuCI 简版，输入 opkg install luci-light 命令。

安装 LuCI 普通版，输入 opkg install luci 命令。

自定义模块的安装，输入 opkg install luci-app-*命令。

（4）为了实现 HTTPS 支持，需要安装 luci-ssl meta 安装包。

（5）由于 opkg-installed 服务是默认关闭的，需要手动开启使它能够开机启动：

```
root@OpenWrt:~# /etc/init.d/uhttpd enable
root@OpenWrt:~# /etc/init.d/uhttpd start
```

9.8　OpenWrt 路由器应用开发

一个完整的嵌入式系统，由 U-Boot、内核（Linux）、文件系统、应用程序 4 部分组成。OpenWrt 系统包含了内核（Linux）和文件系统两部分。固件，就是将内核（Linux）和文件系统打包成 bin 文件，为烧写到开发板做准备。

OpenWrt 是开源路由器操作系统，支持很多厂商的路由器刷机，以满足不同开发者对路由器功能的不同需求。OpenWrt 也支持很多开发板和处理器刷机，本节的开发板以 Atheros 9344 为例。

9.8.1　OpenWrt 系统的编译

OpenWrt 在编译过程中，程序会自动通过 Feeds 机制，在网上下载相应的依赖文件，这要求编译者所在位置的网络环境良好。具体步骤如下：

（1）进行环境检查，查看编译所需的依赖库是否都已安装：

```
make defconfig
```

若提示有某个依赖库没有安装，请按照提示安装对应的依赖库，直到上述检查无返回，说明所需的依赖库都已安装。

（2）进行编译配置，如图 9.65 所示。

```
make menuconfig
```

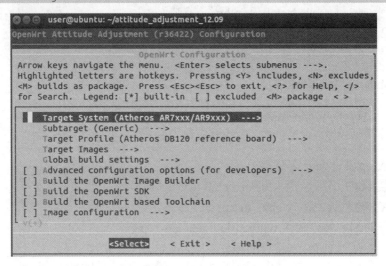

图 9.65　目标系统配置选择

（3）对目标固件进行配置。由于首次编译时间会较长，因此可以创建一个无外加软件的固件，图 9.66、图 9.67 和图 9.68，分别为选择目标微处理器，选择目标开发板和子目标选择操作。

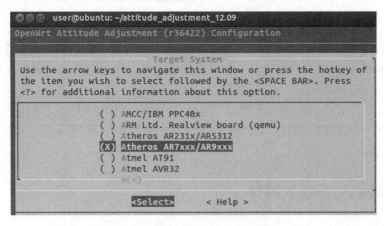

图 9.66　选择目标微处理器

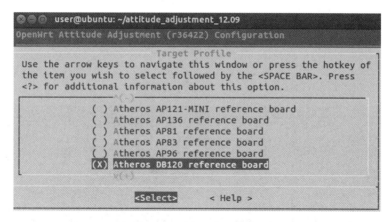

图 9.67　选择目标开发板

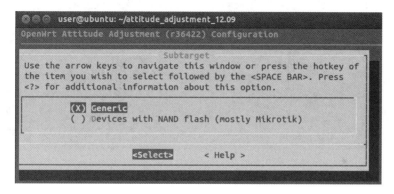

图 9.68　子目标选择：通用选项

（4）保存配置，如图 9.69 所示。

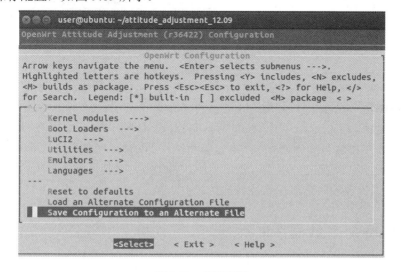

图 9.69　保存配置

（5）开始编译。

```
make    #默认安装，无提示。
make V=99  #显示编译日志，并打印在 shell 中。
```

等待编译成功之后，在编译目录 bin/下看到如图 9.70 所示结果。

```
user@ubuntu:~/attitude_adjustment_12.09$ cd bin/
user@ubuntu:~/attitude_adjustment_12.09/bin$ ls
ar71xx
user@ubuntu:~/attitude_adjustment_12.09/bin$ cd ar71xx/
user@ubuntu:~/attitude_adjustment_12.09/bin/ar71xx$ ls
md5sums
openwrt-ar71xx-generic-db120-kernel.bin
openwrt-ar71xx-generic-db120-rootfs-squashfs.bin
openwrt-ar71xx-generic-db120-squashfs-sysupgrade.bin
openwrt-ar71xx-generic-root.squashfs
openwrt-ar71xx-generic-root.squashfs-64k
openwrt-ar71xx-generic-uImage-gzip.bin
openwrt-ar71xx-generic-uImage-lzma.bin
openwrt-ar71xx-generic-vmlinux.bin
openwrt-ar71xx-generic-vmlinux.elf
openwrt-ar71xx-generic-vmlinux.gz
openwrt-ar71xx-generic-vmlinux.lzma
openwrt-ar71xx-generic-vmlinux-lzma.elf
packages
user@ubuntu:~/attitude_adjustment_12.09/bin/ar71xx$
```

图 9.70　编译结果界面

在 9.70 中可以看到多个.bin 文件，这些.bin 文件中，有用的.bin 文件如图 9.71 所示。

```
openwrt-ar71xx-generic-db120-kernel.bin
openwrt-ar71xx-generic-db120-rootfs-squashfs.bin
openwrt-ar71xx-generic-db120-squashfs-sysupgrade.bin
```

图 9.71　有用的.bin 文件

- openwrt-ar71xx-generic-db120-kernel.bin：对应于只烧写内核固件。
- openwrt-ar71xx-generic-db120-rootfs-squashfs.bin：对应于文件系统固件。
- openwrt-ar71xx-generic-db120-squashfs-sysupgrade.bin：对应于完整的固件。

至此，一个可以烧写的固件就编译好了。当然，可以看出这个系统只能将路由器启动，能够正常加电运转，除此之外再没有任何功能。因此需要对其添加各种软件支持，通过编译内核的方式添加各种网络应用和测控应用。

9.8.2　OpenWrt 在线固件更新

OpenWrt 固件更新有多种方式，对于开发板烧写程序可以通过多种方式实现，如在

U-Boot 中烧写，编程器烧写，在 9.6.5 已经表述，本节阐述固件在线升级。以及在 Web 配置界面中进行程序升级。

1．Web在线固件更新

Web 在线固件更新一般适用于原厂固件升级，或者 OpenWrt 镜像烧写。此方法难度低，如果固件没有问题并且烧写过程中没有断电，都能成功烧写。登录 Web 配置界面后选择 System→Backup/Flash Firmware，然后选择要升级的固件。

通过网线下载时网络参数设置如下：

（1）设置 Ubuntu 虚拟网卡。

（2）选择"编辑"→"虚拟网络编辑器"命令，弹出"虚拟网络编辑器"对话框，其中，"桥接模式"选择桥接到本机的物理网卡，然后单击"确定"按钮，图 9.72 所示。

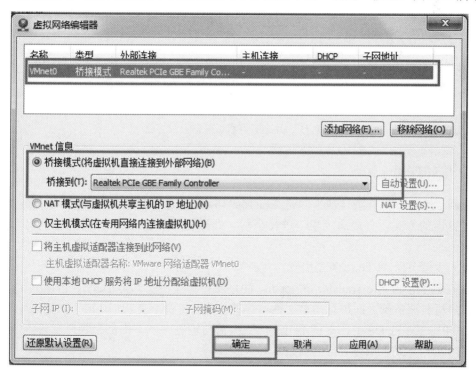

图 9.72　虚拟网络设置界面

（3）设置网络适配器，选择"虚拟机"→"设置"命令，弹出"虚拟机设置"对话框，在"设备"列表框中选择"网络适配器"，然后选中"自定义：特定虚拟网络"单选按钮，并在其下拉列表框中选择"Vmneto（桥接模式）"选项，最后单击"确定"按钮，如图 9.73 所示。

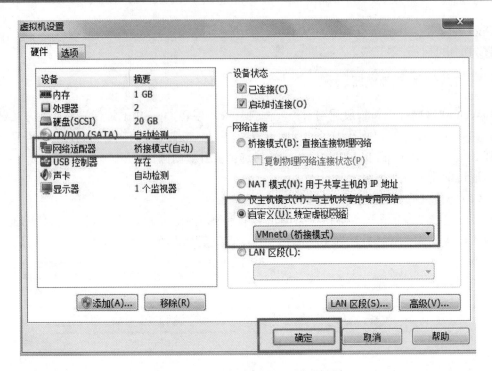

图 9.73　Ubuntu 网络适配器设置界面

2. 用TFTP固件更新

使用 TFTP 方式升级，使用的是 Atheros9344 路由，机身自带有 console 口，可以通过网线直连的方式，直接通过 PC 进行烧写。此过程难度较高，需要开发者有一定的开发基础。

（1）主服务器 TFTP 服务器配置。

TFTP（Trivial File Transfer Protocol，简单文件传输协议）是 TCP/IP 协议族中一个用来在客户机与服务器之间进行简单文件传输的协议，提供不复杂、开销不大的文件传输服务。TFTP 承载在 UDP 上，提供不可靠的数据流传输服务，不提供存取授权与认证机制，使用超时重传方式来保证数据的到达。

（2）IP 配置。

在谈 TFTP 之前，先简单介绍 Linux 网络配置。网络中最重要的当然是 IP 地址了，这里不介绍 IP 协议，在后面的网络编程中再讲解，这里主要学习 Linux 下如何配置 IP，配置 IP 地址的方法有以下两种：

- 配置静态 IP：在主机进入网络之前，事先为主机设置固定的 IP 地址；
- 配置动态 IP：选择 DHCP 网络服务，在主机进入网络之后，动态地随机获取 IP 地址。

当然，大家都知道 ifconfig 这个命令：

```
ifconfig
eth0 Link encap:Ethernet HWaddr 00:0c:29:6c:c2:ec
inet addr:172.16.58.130 Bcast:172.16.58.255 Mask:255.255.255.0
inet6 addr: fe80::20c:29ff:fe6c:c2ec/64 Scope:Link
UP BROADCAST RUNNING MULTICAST MTU:1500 Metric:1
RX packets:337 errors:0 dropped:0 overruns:0 frame:0
TX packets:358 errors:0 dropped:0 overruns:0 carrier:0
collisions:0 txqueuelen:1000
RX bytes:123712 (123.7 KB) TX bytes:42430 (42.4 KB)
Interrupt:19 Base address:0x2024
lo Link encap:Local Loopback
inet addr:127.0.0.1 Mask:255.0.0.0
inet6 addr: ::1/128 Scope:Host
UP LOOPBACK RUNNING MTU:16436 Metric:1
RX packets:149 errors:0 dropped:0 overruns:0 frame:0
TX packets:149 errors:0 dropped:0 overruns:0 carrier:0
collisions:0 txqueuelen:0
RX bytes:10307 (10.3 KB) TX bytes:10307 (10.3 KB)
```

如果 ifconfig 命令不带任何参数时，用于显示当前主机中状态为"活动"的网络接口信息。当然，ifconfig 命令可以修改 IP 地址：

```
sudo ifconfig eth0 192.168.3.51
```

但这是动态地修改 IP 地址，当系统重启以后，IP 地址又变回原来的静态 IP 地址；修改 IP 地址除了可以在图形界面中修改，也可以在配置文件中修改，这才是 Linux 的特性。无论是配置静态 IP 还是动态 IP，计算机系统都将 IP 信息保存在配置文件"/etc/network/interfaces"。在 Ubuntu Linux 启动时就能获得 IP 地址的配置信息。若是配置静态 IP，就从配置文件中读取 IP 地址参数，直接配置网络接口设备；若是配置动态 IP，就通知主机通过 DHCP 协议获取网络配置。以下分别为配置静态 IP 和动态 IP 时，配置文件"/etc/network/interfaces"的实例：

配置动态 IP：

```
cat /etc/network/interfaces
auto lo
iface lo inet loopback
auto eth0
```

配置静态 IP：

```
cat /etc/network/interfaces
auto lo
iface lo inet loopback
auto eth0
iface eth0 inet static
address 192.168.3.51
netmask 255.255.0.0
gateway 192.168.1.1
```

（3）重启系统，用 ifconfig 命令查看 IP 地址。

```
ifconfig
eth0 Link encap:Ethernet HWaddr 00:0c:29:6c:c2:ec
inet addr:192.168.3.51 Bcast:192.168.255.255 Mask:255.255.0.0
```

可以看到，IP 地址依然是我们修改过的静态 IP 地址。

注意：

- 若不能访问外网：ping 不通 114.114.114.114

解决方法：sudo route add default gw 192.168.1.1，即添加默认网关 IP192.168.1.1。

- 若不能访问域名：ping 不通 baidu.com

解决方法：sudo vi /etc/resolv.conf，即编辑 etc 目录下的 resolv.conf 文件。

添加 nameserver 114.114.114.114，即在 resolv.conf 文件中添加服务器 IP 这一行，并存储该文件。

① 检查是否已安装 TFTP Server，命令：

```
dpkg - s tftpd-hpa
```

② 如果未安装，则需要安装 TFTP Server，使用 install 命令：

```
sudo apt-get install tftp-hpa tftpd-hpa
```

在 PC 客户端（Client: PC）安装命令是 tftp-hpa，

在服务器（Server:ARM）安装命令是 tftpd-hpa，后面的 TFTP 处的 IP 地址应该是 ARM 的 IP 地址。

③ 修改文件 tftpd-hpa，命令：

```
sudo vim /etc/default/tftpd-hpa
```

tftpd-hpa 文件修改后如下：

```
# /etc/default/tftpd-hpa
TFTP_USERNAME="tftp"
TFTP_DIRECTORY="/tftpboot"          //可以指定参数-c，-s，此处指定目录为 tftpboot
TFTP_ADDRESS="0.0.0.0:69"
TFTP_OPTIONS="-secure"
```

说明：修改项，其中 TFTP_DIRECTORY 处可以改为你的 tftp-server 的根目录，这里是 /tftpboot。当然也可以改成其他地址，参数-c 指定了可以创建文件，参数-s 是指定 tftpd-hpa 服务目录，上面已经指定。

3．创建目录tftpboot，改变权限及启动

创建目录命令：

```
sudo mkdir /tftpboot
sudo chmod a+w /tftpboot
```

操作命令：

```
sudo service tftpd-hpa stop          //停止
sudo service tftpd-hpa start         //启动
```

```
sudo service tftpd-hpa status                    //查看 TFTP 信息
sudo service tftpd-hpa restart                   //重启
```

4．测试

（1）登录服务器：

```
tftp localhost 或 tftp<主机 IP>
```

（2）从 TFTP 服务器下载文件：

```
tftp> get
```

（3）上传文件到 TFTP 服务器

```
tftp> put
```

（4）查看帮助：

```
tftp>?
tftp-hpa5.2
Commands may be abbreviated. Commands are:
connect connect to remote tftp
mode set file transfer mode
put send file
get receive file
quit exit tftp
verbose toggle verbose mode
trace toggle packet tracing
literal toggle literal mode, ignore':'in file name
status show current status
binary set mode to octet
ascii set mode to netascii
rexmt set per-packet transmission timeout
timeout set total retransmission timeout
?print help information
help print help information
```

（5）退出登录：

```
tftp> q
```

注意：必须是超级用户权限。

5．问题及原因（解决方法）

问题 1：Transfer time out。

原因：tftpd 服务没有启动。

问题 2：Error code 0:Permission denied。

原因：可能是由于 SELinux 造成的，在 FC3 和 FC3 以后的 FC 版本中 SELinux 默认都是开启的，现在要关掉它。

解决方法：修改文件/etc/sysconfig/selinux，设定 SELINUX=disabled，然后重启计算机即可。或者执行命令 system-config-securitylevel 打开"安全级别配置"对话框，将 SELinux(S)

选项中"强制"改为"允许"。

问题 3：Error code 1:File not found。

原因：指定的文件夹不存在；或 tftpd 启动参数中没有指定-c 选项，允许上传文件。

问题 4：Error code 2:Only absolute filenames allowed。

原因：TFTP_OPTIONS="-l -c -s"，中的选项需注意，查看是否没有-c 选项。

问题 5：Error code 2:Access violation。

原因：上传的文件要有相应的可读写（覆盖）的权限才能上传，出现这个问题需要对文件的权限进行修改。

解决方法：chmod 777 (文件名)。

6．NFS挂载根文件

NFS（Network File System，网络文件系统），是许多操作系统都支持的文件系统中的一种，也被称为 NFS。NFS 允许一个系统在网络上与他人共享目录和文件。通过使用NFS，用户可以像访问本地文件一样访问远端系统上的文件。

NFS 所提供的共享文件服务是建立在高度信任基础上的，所以向其他用户释放共享资源之前，一定要确保对方的可靠性。

NFS 的应用：在嵌入式开发过程中，NFS 是一个重要环节，一般常把"根文件"系统放在主机上，然后在开发板启动的时候通过 NFS 来挂载主机上的根文件系统。这样省去了每次都要把文件系统烧写到存储设备上的步骤，比 TFTP 更方便。

下面以 Ubuntu 为例，讲解 NFS 的配置过程：

服务器：PC 机。

客户端：ARM 开发板（这里是用同一台机器模拟的,主要是安装过程）。

（1）检查是否已安装 NFS，命令：

```
sudo dpkg -s install nfs-kernel-server
```

（2）如果未安装，则需要安装 NFS-Server，命令：

```
sudo apt-get install nfs-kernel-server
```

（3）修改配置文件及权限，命令：

```
sudo vim /etc/exports
sudo chmod 777 /tftpboot/rootfs
```

修改后的文件如下：

```
# /etc/exports: the access control list for filesystems which may be exported
# to NFS clients. See exports(5).
# Example for NFSv2 and NFSv3:
# /srv/homes hostname1(rw,sync,no_subtree_check) hostname2(ro,sync,no_
subtree_check)
        //主机与开发板（或远程主机）共享文件，括号内为操作权限，用于主机与开发板互传文件
# Example for NFSv4:
# /srv/nfs4 gss/krb5i(rw,sync,fsid=0,crossmnt,no_subtree_check)
```

```
# /srv/nfs4/homes gss/krb5i(rw,sync,no_subtree_check)
#/tftpboot/rootfs *(rw,sync,no_root_squash,no_subtree_check)
```

以上命令行格式说明：

共享目录：主机名称

主机名称或共享 IP：允许按照指定权限访问这个目录的远程主机（如：开发板）

参数说明如下：

- ro：只读权限；
- rw：读写权限；
- no_root_squash：当登录 NFS 主机使用共享目录的使用者是 root 时，其权限将被转换成为匿名使用者，通常它的 UID 与 GID 都会变成 nobody 身份；
- root_squash：如果登录 NFS 主机使用共享目录的使用者是 root，那么对于这个共享的目录来说，它具有 root 权限；
- All_squash 权限是将所有的访问用户都压缩为 nfsnobody 用户权限。

当然，出于对目录安全的考虑，还可以将共享目录的所有者所属组设为 nfsnobody。这样不管以什么用户访问，如果不被压缩为 nfsnobody 用户，则是没有办法在这个用户下做任何操作的。当然，前提是不要加入 no_root_squash 权限。

（4）手动启动、停止 NFS 服务，命令如下：

```
sudo/etc/init.d/nfs-kernel-server start
sudo /etc/init.d/nfs-kernel-server restart
sudo/etc/init.d/nfs-kernel-server stop
sudo/etc/init.d/nfs-kernel-server restart      //重新启动
```

（5）共享操作，命令如下：

```
sudo/etc/init.d/nfs-kernel-server status      //查看 NFS 服务当前状态
showmount - e 192.168.3.51                     //查看 NFS 服务器的共享资源
sudo mount -t nfs 192.168.3.51: /tftpboot/rootfs/mnt/nfs   //挂载共享资源
```

其中，-t 指类型，这里是 NFS；192.168.3.51 是服务端的 IP 地址；/tftpboot/rootfs 是服务端的共享目录；/mnt/nfs 是挂载点，是客户端的目录。

当客户端使用 mount 命令将 NFS 服务器上的文件系统挂载到本地后，后面对挂载文件系统的操作与使用本地文件系统没有任何区别。

```
sudo umount/mnt/nfs                                       //卸载共享资源
```

需要说明的是，当有用户正在使用某个已加载的共享目录上的文件时，不能卸载该文件系统，如果用户确认无误，可以使用 umount -f 命令强行卸载共享的目录。

（6）测试。

```
/第一种方法) showmount -e
第二种方法) 自己挂载, mount -t nfs 127.0.0.1:/nfsboot /mnt/xxx
```

注意：必须是超级用户权限才能连接串口和板子，

运行串口通信程序，在 PuTTY Configuration 页面设置串口相关参数，如波特率、串口号等，如图 9.74 所示。

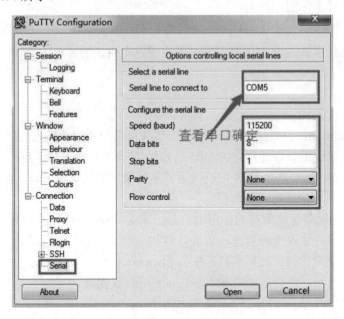

图 9.74　串口参数设置界面

通过串口向开发板写入 OpenWrt，操作步骤如图 9.75 所示。

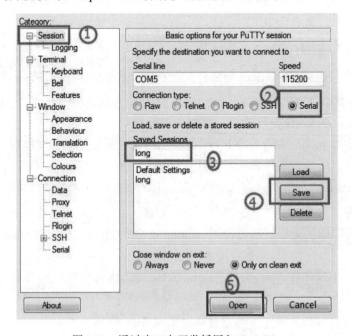

图 9.75　通过串口向开发板写入 OpenWrt

7．用U-Boot烧写固件

编译的固件，在 U-Boot 中烧写固件（或者用 mtd 命令）的方式进行升级。

（1）烧写 U-Boot

使用网线连接开发板与 PC，然后连接串口监控（115200-8-n-1，这里使用 SecureCRT），开发板通电，在 SecureCRT 中看到 U-Boot 打印信息，可按任意键打断启动进入 U-Boot 命令行，使用 printenv 命令查看启动参数，记录下 serverip，例如为 192.168.1.2，并将 PC 的 IP 更改为该 IP。PC 端开启 TFTP Sever 软件，在 U-Boot 命令行中输入命令如下：

```
#tftpboot 0x80060000 u-boot-ar9331.bin
#erase 0x9f000000 +0x200000
#cp.b 0x80060000 0x9f000000 0x20000
```

重启开发板，看到 U-Boot 正常显示烧写界面，如图 9.76 所示。

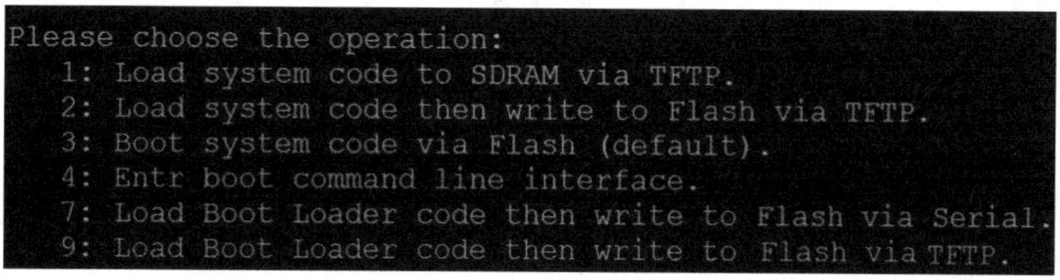

```
Please choose the operation:
  1: Load system code to SDRAM via TFTP.
  2: Load system code then write to Flash via TFTP.
  3: Boot system code via Flash (default).
  4: Entr boot command line interface.
  7: Load Boot Loader code then write to Flash via Serial.
  9: Load Boot Loader code then write to Flash via TFTP.
```

图 9.76　U-Boot 烧写固件选择界面

选择 1，表示将固件通过网络下载到内存中，如果是刷 SDK 固件，可以选择这个选项，但如果是刷 OpenWrt，该选项没有用，我们会发现，固件刷新成功以后，系统并不能正常启动。

选择 2，表示将固件通过网络下载到 Flash 中，在以后的开发中，都是使用该选项。

选择 3，表示启动内核（Linux），5 秒结束，不做任何选择，系统默认选择该选项，然后启动系统。

选择 4，进入 U-Boot 的命令行，可以使用 printenv、set、loadb 等命令。

选择 7，表示将 U-Boot 通过串口下载到 Flash 中。

选择 9，表示将 U-Boot 通过网络下载到 Flash 中。

（2）烧写固件

同上面烧写 U-Boot 一样，进入 U-Boot 命令行模式，输入如下命令：

```
#tftpboot 0x80060000 openwrt-ar71xx-generic-el-m150-squashfs-factory.bin
#erase 0x9f020000 +0x7c0000
#cp.b 0x80060000 0x9f02000 0x7c0000
```

（3）重启路由，进行功能测试

进入这一步，整个开发、编译、调试和烧写的过程就结束了，此时可以重启路由，开展各种服务功能测试了。OpenWrt 服务包括：USB 挂载、USB 启动、Samba 局域网文件共享、FTP Server、Transmission 脱机下载服务功能等。

9.8.3　OpenWrt 刷机

（1）密码设置。当成功地将 OpenWrt 刷入路由器后，路由器会需要一段时间进行重启（以 Netgear Wndr3700 为例）。待路由器启动之后，用一根网线与路由器 LAN 口直连，并将 PC 的 IP 设置到 192.168.1.*网段。

⚠提示：在路由器重启完成之前，请不要随意操作，以免路由器启动失败。

刚刷完 OpenWrt 的路由器默认是没有启动 SSH 的，所以不能直接通过 SSH 对路由器进行访问。因此，需要继续完成以下操作，使得开发者能够对路由器进行设置。

（2）若路由器刷入的 OpenWrt 系统带有 LuCI，进行以下操作。

启动 PC 端浏览器，在地址栏输入 192.168.1.1，即可进入路由器配置界面。

当进入主界面后，会提示输入用户名和密码的操作。如果是首次登录路由器设置界面，可直接选择 Login，浏览器随即进入密码设置与 SSH 配置界面，界面如图 9.77 所示。

图 9.77　路由器设置界面

在 Router Password 中的对应位置，修改 root 密码，并添加 SSH 设置。

（3）在刷新完官方提供的固件或某些第三方固件后，会发现没有 Web 界面，且 SSH 尚不能使用。此时，需要使用 putty 或者 SecureCRT 等远程工具，通过 Telnet 的方式登录路由器。如图 9.78 所示为使用 SecureCRT 登录 OpenWrt。单击 connect 按钮，弹出图 9.79 所示对话框，然后按图中所示修改 root 密码。

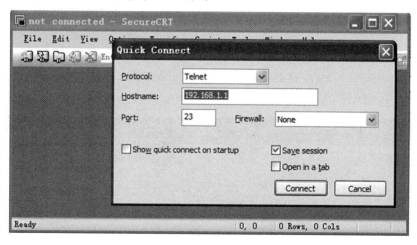

图 9.78　使用 SecureCRT 登录 OpenWrt

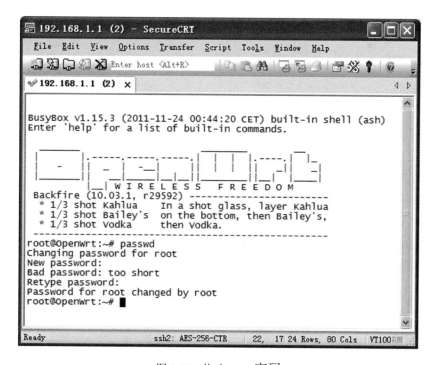

图 9.79　修改 root 密码

在修改了 root 密码之后，即可通过 SSH 协议远程登录 OpenWrt 进行配置。

9.8.4 路由器设置

路由器的基本功能是提供网络服务，使得接入路由器的设备能够通过路由器访问上层网络。

1．在LuCI界面进行路由器配置

网络配置如图 9.80 所示，分别单击 WAN 和 LAN 的 Edit 按钮，进行相应设置。图 9.81 设置效果（如图 9.80 所示）。

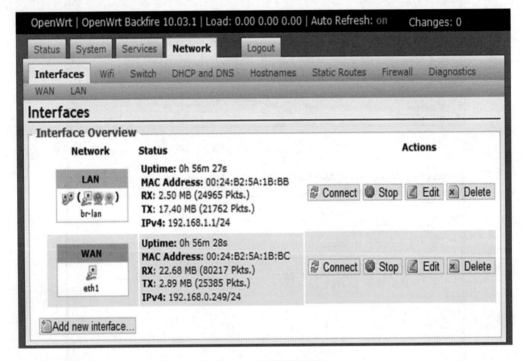

图 9.80　网络配置

需要强调的是，WAN 为网络接入口，是路由器的上层网络接口，此处的设置与常规路由器相同，根据使用者所在的网络情况，会有相应不同的设置。

填写所在的网络：一台公网服务器，配置有双网卡，其中一个网卡为外网网卡，用于 iNode 上网，另一个网卡为内网网卡，用于子网分配和网络监管；一个交换机，其中一个接口连接内网网卡，其余接口连接局域网 PC。

将开发者的 PC 和路由器连接在交换机上。由于内网网卡没有开启 DHCP 功能，因此笔者的路由器 WAN 口为自己设置的静态 IP（与上网服务器内网 IP 在同一个子网中）。

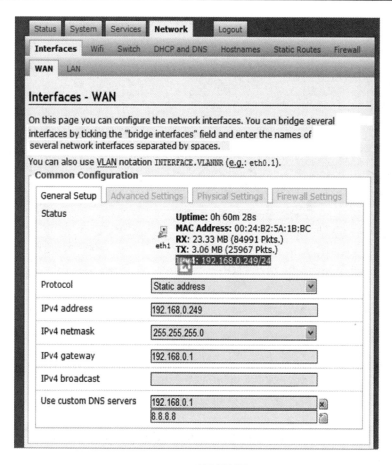

图 9.81　配网界面

2．无LuCI界面路由器配置

对于系统中没有带 LuCI 的路由器该如何设置呢？

通过 SecureCRT 或者 putty 进入 OpenWrt 系统，进入目录/etc/config 下，如图 9.82 所示。

在 shell 中输入：vim network，按照图 9.82 中的对应位置进行修改。

```
config 'interface' 'loopback'              #本地回环地址
       option 'ifname' 'lo'
       option 'proto' 'static'
       option 'ipaddr' '127.0.0.1'
       option 'netmask' '255.0.0.0'
config 'interface' 'lan'                    #LAN 口，用于路由器子网设置
       option 'ifname' 'eth0'
       option 'type' 'bridge'
       option 'proto' 'static'
       option 'ipaddr' '192.168.1.1'
       option 'netmask' '255.255.255.0'
config 'interface' 'wan'                    #WAN 口，用于路由器进行外网连接
```

```
        option 'ifname' 'eth1'
        option '_orig_ifname' 'eth1'
        option '_orig_bridge' 'false'
        option 'proto' 'static'
        option 'ipaddr' '192.168.0.249'
        option 'netmask' '255.255.255.0'
        option 'gateway' '192.168.0.1'
        option 'dns' '192.168.0.1 8.8.8.8'
config 'switch'                    #switch, 用于Wndr300, 4 个 LAN 口的 IP 映射
        option 'name' 'rtl8366s'
        option 'reset' '1'
        option 'enable_vlan' '1'
        option 'blinkrate' '2'
config 'switch_vlan'
        option 'device' 'rtl8366s'
        option 'vlan' '1'
        option 'ports' '0 1 2 3 5'
config 'switch_port'
        option 'device' 'rtl8366s'
        option 'port' '1'
        option 'led' '6'
config 'switch_port'
        option 'device' 'rtl8366s'
        option 'port' '2'
        option 'led' '9'
config 'switch_port'
        option 'device' 'rtl8366s'
        option 'port' '5'
        option 'led' '2'
```

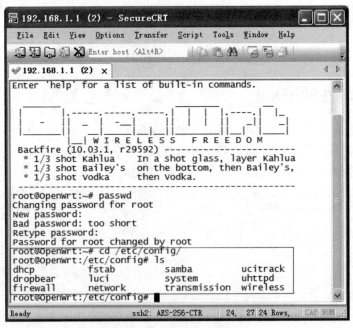

图 9.82　OpenWrt 登录界面

保存 Network 的设置，为了使其生效，需要在 shell 中输入如下命令：

```
/etc/init.d/network reload
```

3．Wi-Fi设置

由于 Netgear Wndr3700 有 2.4GHz 和 5GHz 两个频段，所以有两个 Wi-Fi wireless controller 配置。一般情况下，2.4GHz 已经可以满足需要了。如果需要设置 5GHz 频段，与 2.4GHz 设置方法类似。

（1）在 LuCI 界面下配置 Wi-Fi，如图 9.83 所示。

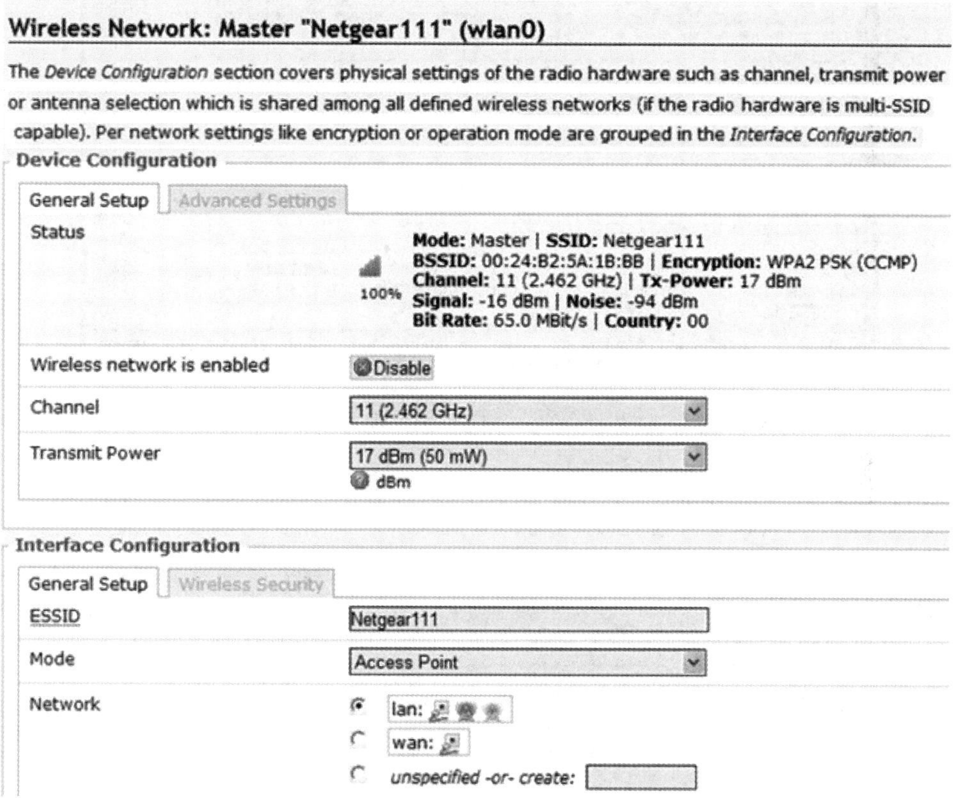

图 9.83　Wi-Fi 设置

单击 radio0 的 Edit 按钮，按如图 9.83 所示的进行配置，保存之后回到 Wi-Fi 配置界面，在 radio0 的对应 Action 选择 Enable 选项。等待大约 30 秒即可用手机或者 PC 搜索对应的 Wi-Fi，进行连接测试。

（2）在 shell 命令行下配置 Wi-Fi。

通过 SecureCRT 或者 putty 进入 OpenWrt 系统，进入目录/etc/config 下，如图 9.84 所示。

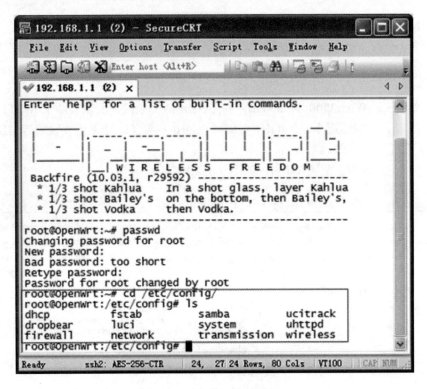

图 9.84　命令行方式配置 Wi-Fi

（3）编辑 Wi-Fi 的配置文件 wireless，输入如下命令：

```
vim /etc/config/wireless
```

（4）进入编辑界面：

```
config 'Wi-Fi-device' 'radio0'              #配置 2.4GHz Wi-Fi
        option 'type' 'mac80211'
        option 'channel' '11'
        option 'macaddr' '00:24:b2:5a:1b:bb'
        option 'hwmode' '11ng'
        option 'htmode' 'HT20'
        list 'ht_capab' 'SHORT-GI-40'
        list 'ht_capab' 'TX-STBC'
        list 'ht_capab' 'RX-STBC1'
        list 'ht_capab' 'DSSS_CCK-40'
        option 'txpower' '17'
        option 'country' '00'
config 'Wi-Fi-iface'                         #配置 5GHz Wi-Fi
        option 'device' 'radio0'
        option 'network' 'lan'
        option 'mode' 'ap'
        option 'ssid' 'Netgear111'
        option 'encryption' 'psk2'
        option 'key' 'mima1234'
config 'Wi-Fi-device' 'radio1'
```

```
        option 'type' 'mac80211'
        option 'channel' '36'
        option 'macaddr' '00:24:b2:5a:1b:bd'
        option 'hwmode' '11na'
        option 'htmode' 'HT20'
        list 'ht_capab' 'SHORT-GI-40'
        list 'ht_capab' 'TX-STBC'
        list 'ht_capab' 'RX-STBC1'
        list 'ht_capab' 'DSSS_CCK-40'
        option 'disabled' '1'
config 'Wi-Fi-iface'
        option 'device' 'radio1'
        option 'network' 'lan'
        option 'mode' 'ap'
        option 'ssid' 'OpenWrt'
        option 'encryption' 'none'
```

（5）保存 wireless 的设置，为了使其生效，需要在 shell 中输入如下命令：

```
/etc/init.d/network reload
```

至此，刷机路由器的网络设置就完成了。此时的路由器在功能上已经和普通的路由器没有区别了。随后就可以在路由器上安装需要的应用软件了。

9.8.5　文件服务

1．为何要建立文件共享服务

在智能家居网络中，一个很重要的需求就是安全。当一个智能家居方案部署之后，用户往往最先考虑的也是安全问题。那么怎样进行安全管理呢？一种常用的解决方法是实时地监控传感器及家电的状态，一旦发生异常，通过邮件、短信或打电话的方式通知用户。当用户接收到异常通知之后，往往需要确认出问题的地方，这时候就需要用到文件共享服务了。

此外，当用户通过路由器进行 BT 脱机下载之后，不能直接在路由器上播放音/视频文件，而需要通过 PC、手机、Pad 等设备进行播放，这时候也需要路由器提供文件共享服务。

2．什么是网络文件共享服务

在了解如何搭建网络文件共享服务之前，有必要先了解什么是网络文件共享服务。这里所提的"网络文件共享服务"，是指一系列为分布在不同网络主机上的文件提供访问、修改、增加及删除操作的服务集合。从功能上，我们可以简单地将这些服务分成两个部分，即文件访问服务和文件传输服务。

3．文件传输服务

文件传输服务是基于文件传输协议 FTP（File Transfer Protocol）进行的，该协议用于

Internet 上，控制文件的双向传输。

- 优点：安全、可靠。
- 缺点：上传、下载每一个文件时都需要鉴权操作，效率低。

4. 文件访问服务

文件访问服务准确地应该称为网络文件访问服务。该服务主要用于网络中不同主机对某一个主机上的文件进行访问和读取。常用的网络文件访问服务有 NFS 和 Samba。

（1）NFS（Network File System）

NFS 是一种使用于分散式文件系统的协议。其功能是通过网络让不同的机器、不同的操作系统能够彼此分享个别的数据，让应用程序在客户端通过网络访问位于服务器磁盘中的数据，是在类 UNIX 系统间实现磁盘文件共享的一种方法，如图 9.85 所示。

NFS 是一个独立的系统，对 NFS 进行访问和处理，需要通过 NFS 系统提供的 RPC（Remote Procedure Call）操作。

- 优点：集中存储数据，大大节省了本地存储资源，相当于 Linux 下的网络邻居。
- 缺点：安全性差，仅支持 Linux，扩展性差。

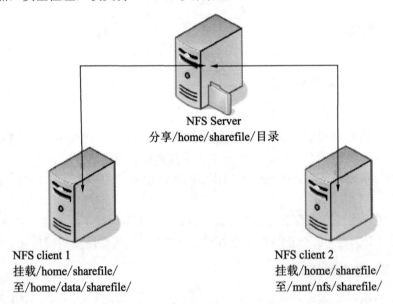

图 9.85　NFS 网络文件系统

（2）Samba

Samba 是在 Linux 和 UNIX 系统上实现 SMB 协议的一个免费软件，由服务器及客户端程序构成。

那么什么又是"SMB 协议"呢？SMB（Server Messages Block，信息服务块）是一种在局域网上共享文件和打印机的一种通信协议，它为局域网内的不同计算机之间提供文件及打印机等资源的共享服务。

Samba 与 NFS 在功能上是相仿的，不同点在于其跨平台性质，Samba 支持 DOS、Windows、OS/2、Linux 及其他平台访问。

🔔说明：经过测试，在没有取得 root 权限的 Android 手机上无法使用 Samba 访问。

（3）Samba、FTP 及 NFS 区别

从跨平台角度看，Samba 和 FTP 都支持跨平台操作，而 NFS 不支持 Windows 平台。

从挂载角度看，Samba 和 NFS 可以把远程目录挂载到本地目录上，对用户是透明的，而 FTP 则不行。从使用范围上看，Samba 和 NFS 安全性比较差，最好是限定在局域网内。而 FTP 则不同，其提供了鉴权机制，既可以面向内网，也可以面向公网。

从面向对象来看，Samba、FTP 和 NFS 都支持文件，但 Samba 还支持打印机，以及做 Windows 域管理器。从性能的角度看，Samba 和 NFS 要优于 FTP。

路由器作为智能家居的控制中心，其具有跨平台和跨网络的特性。从上面的比较中可以看出，单独使用 Samba 或者 FTP 都不足以满足进行文件共享服务的目的。因此，在本项目中，我们通过搭建 Samba 和 FTP 服务器，从而提供局域网与广域网文件共享服务。

5. 如何在OpenWrt系统中搭建Samba服务器

在搭建 Samba 服务器时，可参考网址：

http://www.OpenWrt.org.cn/bbs/forum.php?mod=viewthread&tid=4543&highlight=。

（1）安装 Samba 软件及浏览器支持。

```
opkg update
opkg install samba3
opkg install luci-app-samba
```

（2）修改 Samba template configuration 文件（/etc/samba/smb.conf.template）。

```
[global]
        netbios name = |NAME|
        workgroup = |WORKGROUP|
        server string = |DESCRIPTION|
        syslog =10
        encrypt passwords = true
        passdb backend = smbpasswd
        obey pam restrictions = yes
        socket options = TCP_NODELAY
        #unix charset = ISO-8859-1
        display charset = UTF-8          #添加字符集支持，允许中文
        unix charset = UTF-8
        dos charset = UTF-8
        preferred master = yes
```

```
    os level =20
    security = user
    guest accout = nobody
     #invalid users = root                      #系统默认不允许 root 用户访问
    smb passwd file = /etc/samba/smbpasswd
```

🔔注意：Samba 服务器本身是无法解析 OpenWrt UCI 的。为了与 OpenWrt 兼容，Samba 提供了一个配置模板，允许用户进行简单的参数设置。

在启动 Samba 服务器的时候，Samba 会通过读取/etc/config/samba 以/etc/samba/smb. conf.template，生成一个能够被 Samba 解析的临时配置文件/tmp/smb.conf，用于 Samba 服务器使用。

修改/etc/config/samba 文件，添加共享文件夹的访问权限：

```
config 'samba'
    option 'homes' '1'
    option 'name' 'OpenWrt'
    option 'description' 'nas'
    option 'workgroup' 'OpenWrt'
config 'sambashare'
    option 'read_only' 'no'
    option 'create_mask' '0700'
    option 'dir_mask' '0700'
    option 'guest_ok' 'yes'
    option 'path' '/mnt/sda3'   # USB 有 3 个分区，第 3 个分区用于 Samba、FTP 及
    Transmission 脱机下载目录。
    option 'name' 'root'
```

（3）给 Samba 创建用户访问密码。

使用如下命令给访问 Samba 服务器的用户创建密码，建议创建新的密码。

smbpasswd root XXXX   #为 root 用户创建 Samba 访问密码 XXXX。成功创建的密码，会存放在 /etc/samba/smbpasswd 文件下

🔔说明：从 Samba 创建密码的方式可以看出，密码是在本地有存储的。当用户忘记密码时，可以提请 Admin 用户（root）进行修改密码。

（4）启动 Samba 服务。

```
/etc/init.d/samba restart                    #重启 Samba 服务
/etc/init.d/samba enable                     #允许开机自启动
```

（5）通过终端访问。

在 Web 浏览器或者文件浏览器的地址栏中输入：file://192.168.1.1/，可以得到如图 9.86 所示结果。

图 9.86　通过终端访问的界面

（6）补充：通过 LuCI 配置 Samba，如图 9.87 所示。

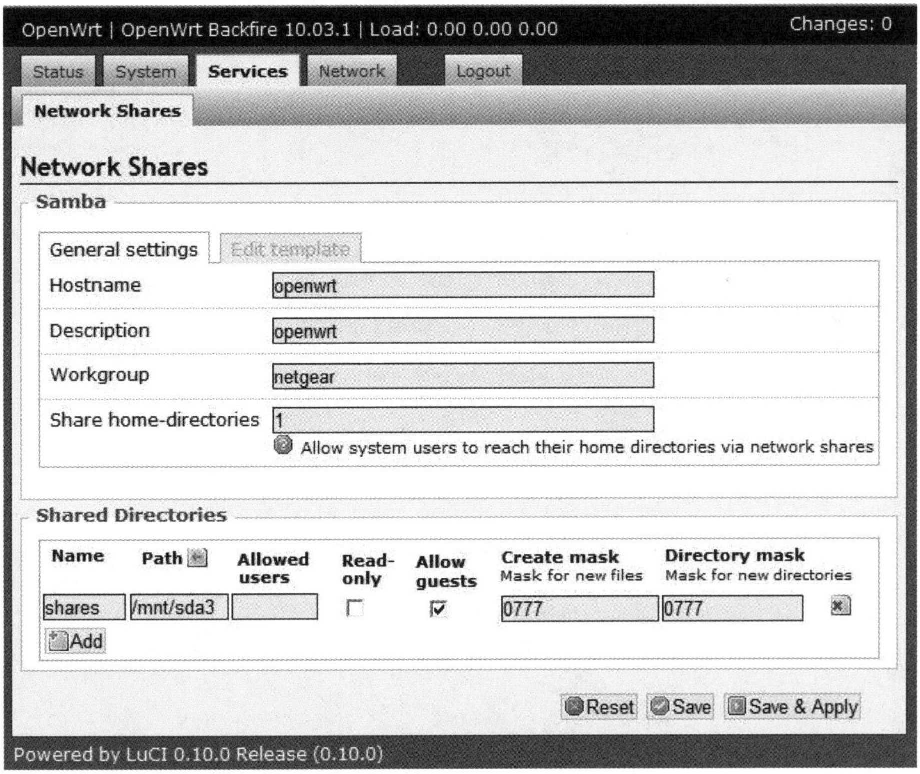

图 9.87　通过 LuCI 配置 Samba

6. 如何在OpenWrt系统中搭建vsFTP服务器

相比于之前复杂的操作，vsFTP 的安装则相当简单，可以参考相关网址：
http://www.wirelesser.net/index.php/tag/OpenWrt-vsftp/。

（1）安装 vsFTP，使用如下命令：

```
opkg update
opkg install vsftpd
```

（2）配置/etc/vsftpd.conf。

根据是否允许 anonymous 登录，选择不同的配置文件。

① 允许 anonymous：

```
background=YES
listen=YES
chown_uploads=YES
chown_username=root
ftp_username=nobody
#enable anonymous user
anonymous_enable=YES
anon_upload_enable=YES
anon_root=/mnt/anonymous
anon_mkdir_write_enable=YES
anon_max_rate=512000
local_enable=YES
write_enable=YES
local_umask=022
check_shell=NO
local_root=/mnt
chroot_local_user=yes
accept_timeout=60
idle_session_timeout=300
max_clients=600
max_per_ip=5
#dirmessage_enable=YES
ftpd_banner=Welcome to vsFTP service.
session_support=NO
syslog_enable=YES
```

② 不允许匿名访问：

```
secure_chroot_dir=/mnt/sda3/ftpdir          #创建对应的文件夹
ftp_username=root                           #允许的用户名 root
nopriv_user=root
background=YES
listen=YES
anonymous_enable=NO
local_enable=YES
write_enable=YES
local_umask=022
check_shell=NO
dirmessage_enable=YES
ftpd_banner=Welcome to vsFTP service.
syslog_enable=YES
max_clients=600
max_per_ip=5
accept_timeout=60                           #设置连接超时
```

（3）启动 vsftpd 服务：

```
/etc/init.d/vsftpd restart                      #重启 vsftpd 服务
/etc/init.d/vsftpd enable                       #允许开机自启动
```

一般情况下，Samba 文件共享服务是在局域网环境下使用的，这样较为安全。我们可以将 Samba 服务器挂载到本地文件系统中，用户可以将其当成系统的一个分区使用，简单而方便。

对于 FTP 文件传输服务器来说，建议使用匿名访问机制，允许用户访问及下载，限制用户的上传及修改权限，这样更为安全。

9.8.6　DDNS 服务

DDNS 是将用户的动态 IP 地址映射到一个固定的域名解析服务上，用户每次连接网络的时候客户端程序就会通过信息传递把该主机的动态 IP 地址传送给位于服务商主机上的服务器程序，服务器程序负责提供 DNS 服务并实现动态域名解析。

DDNS 捕获用户每次变化的 IP 地址，然后将其与域名相对应，这样其他上网用户就可以通过域名来进行交流。而最终客户所要记忆的全部，就是记住动态域名商给予的域名即可，而不用去管它们是如何实现的。

动态域名服务的对象是指 IP 是动态的、变动的。普通的 DNS 都是基于静态 IP，有可能是一对多或多对多，IP 都是固定的一个或多个。但 DDNS 的 IP 是变动的、随机的。随着市场需求的变化，DDNS 需求的功能也越来越多，越来越要求方便性，市场现在已经有了不少第三方 DDNS 支持的设备。

DDNS 可以架设在 Web\Mail\FTP 等服务器上，而不用去租虚拟主机。主机是开发者自己的，空间可根据自己的需求来扩充，维护也比较方便。有了网域与空间架设网站，FTP 服务器、Mail 服务器都不成问题。

如果有对 VPN 的需求，有了 DDNS 就可以用普通上网方式方便地建立 Tunnel。透过网域的方式连结，实现远端管理、远端存取、远端打印等功能。

DDNS 配置步骤：

（1）设置/etc/config/ddns：

```
config 'service' 'myddns'
        option 'interface' 'wan'                        #选择接口，WAN 或 LAN
        option 'check_interval' '10'                    #检查 IP 变动的时间间隔
        option 'check_unit' 'minutes'                   #检查 IP 变动的时间单位
        option 'enabled' '1'                            #是否启用
        option 'ip_source' 'web'                        #IP 来源（网络、接口、URL）
        option 'service_name' 'changeip.com'            #选择服务商
        option 'domain' 'XXXXXXXX'                      # XXXXXXXX 动态域名
        option 'username' 'YYYYYY'                      # YYYYYY 用户名
        option 'password' 'ZZZZZZ'                      # ZZZZZZ 密码
        option 'ip_url' ' http://[USERNAME]: [PASSWORD]@nic.changeip.com/
```

```
nic/update?u=[USERNAME]&p=[PASSWORD]&cmd=update&hostname=[DOMAIN]
&ip=[IP]"'                                    #IP 的更新 URL
option 'force_interval' '2'                   #强制更新间隔时间
option 'force_unit' 'minutes'                 #强制更新间隔时间单位
```

（2）添加 DDNS 的 IP 变动的触发事件。进入\etc/hotplug.d/iface/增加一个 30-ifup.sh，一旦网络发生变化，检查 IP 设置。

```sh
#!/bin/sh
# wan ifup
password=XXXXXXXX
username=YYYYYYYY
ddns=ZZZZZZZZZZZ
[ $ACTION = "ifup" -a $INTERFACE = "wan" ] && {
        ifconfig wan >> /tmp/mail.txt
        cat /tmp/mail.txt | ssmtp -v examples@maildomian.com   # mail address
        sleep 60
        cat /tmp/mail.txt | ssmtp -v examples@maildomian.com
 }
wget-q-0- 'http://nic.changeip.com/nic/update?u=$username&p=${password}
&hostname
=${ddns}&iffline=1'
wget -q -0- 'http://ip.changeip.com/'
```

9.9 OpenWrt 应用程序编程实例

本节所讲的 Linux 下和云端通信的例程，在 Ubuntu 和 OpenWrt 上都已通过测试。

（1）HTTP 请求数据流

```
#上传数据，yeelink 的数据流如下
POST /v1.0/device/4420/sensor/9089/datapoints HTTP/1.1
Host: api.yeelink.net
U-ApiKey: 729d1ba15b26b6a48f4807ef3f2f4df4
Content-Length: 49
Content-Type: application/x-www-form-urlencoded
Connection: Close
{"timestamp":"2013-07-23T06:04:15","value":21.9}
#上传数据，lewer50 的数据流如下
POST /api/V1/gateway/UpdateSensors/01 HTTP/1.1
Host: www.lewei50.com
userkey: 36be8ff22f794f1e8a0bee3336eef237
Content-Length: 31
Content-Type: application/x-www-form-urlencoded
Connection: Close
[{"Name":"T1","Value":"24.02"}]
```

（2）代码 http_clound.h 文件如下：

```
1. /*-----------------------------------------------------------------
2. 云端查询: http://www.yeelink.net/devices/4420, http://www.lewei50.com/
   u/g/2375
```

```
3.
4.  #调用例程
5.  float current_temp = 24.02;
6.  yeelink_create_data(YEELINK_DEVICE_ID, YEELINK_SENSOR_ID, current_temp);
7.  lewei50_create_data(LEWEI50_DEVICE_ID, current_temp);
8.
9.  Linux 下三种方法和云端通信：
10. 1.纯利用 Linux 的网络函数
11. 2.利用 libcurl 的发送和接收函数
12. 3.利用 libcurl 的回调机制
13.
14. #上传数据，yeelink 的字符流如下
15. POST /v1.0/device/4420/sensor/9089/datapoints HTTP/1.1
16. Host: api.yeelink.net
17. U-ApiKey: 729d1ba15b26b6a48f4807ef3f2f4df4
18. Content-Length: 49
19. Content-Type: application/x-www-form-urlencoded
20. Connection: Close
21.
22. {"timestamp":"2013-07-23T06:04:15","value":21.9}
23.
24. #上传数据，lewer50 的字符流如下
25. POST /api/V1/gateway/UpdateSensors/01 HTTP/1.1
26. Host: www.lewei50.com
27. userkey: 36be8ff22f794f1e8a0bee3336eef237
28. Content-Length: 31
29. Content-Type: application/x-www-form-urlencoded
30. Connection: Close
31.
32. [{"Name":"T1","Value":"24.02"}]
33.
34. lewei50 ret = {"Successful":true,"Message":"Warning: T1\u0027s
    frequency limit is 10s; "}
35.
36. V1.0 2013-11-5 初步实现了上面三种方法的 Demo
37.    错误: bfe06000-bfe1b000 rw-p 00000000 00:00 0 [stack], 修改: char
    pc_ret[200] -> char pc_ret[500]
38.
39. -----------------------------------------------------------------*/
40.
41. #ifndef HTTP_CLOUD_H
42. #define HTTP_CLOUD_H
43.
44. //将有 replace 的地方换成自己的参数
45. #define YEELINK (1)      //www.yeelink.net
46. #define LEWEI50 (1)      //www.lewei50.com
47.
48. #if(YEELINK== 1)
```

```
49. #define YEELINK_URL"http://api.yeelink.net"
50. #define YEELINK_HOST"api.yeelink.net"          //网址，由此获得公网IP
51. #define YEELINK_PORT80
52. #define YEELINK_API_KEY"729d1ba15b26b6a48f4807ef3f2f4df4"//replaceyour
    yeelink api key here.
53. #define YEELINK_DEVICE_ID4420//replaceyour device ID
54. #define YEELINK_SENSOR_ID9089//replaceyour sensor ID
55. #endif
56.
57. #if(LEWEI50==1)
58. #define LEWEI50_GATEWAY 01                      //网关号
59. #define LEWEI50_URL "http://www.lewei50.com/api/V1/gateway/Update
    Sensors/01"
60. #define LEWEI50_HOSTwww.lewei50.com             //网址，由此获得公网IP
61. #define LEWEI50_PORT80
62. #define LEWEI50_HOST_FILE "api/V1/gateway/UpdateSensors/01"
63. #define LEWEI50_USER_KEY "36be8ff22f794f1e8a0bee3336eef237"
    //replaceyour lewei50 key here.
64. #define LEWEI50_DEVICE_ID"T1"                   //更换设备ID
65. #endif
66.
67. #define DATA_CREATE (0)                         //创建数据点
68. #define DATA_MODIFY (1)                         //修改数据点
69. #define DATA_QUERY (2)                          //查询数据点
70.
71. #define HTTP_GET"GET"
72. #define HTTP_PUT"PUT"
73. #define HTTP_HEAD"HEAD"
74. #define HTTP_POST"POST"
75. #define HTTP_DELETE"DELETE"
76.
77. #define MAX_SEND_BUFFER_SIZE (2*1024*1024)
78. #define MAX_RECV_BUFFER_SIZE (2*1024*1024)
79. #define MAX_HEADER_BUFFER_SIZE (128*1024)
80.
81. //http请求与接受的buffer总体结构
82.
83. //param_buffer_t中buffer的内容
84. typedef struct {
85. char*ptr;                                   /**<缓冲区首指针*/
86. FILE*fp;                                    /**<文件指针*/
87.     unsigned int left;                      /** 缓冲区剩余大小 */
88.     unsigned int allocated;                 /** 缓冲区总大小 */
89.     unsigned short code;                    /**返回码 */
90. } param_buffer_t;
91.
92. typedef struct {
93.     param_buffer_t *send_buffer; /**< send buffer */
```

```
94.      param_buffer_t *recv_buffer; /**< receive buffer */
95.      param_buffer_t *header_buffer; /**< header buffer */
96. } curl_request_param_t;
97.
98. extern int yeelink_create_data(const int device_id, const int sensor_
    id, const float device_value);
99. extern int lewei50_create_data(const char *device_id, const float
    device_value);
100.
101. #endif
```

（3）利用 Linux 的网络函数实现云端通信。

```
/*-------------------------------------------------------------------
1. 直接利用 Linux 的内部函数实现云端通信，另外可以利用 libcurl 的 API
2. -----------------------------------------------------------------*/
3. #include <stdio.h>
4. #include <stdlib.h>
5. #include <string.h>
6. #include <sys/types.h>
7. #include <sys/socket.h>
8. #include <errno.h>
9. #include <unistd.h>
10. #include <netinet/in.h>
11. #include <limits.h>
12. #include <netdb.h>
13. #include <arpa/inet.h>
14. #include <ctype.h>
15. #include <time.h>
16. #include <assert.h>
17.
18. #include "../http_cloud.h"
19.
20. #define DBG printf
21.
22. //-------------------------------------------------------------------
23. static void get_local_time(char *pc_str)
24. {
25.     time_t now;
26.     struct tm *timenow;
27.
28.     assert(pc_str != NULL);
29.     time(&now);
30.     timenow = localtime(&now);
31.     sprintf(pc_str, "%04d-%02d-%02dT%02d:%02d:%02d", timenow->tm_
    year+1900, timenow->tm_mon+1, timenow->tm_mday,
32.             timenow->tm_hour, timenow->tm_min, timenow->tm_sec);
33. }
34.
```

```
35.  //连接云端: host_addr: 网址（如 api.yeelink.net），portno:端口号（一般为 80），
     request: 完整的请求
36.  //返回参数: \r\n\r\n 之后的数据，一般为有效数据，如{"Successful":true,
     "Message":"Successful. "}
37.  static char connect_cloud(char *pc_ret, const char *host_addr, const
     int portno, const char *request)
38.  {
39.      int sockfd = 0;
40.      char buffer[1024] = "";
41.      struct sockaddr_in server_addr;
42.      struct hostent *host;
43.      //int portno = 80;                          //默认端口
44.      int nbytes = 0;
45.      //char host_addr[256] = "";
46.      //char host_file[1024] = "";
47.      char pc_tmp[1024] = "";
48.      int send = 0, totalsend = 0;
49.      int i = 0, iLen = 0, iRet = 0, iPos = 0, mark_num;
50.
51.      assert((pc_ret != NULL)&&(host_addr != NULL)&&(request != NULL));
52.
53.      //由 host_addr 取得主机 IP 地址
54.      if((host = gethostbyname(host_addr)) == NULL) {
55.          fprintf(stderr, "Gethostname error, %s\n ", strerror(errno));
56.          exit(1);
57.      }
58.
59.      //客户程序开始建立 sockfd 描述符，建立 SOCKET 连接
60.      if((sockfd = socket(AF_INET, SOCK_STREAM, 0)) == -1) {
61.          fprintf(stderr, "Socket Error:%s\a\n ",strerror(errno));
62.          exit(1);
63.      }
64.
65.      //客户程序填充服务端的资料
66.      bzero(&server_addr, sizeof(server_addr));
67.      server_addr.sin_family = AF_INET;
68.      server_addr.sin_port = htons(portno);
69.      server_addr.sin_addr = *((struct in_addr*)host->h_addr);
70.      //DBG("server_addr.sin_addr = %08X\n", server_addr.sin_addr);
         //server_addr.sin_addr = CB3888CA
71.
72.      //客户程序发起连接请求，连接网站
73.      if(connect(sockfd, (struct sockaddr*)(&server_addr), sizeof(struct
         sockaddr)) == -1) {
74.          fprintf(stderr, "Connect Error:%s\a\n ",strerror(errno));
75.          exit(1);
76.      }
77.
```

```
78.    //发送 HTTP 请求 request
79.    send = 0;
80.      totalsend = 0;
81.    nbytes = strlen(request);
82.    while(totalsend < nbytes)
83.    {
84.      send = write(sockfd, request+totalsend, nbytes-totalsend);
85.      if(send == -1) {
86.          DBG( "send error!%s\n ", strerror(errno));
87.          exit(0);
88.      }
89.      totalsend += send;
90.      //DBG("%d bytes send OK!\n ", totalsend);
91.    }
92.
93.    //DBG( "\nThe following is the response header:\n");
94.    i = 0;
95.    mark_num = 4;                              //正常=4
96.    //连接成功了，接收 http 响应
97.    while((nbytes = read(sockfd, buffer, 1)) == 1)
98.    {
99.      //DBG("%c", buffer[0]);
100.      if(i < mark_num) {
101.          if(buffer[0] == '\r' || buffer[0] == '\n') {
102.              i++;
103.              //DBG("i = %d, ", i);
104.
105.              if (iRet == 0) {
106.                  pc_tmp[iPos] = '\0';
107.                  if (!strcmp(pc_tmp, "HTTP/1.1 200 OK")) {
108.                      iRet = 1;
109.                  }
110.              }
111.          }
112.      else {
113.              i = 0;                          //新行重新计数
114.              pc_tmp[iPos++] = buffer[0];
115.          }
116.      }
117.      else {
118.          pc_ret[iLen++] = buffer[0];          //获取有效数据
119.      }
120.    }
121.    close(sockfd);
122.
123.    pc_ret[iLen] = '\0';
124.    DBG("\nret(%d): %s\n", iLen, pc_ret);
125.    return(iRet);
```

```
126. }
127.
128. #if (YEELINK == 1)
129. int yeelink_create_data(const int device_id, const int sensor_id, const
     float device_value)
130. {
131.     char pc_ret[200], request[1024], pc_json[100], pc_time[30], pc_
         host_file[100], pc_header[100], ret;
132.     int len;
133.
134.     sprintf(pc_host_file, "v1.0/device/%d/sensor/%d/datapoints",
         device_id, sensor_id);
135.     sprintf(pc_header, "U-ApiKey: %s", YEELINK_API_KEY);
136.
137.     get_local_time(pc_time);
138.     sprintf(pc_json,"{\"timestamp\":\"%s\",\"value\":%.2f}",pc_time,
         device_value);
139.     len = strlen(pc_json);
140.
141.     sprintf(request, "POST /%s HTTP/1.1\r\nHost: %s\r\nAccept: */*\r\
         n%s\r\nContent-Length: %d\r\nContent-Type: application/x-www-
         form-urlencoded\r\nConnection: Close\r\n\r\n%s\r\n",
142.         pc_host_file, YEELINK_HOST, pc_header, len, pc_json);
143.     DBG("request = %s\n", request);
144.
145.     ret=connect_cloud(pc_ret,YEELINK_HOST,YEELINK_PORT,request);
146.
147.     return(ret);
148. }
149. #endif
150.
151. #if (LEWEI50 == 1)
152. //curl --request POST http://www.lewei50.com/api/V1/Gateway/Update
     Sensors/01 --data "[{\"Name\":\"T1\",\"Value\":\"23.08\"}]" -header
     "userkey:36be8ff22f794f1e8a0bee3336eef237"
153. int lewei50_create_data(const char*device_id,const float device_value)
154. {
155.     char pc_ret[200],request[1024],pc_json[100],pc_header[100],ret;
156.     int len;
157.
158.     assert(device_id != NULL);
159.
160.     sprintf(pc_header, "userkey: %s", LEWEI50_USER_KEY);
161.     sprintf(pc_json, "[{\"Name\":\"%s\",\"Value\":\"%.2f\"}]",
         device_id, device_value);
162.     len = strlen(pc_json);
163.
164.     sprintf(request, "POST /%s HTTP/1.1\r\nHost: %s\r\nAccept: */*\r\
         n%s\r\nContent-Length: %d\r\nContent-Type: application/x-www-
```

```
                   form-urlencoded\r\nConnection: Close\r\n\r\n%s\r\n",
165.          LEWEI50_HOST_FILE, LEWEI50_HOST, pc_header, len, pc_json);
166.      DBG("request = %s\n", request);
167.
168.      ret =connect_cloud(pc_ret,LEWEI50_HOST,LEWEI50_PORT,request);
169.
170.      return(ret);
171. }
172. #endif
173.
174. //--------------------------------------------------------------
175. int main(void)
176. {
177.      float f_value = 15.02;
178.      int i_tmp;
179.
180.      time_t t;
181.      srand((unsigned)time(&t));              //初始化随机种子,否则随机数不随机
182.
183.      i_tmp = rand();
184.      i_tmp -= (i_tmp >> 4 << 4);
185.    f_value += i_tmp;
186.
187. #if (YEELINK == 1)
188.      yeelink_create_data(YEELINK_DEVICE_ID,YEELINK_SENSOR_ID,f_value);
189. #endif
190.
191. #if (LEWEI50 == 1)
192.      lewei50_create_data(LEWEI50_DEVICE_ID, f_value);
193. #endif
194.
195.      return 1;
196. }
```

（4）Makefile 文件如下，当 OPENWRT = 0 时目标文件运行在 Ubuntu 下。

```
1. OPENWRT = 1
2.
3. ifeq ($(OPENWRT), 1)
4.     CC = ~/OpenWrt-SDK-ar71xx-for-linux-i486-gcc-4.6-linaro_uClibc-0.
       9.33.2/staging_dir/toolchain-mips_r2_gcc-4.6-linaro_uClibc-0.9.
       33.2/bin/mips-OpenWrt-linux-gcc
5.     CFLAGS += -I ~/OpenWrt-lib/include -L ~/OpenWrt-lib/lib
6.
7. else
8.     CC = gcc
9. endif
10.
11. CFLAGS += -Wall -O2
```

```
12. #CFLAGS += -g
13.
14. #可执行文件名和相关的 obj 文件
15. APP_BINARY = http_cloud
16. SRCS += http_cloud.c
17. OBJS = $(SRCS:.c=.o)
18. all: APP_FILE
19. APP_FILE: $(OBJS)
20.    $(CC) $(CFLAGS) $(OBJS) -o $(APP_BINARY) $(LFLAGS)
21. .PHONY: clean
22. clean:
23.    @echo "cleanning project"
24.    $(RM) *.a $(OBJS) *~ *.so *.lo $(APP_BINARY)
25.    @echo "clean completed"
```

编译过程如下：

```
xxg@xxg-desktop:~/1-wire/http_cloud/linux_only$ make
gcc -Wall -O2   -c -o http_cloud.o http_cloud.c
gcc -Wall -O2 http_cloud.o -o http_cloud
```

（5）运行结果如下：

```
xxg@xxg-desktop:~/1-wire/http_cloud/linux_only$ ./http_cloud
request = POST /v1.0/device/4420/sensor/9089/datapoints HTTP/1.1
Host: api.yeelink.net
Accept: */*
U-ApiKey: 729d1ba15b26b6a48f4807ef3f2f4df4
Content-Length: 49
Content-Type: application/x-www-form-urlencoded
Connection: Close
{"timestamp":"2013-11-05T14:32:48","value":16.02}
ret(5): 0
request = POST /api/V1/gateway/UpdateSensors/01 HTTP/1.1
Host: www.lewei50.com
Accept: */*
userkey: 36be8ff22f794f1e8a0bee3336eef237
Content-Length: 31
Content-Type: application/x-www-form-urlencoded
Connection: Close
[{"Name":"T1","Value":"16.02"}]
ret(44): {"Successful":true,"Message":"Successful. "}
xxg@xxg-desktop:~/1-wire/http_cloud/linux_only$
```

9.10 小　结

　　本章介绍了 OpenWrt 操作系统的开发流程。对大多数开发者而言，OpenWrt 是智能路由器、智能网关、智能边缘服务器等物联网边缘计算设备首选的操作系统。本章讲解了 OpenWrt 编程、编译、设置和 OpenWrt 路由器开发的详细过程。

9.11　习　　题

1．OpenWrt 是什么样的操作系统？

2．OpenWrt 开发环境搭建，在纯 UNIX 操作系统和 Windows 操作系统中环境搭建有何不同？

3．Feeds 对于安装依赖库有何帮助？

4．OpenWrt 固件烧写有哪些方法？

5．通过路由器刷机 OpenWrt 固件，开发者一般想达到什么效果？

第 10 章　设备底层驱动编程

众所周知，设备驱动是系统内核的一部分，那么驱动在内核中到底扮演什么角色呢？其在物联网（IOT）技术相关产品开发中又如何发挥自身作用呢？本章将带大家走进设备底层驱动编程的世界。

10.1　设备驱动简介

10.1.1　引言

在 Linux 系统内核中，设备驱动程序作为一个个独立的"单元"存在，且均具有独立响应外部或内部特定硬件的方法，这些方法完全隐藏了硬件设备的工作细节（即驱动程序均基于统一的封装层进行编写，使得上层应用看不到且不必看到其实现细节），上层应用只需要通过一组标准化的调用执行，而这些调用独立于特定的驱动程序。驱动程序的任务是把这些标准化调用映射到实际硬件设备的特有操作上。

驱动程序编写时，开发者需要注意以下约束：编写访问硬件的内核代码时，不要添加额外限制，比如读、写操作时必须基于特定偏移、文件不支持多次打开等约束，底层驱动只需要关注最根本的硬件访问策略即可，上层应用只需要遵循统一使用策略即可。

底层驱动程序可以看作是上层应用与底层硬件之间的媒介。相同的底层硬件绑定不同的底层驱动，可实现不同的功能。底层驱动设计开发过程中需要关注以下 3 个方面：

- 提供给上层应用尽可能多的自由度，即更少的约束；
- 驱动方法实现尽可能简洁，以提高功能响应效率；
- 驱动方法运行时间尽可能短，将问题更多推送至应用端。

设备底层驱动在物联网领域处于设备端，基本是五花八门的部分，其他领域后端或者前端经过十多年的发展，已经出现每个细节的主流技术，基本没有碎片化的情况。但是在设备端，对众多的操作系统及开发语言来说无疑增加了开发难度，本章将以嵌入式 Linux C 为例进行论述。

对于"非裸"系统的硬件平台，设备驱动无疑是必须的，原因在于需要底层驱动支持中断、寄存器访问、内存分配等诸多工作。

10.1.2　设备驱动分类

了解了驱动在内核中扮演的角色，我们还可以简单了解一下内核中包含的其他模块。一般把内核功能分成：进程管理、内存管理、文件系统、设备控制和网络功能几部分。操作系统原理方面分为：处理器管理、进程管理、文件管理、存储管理、设备管理、网络与通信管理，以及用户接口，其中处理器管理其实就是进程管理。因为处理器的分配和执行都是以进程为基本单位的。而存储管理说的就是内存管理。

计算机上有网卡、显卡、声卡等，还有外接 U 盘和打印机等外设，这么多的设备有没有分类呢？很明显，根据设备的接口，可以分为 USB 设备、串口设备、PCI 设备、SPI 设备和 IIC 设备等。下面对 Linux 系统中所有设备的分类进行介绍，并简单介绍它们之间的区别。

1. 字符设备（character device）

字符设备是能够像字节流（类似文件）一样被访问的设备，由字符设备驱动程序来实现这种特性。字符设备驱动程序通常至少要实现 open、close、read 和 write 系统调用。字符设备可以通过文件系统节点来访问，这些设备文件和普通文件之间的唯一差别在于对普通文件的访问可以前后移动访问位置，而大多数字符设备是一个只能顺序访问的数据通道。一个字符设备是一种字节流设备，对设备的存取只能按顺序、按字节地存取，而不能随机访问，字符设备没有请求缓冲区，所有的访问请求都是按顺序执行的。事实上，现在一些高级字符设备也可以从指定位置一次读取一串数据。

2. 块设备（block device）

块设备也是通过设备节点来访问。块设备上能够容纳文件系统。在大多数 UNIX 系统中，进行 I/O 操作时块设备每次能传输一个或多个完整的块，而每块包含 512 字节（或更多字节的数据）。Linux 可以让应用程序像字符设备一样读、写块设备，允许一次传递任意多字节的数据。因而，块设备和字符设备的区别仅仅在于内核内部管理数据的方式，也就是内核及驱动程序之间的软件接口，而这些不同对用户来讲是透明的。在内核中，和字符驱动程序相比，块驱动程序具有完全不同的接口。存储设备一般属于块设备，块设备有请求缓冲区，并且支持随机访问而不必按照顺序去存取数据，比如可以先存取后面的数据，然后再存取前面的数据，这对字符设备来说是不可能的。Linux 下的磁盘设备都是块设备，尽管在 Linux 下有块设备节点，但应用程序一般是通过文件系统及其高速缓存来访问块设备的，而不是直接通过设备节点来读、写块设备上的数据。

3．网络设备（network device）

网络设备不同于字符设备和块设备，它是面向报文的而不是面向流的，它不支持随机访问，也没有请求缓冲区。由于不是面向流的设备，因此将网络接口映射到文件系统中的节点比较困难。内核和网络设备驱动程序间的通信，完全不同于内核和字符及块驱动程序之间的通信，内核调用的是一套和数据包传输相关的函数，而不是 read 和 write。网络接口没有像字符设备和块设备一样的设备号，只有一个唯一的名字，如 eth0、eth1 等，而这个名字也不需要与设备文件节点对应。

字符设备与块设备的区别如下：

- 字符设备是面向流的，最小访问单位是字节；而块设备是面向块的，最小访问单位是 512 字节或更多的字节。
- 字符设备只能顺序按字节访问，而块设备可随机访问。
- 块设备上可容纳文件系统，访问形式上字符设备通过设备节点访问，而块设备虽然也可通过设备节点访问，但一般是通过文件系统来访问数据的。
- 网络设备没有设备节点，是因为网络设备是面向报文的，很难实现相关 read、write 等文件读、写函数。所以驱动的实现也与字符设备和块设备不同。

10.1.3　驱动模块程序结构

Linux 内核整体架构十分庞大，开发人员期望其包含所有功能组件。若将所有功能组件均编译进内核，必然会导致内核臃肿不堪，且新增或修改功能组件时需要重新编译内核，又进一步增加了调试成本。幸运的是，Linux 系统提供的 module 特性可以有效解决上述问题，简要的说 Linux module 具备如下特性：

- 无须编译进内核，独立于内核编译存在；
- 加载至内核后可直接工作，与编译进内核的驱动无差异。

一般来说，完整的 Linux 内核驱动模块会包含以下几方面。

1．加载函数

对于加载内核驱动模块，Linux 提供如 insmod 和 modprobe 指令，二者的使用细节具有一定差异，简单描述如下：

- insmod 需要指定驱动模块绝对路径加载，modprobe 可直接指定模块名称加载；
- insmod 无法识别模块依赖，需要先手动加载依赖模块，modprobe 可自动识别处理模块依赖性。
- insmod 不限制模块路径，modprobe 要求模块必须放至/lib/modules/`uname -r`路径下，且必须执行 depend –a 生成模块依赖规则。

模块加载函数会在模块加载进内核后自动执行，进而完成相关初始化工作。Linux 内核模块加载函数一般使用__init 声明，示例如下：

```
static int __init test_module_init(void)
{
int rc = -EINVAL;
/*初始化代码*/
return rc;
}
module_init(test_module_init);
```

示例中，module_init(加载函数名)用以指定模块加载函数，其返回值类型为整型。返回值为 0 标识模块加载成功，返回值为非 0 时标识失败。Linux 内核驱动一般使用负数标识对应的错误码，如-EINVAL、-ENOMEM 等。适当使用错误码，可有效提高错误场景问题定位的效率。

大多数情况在用户态加载驱动模块，其实内核态也能加载驱动模块，具体接口为：

```
request_module(module_name);
```

前面提到的__init 标识主要用以主动将驱动模块放至.init.text 段内；如果 Linux 驱动模块直接编译进内核，则驱动模块链接阶段就会直接放至.init.text 区段内。

```
#define __init __attribute__((__section__(".init.text")))
```

与此同时，__init 函数在区段.initcall.init 还保留了一份函数指针拷贝，系统启动阶段执行 rest_init->do_basic_setup 时会主动遍历所有区段，并依次调用__init 函数对应的函数指针进行初始化动作，且初始化完成后会主动释放对应区段的内存。

2. 卸载函数

无独有偶，驱动模块卸载函数可以用__exit 标识，其典型写法如下：

```
static void __exit test_module_exit(void)
{
/*清除操作代码*/
}
```

卸载函数在驱动模块卸载时执行，返回值类型为 void，一般用以释放初始化阶段申请的对象内存。需要注意的是，若驱动模块被编译进内核，其卸载函数原则上不是必需的，因为外部无法手动卸载它。

3. 许可证

许可证（LICENSE）用以声明驱动模块的使用权限，若驱动模块未声明许可证，加载驱动模块时会提示加载失败。

Linux 内核模块部分支持多种许可证，比如 GPL、GPL v2、Dual BSD/GPL 等，一般常用的为 GPL 兼容许可证。其常见声明格式如下：

```
MODULE_LICENSE("GPL");
```

4．模块参数

模块参数主要用于外部向驱动模块传递参数，其常见声明格式如下：

```
static char *test_str = "Just a module param test";
module_param(test_str, charp, S_IRUGO);
```

模块参数一般跟随模块加载阶段写入，形式如下：

```
insmod（或 modprobe）module_name  参数名=参数值
```

模块参数传入不是强制执行的流程，模块加载阶段若未传入有效参数，则驱动模块使用默认参数值；若驱动模块被编译进内核，则无法执行 insmod 加载传入流程，但仍可通过修改 GRUB 参数列表传入，格式为"模块名.参数名=值"。

模块参数包含诸多参数类型，比如 byte、short、int、uint 和 charp 等，模块编译阶段会校验 module_param 声明的类型与定义类型是否一致，若不一致则报错。

除了单个参数传入方式外，Linux 还支持批量传入方法，即参数组。具体形式如下：

```
module_param_array(数组名,数组类型,数组长度,参数读/写权限);
```

前面一直描述的是模块加载阶段的参数传入方法，其实 Linux 还提供了另一种模块参数传递方法，具体方法如下：

（1）模块参数读/写权限不能定义为 0，否则该方法无效。

（2）参数权限声明为非 0 且模块加载成功后，/sys/module 路径下会自动生成驱动模块同名目录，且内部包含 parameter 子目录。

（3）手动 echo 参数值>/sys/module/模块名/parameter/参数即可成功修改参数。

5．模块导出符号

Linux 内核符号表，就是在内核的内部函数或变量中，可供外部使用的函数和变量的符号表，简单说就是一个索引文件，目的是为了让外部功能组件知道 Linux 内核内部函数或变量地址分配情况。

符号表存储位置主要分为两类：

- 一种是随着内核编译自动生成的 System.map 文件，内核运行报错时，通过 System.map 中的符号地址映射关系进行解析，转译成方便用户识别的符号名称，而不是直接按地址格式呈现，提高问题定位效率。
- 另一种是随内核启动自动创建的/proc/kallsyms 文件，其依托 proc 虚拟文件系统创建，并且实时更新，反映系统当前最新情况，不仅包含编译进内核的驱动函数、变量信息，也包含动态添加的驱动模块相关信息。需要注意的是，若要内核启用 kallsyms 功能，必须进行内核配置，在编译内核之前执行 make menuconfig 指令进行内核配置，主要是将 CONFIG_KALLSYMS 或 CONFIG_KALLSYMS_ALL 设置为 y。

一般，/proc/kallsyms 文件的格式如图 10.1 所示。

```
[root@localhost /]# cat /boot/System.map-3.10.0-327.el7.x86_64 |head
0000000000000000 A VDSO32_PRELINK
0000000000000000 D __per_cpu_start
0000000000000000 D irq_stack_union
0000000000000000 A xen_irq_disable_direct_reloc
0000000000000000 A xen_save_fl_direct_reloc
0000000000000040 A VDSO32_vsyscall_eh_frame_size
00000000000001e9 A kexec_control_code_size
00000000000001f0 A VDSO32_NOTE_MASK
0000000000000400 A VDSO32_sigreturn
0000000000000410 A VDSO32_rt_sigreturn
[root@localhost /]#
[root@localhost /]# cat /proc/kallsyms |head
0000000000000000 D irq_stack_union
0000000000000000 D __per_cpu_start
0000000000004000 d exception_stacks
0000000000009000 D gdt_page
000000000000a000 D cpu_llc_shared_map
000000000000a008 D cpu_core_map
000000000000a010 D cpu_sibling_map
000000000000a018 D cpu_llc_id
000000000000a01c D cpu_number
000000000000a020 D x86_bios_cpu_apicid
```

图 10.1　/proc/kallsyms 文件格式

其中，最左侧一列为符号地址，中间一列标识符号类型，最右侧一列则为符号名称。

Linux 内核中若驱动模块有被其他内核代码调用的需求时，需主动将内核驱动方法导入内核符号表中，具体方法如下：

```
EXPORT_SYMBOL(symbol_name);
EXPORT_SYMBOL_GPL(symbol_name);
```

导出的符号可以被其他驱动模块使用，只需要在使用前声明即可。下面给出符号导出示例，如图 10.2 所示。

```
 5  #include <linux/kernel.h>
 6  #include <linux/init.h>
 7  #include <linux/module.h>
 8  #include <linux/errno.h>
 9  #include <linux/fs.h>
10
11  int add(int a, int b)
12  {
13      return a + b;
14  }
15
16  EXPORT_SYMBOL_GPL(add);
17
18  int sub(int a, int b)
19  {
20      return (a - b);
21  }
22
23  EXPORT_SYMBOL_GPL(sub);
24
25  MODULE_LICENSE("GPL");
```

图 10.2　符号导出示例

模块成功加载后，查看/proc/kallsyms 文件便可看到新导出的 add/sub 符号信息，如图 10.3 所示。

```
ffffffffa07ec000 t add   [helloword]
ffffffffa07ec010 t sub   [helloword]
```

图 10.3 导出的符号信息

6．作者及信息声明

Linux 内核提供了声明作者信息、模块描述和版本等方法，就模块功能而言，此部分非必选项，不过全面详尽的信息描述能够提高模块的可读性。

常用的模块信息声明方法如下：

```
MODULE_AUTHOR(author);
MODULE_DESCRIPTION(description);
MODULE_VERSION(version_string);
MODULE_DEVICE_TABLE(table_info);
```

10.2 Linux 文件系统

Linux 文件系统中的文件是数据的集合，文件系统不仅包含着文件中的数据，而且还有文件系统的结构，所有 Linux 用户和程序看到的文件、目录、软连接及文件保护信息等都存储在其中。

登录 Linux 系统，打开 shell 终端，进入根目录，执行 ls –l 命令即可显示 Linux 全部文件及目录信息，文件目录的分类及其描述如表 10.1 所示。

表 10.1 Linux系统目录结构

目录名称	描述
bin	包含基本命令，如ls、mkdir、cp等，且均具备可执行属性
sbin	包含系统级命令，如depmod、iptables、insmod、rmmod等，主要为更高级的系统指令
dev	设备文件目录，提供实际硬件设备映射访问方法
etc	系统配置文件目录，包括系统启动配置、用户配置、安全策略等配置文件或脚本文件
lib	系统库文件目录，包括glibc、rpm软件包等
mnt	挂载目录，主要用以挂载外部设备，同时可以通过修改系统配置文件以实现上电挂载文件系统或外设的目的
opt	可选目录，存放一些临时文件
proc	虚拟文件系统目录，系统启动后自动挂载且自动生成包括CPU、内存在内的诸多属性目录及文件
tmp	存放临时文件

（续）

目录名称	描述
usr	用户目录，包括用户库及用户命令等文件
var	动态目录，存放core dump后的crash文件或系统日志文件等
sys	sysfs虚拟文件系统，主要用以维护动态设备目录，上电枚举或设备热插拔场景均会生成对应的设备节点目录

10.3　文件系统与设备驱动

当设备驱动独立存在时是无法工作的，需要依赖对应的文件系统方可实现整个数据读、写请求的闭环。如图 10.3 所示为 Linux 虚拟文件系统（VFS）、具体文件系统，以及设备文件与设备驱动程序间的关联关系。

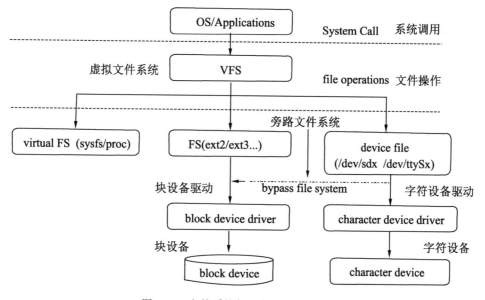

图 10.3　文件系统与设备驱动逻辑框图

结合图 10.3 可以看到块设备数据路径主要有两条，一条是上层用户执行 read/write 系统调用后通过 VFS 虚拟文件系统进行块设备读/写操作，VFS 会依据请求信息查找与设备绑定的真实文件系统，进而通过块设备驱动进行请求下发操作；另一条是直接读/写块设备文件（比如通过 dd 指令直接读、写/dev/sdx），请求无须真实文件系统参与便可直接操作块设备。字符设备则无须文件系统参与，依靠本身字符设备驱动提供的 file operations 读/写方法进行设备读/写操作。

结合图 10.3 及相关描述，可以发现字符设备可以正常工作需要依赖的两个重要因素是设备文件和 file operations 文件操作序列集。

1．设备文件

Linux 系统下设备管理与文件系统是紧密结合的，任何设备均以文件形式存在，一般放至/dev 目录下，称为设备文件。上层应用程序可以像操作普通文件一样任意打开/关闭/读/写设备文件，且针对设备文件的修改会通过设备驱动作用于设备上。关于设备文件不得不提到的概念是主设备号和次设备号，当我们创建设备节点时需要指定主、次设备号，对于设备而言，设备文件名不重要，设备号才是最重要的，通过主、次设备号便可以唯一地确定驱动程序和目标设备。

进入/dev 目录下，执行：ls –l|grep 设备文件即可查询其主、次设备号。

针对设备文件的创建，Linux 提供两种方法，即手动创建和自动创建。

2．手动创建

设备驱动模块加载后，依据事先定义的主设备号（251）通过命令 mknod 创建，具体如下：

```
mknod /dev/helloword c 251 1
```

其中，c 表示为字符设备创建设备文件，251 为主设备号，1 为次设备号。

3．自动创建

Linux 提供了一组函数，可以在驱动模块加载时自动创建设备文件，且模块卸载时自动删除设备节点，不过其依赖的前提是用户态必须存在 udev 设备监测程序；关联数据结构为 struct class。

设备结构体用以类成员注册，会在/sys/class 路径下生成对应的文件目录，文件目录中保存有后续生成设备节点所需的信息。

struct class_device：用以生成 class 下设备链表。为方便说明，提供以下示例供参考：

```
#include <linux/kernel.h>
…
struct class* test_class;
struct class_device* test_class_dev;

static int test_init(void)
{    major = register_chrdev(0,"test",&test_fops);
 test_class = class_create(THIS_MODULE, "test");
 test_class_dev = class_device_create(test_class,
NULL,
MKDEV(major,1),
NULL, "test");
 return 0;  }

static void test_exit(void)
{    unregister_chrdev(major, "test");
 class_device_unregister(test_class_dev);
 class_destroy(test_class);  }
```

```
module_init(test_init);
module_exit(test_exit);
```

struct file_operations 数据结构：Linux 为所有设备文件均提供了统一的操作接口，使用的便是 struct file_operations 数据结构，该数据结构包含诸多操作方法，比如 open、read、write 和 ioctl 方法等，驱动对外呈现统一的操作接口，但是实现却各不相同。

下面简单描述一下 file_operations 结构体及常用方法：

```
struct file_operations {
struct module *owner; /*拥有该结构体的模块指针，一般为 THIS_MODULE*/
loff_t (*llseek)(struct file*, loff_t, int);      /*用来修改文件当前读、写位置*/
ssize_t (*read)(struct file*, char __user*, size_t, loff_t*);
                                              /*从设备中读取同步数据*/
ssize_t (*write)(struct file*, const char __user*,size_t,loff_t*);
                                              /*向设备中写入同步数据*/
int (*ioctl)(struct inode*,struct file*,unsigned int,unsigned long);
                                              /*执行设备的 I/O 控制指令*/
int (*mmap)(struct file*,struct vm_area_struct*);
                                      /*用于请求将设备内存映射到进程地址空间*/
int (*open)(struct inode*,struct file*);         /*用以打开设备文件*/
int (*release)(struct inode*,struct file*);      /*用以关闭（释放）设备文件*/
… };
```

10.4　驱动编译及加载实例

在 Linux 下驱动程序加载可以分为静态和动态两种方式。其中静态加载就是把驱动程序直接编译进内核里，系统启动后可直接调用。静态加载的缺点就是调试起来比较麻烦，每次修改一个地方都要重新编译内核，效率非常低。动态加载则利用 Linux 的 module 特性，可以在系统启动后手动或者自动加载，在合适的时刻卸载。一般来说，嵌入式产品开发过程中均采用动态加载的策略，原因在于方便调试，调试完成之后便可以切换至静态加载模式即编译进内核。

为了便于理解，下面我们结合具体示例进行描述，在此之前需要进行以下说明：

打开 Linux 源码目录会发现顶层父目录及下属子目录均包含特殊文件即 Kconfig 和 Makefile。分布到各个目录的 Kconfig 构成了一套分布式的内核配置管理数据库，且每个目录的 Kconfig 负责其所属源目录的内核配置菜单。通常我们执行 make menuconfig 进行内核选项配置时，便会自动搜索各个目录的 Kconfig 内核配置信息进行呈现。配置完成保存退出后，顶层父目录下便会自动保存生成.config 内核配置文档。最终执行内核编译时，便是依据.config 配置执行编译选择。

结合上面对 Kconfig 的描述，大家应该知道 Kconfig 对应着具体的内核配置菜单，若要新增或者删除某个内核驱动，需要修改两类（注：两类而非两个）文档，即*Kconfig 和*Makefile。

针对.config 文档，其是执行 Make menuconfig 后自动生成的当前内核配置信息，内核中针对不同处理器架构也提供了诸多不同的.config 文档（如 arch/arm/config），可以依据自己的硬件平台配置进行选择，从而省去单独配置的必要性。

1．静态加载

鉴于所有软件开发启蒙开始于 hello word，所以本例依然采用 hello word 进行讲解。假设我们需要添加一个名为 helloword 的字符设备驱动，主设备号为 234，次设备号为 0（关于主/次设备号的描述后续章节会讲述），步骤如下：

（1）源文件拷贝

编写驱动源文件 helloword.c，并将其复制至 Linux 源码目录的 drivers 路径下，此处需要特殊说明的是，目标路径没有特别限制。内核源码树目录 drivers 下，其内部设备驱动文件又按照类别、类型等有序地组织了起来。

- 字符设备驱动文件在 drivers/char 路径下；
- 块设备驱动文件在 drivers/block 路径下；
- USB 设备驱动文件在 drivers/usb 路径下。

对于本例可放至 drivers/char 路径下，在该目录下存在许多 C 源文件及其他子目录，若设备驱动程序的源程序仅有一两个文件，则可以直接放在该目录下，如果驱动程序包含很多源文件和其他辅助文件，那么可以创建一个新子目录，使目录结构更清晰（注：为方便说明，本例中创建 helloword 子目录）。如图 10.4 所示为典型的字符设备驱动的主要内容，以供参考。

```
 2  * FILE: helloword.c
 3  * Date: 2018/08/06
 4  ***********************************************************/
 5  #include <linux/kernel.h>
 6  #include <linux/init.h>
 7  #include <linux/module.h>
 8  #include <linux/errno.h>
 9  #include <linux/fs.h>
10
11  static int __init helloword_init(void)
12  {
13      int ret = -EINVAL;
14
15      ret = register_chrdev(helloword_major,"test_drv",&test_fops);
16      if (ret) {
17          printk("char device register failed!\n");
18          ret = -EFAULT;
19          goto failed_register_chrdev;
20      }
21
22      return 0;
23  failed_register_chrdev:
24      return ret;
25  }
26
27  static void __exit helloword_exit(void)
28  {
29      unregister_chrdev(helloword_major,"test_drv");
30      printk("char device unregister succeed!\n");
31  }
32
33  module_init(helloword_init);
34  module_exit(helloword_exit);
35  MODULE_LICENSE("GPL");
```

图 10.4 典型的字符设备驱动示例程序

（2）修改 Kconfig 文件

如前面所述，Kconfig 文件用以提供内核的配置菜单。为此针对本例需要修改及添加对应的 Kconfig 文件。首先修改 helloword 目录的上级目录 Kconfig 文件（即 drivers/char/Kconfig）配置，具体修改如下：source "drivers/char/helloword/kconfig"

修改完成后，需要添加 helloword 目录的 Kconfig 文件，具体书写格式如图 10.5 所示。

```
 1 menu "HELLOWORD"
 2
 3 comment "HELLOWORD TEST DRIVER"
 4
 5 config HELLOWORD
 6     tristate "HELLOWORD"
 7     default n
 8     help
 9     if you say Y here,support for the helloword test driver will be compiled
10     into the kernel and accessible via device node, You can also say M here
11     and the driver will be built as module name helloword.ko.
12     if unsure, say N
13
14 endmenu
```

图 10.5　Kconfig 文件添加示意图

每个 config 菜单项都有类型定义：
- bool：布尔类型；
- tristate 三态：内建（Y）、模块（M）、移除（N）；
- string：字符串；
- hex：十六进制；
- integer：整型。

其中，bool 类型的只能选中或者不选中，tristate 类型的菜单项则增加了编译成模块的选项。

至此，Kconfig 文件修改完成，后面执行 make menuconfig 操作时，便可以看到新增的 HELLOWORD 驱动选项。

（3）修改 Makefile 文件

Makefile 文件主要负责目标文件编译规则制定的任务，故需要为其新增编译规则。类比于 Kconfig 文件的修改策略，同样需要修改上级目录及本目录下的 Makefile 文件，上级 drivers/char/Makefile 文件具体修改如图 10.6 所示。

```
68 obj-$(CONFIG_HELLOWORD)        += helloword/
69
```

图 10.6　上级目录 Makefile 添加示意图

源目录 drivers/char/helloword/Makefile 内容如图 10.7 所示。

```
#
# Makefile for the helloword test drivers.
#
obj-$(CONFIG_HELLOWORD) += helloword.o
```

图 10.7　新增目录 Makefile 添加示意图

至此 Makefile 文件修改完毕，下面便可以执行内核菜单配置及内核编译工作了。

跳转至内核源码顶层目录执行 make menuconfig 内核配置，按照目录树结构可查询到新增的 HELLOWORD 驱动选项，具体如图 10.8 所示。

```
  ↑(-)
  -*- Plug and Play support  --->
  [*] Block devices  --->
      Misc devices  --->
  < > ATA/ATAPI/MFM/RLL support (DEPRECATED)  --->
      SCSI device support  --->
  <M> Serial ATA and Parallel ATA drivers (libata)  --->
  [*] Multiple devices driver support (RAID and LVM)  --->
  <M> Generic Target Core Mod (TCM) and ConfigFS Infrastructure  --->
  [*] Fusion MPT device support  --->
      IEEE 1394 (FireWire) support  --->
  < > I2O device support  --->
  [*] Macintosh device drivers  --->
  -*- Network device support  --->
      Input device support  --->
      Character devices  --->
  [ ] HELLOWORD  --->
  {M} I2C support  --->
  [ ] SPI support  --->
      Qualcomm MSM SSBI bus support  --->
  < > HSI support  --->
      PPS support  --->
  ↓(+)

      <Select>    < Exit >    < Help >    < Save >    < Load >
```

图 10.8　menuconfig 菜单配置示意图

假设 HELLOWORD 驱动配置为内建类型，保存退出后，系统会将配置自动写入.config 文件，后续内核编译时便依据该配置文件执行。.config 文件内容如图 10.9 所示。

```
#
# HELLOWORD
#

#
# HELLOWORD TEST DRIVER
#
CONFIG_HELLOWORD=y
```

图 10.9　.config 配置文件示例

2．动态加载

Linux 驱动程序动态加载主要利用 Linux module 特性，可以在系统启动后通过 insmod 或 modprobe 指令执行驱动加载操作；不需要时则执行 rmmod 或 modprobe –r 卸载驱动模块，所以动态加载方式非常适用于产品开发阶段。

这里同样以 helloword.c 驱动程序为例来描述动态加载方式，具体步骤如下：

（1）编译驱动模块。对于动态加载方式来说，源码路径不受限制，这点与静态加载不同，可以选择自己常用的开发路径，比如/home/develop。在上述路径创建 helloword.c 文件，同时需要创建其 Makefile 文件（本节暂不讲述 Makefile 编写规则），具体如图 10.10 所示。

```
1  #
2  # Makefile for helloword.c
3  #
4
5  ifneq ($(KERNELRELEASE),)
6  obj-m := helloword.o
7  else
8  KSRC ?= /lib/modules/$(shell uname -r)/build
9  override PWD := $(shell pwd)
10
11  default:
12      $(MAKE) -C $(KSRC) M=$(PWD) modules
13  clean:
14      $(MAKE) -C $(KSRC) M=$(PWD) clean
15  endif
```

图 10.10　动态加载驱动 Makefile 示例模块加载

（2）Makefile 文件编写完成后，执行 make 编译可执行驱动模块，此处为 helloword.ko。编译成功后便可以执行 insmod 动态加载驱动模块，如图 10.11 所示。

```
[root@localhost hello]# insmod helloword.ko
[root@localhost hello]#
[root@localhost hello]# lsmod|grep helloword
helloword              12429  0
[root@localhost hello]# []
```

图 10.11　动态驱动模块加载与查询示意图

由于 modprobe 加载指令要求驱动模块必须位于/lib/modules/`uname -r`路径下，如需使用 modprobe 指令加载驱动，需要将 helloword.ko 复制至上述路径下方可成功。

10.5　字符设备驱动

Linux 设备驱动程序分类中，字符设备驱动应用最广泛也最简单，因此以字符设备驱动入手学习对驱动程序编程学习有积极作用，本节将带领读者走进字符设备驱动的世界。

10.5.1 字符设备驱动初识

本节主要以概念普及为目的进行讲解，由浅入深地了解字符设备驱动程序的相关知识。

1. 主设备号和次设备号

关于字符设备文件主、次设备号，前面已有简单介绍，下面将进行详细讲述。

字符设备及块设备均有一个主设备号和次设备号，二者统称为设备号。其中，主设备号用来描述一类特定的驱动程序；次设备号用来描述使用该驱动程序的具体设备。举例来说，比如设计一个控制步进电机的驱动程序，可以实现步进电机的启动/停止/调速等，假设按照主设备号为 5 注册该驱动程序，对于电机 1/2 则需要分配不同的次设备号，进而通过（5，1）（5，2）两组设备号便可以分别控制电机 1 和电机 2。

（1）主、次设备号的定义

Linux 内核中设备号采用 dev_t 来表示，内核源码中定义如下：

```
typedef u_long dev_t;
```

其中，u_long 的长度与系统环境有关，32 位系统下为 4Byte，64 位系统下为 8Byte。以 32 位系统为例，设备号结构如图 10.12 所示。

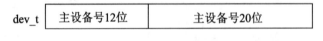

图 10.12　dev_t 结构

（2）主、次设备号的获取

结合第一点描述，设备号不能直接就取 32 位（32 位中，高 12 位为主设备号，低 20 位为次设备号），因此一般获取主设备号、次设备号、设备号均采用宏定义操作，具体如下：

```
#define  MINORBITS      20              /*次设备号位数*/
#define  MINORMASK ((1U << MINORBITS) - 1)  /*次设备号掩码*/
#define  MAJOR(dev) ((unsigned int)((dev) >> MINORBITS))
                                    /*右移 20 位得到主设备号*/
#define MINOR(dev)((unsigned int)((dev) & MINORMASK))
                                /*与次设备掩码位与，得次设备号*/
```

上述操作是描述如何从设备号拆解出主设备号和次设备号，下面讲述如何将主设备号和次设备号组合成设备号（dev_t），具体操作如下：

```
    #define  MKDEV(ma, mi)  (((ma) << MINORBITS) | (mi))
```

（3）主、次设备号的分配

设备号分为静态分配和动态分配两种方法，对于静态分配来说，需要开发人员静态指定一个设备号，且需要确定该设备号未被使用，否则会产生设备号冲突。

静态分配具体依赖接口如下（定义在<fs/char_dev.c>文件中）：

```
int register_chrdev_region(dev_t from, unsigned count, const char*name);
```

其中，from 是要分配的设备号起始值，一般只需要指定主设备号即可，次设备号默认从 0 开始；count 是需要申请的连续设备号的个数；name 则指代该设备号区间关联的设备名称，且长度不超过 64Byte。

需要注意的是 register_chrdev_region 成功执行后返回值为 0，失败则返回一负值错误码。

动态分配具体依赖接口如下（头文件<linux/fs.h>）：

```
int alloc_chrdev_region(dev_t *dev,unsigned int firstminor,unsigned int
count,char *name);
```

该函数需要传递给它指定的第一个次设备号 firstminor（一般为 0）和要分配的设备数 count，以及设备名，调用该函数后将自动分配得到的设备号保存在 dev 中。

同样，alloc_chrdev_region 成功执行后返回值为 0，如失败则返回一个负值错误码。

动态分配虽然解决了静态分配需要指定设备号的缺点，但也引入了其他问题，比如无法预知分配的设备号，不过可以通过读取/proc/devices 文件获取 Linux 内核分配给该设备的主设备号。

（4）主、次设备号的释放

设备号的释放对于动态分配和静态分配两种方法而言是没有区别的，均依赖下面函数进行设备号释放动作：

```
void unregister_chrdev_region(dev_t from, unsigned count);
```

其中，from 表示需要释放的设备号，count 表示从 from 开始要释放的设备号个数。一般将设备号释放操作放至驱动模块卸载流程中。

2. 关键数据结构cdev

设备号申请成功后，下一步就是将字符设备注册至系统中，进而才能使用该字符设备。为了理解字符设备注册流程，需要先了解关键数据结构 cdev。

（1）cdev 描述

Linux 内核中使用 cdev 来描述字符设备，其为字符设备的抽象化，包含所有字符设备的特性，cdev 结构体定义如下：

```
struct cdev {
    struct kobject kobj;              /*内嵌的 kobject 结构，用以设备驱动模型管理*/
    struct module *owner;            /*指向包含该结构的模块指针，用于引用计数*/
    const struct file_operations *ops; /*指向字符设备操作函数集的指针*/
    struct list_head list;           /*内置链表节点，用以串联使用该驱动的字符设备*/
    dev_t dev;                       /*起始设备号，一个设备可能有多个设备号*/
```

```
    unsigned int count;        /*使用该字符设备驱动的设备数量*/
};
```

其中，kobj 字段一般不需要开发人员关注，主要依托 sysfs 文件系统生成对应的设备目录或者文件；file_operations 结构体前面小节略有介绍，主要提供该字符设备 read/write/ioctl/mmap 等常规操作；dev 是字符设备的设备号，前面已详细论述；count 表示正在使用该驱动程序的字符设备数，引用计数是 Linux 内核开发中常用的计数手段，目的是为防止资源异常释放导致资源不可用的场景。

list 为双向链表节点，Linux 内核中最常用的链表管理方式具体结构描述如下：

```
struct list_head {
    struct list_head *next,*prev;
};
```

此处还要提及另一个结构体 struct inode，其表示具体的文件，无论设备文件被打开几次，其始终对应此 inode 对象，描述一个具体文件的属性、类型、权限、用户 id、组 id、修改时间、大小、主设备号和次设备号等。

```
struct inode {
    …
    dev_t i_rdev;     /*该成员表示设备文件的 inode 结构，它包含了真正的设备编号*/
    …
    struct list_head * i_devices; /*共用该驱动的设备文件链表*/
    …
    struct cdev* i_cdev;      /*该成员表示字符设备内核的内部结构。当 inode 指向一个
                              字符设备文件时，该成员包含了指向 struct cdev 结构的
                              指针，其中 cdev 结构是字符设备结构体*/
    …
};
```

上述结构描述中提到的 i_devices 和 i_cdev 是实现 inode 和 cdev 结构绑定的关键所在，参考图 10.13 可直观认识二者关联关系。

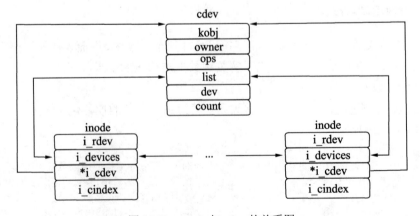

图 10.13　inode 与 cdev 的关系图

（2）cdev 与 file_operations 的绑定

如前面所述，file_operations 提供一种基于文件访问设备的方法，实现了诸如 open、read、write、close 和 ioctl 等函数通用文件操作接口，file_operations 具体接口序列可参考前面章节进行回顾。

cdev 如何与 file_operations 建立关联关系尤为重要，前面描述 cdev 与 inode 关系时提到文件被打开后通过文件 inode 描述可以索引到对应的 cdev 对象，以完成相关设备操作。那么 cdev 与 file_operations 绑定后便可以通过 cdev 索引到 file_operations，完成设备 read/write/ioctl/mmap 等操作，如图 10.14 所示。

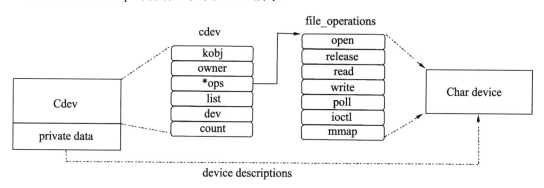

图 10.14 cdev 与 file_operations 关系图

10.5.2 字符设备驱动构成

在 10.5.1 节中针对字符设备驱动编写涉及的重要概念及其关联关系进行了详细介绍。有了字符设备驱动编写的基本理解，本节便展开字符设备驱动构成的讲解，从而完成第一个字符设备驱动程序。字符设备驱动程序主要包含以下几个重要部分。

1. 加载函数和卸载函数

字符设备驱动加载函数中主要完成字符设备主、次设备号申请及 cdev 的注册工作。卸载函数则正好相反，主要完成字符设备主、次设备号的释放和 cdev 的注销工作。

如前面章节所述，cdev 用以描述字符设备的属性信息。一般来说，cdev 不会单独使用，需结合字符设备等其他私有信息来完整描述整个字符设备。比如：

```
struct my_cdev {                        /*自定义设备结构体 my_cdev*/
    struct cdev cdev;                   /*cdev 结构体*/
    struct private_info my_priv;        /*my_cdev 私有数据*/
    …                                   /*其他设备专属信息描述*/
};
static int __init my_cdev_init(void)    /*设备驱动加载函数*/
{
```

```
        int ret = -1;
        …
        /*若已指定主设备号，则进行静态申请；否则进行动态申请*/
        if (my_major) {                          /*指定my_major进行静态设备号申请*/
           ret = register_chrdev_region(my_major,1,"MY_DEV");
           if (ret) {
              goto fail_register_chrdev;
           }
        } else {                                         /*动态申请设备号*/
           ret = alloc_chrdev_region(&my_devno,0,1,"MY_DEV");
           if (ret) {
              goto fail_alloc_chrdev;
           }
           my_major = MAJOR(my_devno);
        }
        /*初始化cdev，绑定file_operations结构体*/
        cdev_init(&my_cdev.cdev, &my_fops);
        dev->cdev.owner = THIS_MODULE;                   /*指定所属模块*/
        ret = cdev_add(&my_cdev.cdev,my_devno,1);        /*注册cdev*/
     }

        /*字符设备驱动卸载函数*/
        static void __exit my_cdev_exit(void)
     {
        cdev_del(&my_cdev.cdev);                          /*注销cdev*/
        unregister_chrdev_region(my_devno, 1);           /*释放设备号*/
     }
```

2. file_operations结构体

struct file_operations 结构体在字符设备驱动中占据重要地位，其成员函数提供字符设备常用的操作方法，比如 open/close/read/write/ioctl 等。下面的示例为常见实现策略：

```
        static const struct file_operations my_fops = {
           .owner = THIS_MODULE,                  /*所属模块，默认填写THIS_MODULE*/
           .read = my_read,                       /*设备读操作函数*/
           .write = my_write,                     /*设备写操作函数*/
           .ioctl = my_ioctl,                     /*设备控制函数*/
        };
        /*读操作*/
        static ssize_t my_read(struct file*flip,char __user *buf, size_t size,
        loff_t *ppos)
        {
           …
           if (size > 16) {
              copy_to_user(buf,…,…);              /*大数据量时，copy_to_user效率较高*/
           } else {
              put_user(…,buf);                    /*小数据量时，put_user效率较高*/
```

```
            }
            …
    }
    /*写操作*/
    static ssize_t my_write(struct file* filp, const char __user *buf, size_t
     size, loff_t *ppos)
    {
            …
            if (size > 16) {
                copy_from_user(…,buf,…);  /*大数据量时，copy_from_user 效率较高*/
            } else {
                get_user(…,buf);          /*小数据量时，get_user 效率较高*/
            }
            …
    }
    /*ioctl 设备控制*/
    static long my_ioctl(struct file*file, unsigned int cmd, unsigned long arg)
    {
        …
        switch(cmd) {
        case cmd1:
            …
            break;
        case cmd2:
            …
            break;
        default:
            return -EINVAL;
        }
        return 0;
    }
```

　　上述示例简单描述了 file_operations 结构体各功能接口的实现策略，对于非必须的接口可实现为 NULL。如前面章节所述，file_operations 与 cdev 依赖 cdev_init 接口进行绑定。其中，read 和 write 的参数相同，filp 指向打开的设备文件，buf 指向用户态数据空间，但不可直接使用，需要通过 copy_to_user 或 copy_from_user 等专用接口进行数据复制，因为其内部具备用户地址有效性判断，保证数据复制动作的合法性。ioctl 方法主要用以对外提供控制动作，需依据设计需求自定义对应的 cmd，包括魔术字、类型和方向等。

3. 字符设备驱动

　　字符设备驱动在 3 类设备驱动（字符设备、块设备、网络设备）中相对难度较低，但其应用比较广泛，且编程方法较为定式。比如初始化、添加/删除 cdev 结构体，设备号申请/释放及 file_operations 功能函数实现，如图 10.15 所示为字符设备驱动的整个生命周期。

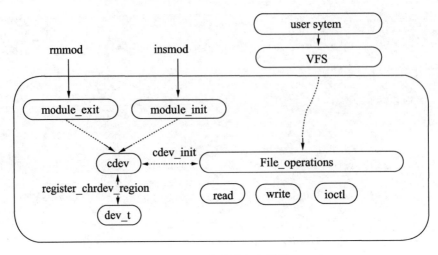

图 10.15　字符设备全景图

10.6　小　　结

本章主要讲解了设备底层驱动编程策略。10.1 节简要介绍了设备驱动的分类及设备驱动的主要组成；10.2 节主要介绍了设备驱动编程细节，包括 Linux 文件系统简介及文件系统与设备驱动的关系；最后以字符设备驱动为例详细讲解了从初始化、设备号分配、设备注册及相关绑定等内容。相信通过本章的学习能够帮助读者提高设备驱动编程能力。

10.7　习　　题

1．Linux 系统中设备驱动分为哪几大类？
2．Linux 设备驱动加载分为哪几类方式？
3．字符设备驱动设备号分别由什么组成？
4．字符设备驱动设备号分为哪几类？其对应的接口分别是什么？
5．字符设备驱动 file_operations 的关键结构包含哪些常用接口？

参 考 文 献

[1] 付兴武, 张军, 王洋. 基于 SPI 总线协议的字符设备驱动程序[J].计算机系统应用, 2013, 22（02）:146-150.

[2] 宋宝华, 何昭然, 史海滨译. 精通 Linux 设备驱动程序开发[M]. 北京：人民邮电出版社，2010.

[3] 冯国进. Linux 驱动程序开发实例[M]. 北京：机械工业出版社，2011.

[4] 俞永昌. Linux 设备驱动开发技术及应用[M]. 李红姬，李明吉，译. 北京：人民邮电出版社，2008.

[5] The Linux Foundation Announces Project to Build Real-Time Operating System for Internet of Things Devices. zephyrproject.org. 2016-02-17.

[6] Zephyr OS 1.9 Release. zephyrproject.org. 2017-09-22.

[7] 王见，等. 物联网之云：云平台搭建与大数据处理[M]. 北京：机械工业出版社，2018.

[8] 李同滨，等. 物联网之源：信息物理与信息感知基础[M]. 北京：机械工业出版社，2018.

[9] Douglas E.Comer. 网络处理器与网络系统设计[M]. 张建忠，陶智华译. 北京：机械工业出版社，2004.

[10] 毕开春，等. 国外物联网透视[M]. 北京：电子工业出版社，2012.

推荐阅读

国内物联网工程学科的奠基性作品，物联网工程研发一线工程师的经验总结

物联网之源：信息物理与信息感知基础

作者：李同滨 等　书号：978-7-111-58734-7　定价：59.00元

对物联网教学和研究有较高价值，通过动手实验让读者掌握智能传感器产品的研发技能

本书为"物联网工程实战丛书"第1卷。本书从信息物理和信息感知的角度，全面、系统地阐述了物联网技术的理论基础和知识体系，并对物联网的发展趋势和应用前景做了前瞻性的展望。本书提供教学PPT，以方便读者学习和老师教学使用。

物联网之芯：传感器件与通信芯片设计

作者：曾凡太 等　书号：978-7-111-61324-4　定价：99.00元

对物联网教学和研究有较高价值，系统阐述物联网传感器件与通信芯片的设计理念与方法

本书为"物联网工程实战丛书"第2卷。书中从物联网工程的实际需求出发，阐述了传感器件与通信芯片的设计理念，从设计源头告诉读者要设计什么样的芯片。集成电路设计是一门专业技术，其设计方法和流程有专门的著作介绍，不在本书讲述范围之内。

物联网之云：云平台搭建与大数据处理

作者：王见 等　书号：978-7-111-59163-7　定价：49.00元

百度外卖首席架构师梁福坤、神州数码云计算技术总监戴剑等5位技术专家推荐
全面、系统地介绍了云计算、大数据和雾计算等技术在物联网中的应用

本书为"物联网工程实战丛书"第4卷。本书阐述了云计算的基本概念、工作原理和信息处理流程，详细讲述了云计算的数学基础及大数据处理方法，并给出了云计算和雾计算的项目研发流程，展望了云计算的发展前景。本书提供教学PPT，以方便读者学习和老师教学使用。